水能富集地区的新型电力系统研究与实践

四川省新型电力系统研究院有限公司
国网四川省电力公司经济技术研究院　编
四川大学能源发展研究中心

中国电力出版社
CHINA ELECTRIC POWER PRESS

图书在版编目（CIP）数据

水能富集地区的新型电力系统研究与实践 / 四川省
新型电力系统研究院有限公司，国网四川省电力公司经济
技术研究院，四川大学能源发展研究中心编. -- 北京：
中国电力出版社，2025.6. -- ISBN 978-7-5198-8929-6

Ⅰ. ①水… Ⅱ. ①四… ②国… ③四… Ⅲ. ①电力
系统－研究 Ⅳ. ①TM7

中国国家版本馆 CIP 数据核字（2024）第 105812 号

出版发行：中国电力出版社

地　　址：北京市东城区北京站西街 19 号（邮政编码 100005）

网　　址：http://www.cepp.sgcc.com.cn

责任编辑：安小丹（010-63412367）

责任校对：黄　蓓　常燕昆

装帧设计：赵丽媛

责任印制：吴　迪

印　　刷：三河市万龙印装有限公司

版　　次：2025 年 6 月第一版

印　　次：2025 年 6 月北京第一次印刷

开　　本：787 毫米×1092 毫米　16 开本

印　　张：22

字　　数：426 千字

定　　价：110.00 元

前　言

构建以新能源为主体的新型电力系统，是我国能源电力领域的一场深刻革命，关乎国家能源安全、生态文明建设与"双碳"目标的实现。新型电力系统不同于传统电力系统，具有显著的"双高"特征（高比例可再生能源、高比例电力电子设备），其源网荷储互动关系更加复杂，对系统的灵活性、韧性、智能化水平提出了前所未有的要求。水能富集地区，尤其是拥有大型水库调节能力的水电基地，其强大的能量存储和快速灵活的功率调节能力，为平抑风光波动、提供系统备用、支撑电网频率电压稳定提供了无可替代的天然"稳定器"与"调节池"。因此，深入研究如何充分发挥水电在新型电力系统中的核心枢纽作用，优化整合水、风、光、储等多类型资源，实现"多能互补、协同优化"，是破解可再生能源大规模发展瓶颈、实现能源绿色转型的重要任务。

四川是全国最大的水电基地，水电装机容量和年发电量均居全国首位。金沙江、雅砻江、大渡河"三江"流域汇聚了规模宏大、调节性能各异的水电站群，构成了四川电网乃至全国"西电东送"的骨干电源。同时，四川高原地区风能资源丰富，攀西地区太阳能资源潜力巨大，为风光资源的规模化开发提供了广阔空间。然而，四川能源电力发展也面临独特挑战：水电丰枯出力悬殊、风光出力波动性与不确定性显著、省内负荷中心与能源基地空间分布不均衡、外送通道能力与清洁能源发展速度需协调以及极端天气和地质灾害对电网安全的威胁等。这些特点使得四川构建新型电力系统既具有显著的资源优势，又面临复杂的技术与管理难题。探索四川新型电力系统发展路径，不仅关乎国家战略腹地能源安全和经济社会发展，更对类似水电高占比电力系统规划建设具有重要的示范意义。

本书立足于四川这一典型水能富集地区，围绕新型电力系统构建的核心问题，遵循"价值内涵—理论模型—实施路径—实践应用"的逻辑脉络，开展了前瞻性和应用性的研究与实践探索。全书共 11 章，第一至四章系统梳理了我国电力系统演化历程，深刻剖析了四川新型电力系统的独特价值内涵；深入研究了系统协同演化的参与主体、关联关系、影响因素及作用机理，构建了具有四川特色的新型电力系统评估指标体系和发展指数评价模型；并在此基础上，研究了四川省构建新型电力系统的总体框架、分阶段实施路径及保障机制。第五章全面盘点了四川主要流域（金沙江、雅砻江、大渡河）的清洁能源资源禀赋，特别是水能、风能、太阳能的空间分布、资源储量、开发状况及出力特性（如季节性、日内波动性），为后续互补优化研究奠定了坚实的资源基础。第六章深入研究了流域尺度下水、风、光资源的时空互补特性，揭示了利用水库调节能力，有效平抑风光出力的波动性和随机性的机理；系统评估了四川电网现有水电调节能力的现状、潜力与瓶颈，并提出了针对性的挖潜策略（如优化调度规则、改进控制策略、提升水库群联合调度水平）和提升路径。第七章聚焦于水风光储多能互补系统的核心工程问题——容量优化配置，阐述了配置的基本原则（如经济性、可靠性、灵活性、环保性），分析了主要影响因素（资源特性、负荷需求、电网约束、政策环境、储能成本等）；建立了科学的水风光储互补容量优化配置数学模型，研究了高效求解算法，提出了适用于四川主要流域的具体容量配置方案，为电源规划和投资决策提供了定量依据。第八、九章将气象科学与能源研究深度融合，通过"能源—气象"关联分析，提升了新能源出力的预测精度，为系统规划和运行提供更可靠的数据支撑；构建了清洁能源基地开发潜力的综合评价体系，从资源条件、技术可行性、经济性、环境影响等多维度进行科学评估；同时，从电网物理极限角度，深入研究清洁能源承载能力，特别是外送断面的极限输电能力（TTC），探索了利用极限学习机等先进方法提取复杂系统运行规则，并对四川电网的清洁能源承载能力进行了定量评估，明确了电网接纳的边界条件。第十、十一章将视角延伸至市场消纳环节，建立了清洁能源市场消纳空间评估模型，并进行了实际测算，回答了"能发多少电"之后"能消纳多少电"的关键问题，最终，落脚于源网协同规划这一系统工程，提出了考虑清洁能源消纳空间和电网承载能力的源网协同规划方法和模型，提出了四川清洁能源时空发展路径。

本书立足四川实践经验，系统梳理了新型电力系统建设的理论框架、技术路径与实践案例，旨在为清洁能源高效开发利用提供科学参考。书中所提出的评估体系、理论模型、互补配置方法、承载能力评估技术、源网协同规划框架等，已在四川电网的规划、设计、调度、运行等环节得到不同程度的应用、验证与完善。四川在水风光互补运行、水电调节能力挖潜、清洁能源外送、高比例可再生能源接入电网安全稳定控制等方面取得的宝贵经验，为解决水能富集地区新型电力系统构建的共性难题提供了"四川方案"和"中国智慧"。在本书研究和撰写过程中，得到了四川省新型电力系统研究院、国网四川省电力公司经济技术研究院、四川大学能源发展研究中心等单位以及王永平、张帅、刘畅、马瑞光、袁川、胥威汀、朱燕梅、黄炜斌、潘婷、董厚琦等有关专家、同仁的大力支持，另外，也吸收了国内外有关专家学者在水风光互补规划运行、调节能力挖潜、新型电力系统构建等领域最新研究成果，并在书中列明了相应的参考文献，在此，一并向相关学者表示诚挚的感谢。

　　新型电力系统建设是长期艰巨的系统工程，许多理论和实践问题尚处于研究探索中，书中内容难免存在疏漏与不足，恳请读者批评指正。期待本书能为水能富集地区乃至全国新型电力系统的科学构建提供有益参考，激发更多创新思考与实践探索。让我们携手共进，以扎实的研究和勇敢的实践，推动清洁能源的高效利用，为构建清洁低碳、安全高效的现代能源体系贡献智慧和力量！

编著者

2025 年 6 月

目 录

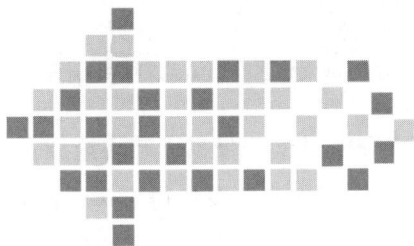

第一章　新型电力系统价值内涵与发展形态

第一节　我国电力系统的发展演化过程

一、演化阶段

纵观改革开放 40 多年以来，为了满足不同时期社会发展和经济增长的需求，我国电力系统经历了多次系统演化、结构转型和技术升级。在本章中，根据电力系统决定性大事件发生时间（电改五号文 2002 年，电改九号文 2015 年，"双碳"目标 2020 年）[1]，将电力系统的整体演化过程大致分为 4 个阶段：第一阶段，电力系统建设期 1950～2002 年，起始时间节点为 1950 年；第二阶段，电力系统市场化改革期 2002～2015 年，起始时间节点为 2002 年；第三阶段，电力系统体制改革深化期 2015～2020 年，起始时间节点为 2015 年；第四阶段，新型电力系统发展期 2020 至今，起始时间节点为 2020 年。

（一）第一阶段：电力系统建设期

在电力系统建设期，我国政府从"零"起步开始创建我国体制下的电力系统，电力系统发展迅速，电源开发和电网建设成就显著。

1949 年中华人民共和国成立时，我国电力系统承接了一个千疮百孔的"烂摊子"，全国发电装机容量仅为 185 万 kW，年发电量仅约为 43.1 亿 kWh。当时我国没有形成跨区域输电线路，仅有的电力供应区域网包括东北地区以丰满水电站为中心的区域和京津冀电力供需互联区域。1970～1987 年，我国连续 18 年缺电，长久以来的缺电情景、落后的电力技术和未成形的电力系统都严重制约着国家发展。20 世纪 90 年代，我国开始经历经济的快速增长，电力需求的迅猛增加，对此，我国电力系统开始寻求新的发展模式，以适应新的经济体系和社会发展需求。1997 年《京都议定书》的签订意味着国际影

---

[1] 2002 年国务院发布了《电力体制改革方案》（国发〔2002〕5 号），称为"电改五号文"；2015 年中共中央、国务院发布了《关于进一步深化电力体制改革的若干意见》（中发〔2015〕9 号），称为"电改九号文"。

响力对我国电力系统的影响逐渐加强，而在该时期，公共行为也开始影响电力系统的演变。

该时期电源开发取得了举世瞩目的成就，除了较为早期的丰满水电厂，20世纪末，二滩水电站也开始运行，全国发电量由1949年的43.1亿kWh发展到2002年的16540亿kWh。与此同时，电网建设也取得显著成就，在1971年建成刘家峡水电站及刘家峡—关中330kV线路（535km，送电42万kW），形成我国第一个跨省区域电网（甘肃、陕西、青海），拉开了我国第二代电网建设的序幕，于1981年建成第一条500kV线路（平顶山—武汉），开始以500kV输电线为骨干的大区电网建设，并在世纪之交时推动全国电网互联。此时，我国整体电力体系都属于国家垄断行业，政府不仅控制着发电端和输配电端，还规定了居民用电、农业用电和工业用电的价格。在改革开放的大背景下，我国经济快速增长，电力需求迅猛增加，国家正式启动"集资办电"策略，开始新建电厂，卖用电权限，以求通过市场手段刺激我国供电发展的情况。

我国通过研究开发和工程实践，从一次设备和系统，到二次控制、保护，以及安全稳定运行技术、仿真分析技术，都得到迅速的发展，全面掌握了第二代电网技术，同时，我国大量引进国外先进的发电装备和技术，使本国的电力技术总体达到国际先进水平，部分技术（如特高压输电）水平居国际前列。此时输电方式以高压输电为主，如：葛洲坝—上海，±500kV直流输电线，但输电线的数量严重不足，而且电网的鲁棒性较弱，从而造成水电无法上网，重点用能区域供能不足。

综上，在电力系统建设期，我国电力系统建设取得了长足的进步，经济发展和电力需求都快速增加，但是全国范围内发电量偏低、输配线路少，电力生产和电力消耗之间存在严重的电力能源输送障碍，电力短缺成为普遍存在的问题。局部地区弃水、弃风、弃光等问题的显现也表现出了电力系统发展演化的不协同性。

（二）第二阶段：电力系统市场化改革期

在电力系统市场化改革期，我国经济发展和电力需求都呈现出跳跃式增长，同时，我国的缺电现象有所缓解，电网安全性能有所增加。

2002年4月，国务院发布《电力体制改革方案》（国发〔2002〕5号，以下简称"电改五号文"），标志着我国新电改的第一次尝试，电改的主要内容分为厂网分开、竞价上网、输配分开、竞争供电4个部分，要求打破电力行业垄断，引入竞争，建立社会主义电力市场经济体制。同年，国家电力监管委员会成立，作为正部级国务院直属事业单位，主要职责是制定电力市场运行规则，监管市场运行，维护公平竞争，向政府价格主管部门提出调整电价建议等。进入21世纪后，国民经济保持良好的发展势头，为了解决全国范围内的发电量和用电量不均衡的问题，"西电东送"项目开展，有效缓解了中东部及沿海地区的缺电问题，并一并解决了西南水电和西北火电的"窝电"问题，而且，政府加快了农村电网改造和电价整顿措施。从国际看，全球气候变化、国际金融危机、欧洲主权债务危机、地缘政治等因素对国际能源形势产生重要影响，世界能源市场更加复杂多变，不稳定性和不确定性进一步增加。发达国家一方面利用自身技术和资本优势加快发展节能、新能源、低碳等新兴产业，推行碳排放交易，强化其经济竞争优势；另一方面，通过设置碳关税、"环境标准"等贸易壁垒，进一步挤压发展中国家发展空间。我国作为最大的发展中国家，面临温室气体减排和低碳技术产业竞争的双重挑战。

电力系统电源侧电源种类的发展开始趋于清洁化和多元化，全国形成了中国华能集团公司、中国大唐集团公司、中国华电集团公司、中国国电集团公司和中国电力投资集团公司等五大发电集团，组建中国电建、中国能建两家特大型能源建设集团，主辅分离取得阶段性进展。同时，基本取消了县级供电企业"代管体制"，基本实现城乡用电同网同价。电源结构调整取得新成就，截至 2015 年底，全国水电规模稳步增加，新增投产超过 1 亿 kW，占全国发电装机总量的 20.9%；风电规模高速增长，占比提高至 8.6%，跃升为我国第三大电源；光伏发电实现了跨越式发展，累计新增装机容量约 4200 万 kW；核电在运装机规模居世界第四，在建 3054 万 kW，居世界第一。电网侧着力发展跨区域高压输电线路，"西电东送"规模达 1.4 亿 kW，220kV 及以上线路合计 60.9 万 km，变电容量 33.7 亿 kVA，全国形成了错综复杂的电网结构。负荷侧增开了居民电力系统的融资渠道，用电端的系统功能逐步加强。鉴于发生了几起电力系统的安全事件，用户对电力系统的稳定性和安全性的要求与日俱增，因此，电力系统的鲁棒性以及用电端的非智能化发展成为影响电力系统演化的新的制约因素。同时，电改五号文提出，要建立电力调度交易中心，实行发电竞价上网，建立合理的电价形成机制，将电价划分为上网电价、输电电价、配电电价和终端销售电价。

我国政府开始推进电力行业的垄断机制改革，加大了电力系统的科技创新支持力度，并出台了一系列的政策执行标准，增加了电力系统的金融投资比例。值得一提的是，我国燃煤发电技术不断创新，百万千瓦级超超临界机组、超低排放燃煤发电技术广泛应用；60 万 kW 级、百万千瓦级超超临界二次再热机组和世界首台 60 万 kW 级超临界循环流化床（Circulating Fluidized Bed，CFB）锅炉机组投入商业运行；25 万 kW 整体煤气化联合循环发电系统（Integrated Gasification Combined Cycle，IGCC）、10 万 t 二氧化碳捕集装置示范项目建成，世界首台百万千瓦级间接空冷机组开工建设。水电工程建设技术和装备制造水平显著提高，攻克了世界领先的 300m 级特高拱坝、深埋长引水隧洞群等技术，相继建成了世界最高混凝土双曲拱坝（锦屏一级水电站）、深埋式长隧洞（锦屏二级水电站）及世界第三、亚洲第一高的土心墙堆石坝（糯扎渡水电站）。风电、太阳能等新能源发电技术与国际先进水平的差距显著缩小，形成了大容量风电机组整机设计体系和较完整的风电装备制造技术体系；规模化光伏开发利用技术取得重要进展，晶体硅太阳能电池产业技术具备较强的国际竞争力，批量化单晶硅电池效率达到 19.5%，多晶硅电池效率达到 18.5%。核电技术步入世界先进行列，完成三代 AP1000 技术引进消化吸收，形成自主品牌的 CAP1400 和华龙一号三代压水堆技术，开工建设具有第四代特征的高温气冷堆示范工程，建成实验快堆并成功并网发电。电网技术装备和安全运行水平处于世界前列，国际领先的特高压输电技术开始应用，±1100kV 直流输电工程开工建设。大电网调度运行能力不断提升，供电安全可靠水平有效提高。新能源发电并网、电网灾害预防与治理等关键技术及成套装备取得突破，多端柔性直流输电示范工程建成投运。

综上，在电力系统市场化改革期，国际环境的影响和国内资源的控制都有效抑制了我国电源结构的发展，而且，输配电网络逐步成型，居民用电便捷稳定。"西电东送"项目开工，"可再生能源发电"和"储能"等技术开始推广应用，这些演化行为进一步加强了我国电力系统发电清洁性和用电便捷性。

（三）第三阶段：电力系统体制改革深化期

在电力系统体制改革深化期，我国的经济社会发展从快速增长变为稳中有进，而且电力需求变缓，能源供应紧张的状况得到改善，政府逐步加快推进示范地区的输配电电价改革。

2015 年 3 月，中共中央、国务院发布《进一步深化电力体制改革的若干意见》（中发〔2015〕9 号，以下简称"电改九号文"），随后接连出台了 6 个配套电力改革文件，构建了电力体制改革的"四梁八柱"。新电改主要着力解决 5 点问题：市场交易机制缺失，资源利用率不高；价格关系没有理顺，市场化定价机制未完成；政府职能转变不到位，各类规划协调机制不完善；发展机制不健全，新能源和可再生能源开发利用面临困难；立法修法工作相对滞后。本轮电改侧重于机制建设和行业管理，重在为分布式能源等新兴生产力打开一扇门，希望能培育出新的能源服务形式和新的经济业态，并将形成新的电力市场交易形态，逐步还原电能的商品属性。同时，因为频频暴发的雾霾天气、矿产资源地区环境恶化严重以及 2016 年签订的《巴黎协定》等，可再生能源发电、储能技术和煤电清洁化改造等项目逐渐变为电力系统转型的重点关注对象。

电力系统电源侧能源结构进一步优化，清洁能源占比不断提升，2020 年天然气、水电、核电、风电等清洁能源消费量占能源消费总量的比重从 2016 年的 19.1%上升到 2020 年的 24.3%。电网侧建设工作稳步进行，全国跨区跨省输电通道加快推进，区域电网主网架不断完善，区域电网形成以特高压、超高压为骨干网架，同步优化各级输配电网，对分布式电源接入和用电需求多样化的适应性进一步加强；完善电力二次系统安全防护体系，有效提高电力生产监控系统的安全水平；智能配用电、微电网、分布式供能技术应用不断加大，电网智能化水平不断提升。电力系统负荷侧电力需求快速增长，增速高于国家规划预期，在宏观经济运行总体平稳、服务业和高新技术及装备制造业较快发展、冬季寒潮和夏季高温、电能替代快速推广、城农网改造升级释放电力需求等因素综合影响下，全社会用电量实现较快增长，"十三五"时期年均增速约为5.5%，超过"十三五"规划预期（3.6%～4.8%），同时，随着产业结构升级，用电负荷尖峰化特征明显，峰谷差加大。随着电改九号文的发布，我国逐步加快推进示范地区的输配电电价改革，同时放开新增配售电市场，加强政府监管，继续强化电力统筹规划，强化和提升电力安全高效运行和可靠性供应水平。对比电改五号文，电改九号文提出"管住中间、放开两头"，改变了电力系统原有的盈利模式，让电网公司从以往的购售电差价转变为成本和合理利润相结合的模式。

发电企业和用电企业之间的"直供电"计划得到了有效推进，这一计划有效促进了循环经济的发展；同样，微电网项目有效缓解了分布式可再生能源生产和使用之间的矛盾，激活了区域经济能源的协调发展；而且，可再生能源补贴和储能技术的补贴力度也开始逐渐下降，针对可再生能源消纳、微电网的建设以及环境保护等方面的政策逐年增加，公众对于电力系统智能演化的关注度也逐年提升。此外，用户侧储能项目、多能互补项目、微电网项目和直供电项目等开始了大规模的推广和应用。储能端作为新生利基可以有效平衡电力系统的电力供需，在电力系统的发展中意义重大。但是，"弃风弃光"现象依然严重，电力系统智能终端的发展较为滞后，资源环境约束逐渐增大，储能端的发展不够协同，这些现象都拖慢了电力系统的演化进程。

综上，在电力系统体制改革深化期，国家经济增长和电力需求的增加都趋于平缓，电源结构开始向可再生能源为主、煤电为辅的方向发展，跨区域输电线路已经达到南北贯通、东西直达，负荷端不仅实现了用户的快捷使用，还加入了储能等智能设施，平稳电力系统的电流。《巴黎协定》加剧了电力系统低碳演化的国际形势，"直供电"和"智能电表"等项目的实施推动了电力系统的灵活发展，但是"弃风、弃光"现象从侧面反映了电力系统的演化依然存在不协同行为。

（四）第四阶段：新型电力系统建设期

新型电力系统建设期，我国提出了"双碳"目标，这对电力系统绿色低碳发展具有系统性和引领性作用。

2020年9月22日，国家主席习近平在第七十五届联合国大会上宣布，中国力争2030年前二氧化碳排放达到峰值，努力争取2060年前实现碳中和目标。在随后的2021年里，中央对"双碳"目标相继作出重大部署，2021年也成为"双碳"之年。2021年10月，党中央、国务院相继发布了《关于完整准确全面贯彻新发展理念做好碳达峰碳中和工作的意见》以及《2030 年前碳达峰行动方案》，这两个重要文件的相继出台，共同构建了中国碳达峰、碳中和"1+N"政策体系的顶层设计，而重点领域和行业的配套政策也围绕以上意见及方案陆续出台。

电源组成上，以非化石能源为主的清洁能源发电所占份额提高，大型骨干电源与分布式电源相结合。电网结构方面，国家级（或更大范围）主干输电网与地方电网、微电网协调发展；采用大容量、低损耗、环境友好的输电方式（如特高压架空输电、超导电缆输电、气体绝缘管道输电等）；智能化的电网调度、控制和保护；双向互动的智能化配用电系统等。电力行业是我国碳排放的主要来源，电力行业碳水平直接影响"双碳"目标的落实。2021 年 3 月 1 日，国家电网有限公司发布碳达峰、碳中和行动方案，旨在构建现代电力系统体系，持续推进碳减排工作。同时，在全面落实习近平总书记"四个革命、一个合作"能源安全新战略，服务国家"2030 年前碳达峰、2060 年前碳中和"目标要求，推动构建以新能源为主体的新型电力系统目标影响下，国家电网有限公司（简称国家电网）发布《构建以新能源为主体的新型电力系统行动方案（2021～2030 年）》，中国南方电网有限责任公司（以下简称"南方电网"）发布《建设新型电力系统行动方案（2021～2030 年）》。此外，随着"双碳"目标的推进和新型电力系统的建设，储能作为电网"源—网—荷—储"互动中的重要环节，不断吸引越来越多的投资主体涌入，其参与电网互动的方式也不断丰富。

随着新能源装机不断增加，新型电力系统规划需统筹考虑高比例可再生能源并网带来的源—荷强不确定性和时空耦合性等新特征，电力系统总体维持较高转动惯量和交流同步运行特点，火电通过碳捕集、封存及再利用（Carbon Capture，Utilization and Storage，CCUS）技术逐步实现净零排放，成为长周期调节电源，分布式电源、微电网、交直流组网与大电网融合发展，系统储能全面应用、负荷全面深入参与调节，发电机组出力和用电负荷逐步实现全面解耦，以新能源为主体的源网荷储体系和市场机制初步建立。

综上，在新型电力系统建设期，电源结构由可控连续出力的煤电装机占主导，向强不确定性、弱可控出力的新能源发电装机占主导转变。电网形态由单向逐级输电为主的传统电网，向包括交直流混联大电网、微电网、局部直流电网和可调节负荷的能源互联网转变。负荷特性由传统的刚性、纯消费型，向柔性、生产与消费兼具型转变。电力系统由"源网荷"互动向"源网荷储"一体化转变，系统储能需求不断增长，储能方式不断完善，抽水蓄能和新型储能等发展迅速。

二、演化分析基本框架

根据电力系统的定义可知，总体电力系统可以分为宏观环境层、中观体制层和微观利基层 3 个层次，从这 3 个层次入手，详细介绍中国电力系统的 4 个演化过程。进一步构建出中国电力系统演化分析基本框架，用于展示中国电力系统的动态变化过程。

其中，宏观环境的发展主要介绍我国电力系统的政策演化对其系统演化发展的引导和促进作用，经济发展和电力需求对电力系统的演化推动作用，国际环境变化对电力系统演化产生的压力；中观体制则主要介绍电力系统电源侧、电网侧、负荷侧、储能侧和电力市场的发展，其中，电源侧的演化主要讨论不同发电方式间的交互发展过程，电网侧的演化强调输电网络和配电子网的发展情况，负荷侧的演化不仅涉及用户用电方式的改变，还体现出用电技术的智能化发展，储能侧是智能电网、可再生能源高占比能源系统、能源互联网的重要组成部分和关键支撑技术，其发展依赖电力系统的发展，电力市场的发展随着电力企业的体制改革不断深入也不断发展；微观利基的演化发展则主要介绍电力系统技术的发展。具体的阶段性电力系统演化结构如图 1-1 所示。

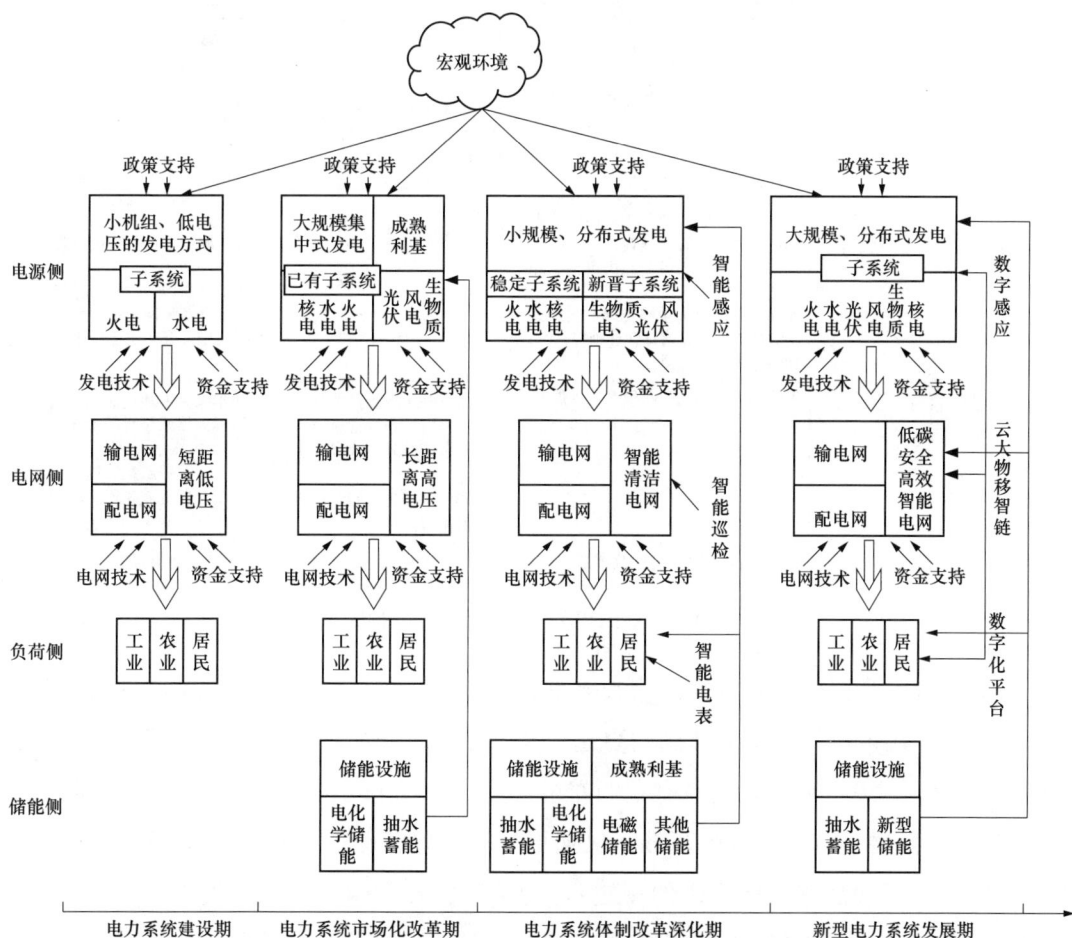

图 1-1　阶段性电力系统演化结构图

三、宏观环境演化

（一）电力系统政策的发展演化

基于政府主导管控的国家机制，我国政府关于电力系统演化和转型的政策层出不穷，这些政策不仅为电力系统的演化和转型提供了技术支持、资金支持，还主导着电力系统的转型方向。重点分析我国"十二五""十三五"和"十四五"规划纲要中针对电力系统演化发展的规划项目（可再生能源规划项目、电网安全规划项目、智能电网规划项目等），电改五号文和电改九号文，以及能源工作指导意见等宏观政策对电力系统演化的影响，具体政策演化过程如图1-2所示，其中包括宏观环境层政策提供的外部演化压力、中观体制层政策给予的转型动力以及微观利基层政策展现出的自下而上的推动力。

宏观环境	1994年《关于电力执法监督规定》	2008年加强电力系统抗灾能力；2005年《电力市场监管办法》；2003年加强电力安全工作；1994年《关于电力执法监督工作的规定》	2016年《能源生产和消费革命战略（2016~2030）》；2015年积极推进"互联网+"行动	2021《关于完整准确全面贯彻新发展理念做好碳达峰碳中和工作的意见》《2030年前碳达峰行动方案》；2020年"双碳"目标
中观体制	1996年《加强电网管理规定》	2014年农村电网升级改造项目；2014年分布式光伏发电应用示范区建设；2013年加强城市基础设施建设；2013年分布式光伏发电补贴政策；2013年加强抽水蓄能电站运行管理；2011年"十二五"规划；2010年《中华人民共和国可再生能源法》；2010年《电力需求侧管理办法》；2007年《电力并网互联处理规定》；2002年电改五号文	2017年能源工作指导；2017年《电力需求侧管理办法（修订版）》；2015年积极推进"互联网+"行动；2015年电改九号文	2022年《关于加快建设全国统一电力市场体系的指导意见》；2021年《关于推进电力源网荷储一体化和多能互补发展的指导意见》；2021年积极推动新型电力系统建设；2020年《2019~2020年全国碳排放权交易配额总量设定与分配实施方案（发电行业）》
微观利基		2012年"十二五"新型产业发展规划	2017年《关于促进储能技术与产业发展的指导意见》；2016年多能互补集成优化示范项目；2015年《关于促进智能电网发展的指导意见》	2020年《关于加快能源领域新型标准体系建设的指导意见》；2020年《关于组织实施2020年新型基础设施建设工程（宽带网络和5G领域）的通知》
	电力系统建设期	电力系统市场化改革期	电力系统体制改革深化期	新型电力系统建设期

图1-2 我国电力系统政策演化分析

国家政策对我国电力系统的演化起到重要的引导作用，这些政策不仅可以促进微观利基的发展，还可以稳定中观体制的更迭，从一个高屋建瓴的角度指明我国电力系统的演化方向。早在1994年，我国政府就颁布了《关于电力行政执法和电力行政执法监督工作的规定》，提出了电力监管的标准，以期更加有效地管理电力系统运行。1996年，电力工业部提出了《加强电网管理的规定》，为切实做好电网管理工作提供了政策扶持。1998年，电力工业部颁发了《电网电能质量技术监督管理规定》的通知，从电源质量和电网输送电力质量的角度入手，监督整体电力系统的运行，保障电力系统的安全稳定。

2002 年《电力体制改革方案》（电改五号文）提出了政企分开、厂网分开、主辅分离、输配分开、竞价上网的电力工业改革方向，并且提出要进一步打破垄断，引入竞争，建立社会主义电力市场经济体制。并提出要建立电力调度交易中心，实行发电竞价上网；同时，要建成更为合理的电价形成机制，保障工业和居民用电的经济性能，并将电价划分为上网电价、输电电价、配电电价和终端销售电价。2005 年《电力市场监管办法》基于已有的电力市场监督行为，增加了进入和退出电力市场的监管办法，以及确定参与电力市场交易资质的标准。2007 年推行了《电力并网互联争议处理规定》，用以促进电网公平、无歧视的开放，保证电力交易正常进行；同时，保障电力系统安全稳定运行，维护电力企业合法权益和社会公共利益。2008 年，我国电力系统经历了两次重大灾害——汶川大地震和南部冻雨灾害，此后，政府更加重视电力系统的抗灾能力，所以，国家发展改革委、电监会颁布了《关于加强电力系统抗灾能力建设若干意见的通知》，进一步加强了电力系统的抗灾能力和安全稳定运行能力。2010 年，伴随着可再生能源发展的风起云涌，全国人大常委会修改了《中华人民共和国可再生能源法》，规定国家投资或者补贴建设的公共可再生能源独立电力系统执行同一地区分类销售电价。

2011 年，我国迎来了第十二个五年规划，在"十二五"规划纲要中针对电力系统的发电端、输配电端和用电端都制定了明确的规划内容，其中，发电端应积极发展分布式能源系统；输配电端要大力发展特高压输电技术，实现远距离、大容量、高效率、低损耗的电力输送；整体电力系统要向智能化方向转变，将现代信息、通信和控制技术等深度集成应用于电网各个领域，涵盖发电、输电、变电、配电、用电、储能和调度各个环节，建立各参与主体之间信息共享、全面互动、智能响应，能够实现电力系统安全高效运行和效率最大化的现代电网。2012 年，国务院印发了《"十二五"国家战略性新兴产业发展规划》的通知，不仅强调了发电端的可再生能源示范基地，还提出了城市新能源技术综合应用示范基地。2013 年，政府又出台了多项政策用于推进电力系统升级转型，包括分布式光伏发电补贴政策，加强电力系统与用户的双向互动的政策，加强抽水蓄能电站运行管理条例等，这些政策从发电端和用电端两个方面来提升电力系统的灵活性、智能性、安全性和经济性。2014 年基于分布式能源的发展，政府提出了建设分布式光伏发电应用示范区和农村电网升级改造项目，这两个政策分别是从微观利基层和中观体制层对电力系统进行清洁化改造。

2015 年 3 月，中共中央、国务院发布《进一步深化电力体制改革的若干意见》（电改九号文），着力解决电价改革、电网独立和放开电力市场的问题。随后，我国逐步加快推进示范地区的输配电电价改革，同时放开新增配售电市场，加强政府监管，继续强化电力统筹规划，强化和提升电力安全高效运行和可靠性供应水平。同年，《积极推进"互联网+"行动计划》的提出，进一步提升了电力系统的整体运行安全性和互联性。2016年，我国电力系统经过五年的发展和演化，面临着新一轮的整合和治理，"十三五"规划从各个方面对电力系统进行了规制。其中，电动汽车作为有效的储能工具，被列入了重点发展目标中，太阳能发展和风电发展也都被列入"十三五"规划项目。同年，国家发展改革委和国家能源局发布的《能源生产和消费革命战略（2016～2030）》提出了我国能源革命中长期的战略目标。其中，明确提出：①到2020年，我国能源消费总量控制在50亿t标准煤以内，非化石能源占比达到15%，天然气占比力争达到10%；②2021到2030年，实现能源年消费总量控制在60亿t标准煤以内，非化石能源占比达到20%左右，天然气占比达到15%左右，非化石能源发电量占全部发电量的比重力争达到50%；③2050年，实现能源消费总量基本稳定，非化石能源超过一半。"京津唐电网电力用户直接交易"计划和《可再生能源调峰机组优先发电》规划也如约而至，这些政策不仅促进了直供电项目的发展，还有效缓解了弃风弃光等问题。

2017年是我国电力系统变革最大的一年，也是我国可再生能源发电的黄金元年，2017年能源工作指导意见要求推进高效智能电力系统的建设；国务院办公厅颁布了《关于创新管理优化服务培育壮大经济发展新动能加快新旧动能接续转换的意见》，要求建立全面接纳高比例新能源电力的新型电力系统；国家能源局《关于可再生能源发展"十三五"规划实施的指导意见》中指出，电力系统要着重消纳可再生能源电力。简言之，电力市场自由化给电力系统演化带来了无尽的活力。以上这些国家电力改革政策从重建电力市场结构、合并发电企业、开放售电市场、激活新能源发展等多个方面引导了我国电力系统的演化和转型。

2020年9月22日，国家主席习近平在第七十五届联合国大会上宣布，中国力争2030年前二氧化碳排放达到峰值，努力争取2060年前实现碳中和目标。在随后的2021年里，中央对"双碳"目标相继作出重大部署，"双碳"目标的实施路径也日益清晰。2021年3月15日，在中央财经委第九次会议上，习近平总书记再次对"双碳"目标作出重要部署，强调要构建以新能源为主体的新型电力系统；5月26日，碳达峰碳中和工作领导小组第一次全体会议在北京召开；7月16日，全国碳市场正式开市；10月，《关于完整准确全面贯彻新发展理念做好碳达峰碳中和工作的意见》以及《2030年前碳达峰行动方案》相继出台，共同构建了中国碳达峰、碳中和"1+N"政策体系的顶层设计，而重点领域和行业的配套政策也围绕以上意见及方案陆续出台。2022年我国继续推进新型电力系统建设，1月18日，国家发展改革委、国家能源局发布的《关于加快建设全国统一电力市场体系的指导意见》提出，要加快建设全国统一电力市场体系，实现电力资源在更大范围内共享互济和优化配置，提升电力系统稳定性和灵活调节能力，推动形成适合中国国情、有更强新能源消纳能力的新型电力系统；综合而言，"双碳"目标的提出对我国能源行业的发展具有深远影响，将对能源绿色低碳发展起引领性、系统性作用，将带来能源产业结构优化和能源产业技术发展的多重效应。

（二）我国经济发展演化

近几年，全球经济局势动荡，风险事件频发，新冠疫情在全球持续蔓延对世界经济造成重创，美联储加息预期扰动市场情绪，俄乌局势对欧盟乃至世界能源安全造成深远影响。但是，我国经济发展稳中有升，2015 年国内生产总值为 689052.1 亿元，随后，国内生产总值保持持续增加，2021 年达到了 1143670 亿元。我国经济发展的良好势头不仅证明了国内市场的活力十足，还从侧面反映了国家有充足的财力支撑电力系统的创新技术发展。在经济增长的背景下，我国电力系统的演化拥有了更为广阔的平台，新技术的发展和推广都拥有充足的经济支撑，电力系统的技术创新力度逐步加强，财政补贴虽然有所下降，但是总体支持力度依然较大，这些方面都有效地推动了电力系统的演化。图 1-3 显示了 2002～2021 年我国国内生产总值的变化情况。

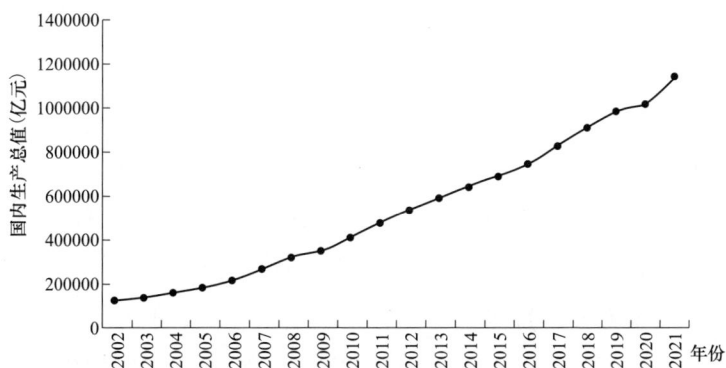

图 1-3　2002～2021 年我国国内生产总值变化情况

（三）国际减排任务严峻

环境变化是人类面临的严峻挑战，必须各国共同面对。为了防止环境的进一步恶化，在全球范围形成了应对环境变化的国际组织。这些国际环境组织公布了一系列环境公约，用于约束各国的环境破坏行为，尤其是针对温室气体的排放量作出了明确规定，这些规定为电力系统的演化施加不同程度的压力。1997 年 160 个国家在日本京都召开了《联合国气候变化框架公约》缔约方第三次会议，通过了《京都议定书》，规定在 2008～2012年期间，发达国家的温室气体排放量要在 1990 年的基础上平均削减 5.2%。2005 年《京都议定书》正式生效，但是其减排谈判进展缓慢。2009 年底产生了《哥本哈根协议》，但是并不具备法律效力。直到 2016 年 9 月 3 日，全国人大常委会批准我国加入《巴黎气候变化协定》，在该协定框架之下，我国提出了有雄心、有力度的国家自主贡献四大目标：一是到 2030 年我国单位 GDP 的二氧化碳排放，要比 2005 年下降 60%～65%；二是到 2030 年非化石能源在一次能源消费中的比重提升到 20%左右；三是到 2030 年左右，我国二氧化碳排放达到峰值，并且争取早日达到峰值；四是增加森林蓄积量和增加碳汇，到 2030 年我国的森林蓄积量要比 2005 年增加 45 亿 m^3。这些越来越严苛的国际环境条例，不仅规定了电力系统的演化目标，还给我国电力系统带来越来越多的演化压力。

四、中观体制演化

随着我国电力系统宏观环境的变化，电力系统各部分也发生了深刻的变化，下文将描述我国电力系统"源—网—荷—储"和电力市场发展演化过程。作为电力系统的重要组成部分，电源侧为整体电力系统提供了能源动力，电源侧的演化主要体现为电源结构特征以及各种发电方式的发电量、装机量的变化；电网侧为整体电力系统运送电能，属于重要的电力子系统，它的演化过程包括越来越长的输送距离和越来越大的输送量；负荷侧属于电力系统的终端用户，它的演化发展受多重因素影响，并且反馈作用于整体电力系统。

（一）我国电力系统电源侧演化

1. 各阶段演化过程

我国电力系统电源侧的演化着重介绍发电方式的变化，以及所属子系统之间的相互影响。

在第一阶段，发电方式的特点是小容量、低电压，主要电力来源是火力发电，部分水力发电辅助，发电技术和资金支持作为外部因素，影响电源侧的进一步演化。

在第二阶段，部分利基（风力发电、光伏发电和生物质发电等技术）已经发展成熟，作为新生力量与已有发电方式进行竞争，但是原有发电方式作为较稳定的系统具有一定路径锁定效应，保持大规模、集中式的发电组合形式。发电技术、资金支持依然形成持续的外部推动力量。而且，新晋的电源侧能源政策也开始为电力系统的转型提供支撑力量。此外，已建立的商业模式和现有公用事业组织正在遭受成熟利基的侵蚀。该阶段多数组织从投资传统能源转向投资分布式可再生能源，但是他们的投资行为因缺乏商业模式的推动，依然存在着生存威胁。

在第三阶段，随着利基的作用进一步加强，发电方式发生了变化，由大规模、集中式变为小规模、分布式结合可再生能源发电的新模式。2013 年，我国煤炭结束了自己的"黄金十年"，正式进入了低谷时期，同时，燃煤发电技术也在经历最残酷的清洁化、低碳化的转型。政府政策着重支持发展和扩大可再生能源，鼓励社会闲散资金的投资，并且持续电改五号文的主张，开通了直供电项目，不仅提升了工业用户的电力消费效率，还降低了其用电价格。电源系统由原来存在的子系统变为稳定的子系统（火力发电、水力发电和核电）以及新晋子系统（风力发电、光伏发电和生物质发电），其中，新晋子系统对电源侧的影响力较上一阶段更大。同时，发电技术、资金支撑和政策支持的推动力度有所缓解。

2. 具体情况

（1）以煤电为主的电力结构。

我国是全球最大的煤炭生产国和消费国，煤电为主的电力结构在未来很长一段时间内难以改变。所以说，我国的能源资源禀赋作为重要的外部环境因素决定了其电源结构的发展方向。2000 年前，我国的主要电力来源是燃煤发电，辅助部分水力发电，燃煤发电的占比高达 74%，水电占比约为 23%；1997 年后核电也开始崭露头角，但是由于对能源安全的考量，核电的占比一直维持在 1%以下。随着可再生能源的发展壮大，2005 年风电正式进入我国的电源结构，2009 年光伏发电也开始为我国电源系统的清洁化贡献力量，但是，这两种发电方式的发电量占比一直保持在偏低的水平。图 1-4 刻画了 2002～2021 年我国不同电源发电结构的演化状况，其中占据 70%的区域都是燃煤发电。

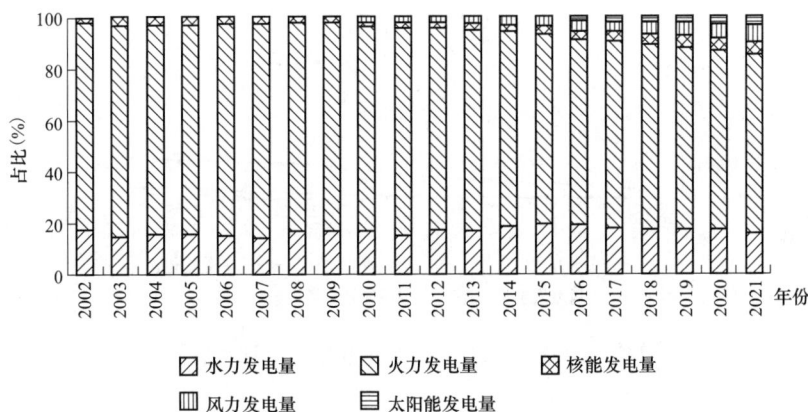

图 1-4　2002～2021 年我国分电源发电结构演化分析

对 2021 年我国电力系统中各种发电方式的发电量数据进行分析（数据来源：国家统计局），发现现阶段我国主要的电力来源依然为火电，占比为 69.80%，水电次之，占比为 16.20%，2015 年风电全年发电量为 5667 亿 kWh，超过了当年的核电发电量，且风电占比达到了 6.86%，太阳能发电方式的发电量增长迅速，当年发电量为 1836.6 亿 kWh，较上年增长 29.25%。

（2）我国不同发电方式的发电量变化情况。

我国长期保持以燃煤发电为主的电源模式与其能源资源禀赋有关，我国属于富煤少油少气的国家,所以,燃煤发电撑起了我国近 20 年的经济发展,但是,同样也产生了严重的环境和资源问题。我国政府从 2001 年就开始强调电源改造的问题,在第十个五年规划纲要中就提出要进一步调整电源结构,充分利用现有发电能力,积极发展水电、坑口大机组火电,压缩小火电,适度发展核电,鼓励热电联产和综合利用发电。我国从 2013 年第一次体验到"十面霾伏"的危机后,开始严肃对待电源结构的转型问题。

2013 年,我国风电和光伏的电源结构占比出现了一次飞跃,分别较 2012 年高出 0.5 和 0.09 个百分点,总可再生能源电力占比达到 2.8%。为促进可再生能源的开发利用,我国制定了 2025、2030 年非化石能源消费占比分别达到 20%、25% 的能源发展战略。从 2012 年起,燃煤发电量占比降至 80% 以下,并且以一个较快的速率持续下降;核电在 2005 年出现了一个小幅度的下降后,2012 年其占比有所回升,但为确保电力系统的整体安全运行,其增加的速度依然较为缓慢;风能在 2010 年后迅速发展,除 2020 年发展较缓外,其他年份均维持较快速度增长,至 2021 年发电量为 5667 亿 kWh;太阳能发电在 2016 年后也取得了长足的进步,为"双碳"目标的提出打下了坚实的基础。图 1-5 所示为 2002~2021 年我国不同发电方式的发电量变化情况。

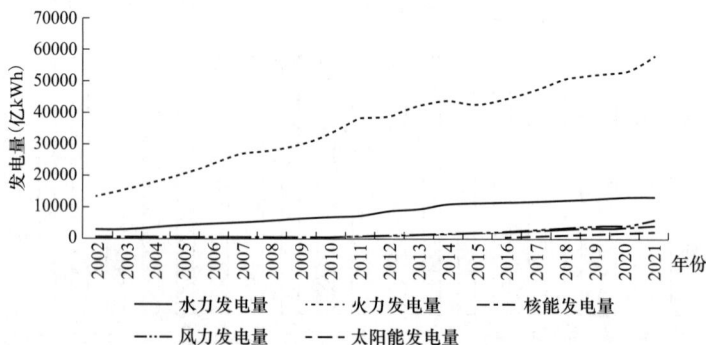

图 1-5 2002~2021 年我国分电源发电量发展情况

由图 1-5 可知,火电发电量依然"遥遥领先",但是在 2011 年后出现了两次平稳过渡;水电 2002~2011 年的发电量基本保持不变,2004 年后出现了小幅度的上升,2011 年后的上升幅度更大一些,结合我国政府出台的有效建设西南水电基地的政策可知,清洁水电的上网有效利用力度在逐步加大;核电的发电量在二十年间基本没有变化;2006 年出现的风电以及 2009 年出现的光伏发电,出现时间都较晚,发电量也不高,还需要时间发展来适用整体电力系统的结构。

(3)我国不同发电设备的装机量的变化。

基于上述我国不同发电方式的发电量变化情况,结合我国非化石能源发电装机量(见图 1-6)的变化,进一步分析我国电力系统中电源侧的电源结构演化情况。

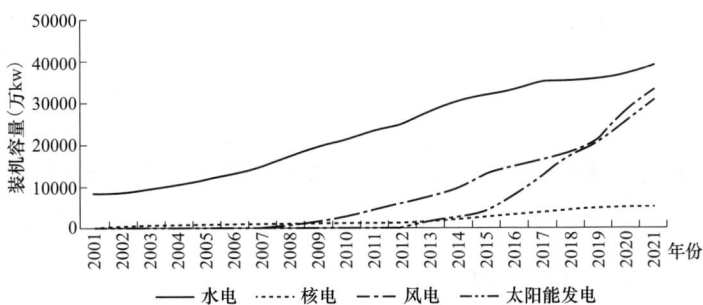

图 1-6　2001～2021 年我国非化石能源发电装机容量

　　分析各种发电方式的装机容量可知，核电的装机容量从 2010 年开始几乎没有发生变化，水电的装机容量从 2006 年开始持续上升，风电装机容量的增长率也保持在一个较高的水平，2011 年的增长幅度高达 36%，随后增长幅度略有下降，最终保持在年增长率 20%左右。可再生能源装机中，光伏的装机容量变化幅度最大，从 2013 年 78.5%的增长率下降至 2014 年的 35.4%，经历了大起大落的变化，这也从侧面验证了新体制和成熟利基之间的博弈会对原有体制产生压力，同样提供动力。新能源发电体制的成型不仅需要社会、技术、政府和资金的多方支持，同样需要商业模式的驱动，以期达到一个稳定的状态。

（二）我国电力系统电网侧演化

　　在中华人民共和国成立初期，我国电力系统发展兴起，此时电力系统的主要特点是交流输电占主导，输电电压较低，达到 220kV 等级；电网规模小（属于城市电网、孤立电网和小型电网）；发电机单机容量不超过 20 万 kW，呈现小机组、低电压、小电网特征。

　　1971 年，刘家峡水电站及刘家峡—关中 330kV 线路（535km，送电 42 万 kW）建成，我国第一个跨省区域电网（甘肃、陕西、青海）形成，拉开了我国第二代电网建设的序幕。第二代电网大机组、超高电压、互联电网的特征，标志着电网进入规模化发展阶段，伴随电网的规模化发展，适应第二代电网发展的电网技术也发生了重大变化。除了装备和硬件技术的大型化和高参数化，在超高压远距离输电和互联电力系统关键问题解决的过程中，电力技术与同时代的数学理论、系统科学技术、计算机和信息科学技术、材料科学与技术广泛结合，极大地丰富和改变电力系统理论和技术的面貌，形成了电气装备、高压输电、系统运行与控制三个领域的关键技术。

　　自 20 世纪末以来，新能源革命在世界范围内悄然兴起，世界各国能源和电力的发展都面临空前的应对和转型挑战。以接纳大规模可再生能源电力和智能化为主要特征的下一代电网，即第三代电网，成为未来电网发展的趋势和方向。第三代电网就是现代电网（Modern Power Grid）、广义的智能电网，是 100 多年来一、二代电网在新形势下的传承和发展。第三代电网以非化石能源发电占较大份额（如达到 40%～50%以上）和智能化为主要特征，是可持续发展和智能化的电网模式。而为了建设更加智能化和清洁化的网络，提高分布式清洁能源比重，需要加大配电网建设，均衡整体电力网络的电力需求和供应。从电改五号文开始，政府就开始分拆电力系统，输配电端的结构变化遭遇挑战，在物理层面上需要进行网路的扩展，将更多的电力运输到更远的地方去；在管理层面上需要输配电网更加智能、更加灵活。但是，这一完整的输配电网演化框架的模型仍然缺失，还需要进一步的发展。

"双碳"目标提出后，随着新能源装机占比的提高，对电网负荷平衡造成巨大压力，要求提高电力供应保障能力，需要以清洁高效先进节能的煤电为基础支撑，大力推动清洁能源开发利用和产业化发展，打造一个更坚强可靠、绿色智能的输电网络。

（三）我国电力系统负荷侧演化

随着国家经济的发展，我国电力需求也是逐年上升，如图 1-7 所示，电力需求总量总体保持上升趋势，2007 年前电力需求增长较快，2007 年和 2008 年的增长速率开始变缓，之后在 2015 年又经历了一个缓慢增长期，随后电力需求又以一个较高的速率持续增加。电力需求的增加会对电力系统的演化产生最直观的驱动作用。为了满足日益增加的电力需求，电力系统需要不断驱动自身发展，其中，发电端应该添加更多高效率的发电方式、输配电端应该建设更多跨区域高压输配电线、用电端也需要更新设施进行需求侧管理，提升用电效率，总体来说，电力系统需要全面提升效率、减少不必要的电力损耗、增加电力使用的灵活性。所以说，我国经济发展和电力需求的增加都为电力系统演化提供了基础动力。

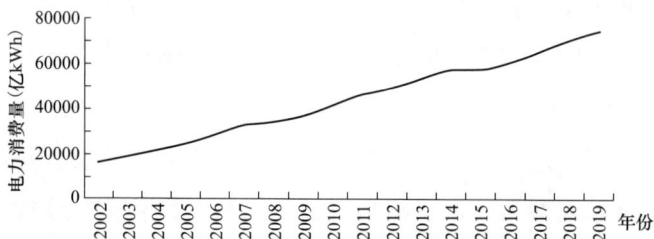

图 1-7　2002～2019 年我国电力能源消费总量的变化情况

电力系统的消费端也经历着阶段性的演化和发展，几种参与主体之间的动态作用，不仅会对电力系统的发展产生推动作用，还会对其演化产生部分阻碍。在三个阶段中，主要的用电者包括三类：工业用电、农业用电和居民用电，三者的用电比例在三个阶段呈现出不同的特征，初始阶段农业用电和工业用电最多，第二个阶段居民用电的比例开始上升，但是工业用电量依然占到一半以上，第三个阶段居民用电量继续上升，工业供电依然占据主要地位，而且因为直供电行为比例进一步上升。

新晋用户主要指用电的高效性和智能性，主要体现在智能电表的使用和用电效率的提升，新晋用户在第二个阶段进入用电系统，与已有用电主体形成稳定的用电组合。提高用电效率和提升电网的智能性成为新电力系统的演化目标，这两个因素控制了电价的上涨，刺激了电气的自动化发展，还有助于抑制电力消费的增长。用电端的一些反馈行为可以间接影响到中观体制层的演化，如：用户端关注气候变化和能源安全，以及能源效率的有效提升，这些为电源和电网系统改革创造了原动力。

（四）我国电力系统储能侧演化

储能是一种将电网富余时的电量进行存储，在电网电量短缺时进行补给的行为，实施这一行为的主体称之为储能装置，储能侧发展初期可以看作是电力系统在微观利基层的演化发展。我国储能产业的战略布局最早追溯到 2005 年出台的《可再生能源产业发展指导目录》；2011 年储能被写入"十二五"规划纲要；2017 年国家能源局出台储能行业第一个指导性文件《关于促进储能技术与产业发展的指导意见》，指出要在"十三五"期间实现储能由研发示范向商业化初期过渡，"十四五"期间实现商业化初期向规模化发展转变。2021 年，借"双碳"目标的东风，国家及地方政府密集出台了 300 多项与储能相关的政策，储能产业迎来了前所未有的关注和炙手可热的投资高潮。国务院印发《2030年前碳达峰行动方案》，提出到 2025 年，新型储能装机容量达到 300 亿 kW 以上；到 2030年，抽水蓄能电站装机容量达到 1200 亿 kW 左右，比当前总装机容量分别增长 10 倍和 4 倍以上。国家电网 2021 年提出了未来十年公司经营区域内储能建设计划，2030 年，抽水蓄能和新型储能装机容量都将分别达到 1000 亿 kW，投资逾万亿元。"十四五"和"十五五"期间，南方电网将在公司经营区域内分别投产 50 亿 kW 和 150 亿 kW 抽水蓄能，以及分别投产 200 亿 kW 新型储能。2022 年，国家发展改革委、国家能源局发布《"十四五"新型储能发展实施方案》，明确除抽水蓄能以外的其他所有储能技术和形式，即新型储能，到 2025 年储能由商业化初期步入规模化发展阶段、具备大规模商业化应用条件，此外，到 2025 年电化学储能技术性能进一步提升，系统成本降低 30% 以上。

截至 2021 年底，我国已投运电力储能项目累计装机规模达 46.10 亿 kW，占全球市场总规模的 22%，同比增长 30%。其中，抽水蓄能的累计装机规模最大，为 39.80 亿 kW，同比增长 25%，所占比重与上年同期相比再次下降，下降了 3 个百分点；电化学储能发展迅速，累计装机规模为 5.510 亿 kW，同比增长 68.5%；市场增量主要来自新型储能，累计装机规模达到 5729.7MW，同比增长 75%。2021 年新增百兆瓦级项目（含规划、在建、投运）的数量再次刷新历年纪录，达到 78 个，超过 2020 年同期的 9 倍，规模共计

26.20 亿 kW。技术应用上，除了锂电池外，压缩空气、液流电池、飞轮储能等技术也成为 2021 年国内新型储能装机的重要力量，特别是压缩空气，首次实现了全国乃至全球百兆瓦级规模项目的并网运行。

随着"双碳"目标的推进和新型电力系统的建设，储能作为电网"源—网—荷—储"互动中的重要一项，越来越多的投资主体涌入储能领域，其参与电网互动的方式也不断丰富。

发电侧储能应用于电网，采取合适的功率控制策略，可在一定程度上解决大规模新能源并网消纳问题，以及在提高新能源和传统电源的发电能力，保证系统安全、经济运行等多方面起到极其重要的作用。发电侧作为电网运行的发端，应用储能系统能通过平抑清洁能源功率波动、热电解耦、新能源自我消纳、调频辅助服务等方式参与电网互动。

电网侧储能一直热门的一种业态，从技术层面到政策层面，再到商业模式等诸多方面，无不成了储能产业的焦点。储能系统可实时调整充放电功率及充放电状态，应用在电网侧可具备 2 倍于自身装机容量的调峰能力，规模化配置后，可提供高效的削峰填谷服务，有效缓解地区电网调峰压力，延缓配电网投资建设。同时，储能应用在电网侧还能够辅助调整系统频率、提供无功电压支撑、调节区域电网潮流，提高电网运行灵活性和稳定性，对于未来含有大规模分布式新能源接入的电网而言是重要的电网调节手段。目前，电网侧储能主要在电网保供电、电网调峰、延缓电网升级改造和电网末端电压支撑等情境下参与电网互动。

相比于电网侧储能和电源侧储能规模化集中式的建设模式，用户侧储能呈现小型化、分散式的特点。用户在电价较低时对储能系统充电，在高电价时放电，在自身用电负荷较低的时段对储能设备充电，在高负荷时，利用储能设备放电，以利用峰谷电价差获取用户侧收益。目前，用户侧储能主要应用于大用户峰谷差套利、微电网、特殊用户电能质量和需求响应等方面。

（五）我国电力市场发展演化

电力市场是指通过采用经济、法律等手段，本着公平竞争、自愿互利的原则，对电力行业中的产、供、销及售后服务等环节组织运行的机制，是电力买卖双方交换关系的总和。随着我国市场经济体制的建立和不断完善，电力企业的体制改革不断深入，为适应我国经济体制改革的大趋势，电力市场也经历了深刻的演化发展。

在电力系统发展的第一阶段，我国整体电力体系都属于国家垄断行业，政府不仅控制着发电端和输配电端，还规定了居民用电、农业用电和工业用电的价格。在改革开放的大背景下，我国正经历着经济的快速增长，以及电力需求的迅猛增加，国家正式启动

"集资办电"策略，开始新建电厂，卖用电权限。

第二阶段，我国加大对电价机制的改革力度，改革进程开始加快。实现了城乡居民生活用电同价，出台并实施了峰谷分时电价政策；对高耗能行业实行差别电价，出台了煤电价格联动政策等。同时电改五号文提出，要建立电力调度交易中心，实行发电竞价上网，建立合理的电价形成机制，将电价划分为上网电价、输电电价、配电电价和终端销售电价。2011年，国家在北京、天津、上海、重庆、湖北（武汉）、广东（广州）、深圳等省市启动碳排放权交易试点，首次明确碳市场交易规则。碳排放权交易把二氧化碳排放权作为商品进行买卖，纳入碳减排的企业会分配到一定的碳排放配额，企业实际碳排放小于配额的结余部分，可作为碳排放权在碳市场出售；企业实际碳排放大于配额的超排部分，则需购入相应的碳排放权或国家核证自愿减排量（CCER）。

第三阶段，国务院发布《进一步深化电力体制改革的若干意见》（电改九号文），逐步加快推进示范地区的输配电电价改革，同时放开新增配售电市场，加强政府监管，继续强化电力统筹规划，强化和提升电力安全高效运行和可靠性供应水平。九号文改变了电力系统原有的盈利模式，即让电网公司从以往的购售电差价转变为成本和合理利润相结合的模式，将压缩电网的高额利润，让其回归到合理利润水平。电改配套文件《关于推进电力市场建设的实施意见》中明确提出，在具备条件的地区开展现货市场试点，并将电力市场模式分为分散式和集中式2种，要求各地区根据自身实际选择合适的电力市场模式。同时，逐步完善市场体系和机制，主要包括：要建立和健全电力市场中的各种细分市场，包括电能量市场、辅助服务市场、容量市场等；要为市场成员提供尽可能多样的规避市场风险的工具，包括远期合同交易和各种电力金融交易。

近年来，我国已基本建成以中长期交易为主、现货交易发挥重要作用的电力市场体系，电力市场的能源资源优化配置作用持续彰显，尤其是通过完善跨省区交易、电力辅助服务等市场机制，很好地促进了可再生能源消纳。当前风电、光伏等新能源主要按优先发电方式获得收益，电力市场仍以火电等常规电源参与为主。"双碳"目标下，可再生能源消纳责任考核不断加码，推动风、光等新能源发展进一步提速，新能源参与电力市场交易步伐将加快。电力市场为落实可再生能源消纳责任提供了主要市场环境，尤其是近期国家在电力中长期市场框架下启动了绿色电力交易试点，为电力用户直接使用绿色电力提供了新渠道。全国首批绿电交易共17个省259家市场主体参与，交易电量达79.35亿kWh。在试点基础上，2017年12月全国碳市场启动建设，在"双碳"目标指引下，2021年7月正式上线交易，正式成立了全国碳市场，发电行业作为全国碳排放最大行业（碳排放占比超过40%）首批纳入，涉及2225家发电企业，后续钢铁、水泥、电解铝等高耗能行业也将逐步纳入，碳市场覆盖范围不断扩大。

五、微观利基演化

随着电力系统的发展，电力系统技术也实现了跨越式的发展。在新中国成立初期，我国电力系统以小机组、低电压、小电网为特征，是我国电力系统发展的兴起阶段，此时电力系统主要特点是交流输电占主导，输电电压较低，达到220kV等级；电网规模小（属于城市电网、孤立电网和小型电网）；发电机单机容量不超过20万kW。

第二代电网大机组、超高电压、互联电网发展，适应第二代电网发展的电网技术也发生了重大变化。装备和硬件技术方面，形成了高效大型发电机组技术，包括：超临界、超超临界燃煤机组（60万、100万kW），100万kW核电机组，70万~80万kW水电机组；超/特高压交直流输变电设备和线路技术（交流500、750、1000kV断路器、变压器、互感器，±500、±660、±800kV直流换流阀、换流变压器）；高速继电保护和安全稳定控制装置；光纤通信技术等。超/特高压输电技术方面，在建设750kV及以下电压等级的超高压输变电工程，±660kV及以下电压的高压直流输电工程，以及1000、±800kV特高压交直流输电工程的过程中，借助材料科学技术和高压试验技术的进步，提高了超/特高电压条件下空气及其他介质的绝缘强度特性，促进了输电线路及输电设备绝缘配合与绝缘水平的合理设计；借助科学试验和仿真计算，提高了输电系统过电压（包括内部过电压和外部过电压）预测及防护水平；广泛采用线路并联电抗器补偿以及电抗器中性点小电抗补偿潜供电流的措施；各种运行方式下的调压和无功功率补偿提高了输电系统电压控制水平；对超/特高压输电线路引起的电磁环境干扰，如电晕放电造成的无线电干扰、电视干扰、可听噪声干扰，以及地面电场强度对人体影响等问题进行了大量研究并采取有效解决措施。电力系统运行与控制技术方面，解决大型互联电网经济运行和系统安全问题的需求带动了电力系统运行优化和控制技术的研究，包含安全约束的经济调度理论和方法、低频振荡（动态稳定）和暂态稳定控制的理论方法得到充分研究和广泛应用；采用先进计算机和计算方法的电力系统分析和仿真技术，开发了大规模电力系统计算分析软件，包括详细动态建模的大规模电力系统机电/电磁暂态计算分析、可靠性计算分析等；采用先进理论和技术开发并广泛应用了快速继电保护和安全稳定控制系统；基于电力系统远程测量［常规远程终端（Remote Terminal Unit，RTU）、同步相量测量装置（Phase Measurement Unit，PMU）］和光纤通信、离线和在线分析的调度自动化能量管理系统成为电网安全经济运行的重要保障。

自20世纪末以来，新能源革命在世界范围内悄然兴起，世界各国能源和电力的发展都面临空前的应对和转型挑战。以接纳大规模可再生能源电力和智能化为主要特征的下一代电网，即第三代电网，成为未来电网发展的趋势和方向。第三代电网就是现代电网、广义的智能电网，是 100 多年来一、二代电网在新形势下的传承和发展。第三代电网以非化石能源发电占较大份额（如达到 40%～50%以上）和智能化为主要特征，是可持续发展和智能化的电网模式。但要实现主导第三代电网发展两大特征的功能，即大规模可再生能源电力的集中和分散接入以及电网运行控制和用电的全面智能化，则对电源和电网发展模式，对电网装备的创新，对电网运行控制、仿真计算分析、智能用电以及用户与电网双向互动等多个方面，提出了前所未有的技术挑战，可概括为装备硬件和系统集成两个方面。

（1）装备和硬件技术。高效、节能、环保的硬件装备是新一代电网发展的基础。主要包括：经济、高效的可再生能源发电装备（风能、太阳能、生物质能等）；新型高效的输配电技术和装备（特高压输电、超导输电、地下输电，智能化绿色电器）；新型电力电子元器件、装备和技术；大容量和分布式储能技术和装备；各类传感器和信息网络。

（2）系统集成技术。融合先进信息通信技术、电力电子技术、优化和控制理论和技术、新型电力市场理论和技术等的系统集成是未来新一代电网构建和安全经济运行的基础。具体包括：大容量集中式和分布式可再生能源电力接入技术；基于先进传感、通信、控制、计算、仿真技术，涵盖各类电源和负荷的智能化能量管理和控制；新一代电网的建模和分析技术；电网运行的能量流和信息流可靠性评估和安全防护；支持各类电源与用户广泛互动的电力市场理论、模式和运作方式；资产管理和综合服务系统；智能化的配用电系统，实现电力需求侧响应和分布式电源、电动汽车、储能装置灵活接入；覆盖城乡的能源、电力、信息综合服务体系。

第二节　四川新型电力系统价值内涵

加快构建新型电力系统，是实现"30·60"目标的必然选择。现阶段，新型电力系统的主要特征是实现新能源高比例接入，加快信息技术与能量供给的深度融合，电力传输更加高效且富有韧性。

一、新型电力系统内涵特征

新型电力系统承载着能源转型的历史使命，是清洁低碳、安全高效能源体系的重要组成部分，是以确保能源电力安全为基本前提，以满足经济社会发展电力需求为首要目标，以新型电网为枢纽平台，以源网荷储互动与多能互补为支撑，具有清洁低碳、安全充裕、经济高效、供需协同、灵活智能"五大特征"。建设新型电力系统，是推动电力清洁低碳发展的必然选择，对支持我国实现碳达峰、碳中和目标，保障我国能源供应安全具有重要意义。新型电力系统概念提出以来，它的内涵、外延和边界不断丰富、完善，建设路径日趋明晰。

为贯彻落实党中央和国务院重大决策部署，加快数字化转型，全面建设安全、可靠、绿色、高效、智能的现代化电网，构建以新能源为主体的新型电力系统，2021年5月，南方电网发布了《南方电网公司建设新型电力系统行动方案（2021～2030年）》，指出新型电力系统的显著特征是新能源在电源结构中占据主导地位。新能源具有随机性、波动性、间歇性特点，系统调节资源需求大，且新能源大规模并网后系统呈现高度电力电子化特征，与传统电力系统相比，新型电力系统在持续可靠供电、电网安全稳定和生产经营等方面将面临重大挑战。方案还提出了新型电力系统构建的总体目标，即全面建设安全、可靠、绿色、高效、智能的现代化电网，构建以新能源为主体的新型电力系统。同时，方案还给出了新型电力系统构建行动方案，2025年前初步建立以新能源为主体的源网荷储体系和市场机制，具备新型电力系统基本特征；2030年前基本建成新型电力系统，以支撑南方五省区及港澳地区全面实现碳达峰；2060年前新型电力系统全面建成并不断发展，全面支撑南方五省区及港澳地区碳中和目标实现。这一目标为南方地区的碳减排和生态文明建设提供了重要支持，体现了新型电力系统在实现碳达峰、碳中和目标过程中的战略地位和重要作用。

国家电网于2021年底发布了《构建以新能源为主体的新型电力系统行动方案（2021～2030年）》，指出新型电力系统构建完善的特点在于电源结构由可控连续出力的煤电装机占主导，向强不确定性、弱可控出力的新能源发电装机占主导转变。负荷特性由传统的刚性、纯消费型，向柔性、生产与消费兼具型转变。电网形态由单向逐级输电为主的传统电网，向包括交直流混联大电网、微电网、局部直流电网和可调节负荷的能源互联网转变。技术基础由同步发电机为主导的机械电磁系统，向由电力电子设备和同步机共同主导的混合系统转变。运行特性由源随荷动的实时平衡模式、大电网一体化控制模式，向源网荷储协同互动的非完全实时平衡模式、大电网与微电网协同控制模式转变。

该方案对新型电力系统构建的行动方案作出如下安排：预计到2035年，基本建成新型电力系统，到2050年全面建成新型电力系统。2021～2035年是建设期。新能源装机逐步成为第一大电源，常规电源逐步转变为调节性和保障性电源。电力系统总体维持较高转动惯量和交流同步运行特点，交流与直流、大电网与微电网协调发展。系统储能、需求响应等规模不断扩大，发电机组出力和用电负荷初步实现解耦。

2036～2060年是成熟期。新能源逐步成为电力电量供应主体，火电通过CCUS技术逐步实现净零排放，成为长周期调节电源。分布式电源、微电网、交直流组网与大电网融合发展。系统储能全面应用、负荷全面深入参与调节，发电机组出力和用电负荷逐步实现全面解耦。

为此，国家电网提出要实现三个方式和三个模式的转变。在公司发展方式上，按照"一体四翼"发展布局，由传统电网企业向能源互联网企业转变，积极培育新业务、新业态、新模式，延伸产业链、价值链。在电网发展方式上，由以大电网为主，向大电网、微电网、局部直流电网融合发展转变，推进电网数字化、透明化，满足新能源优先就地消纳和全国优化配置需要。在电源发展方式上，推动新能源发电由以集中式开发为主，向集中式与分布式开发并举转变；推动煤电由支撑性电源向调节性电源转变。在营销服务模式上，由为客户提供单向供电服务，向发供一体、多元用能、多态服务转变，打造"供电+能效服务"模式，创新构建"互联网+"现代客户服务模式。在调度运行模式上，由以大电源大电网为主要控制对象、源随荷动的调度模式，向源网荷储协调控制、输配微网多级协同的调度模式转变。在技术创新模式上，由以企业自主开发为主，向跨行业跨领域合作开发转变，技术领域向源网荷储全链条延伸。这三个方式三个模式转变的目标为国家电网新型电力系统建设指明了方向、明确了方法，体现了新型电力系统构建在国家电网战略发展中的重要地位。

为深入学习贯彻党的二十大精神，完整、准确、全面贯彻新发展理念，加快构建新发展格局，全面助力推进能源革命、构建新型能源体系、推动能源高质量发展，2023年6月2日，国家能源局统筹组织发布《新型电力系统发展蓝皮书》（简称《蓝皮书》）。《蓝皮书》指出，新型电力系统是以确保能源电力安全为基本前提，以满足经济社会高质量发展的电力需求为首要目标，以高比例新能源供给消纳体系建设为主线任务，以源网荷储多向协同、灵活互动为有力支撑，以坚强、智能、柔性电网为枢纽平台，以技术创新和体制机制创新为基础保障的新时代电力系统，是新型能源体系的重要组成部分和实现"双碳"目标的关键载体。其同时总结了我国新型电力系统三个发展阶段：

第一阶段加速转型期（2023～2030年）：此阶段电力消费新模式不断涌现，终端用能领域电气化水平逐步提升；碳达峰战略目标推动非化石能源发电快速发展，新能源逐步成为发电量增量主体；煤电作为电力安全保障的"压舱石"，向基础保障性和系统调节性电源并重转型；电网格局进一步优化巩固，电力资源配置能力进一步提升；储能多应用场景多技术路线规模化发展，重点满足系统日内平衡调节需求；数字化、智能化技术助力源网荷储智慧融合发展；全国统一电力市场体系基本形成。

第二阶段总体形成期（2030～2045年）：此阶段用户侧低碳化、电气化、灵活化、智能化变革方兴未艾，全社会各领域电能替代广泛普及；电源低碳、减碳化发展，新能源逐渐成为装机主体电源，煤电清洁低碳转型步伐加快；电网稳步向柔性化、智能化、数字化方向转型，大电网、分布式智能电网等多种新型电网技术形态融合发展；规模化长时储能技术取得重大突破，满足日以上平衡调节需求。

第三阶段巩固完善期（2045～2060年）：该阶段电力生产和消费关系深刻变革，电氢替代助力全社会碳中和；新能源逐步成为发电量结构主体电源，电能与氢能等二次能源深度融合利用；新型输电组网技术创新突破，电力与其他能源输送深度耦合协同；储电、储热、储气、储氢等覆盖全周期的多类型储能协同运行，能源系统运行灵活性大幅提升。

《蓝皮书》全面阐述了新型电力系统的发展理念、内涵特征，制定了"三步走"发展路径，并提出构建新型电力系统的总体架构和重点任务，彻底明确了新型电力系统的定义，为新型电力系统指明了发展大方向。

为强调深化电力体制改革，加速构建新型电力系统的重要性，并对此提出相关的具体任务和措施，2023年7月11日，中央全面深化改革委员会第二次会议通过《关于深化电力体制改革、加快构建新型电力系统的指导意见》（以下简称"指导意见"），给出加快构建新型电力系统需要促进市场化和竞争、推动电力体制机制创新、提高电力供应质量和效率、完善电力市场监管体系、深化电力体制改革与能源转型的衔接、加强技术创新和人才培养、推动国际合作与交流七点建议。指导意见继《蓝皮书》之后接续发力，为进一步推动电力体制改革、构建新型电力系统指明了详细发展目标。

南方电网、国家电网以及国家能源局等，高度重视新型电力系统的发展，积极响应国家号召，出台一系列文件明确了发展目标和路径。这些文件的出台为新型电力系统的建设指明了方向，对促进我国能源转型和实现碳中和目标发挥着积极的推动和引领作用。

二、四川电力系统发展趋势

（一）电源侧

"十三五"时期，四川金沙江、雅砻江、大渡河流域水电基地加快建设，风电和光伏发电有序推进。关停落后煤电机组17台，装机容量约170万kW；关闭煤矿339处，退出产能4397万t/年。能源利用效率不断提升，单位地区生产总值能耗累计降低17.4%。

截至2021年12月底，四川发电总装机容量1.14亿kW，清洁能源装机容量9728万kW，其中，水电装机容量超过8900万kW、居全国第一位，风电装机容量超过490万kW，光伏发电装机容量超过194万kW。2021年，四川地区水电弃水电量同比减少39.5亿kWh，水能利用率达96.6%，白鹤滩水电站首批机组和乌东德、杨房沟等重点水电站顺利投产发电。

2021 年，四川电力市场已实现市场交易品种丰富程度全国第一，交易方式灵活程度全国第一，交易开市频率全国第一，度电降价幅度全国第一，为全面构建统一开放电力市场打下了良好的基础。截至 2021 年底，市场主体数量突破 2 万家，是 2016 年的 28 倍；2021 年市场化交易电量达到 1343 亿 kWh，"十三五"以来年均增速达 23%。

目前，四川电力主要依靠水电作为主要能源，但水电具有明显的丰枯特性，并且主要分布在川西地区，离成都等负荷中心较远，存在严重的"空心化"情况。电压支撑能力较弱，电网安全稳定水平较低。虽然四川的水电发展迅速，但是截至 2021 年，具备季及以上调节能力的水库电站装机容量不足水电总装机容量的 40%，具备年调节能力的水库电站装机容量不足 15%。这使得水力发电表现出明显的季节性特征，受气候影响大，抗风险能力不足。四川的水电主要分布在川西地区，随着成渝地区双城经济圈建设上升为国家重大战略部署，同时新技术、新政策不断发展使得电能替代规模不断扩大，成都平原地区的负荷呈现爆发式增长态势，但是成都等负荷中心缺乏本地电源支撑，存在严重的"空心化"情况。电压支撑能力较弱，电网安全稳定水平较低，应对极端情况的能力不足。此外，在枯水期，水电发电能力不足，风光能源的不确定性凸显，进一步增加了电力保供的难度。

因此，需要集中力量提高四川电力系统的应急挑战能力，确保电力系统具备一次能源供应保障能力，即在任何极端场景或单一品类能源短缺的情况下，不会对电力系统造成灾难性影响。同时，需要建立坚实的灵活调峰能力，包括新能源的参与系统调节能力、水电的季节和年度调节能力以及火电的可靠调峰能力。

（二）电网侧

2019～2021 年，四川富余水电外送分别为 304 亿、316 亿、284 亿 kWh。经过三年多的建设，四川已形成交流、直流齐发力的清洁能源外送通道群落。截至 2021 年底，四川已形成以 500kV 为骨干的主网架和"四直八交"外送通道，输电能力超过 3000 万 kW，发展成为省级大电网、西部大枢纽。

"十三五"期间，建成 ±800kV 直流换流站 3 座、换流容量 2160 万 kW，±500kV 直流换流站 1 座、换流容量 300 万 kW，500kV 变电站 52 座、变电容量 8730 万 kV，输配电线路 16294km，外送能力达 3060 万 kW。全省水电外送电量累计 6698 亿 kWh，为我国东部地区节约超 2 亿 t 标准煤，减少二氧化碳排放超 5 亿 t。四川水电弃水问题已得到有效控制，水电利用率已连续两年超过 95%，累计外送清洁能源达 1.3 万亿 kWh，居全国第一。

（三）负荷侧

"十三五"期间，四川全社会用电量稳步增长。2020 年全社会用电量为 2865 亿 kWh，年均增速约 7.5%，高于全国 1.3 个百分点；人均用电量约 3421kWh，年均增速约 6.7%，高于全国 1.4 个百分点。全省用电量结构持续优化，三次产业用电结构由 0.6:68.3:31.1 调整为 0.6:63.1:36.4。累计完成替代电量 445.38 亿 kWh，相当于减少二氧化碳排放 4000 多万吨；通过省内市场化交易消纳清洁能源 3064 亿 kWh，年均增速 22.58%，累计减少二氧化碳排放近 3 亿 t。2020 年，省内市场化交易电量 1061.28 亿 kWh，其中，清洁能源占比 81.23%。清洁能源消费占能源消费总量比重为 54.5%，比 2015 年提高 10.1 个百分点。煤炭消费占能源消费总量比重完成规划目标。

（四）储能侧

储能作为新型电力系统的重要要素之一，在源侧新能源、荷侧电动汽车等随机负荷爆发式增长的背景下，越来越受到更多关注。随着储能技术进步和成本下降，新型储能有望成为电力系统调节的重要力量。

2021 年东北限电事件和 2022 年四川因遭遇历史同期"最高温度、最少来水、最大负荷、最长时间"的"四最"叠加极端气候条件而导致的缺电限电事件，为新型电力系统的调节能力建设提出了更高要求，要守住系统安全底线，同时科学有序推动新能源发展。未来要如何解决这种短时间的电力紧缺问题，以及长期的清洁能源上网比例不断增长给电力系统稳定带来的冲击问题，大力发展储能技术，成为重要的思考点。

积极发展绿色氢能。构建"制储输用"全产业链，加快建设"绿氢之都"。加快水电解制氢等项目建设，支持可再生能源电解水制氢加氢一体化试点。规划建设加氢站，加快构建半小时加氢网络。推动氢燃料电池汽车规模应用，拓展氢能在工业、储能领域应用，建设成渝绿色"氢走廊"。

推进源网荷储一体化和多能互补，增强应急供电保障能力。有序推进抽水蓄能电站建设，鼓励开展电化学储能示范，探索储能应用商业模式，建设移动式或固定式储能设施。新能源项目储能设施配建比例不低于装机容量的 10%，探索电网侧、用户侧和增量配电网改革试点园区的新型储能电站建设，提高系统调峰调频能力。

三、四川构建新系统面临的挑战

在复杂电网结构下，四川探索新型电力系统面临不少挑战。

一是电源以水电为主，丰枯特性明显，且主要分布在川西地区，远离成都等负荷中心，"空心化"情况严重，电压支撑弱，电网安全稳定水平低。四川水电发展迅速，2021 年四川水力发电装机容量达到 8947 万 kW，占全省总装机容量的 78.48%。但省内水电站多为径流式发电（来多少水就用多少水发电，多余的水就直接泄向下游），具备季及以上调节能力的水库电站装机容量不足水电总装机容量的 40%，具有年调节能力的不足

15%，这就使得水力发电"夏丰冬枯"的季节性特征明显，受气候影响大，抗风险能力不足。此外，四川水电主要分布在川西地区，随着成渝地区双城经济圈上升到国家战略和电能替代规模的巨大潜力释放，成都平原地区负荷呈现爆发式增长态势，但成都等负荷中心缺乏本地电源支撑，"空心化"情况严重，电压支撑弱，电网安全稳定水平低，应对极端情况的能力不足，加之枯水期水电发电能力不足，风光不确定性凸显，进一步加剧了电力保供应难度。

二是四川电网呈现高比例新能源、高比例电力电子装备、高比例水电和高比例外送的"四高"特点，电网运行压力大。四川清洁能源资源丰富，是国家重要的清洁能源基地，具有建设新型电力系统的资源禀赋和先发优势。同时，作为全国最复杂的省级电网，随着大规模新能源持续并网，四川电网将呈现高比例新能源、高比例电力电子装备、高比例水电和高比例外送的"四高"特点，对电网运行带来巨大挑战。一是电网安全稳定方面，异步联网后，西南同步电网惯量大幅度减小，频率稳定问题格外突出。随着"新三直"工程的陆续投产，大规模新能源持续并网，四川电网的电力电子化程度逐渐提高，电网的复杂性和不确定性持续加剧，电网运行风险极高。二是清洁能源送出与消纳方面，随着白鹤滩等大型电源投运以及新能源装机容量规模增长，输送通道受阻问题将进一步凸显。2011年以来，四川丰平期水电富余装机容量始终大于省外送电通道能力，且差距不断拉大。省内水电外送需求与输电能力不匹配的矛盾进一步加剧。三是供需平衡方面，成渝地区双城经济圈建设将带动用电需求大幅增长，如不新增建设特高压交流通道，预计从"十四五"中期开始，成都都市圈用电缺口将超过300万kW，并逐年扩大。同时，枯水期水电发电能力下降，加上风光的不确定性，进一步加剧了电力保供应难度。

三是四川具有返送能力的直流线路容量相对较小，入川输电通道偏少，电网支援互济能力相对较弱。四川大规模特高压直流输电线路基本都建设在大型水电附近，由电源侧直接送出至华东等负荷中心，返送能力弱。±500kV德宝直流输电线路等具有返送能力的直流线路容量相对较小。此外，四川与其他电网的交流互联较弱，仅有少数几条500kV输电线路，输电能力有限。因而发生严重缺电时，四川难以从外省区电网获得充足的电力支援。

四是负荷峰谷差大，负荷率低，加之成都平原地区负荷增长迅速，调峰任务重。随着成渝地区双城经济圈建设，四川未来第二产业用电占比逐步降低，第三产业和居民生活用电占比不断提升。与第二产业相比，第三产业和居民生活用电日负荷曲线的日负荷率更低、峰谷差更大。用电负荷峰谷差逐年增加，用电负荷主动调节能力明显不足。2022年夏季历史同期最高极端高温、最少降雨量、最高用电负荷、最长持续时间"四最"叠加情况下，以水电为主的单一能源电力结构导致保障能力不足的问题显现。同时，四川新能源装机容量快速增长，带来更多的电源调峰需求。

五是新型储能、可中断负荷等可调节负荷不足，可调节能力不强。四川未来几年电力需求将呈稳步上升趋势，电力供需形势将由"丰余枯缺"加快向"丰枯均缺"转变。四川新型储能、可中断负荷等可调节负荷不足，可调节能力不强。

四、四川新型电力系统价值内涵

四川水电技术可开发容量 1.48 亿 kW，目前，四川水电装机容量占比超过 80%，是我国典型的省级水电高占比电力系统，承担着"西电东送"能源基地和战略枢纽的重要使命，是我国电力系统中重要组成部分。本节以国家对新型电力系统发展要求和基本特征定位为重要参考，立足四川能源资源禀赋和电网特性，以四川能源发展路径为基础，分析四川新型电力系统的价值内涵，为其他地区提供参考。

总体来看，四川新型电力系统建设应重点关注以下几个重要的方面：

（1）立足水电高占比的基本特性，发挥四川水电优势。目前，四川电力系统电源以水电为主，水电装机容量位居全国第一，水电资源禀赋优越，所以四川新型电力系统建设不能忽视四川水电方面的优势，应注重水电的发展建设，未来逐步形成以水电和新能源为主体的能源格局，以大型水电为基础、消纳高比例绿电的新型能源体系建设为主线任务。

（2）要注重电网多向协同、灵活互动，实现源网荷储协调发展、互济互利。四川电力装机结构偏单一，目前电源以水电为主，丰枯特性明显，且现有水电和未来可开发新能源主要分布在川西地区，远离成都等负荷中心，"空心化"情况严重，电压支撑弱，电网安全稳定水平低；电网具有返送能力的直流线路容量相对较小，入川输电通道偏少，电网支援互济能力弱；成都平原地区负荷快速增长，调峰任务繁重，所以四川新型电力系统建设必须坚持"横向多能互济、纵向源网荷储协调"的多向协同、灵活互动的发展理念。

（3）要充分利用灵活性调节资源。四川电网未来将进一步呈现高比例新能源（据估计，四川新能源技术可开发量超过 2.7 亿 kW）、高比例电力电子装备、高比例水电和高比例外送的"四高"特点，电网运行压力大；具有季及以上调节能力的水库电站占比低，新型储能、可中断负荷等可调节负荷不足，调节性整体较差，必须充分利用储能、调峰机组、需求响应等灵活性调节资源的，实现源网荷储协调发展、互济互利、能源安全。

（4）在考虑四川特色省情的同时，要贯彻落实国家、国家电网相关政策与规定。针对四川 2022 年四川夏季高温期电力系统状况，同时根据《新型电力系统发展蓝皮书》《深化电力体制改革、加快构建新型电力系统的指导意见》等文件要求，建设新型电力系统必须以确保能源电力安全为基本前提，对于四川而言则必须强调电力系统应具有应对极端气候、极限场景的能力。

根据国家对新型电力系统的定义，结合四川省情和国网四川电力面临的挑战，总结四川新型电力系统的价值内涵如下：

高比例水电新型电力系统是以确保能源电力安全为基本前提，以实现"双碳"目标及服务经济社会高质量发展为核心目标，以电力系统"横向多能互济、纵向源网荷储协调"的多向协同、灵活互动为坚强支撑，以技术创新和体制机制创新为基础保障，以大型水电为基础、支持高比例绿电电力、电量贡献的新型能源体系建设为主线任务的新时代电力系统，可实现供需高效协同，支持经济低碳能源供应。

从基本特征看，其具备安全高效、清洁低碳、柔性灵活、智慧经济等特征，支持利用储能、调峰机组、需求响应等灵活性调节资源，实现源网荷储协调发展、互济互利，能源安全，结构多源，供需协同，具有应对极端气候、极限场景能力。

从战略定位看，高比例水电新型电力系统是我国新型电力系统的先期示范样板和后期战略支撑，立足我国重要清洁能源基地和清洁能源接续转送基地的基本方略，肩负清洁能源转型战略大后方的重要使命。

从关键要素看，在"源网荷储"4个要素的基础上，拓展以智慧能源大脑为核心的"脑"关键要素，形成涵盖"源网荷储脑"的五大关键要素。"脑"以数字化和市场化为核心抓手，体现了新型电力系统智慧融合的关键特征，包括"电—脑"和"碳—脑"两个关键部分，为新型电力系统提供战略指引和决策支持。其中：

"源"：构建以清洁能源为主体、结构多元的电源结构。保障能源安全是构建新型电力系统首要任务，从国内外相关地区停电事故分析看，结构性能源短缺和事故性停电是威胁能源安全的两大诱因。当前，四川电源结构以水电为主，风光新能源发展处于起步阶段，能源结构相对单一，易受极端天气因素影响导致结构性能源短缺风险，构建多元供给结构、加强互联互济是结构性问题的主要破解方式。未来，四川水电开发速度逐步减缓，结构性供需矛盾进一步凸显，需要促进风光资源开发实现跨越式发展，加快形成省内水风光能源为主、多元化的供应结构，同时通过多能互补提升，充分发挥新能源、水电参与系统调节的能力，提升系统整体灵活性资源水平，提升整体电力供应保障能力。加强跨省跨区多源互济，深刻把握承接西部清洁能源接续转送的发展契机，拓展特高压单一外送格局，促进跨区域差异化能源结构高质量协同发展。具有一定的极限场景应对能力，降低极端场景或单一品类能源短缺对电力系统造成的影响。

"网"：形成以安全可靠的超/特高压交直流输电网络和灵活柔性的配电网络为载体的资源优化配置平台。一是加强电网建设与电源发展统筹协调，加快推进特高压交直流输电工程建设，推动电网提档升级，促进特高压送受互济，具备电力资源跨区快速调度能力，实现更大范围（省内、省间）、更高效率的资源优化配置。二是加强主网与配网互动互济，形成"省—地—配—微"多级协同、柔性互动的发展格局。三是实现由静态方式向动态方式转变，通过动态潮流、动态无功控制等理论模型，促进交直流输电通道跟随电源结构多阶梯运行，进一步提升电网灵活控制水平和电网资源配置能力。四是加强不同能源品种的互济发展，促进电力网络与天然气、氢、分布式清洁能源等供应网络协同，实现多类型能源互联，避免因能源网络中断导致多类型能源网络故障。

"荷"：构建多样化清洁用能结构体系，建设多元互动支撑能力。依托城乡能源革命、交通电气化发展等战略契机，促进分布式新能源+储能、生物质能广泛利用，形成多样化、清洁化的用能结构体系。培育"源网荷储+""虚拟电厂""负荷聚合商"等新型用能主体和调节方式，依托市场机制和数字化支撑体系，实现"最后一公里"的靶向控制，具备用户精准响应能力，丰富的可中断负荷用于电力系统"避峰填谷"。

"储"：构建跨时空、多样化储能体系。加强新型储能应用，促进"源网荷"各侧储能快速发展，"新能源+储能"、电网替代性储能、智能微电网等"区域充电宝"应用场景全面推广，系统灵活性资源量显著上升，具备系统应急保障能力。因地制宜发展抽水蓄能、压缩空气储能等多品种储能示范与应用推广。适时推动包括电制氢—氢储能—氢燃料电池等在内的新技术应用示范，打造电氢耦合的能源存储新业态。

"脑"："电—碳"双控型能源控制中枢。其中，"电—脑"以源网荷储各侧数据融合数字化技术为依托，以支撑电力安全可靠供应、促进高比例可再生能源有效消纳、提升可再生能源电力贡献能力为核心目标，是促进源网荷储协调发展和互联互动的核心智慧体。"碳—脑"以能源大数据等数据资源为基础，以实现能源低碳转型与服务社会低碳经济为核心目标，支撑电力与多类型清洁能源协调互济，促进碳市场与电力市场协同发展，是"电"与"碳"联结的核心枢纽。"脑"这一要素的出现有力推动新型电力系统向着智能化、高效化、低碳化的智慧融合方向发展。

第三节　四川电力系统协同演化参与主体及关联关系

一、四川电力系统协同演化分析的基本框架

社会—技术系统转型是实现某种社会功能的社会—技术系统的根本性变化，这种变化涉及面广，包括技术、原料、组织、制度、政治经济结构、社会文化等多个维度的变化，往往需要经历很长时间。在转型过程中，新的产品、服务、商业模式、组织形式、

制度体系的出现，部分或者全部取代已有的产品、服务和商业模式等。在大型技术系统的转型过程中，宏观政策导向，创新主体的出现以及现有制度在内的各个部分都发生了变化，这些部分的变化拥有各自的特征，彼此之间存在相互影响。一般来说，社会技术体系被分为 3 个层次：宏观环境层、中观体制层和微观利基层。

根据社会—技术系统转型理论，也可将电力系统可以分为宏观环境层、中观体制层和微观利基层 3 个层次，进一步构建出中国电力系统演化分析基本框架，用于展示中国电力系统的动态变化过程。具体的阶段性电力系统演化结构如图 1-8 所示。

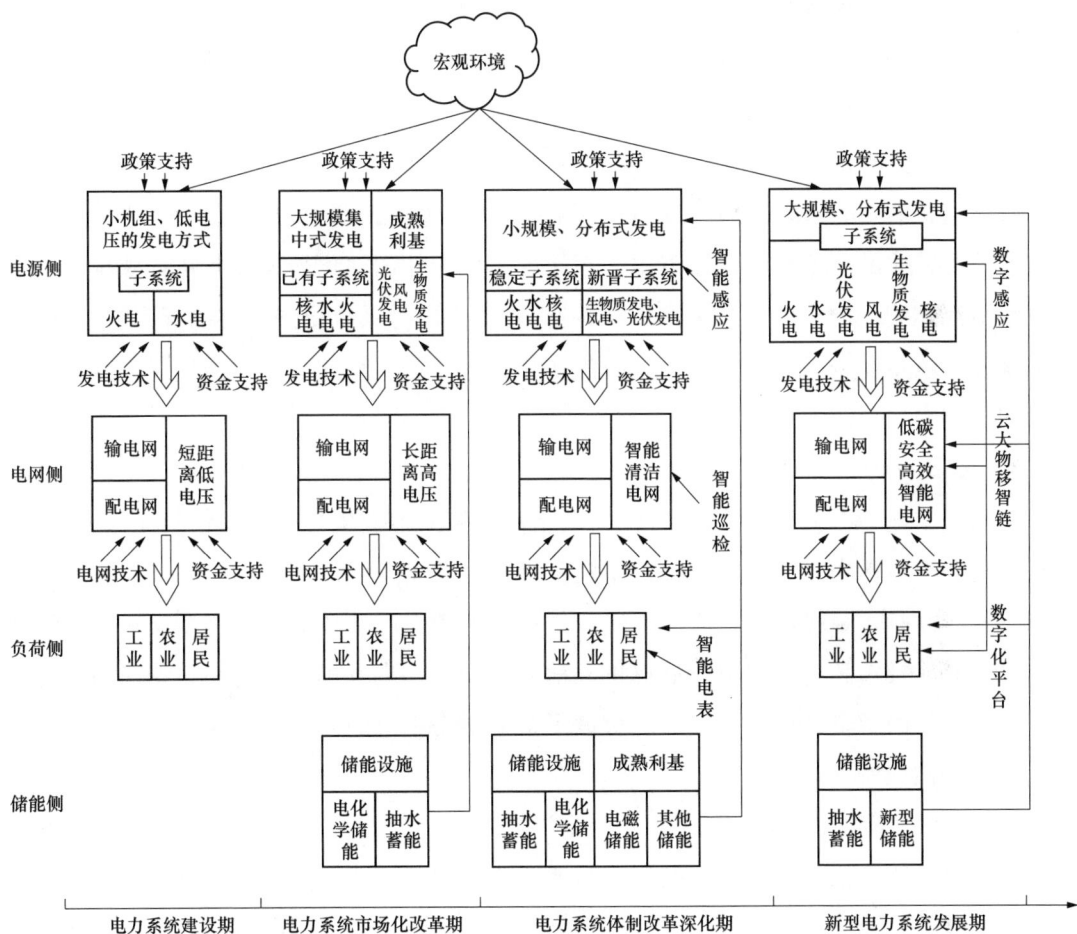

图 1-8　阶段性电力系统演化结构图

二、四川电力系统演化参与主体

从电力系统宏观环境层、中观体制层和微观利基层入手，基于已有的电力系统演化主体的研究成果，并结合四川电力系统的自身演化特色，提取出参与四川电力系统演化的 14 个参与主体。

（一）宏观环境演化参与主体

宏观环境涵盖了众多内容：从资源环境到政策法规，从社会系统到文化传播，均属于较宏观的主体，所以说，从宏观环境中不容易提取出抽象个体。因此，本书基于宏观环境对电力系统的整体影响，结合已有研究提取出 5 个具有代表性的宏观环境参与主体。

1. 政策制定者

政策制定者（简写为 A1）是指直接或者间接参与政策制定的个人、团体以及组织，一般分为直接政策制定者和间接政策制定者两类。影响电力系统转型的政策制定者被视为代表参与电力系统管理的公共机关、部委和行政部门，在我国主要为国务院、国家发展改革委和生态环境部。此外，定义的政策制定者在整体电力系统的转型过程中起主导作用，主要负责进行电力系统发展规划、演化进程控制和演化阶段管理等方面。

2. 政策监督者

政策监督者（简写为 A2）隶属于政策制定者，同样受一定的政策管控，也能发挥自身监管职责。它的主要任务是监督电力系统各演化主体的演化转型任务执行状况，对电力系统中观体制层的电力生产标准进行评价，对阻碍电力系统协同演化的行为进行处罚，总体来说，政策监督者就是对电力系统的演化进行评价、管理，并将结果反馈给政策制定者的一类主体。

3. 金融机构

在本书中，金融机构（简写为 A3）主要指银行和其他提供能源电力信贷业务的企业，金融机构为整体电力系统的发展提供了资金支持，它不仅受政府直接控制，还受监督部门的监管。而且，金融机构也为电力系统的科研创新生产主体提供了资金支撑，为新能源发电、储能技术和电动汽车发展提供源动力。同时，金融机构在电力系统的演化过程中增开了自身的融资渠道，更灵活地协调了整体电力系统的演化。

4. 国际组织

国际组织（简写为 A4）是指两个或两个以上国家（或其他国际法主体）为实现共同的政治经济目的，依据其缔结的条约或其他正式法律文件建立的常设性机构。本书主要涉及的是有关于环境、能源、气候以及电力互联的国际组织，国际组织行为会体现出现阶段全世界推进的能源电力发展趋势，国际组织通过强大的舆论引导力对本国的电力系统演化政策制定者产生重大影响。

5. 公众行为习惯

在本书中，公众行为习惯（简写 A5）主要指居民在日常的生活和工作中表现出来的用能习惯和节能行为等。公众行为习惯不仅仅是自身用能属性的表现，也是电力系统宏观环境下群体行为习惯的缩影；公众行为习惯反作用于整体宏观环境层，可以倒逼政策制定者制定或者完善相关政策，重构电力系统体制；公众行为习惯还可以影响到电力市场的发展，促使匹配新电力系统的商业模式的出现。

（二）中观体制演化参与主体

中观体制是社会—技术系统发展过程中形成的由社会—技术系统中占主导地位的用户偏好、产品、技术、组织、规制、标准、知识等构成的高度关联的稳定结构。我国现有的电力系统仍具有较强的稳定性，社会技术体制的稳定性由三类相互联系的要素共同决定：行动者和社会集团网络；指导行动者的规范、意识和规则；原料、技术、基础设施等。社会—技术体制一旦形成，就具有路径依赖和技术锁定的特点，使其体制在短期内难以改变。根据以上中观体制层的特征结合已有研究，本书选取出 5 个中观体制的电力系统演化主体。

1. 电源侧演化主体

电源侧演化主体（简写为 A6）指当前阶段的主要发电集团组合。我国现阶段主要的发电模式依然以火电为主，水电次之，可再生能源发电和核电占比最少；其中，我国的主要发电集团包括五大发电集团：国家能源投资集团、中国华能集团、中国华电集团、中国大唐集团、国家电力投资集团，这五大发电集团为我国提供了接近 46% 的电力。

2. 电网侧演化主体

电网侧演化主体（简写为 A7）表示当前阶段负责输送和分配电力的集团。我国正在大力发展特高压输电线路，特高压输送具备以下几点特征：输送容量大、输送距离长、线路损耗低、占用土地少、经济效益高等。而且，国家电网和南方电网已经在特高压技术上形成了壁垒。至 2020 年，我国共建成投运 30 条特高压线路。其中，国家电网共 26 条特高压，分为 14 条交流特高压和 12 条直流特高压；南方电网有 4 条直流特高压。不同的电网区域通过特高压建设将我国电网连成"一张网"。

3. 负荷侧演化主体

负荷侧演化主体（简写为 A8）主要包括居民用户、工商业用户等。这里的居民用户指普通办公区域和生活区域的用户，他们虽然属于电力系统终端的能源消耗者，但是其能源消耗量较小、能量消耗时间也不确定。在我国电力系统的演化过程中，居民用户一直属于用电量占比较少能源消耗者。同时，他们的在整体电力系统中的参与模式和参与角色也均随着电力系统的演化发生着持续改变。工业用户指电力消耗量较大、电力需求较为连贯的终端用户。他们也属于电力终端的能源消耗者，但是因其生产特性，工业用户对电力稳定性和经济性的要求高于普通居民用户，而且在我国电力系统演化过程中，工业用户一直属于用能占比最大的电力消耗者。上述工业用户的用能特征使其在电力系统中的地位较为稳固，对整体电力系统的协同性的影响变化不大。

4. 储能侧演化主体

储能侧演化主体（简写为 A10）主要指新型储能、抽水蓄能和电化学储能等应用于电力系统电源侧、电网侧和负荷侧的储能设施。基于对新能源和可再生能源的大力发展，储能设施既可以达到节能减排的需求，也可以起到支撑经济发展的作用。储能装置可以平抑可再生能源波动性的装置，如果电能过剩，储能装置储存电能；在缺电时期释放电能，达到电力供需的持续性和平稳性。储能本身不是一项新兴技术，但是现阶段我国的储能产业还存在诸多问题如：技术亟待提升、储能产业处于起步阶段、尚未形成有效的商业模式、缺乏类似美日等国的专项产业扶持政策等。在我国，储能产业尚未形成商业化模式，技术也亟待提升。

5. 电力市场

电力市场（简写为 A11）指电力工业发、输、配、供电各环节形成的市场和为了促进碳减排而形成的市场，包括电力现货市场、电力中长期交易市场、辅助服务市场、容量市场、金融市场以及碳排放权交易市场。电力市场通过大范围资源优化配置促进能源电力高效率利用和可再生能源高比例消纳，碳市场则通过碳排放权交易推动全社会以最低经济成本实现二氧化碳最大减排，"电—碳"两大市场在服务"双碳"目标上具有一致性。

（三）微观利基演化参与主体

利基是满足特定市场需求的创新企业、创新技术或者创新产品，利基的呈现和集聚会对现有体制产生压力，但是由于现有体制的稳定结构，利基的扩散往往面临重重阻碍。创新利基分为技术利基、产品利基。技术利基是经过生产研发和示范运营而形成的前沿技术；产品利基存在于新型电力系统中的新装备、新产品、新应用等衍化产品中。微观层级的创新性利基能够吸引更多的参与者加入社会网络，促进配套设施等支持性要素的功能升级，并确定占主导地位的电网技术。本书基于已有研究成果罗列出我国电力系统微观利基层包括的 4 个演化参与主体。

1. 科研机构

科研机构（简写为 A11）是指有明确的研究方向和任务，有一定水平的学术带头人，和一定数量、质量的研究人员，有开展研究工作的基本条件，并且长期有组织地从事研究与开发活动的机构。在本书中，科研机构特指进行电力系统技术研究的部门，由高校、科学院和其他机构构成，主要进行电力系统相关组件的科研攻关，旨在促进电力系统的阶段性演化和发展。

2. 电力设备制造

电力设备制造（简写为 A12）大体包括发电设备行业、输变电一次设备行业、二次设备行业、电力环保行业 4 个子行业。电力设备行业的发展依托电力工业的发展，电力投资的规模和方向直接影响电力设备行业的发展。电力设备制造不仅需要政府相关政策的扶持，还需要配套资金支撑，而且，电力设备制造在不同电力系统演化阶段的服务内容不相同，但其主旨都是促进电网发电端、输配电端和用电端的系统演化发展。

3. 清洁能源技术

清洁能源技术（简写为 A13）是指在可再生能源及新能源、煤的清洁高效利用等领域开发的有效控制温室气体排放的新技术。其中，煤的清洁高效利用技术是指从煤炭开发到利用的全过程中旨在减少污染排放与提高利用效率的加工、燃烧、转化及污染控制等新技术，主要包括超临界与超超临界燃煤发电技术、超超临界机组结构特点及应用、循环流化床锅炉、整体煤气化联合循环、烟气净化、二氧化碳减排技术、燃料电池、近零排放燃煤发电技术等。可再生能源发电技术一般是指风力发电、生物质发电、太阳能发电、海洋能发电和地热能发电等技术。

4. 电力调度预测技术

电力调度预测技术（简写为 A14）主要指电力系统负荷预测、新能源预测和电价预测。随着清洁能源装机容量和居民消费电量占比提高，电力预测技术对电力系统所起的作用越来越重要。电力系统负荷预测按不同的供应商预测要求，可以分为需求量预测和供电量预测，电网企业关注的是需求量预测，而电厂则更多关注供电量预测。电力系统新能源预测主要指对间歇性可再生能源发电功率的预测，一般基于气象预报数据、新能源功率数据和气象观测数据等动态数据，结合新能源场站位置和设备参数等信息进行建模，预测未来一段时间内新能源的出力变化趋势，能够有力支撑电网调度、检修计划、安稳分析、新能源消纳分析等多项业务开展，是降低新能源发电随机性不利影响的一项关键技术。电力系统电价预测指在考虑市场供需关系、市场主体的市场力、电力成本和电力市场体制结构及经济形势等条件下，通过利用数学工具对历史数据进行分析，并根据电力系统网架结构的内在联系和影响因素，对未来电力市场中的电力交易价格进行预测。电价是市场参与者之间发生交易关系的基础。因此，准确的电价预测有助于发电企业等市场主体参与电力市场交易，并在电力市场中制定相应的报价策略，辅助交易决策。

以上是从宏观环境层、中观体制层和微观利基层中提取出参与电力系统演化的 14 个主体。这些演化主体根据电力系统的演化需求，分阶段地出现在系统结构中，旨在完善不同阶段的电力系统功能，达到电力系统智能演化的目的。进入演化后期后，这些演化主体间相互配合、共同发展，推动整体电力系统的协同演化。

（四）电力系统主体间的关联关系

总结近年来涉及我国电力系统演化的政府工作报告、电力系统重要事件、国家数据和电力政策等，发现关联主体间的关系可以分成以下 6 类：政策管理；技术支撑；资金流动；基础属性；公众意见影响；科技研发。电力系统主体关联关系具体如图 1-9 所示。

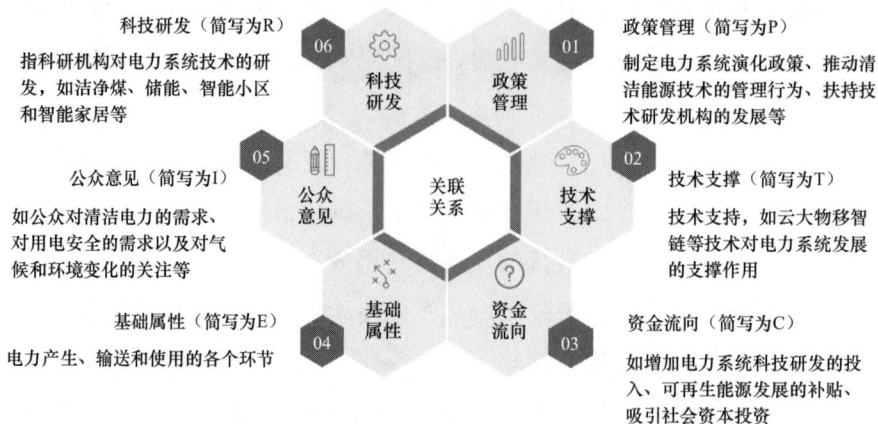

科技研发（简写为R）
指科研机构对电力系统技术的研发，如洁净煤、储能、智能小区和智能家居等

06 科技研发

政策管理（简写为P）
制定电力系统演化政策、推动清洁能源技术的管理行为、扶持技术研发机构的发展等

01 政策管理

公众意见（简写为I）
如公众对清洁电力的需求、对用电安全的需求以及对气候和环境变化的关注等

05 公众意见

关联关系

技术支撑（简写为T）
技术支持，如云大物移智链等技术对电力系统发展的支撑作用

02 技术支撑

基础属性（简写为E）
电力产生、输送和使用的各个环节

04 基础属性

资金流向

03 资金流向

资金流向（简写为C）
如增加电力系统科技研发的投入、可再生能源发展的补贴、吸引社会资本投资

图 1-9　电力系统主体关联关系图

三、四川电力系统的阶段性演化关系构建

根据划分的电力系统演化阶段，提取的演化参与主体和主体间的关联关系，结合历年来电力系统的相关政府工作报告、电力系统重要事件、国家数据和电力政策等，将 4 个演化阶段的电力系统主体之间的关联关系、关联程度和关联类型详细表示出来。

（一）电力系统建设期的网络关系

在电力系统建设期，四川工业体系的雏形基本形成，四川电力系统整体由国家垄断，发电方式以水电为主，输配电线路少、电压低，由于电网建设跟不上水电发展速度，导致"窝电"现象严重，这个时期重点在引进国外先进技术、增修输电线路，以改善四川"窝电"现状。

宏观环境层演化主体对电力系统演化起主导作用。20 世纪 80、90 年代，四川经济快速增长，电力需求迅猛增加，电力系统开始寻求新的发展模式。政策制定者和政策监督者作为电力系统的主要管控主体，通过制定政策和监督政策执行这两种手段对整体电力系统进行管理；金融机构在政府的要求下，主要为电力系统的科技研发和设备生产提供资金支撑；国际组织和公众行为对整体电力系统演化的影响较弱。

中观体制层的 3 个演化主体各尽其职，但都受政府严格管控。电源侧主体由水电构成；电网侧主体主要由低电压、短距离的输电线路构成，负责电力输送；负荷侧主体处在电力供应链末端，接受电力供应。此阶段电源开发和电网建设取得了举世瞩目的成就，建成二滩水电站，实现川电东送，但相关弃风、弃光、弃水等事件发生也体现电力系统发展的不协同性。

微观利基层演化主体主要为科技研发者和设备制造者，这两个演化主体在政府驱动和资金支持下对电力系统供应链中的电源侧主体和电网侧主体提供科技研发和电力设备，包括电源侧主体燃煤发电高效利用和电网侧主体的跨区域特高压电力输送的技术研究和设备制造。此阶段四川电力技术迅速发展，电力技术总体达到国际先进水平，部分技术（如特高压输电）水平居国际前列。

图 1-10 为我国电力系统在建设期的网络关系，包括演化主体和主体间的关联关系。

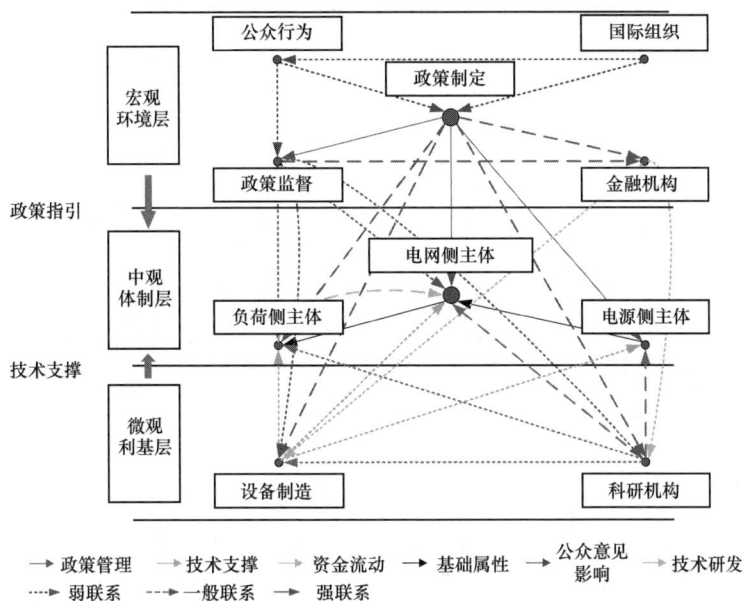

图 1-10　我国电力系统建设期网络关系图

（二）电力系统市场化改革期的网络关系

在电力系统市场化改革期，电改五号文颁布（2002 年），主要对电力系统的垄断行为进行大刀阔斧地改革，电网技术装备和安全运行水平处于世界前列，国际领先的特高压输电技术得到大规模应用，"清洁发电"和"储能"等技术开始推广应用。四川把握自身能源资源优势，水电发展迅速，同时开始发展风电、光伏发电；坚持"川电东送"项目，进一步优化配置资源和能源结构、促进四川经济可持续发展；至 2015 年，四川电网与外区电网已形成"四直四交"的联网格局，大大缓解了四川水电"窝电"问题。

此阶段宏观环境层演化主体对电力系统演化作用减弱。政策制定者和政策监督者对电力系统演化的作用力减小，开始引进市场的作用促进电力系统转型；金融机构开始吸收社会闲散资金，继续对电力系统的科技研发和电力设备制造提供资金支撑；国际组织的影响力依然较弱，但是公众行为对整体电力系统的影响增强。

中观体制层新晋储能侧演化主体和电力市场两个演化主体。电源侧演化主体中装机容量大幅增长，新增太阳能、风能发电，水力发电占据最大份额；电网侧演化主体加强电网建设，建设了多条跨区域特高压输电线路；负荷侧演化主体与其他演化主体的连通性加强，四川省试点实行大电力用户向发电企业直接购电政策，促进企业降低成本，提高效率；电力市场的出现沟通了发电和售电侧，改变了电网企业独家购买电力的格局；储能侧主体发展处于起步阶段，主要应用于电网侧储能。

微观利基层新晋清洁能源演化主体。科技研发和设备制造依然是微观利基层中最活跃的主体，它们为电力系统供应链中的各部分提供科研创新和电力设备，也开始清洁能源和储能侧主体相关技术研发和设备制造。图1-11为我国电力系统市场化改革期的网络关系。

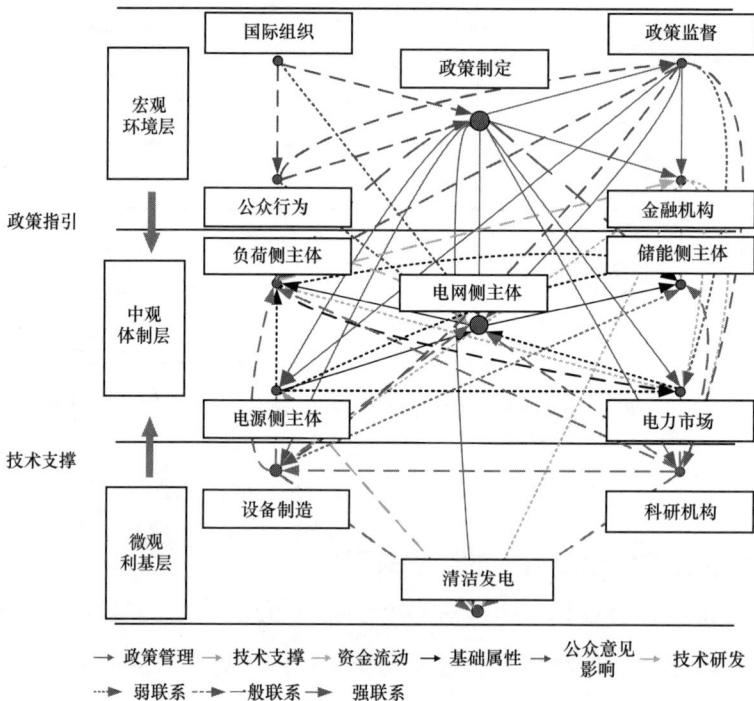

图 1-11　我国电力系统市场化改革期网络关系图

（三）电力系统体制改革深化期的网络关系

在电力系统体制改革深化期，电改九号文颁布（2015年），此次电改着力解决电价改革、电网独立和放开电力市场等问题。随着电力需求增长变缓，电力系统发展更注重安全、经济、环境效益，新能源技术快速进步，成本也快速下降。

此阶段宏观环境层演化主体主要致力于促进电力系统体制机制改革。政府针对新晋演化主体的关注程度变大，政策监督更趋向于制定电力系统的行业标准；金融机构降低对清洁能源等演化主体的补贴力度；国际组织和公众行为对整体电力系统演化的影响达到一个较高的水平。

中观体制层演化主体之间的连通性进一步增强。电源侧主体中水电装机容量规模和发电量均居全国第一，新能源发电份额逐步提升，同时可以直接向大负荷用户直接供电；电网侧主体形成了联通供能区域和负荷区域的特高压大电网，建成覆盖四川省各市（州）的 500kV 为骨干的主网架，基本形成省级大电网、西部大枢纽，使用户用电更加灵活智能；负荷侧主体中居民用电占比增加，储能技术得到发展，进一步推动可再生电力资源的高效利用，保障区域电力的供需稳定；电力市场得到进一步发展，成立了四川电力交易中心有限公司，市场化交易电量迅速增长，电力系统调节能力得到进一步提升，促进了区域能源经济的协调发展；储能侧主体参与到电力辅助服务和微电网中，逐渐由研发示范向商业化初级阶段转变。

微观利基层新晋电力预测演化主体。四川大力发展风电、光伏发电，加大电能替代力度，在全国率先形成以清洁能源为主的能源消费结构；科技研发和设备制造的重点转移至储能端和分布式可再生能源发电项目；同时为了支撑智能电网和可再生能源发展，电力预测技术也得到了发展。图 1-12 为我国电力系统体制改革深化期的网络关系。

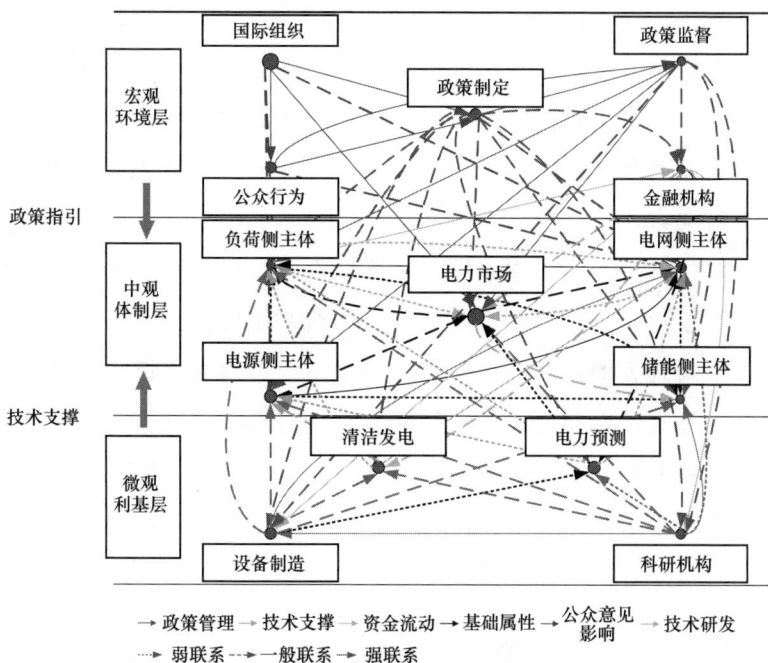

图 1-12　我国电力系统体制改革深化期网络关系图

（四）新型电力系统建设期网络关系

在新型电力系统建设期，"双碳"目标提出对电力系统绿色低碳发展具有系统性和引领性作用。此外，清洁低碳的能源生产技术得到快速发展，主要包括煤炭清洁高效发电技术、先进风电技术、太阳能利用技术、负碳生物质技术、氢能技术以及核能技术等。四川积极响应"双碳"目标，打造水风光一体化可再生能源综合开发基地；提高电网对高比例大规模可再生能源的消纳和调控能力；抽水蓄能和新型储能等迅速发展，构建水电和新能源高占比的新型电力系统；形成覆盖全省各市的 500kV"梯格形"网架，与省外电网形成"6 直+8 交"联网格局，四川外送通道送电能力大大提高，初步实现了"大电网、大枢纽、大平台"的建设目标。

此阶段宏观环境层演化主体主要通过"双碳"目标对电力系统的发展进行指引。政策制定者通过制定"双碳"相关政策，指引电力系统演化方向；政策监督者主要通过监督其他主体对"双碳"的目标落实情况，来促进电力系统绿色低碳发展；金融机构继续降低对其他主体的补贴力度，推动风光清洁能源无补贴平价上网，同时促进储能商业化；国际组织对整体电力系统的影响达到一个新的水平。

中观体制层演化主体之间的连通性进一步发展，由"源荷互动"向着"源网荷储"各环节协调互动发展。电源侧主体中风、光等新能源占比不断上升，同时燃煤发电也逐渐朝清洁化方向发展；电网侧主体交直流互联大电网继续发展，以能满足远距离大规模输电、新能源跨省/跨区消纳平衡的需求；负荷侧主体中居民用电占比逐渐上升，5G 基站、电动汽车等新型负荷不断增长，抽水蓄能作为最成熟的储能技术，得到广泛应用，为电力系统调节运行提供优质电源，促进川西地区新能源的开发和消纳；电力市场朝着全国统一电力市场方向发展，以实现更大范围的能源消纳；储能侧主体随着新型电力系统的构建作用逐渐变大，由商业化初期向规模化发展。

微观利基层演化主体在实现"双碳"目标指引下作用凸显。在构建新型电力系统过程中，为使系统"可见、可知、可控"，对电力系统数字化提出更高要求。而在推动电力系统数字化时，创新是关键，所以科研机构和设备制造的作用将大大提升。而新能源的大量入网带来的不确定性以及电动汽车等新型负荷带来的波动性，给电力系统负荷平衡带来的压力将进一步增加，所以对负荷预测技术的需求将大大增强，同时随着电力统一大市场的逐步建立，需要构建分时电价机制，这也让负荷预测技术应用场景得到了拓展。图 1-13 为四川新型电力系统建设期的网络关系。

四、四川电力系统演化网络分析

基于构建出的四川分阶段电力系统演化网络关系，对其进行结构化分析，揭示整体电力系统的演化特征和发展规律。四川电力系统演化网络关系图中包括各阶段的电力系统演化参与主体以及它们之间的关联关系，每个主体都具有出度和入度值，这两个值反映了电力系统演化主体的网络性能、网络地位；整体电力系统的网络结构属性包括网络密度、凝聚度和网络连接度等，这些网络属性的变化情况可以反映出整体系统的演化规律。

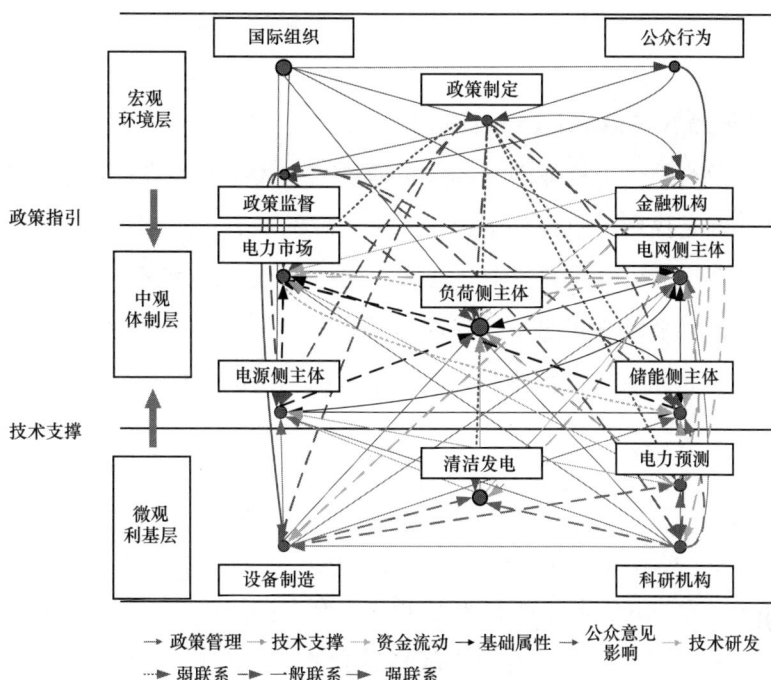

图 1-13　四川新型电力系统建设期网络关系图

（一）社会网络相关测度指标介绍

社会网络分析分为整体结构测度和局部角色测度两类，前者侧重网络结构的整体分析，如网络的规模、密度、中心势和凝聚性等指标的测度，以网络中所有行动者为研究对象，分析其间的关系问题；后者侧重网络的位置和角色分析，如行动者的中心度和结构洞指数等指标的测度，重点研究网络关系对个体行为的影响、个体行为对网络结构的影响等。下面主要介绍网络密度、中心势和凝聚性等整体结构测度指标，以及活跃指数、贡献指数和结构洞指数等局部角色测度指标。

1. 网络密度（Network Density）

网络密度指网络中实际存在的边数 m 与最大可能的边数之比。对于规模为 n 个行动者的整体网是有向关系网（Directed Graph），那么，其中包含的关系总数在理论上的最大可能值是 $n(n-1)$。该网络的密度因而等于：

$$ND(i) = \frac{m}{n(n-1)} \qquad (1\text{-}1)$$

总体而言，整体网的密度越大，表明网络成员之间的联系越紧密，该网络对其中行动者的态度、行为等产生的影响就越大。联系紧密的整体网不仅为其中的个体提供各种社会资源，同时也成为限制其发展的重要力量。

2. 网络关联度（Network Connectedness）

网络关联度指的是一个集体的成员相互联络的程度，以建立在距离基础上的整体网络的集中程度衡量。

3. 网络凝聚性（Network Cohesion）

网络凝聚性指的是一个集体的全部成员通过社会关系联系在一起的程度。对于规模为 n 的图来讲，首先找到图中各个点的中间中心度的最大值；然后计算该值与图中其他点的中间中心度之差，从而得到多个"差值"；再计算这些"差值"的总和；最后用这个总和除以在理论上该差值总和的最大可能值（在规模为 n 的星形网络中，该差值总和才达到最大值 $n^3 - 4n^2 + 5n - 2$）。具体而言，一个图的网络凝聚性指数可表达为：

$$C_B = \frac{\sum_{i=1}^{n}(C_{AB\max} - C_{ABi})}{n^3 - 4n^2 + 5n - 2} = \frac{\sum_{i=1}^{n}(C_{RB\max} - C_{RBi})}{n - 1} \quad (1\text{-}2)$$

4. 活跃指数（Active Index）

行动者活跃程度与其中心度指标密切相关。在有向网络中，单个中心度指标不足以分析活跃程度，故采用出度、入度中心度相结合的活跃指数（AI），来衡量合作网络中行动者活跃程度。式（1-3）表明行动者 i 的活跃指数：

$$AI(i) = \frac{out\text{-}degree(i) + in\text{-}degree(i)}{2} \quad (1\text{-}3)$$

式中： $out\text{-}degree(i)$ 为出度， $in\text{-}degree(i)$ 为入库。

活跃指数主要考虑连接的数量，忽略其具体方向。活跃指数越大，表明行动者在网络中相关联的其他行动者较多，则该行动者在网络中的功能发挥越好。

5. 贡献指数（Contribution Index）

贡献指数（CI）是衡量有向网络中行动者对其他行动者的资源贡献程度。式（1-4）表明行动者 i 的贡献指数：

$$CI(i) = \frac{out\text{-}degree(i) - in\text{-}degree(i)}{out\text{-}degree(i) + in\text{-}degree(i)} \quad (1\text{-}4)$$

如果只有出度，入度为 0，则 CI 为 +1，此时该行动者的资源贡献程度最大；如果只有入度，出度为 0，则 CI 为 -1，此时该行动者的资源贡献程度最小，在网络中最大程度享有其他行动者的资源贡献；出度与入度相近时，CI 接近于 0，表明该行动者在网络行为中资源贡献和资源享有程度相同，实际角色为主要负责资源的传输。

6. 结构洞指数（Structure Hole Index）

结构洞作为一种特殊的网络结构，是行动者间存在的非冗余性关系。占据"结构洞"的组织更易积累社会资本，控制洞两端信息、资源的流动。若出现在网络边缘，则是连接内、外围组织的边缘沟通者。结构洞指数存在两类计算指标，本书采用 Freeman 中间中心度指数计算公式。标准化中间中心度指数为：

$$NBC_i = \sum_{j=1}^{n} \sum_{i=1}^{n} \frac{g_{jk(i)}}{g_{jk}}, j \neq k \neq i \tag{1-5}$$

在式（1-5）中，i、j、k 为行动者，g_{jk} 表示行动者 j 和 k 之间存在的路径总数，$g_{jk}(i)$ 表示行动者 j 和 k 之间存在经过 i 的路径数目。

（二）电力系统整体演化网络分析

利用 UCINET 软件，通过测度网络规模、网络连接数、网络密度等整体性指标，研究分析四川电力系统演化网络的整体结构特征，并且根据整体网络的结构特征变化情况来分析四川电力系统的协同演化趋势。四川电力系统多阶段、多层次、多参与主体的合作演化网络整体测度值如表 1-1 所示，T_1、T_2、T_3 和 T_4 分别表示电力系统建设期、电力系统市场化改革期、电力系统体制改革深化期和新型电力系统发展期。

表 1-1　　　　　　　　　四川电力系统的演化合作网络整体测度

测量指标	T_1	T_2	T_3	T_4
网络规模	10	13	14	14
连接数	28	49	68	69
网络密度	0.311	0.314	0.374	0.380
网络关联度	0.406	0.494	0.537	0.539
网络凝聚性	0.1281	0.1743	0.1972	0.1808

由表 1-1 可知，在电力系统的 4 个演化过程中，T_1 阶段，网络规模、密度、关联度和凝聚性等测度指标均较小，证明电力系统的各演化主体的协同演化能力弱，各组织间的有效交流较少，资源共享程度较低，电力系统的演化处在建设初期。T_2 阶段，一方面，随着电力系统技术的发展和电力体制的改革，拥有较多资源和信息的主要演化主体的协同演化能力增强，如：政府、银行、创新技术供给者，这类演化主体积极参与到电力系统的演化进程中，同时随着电力系统市场化改革的推进，各主体之间的关系更加紧密，比如电源侧和负荷侧主体可以通过电力市场直接对接，增加了各主体之间的关联程度，所以，在电力系统市场化改革期，电力系统演化网络的网络规模、关联度和凝聚性均呈现出较大幅度的提升；另一方面，更多的主体比如电力市场、储能、清洁能源等进入电力系统，与其他主体之间的协同性不高，导致整体网络的密度上升缓慢。T_3 阶段，伴随着推动国家电力系统协同演化转型政策法规的进一步明确，电力信息资源开始进入交互阶段，各层次各演化主体的协同演化能力进一步得到提升，它们之间的演化协同度也开

始上升，关联关系逐渐增多，演化协同效果也逐渐增大，电力系统的演化进入了系统体制改革深化期。T_4 阶段，在"双碳"目标的指引下，电力系统朝着绿色、高效、智能方向发展，各演化参与主体之间的交流增加，电力系统从"源网荷"协同向"源网荷储"一体化发展，同时随着更多主体的兴起和发展，推动电力系统转型的能力也不断增强，电力系统转型由过去主要由政府和电网公司驱动，向政府、电网、电力市场、负荷侧主体等多主体驱动发展，这说明电力系统发展更加成熟，发展水平迈入新的高度。

总的来说，四川电力系统在演化过程中，整体网络结构趋于复杂化，演化主体的协同演化能力逐渐增强，演化主体的数量以及演化主体之间的联系都变得更多且更加频繁；网络凝聚性指标的变化速率降低甚至降低，而且，考虑到微电网和分布式发电的推广，未来电力系统网络的凝集性将进一步变弱；基于电力市场建设的完善，电力市场将会在电力资源配置中发挥更加重要的作用，基于科技研发影响力的增强，电力系统会变得更加智能，因此，电力系统的网络密度和网络关联度会随之增大。

（三）电力系统各演化主体的网络组织角色分析

表 1-2 统计了电力系统中各演化主体的网络组织角色的变化情况，T_1、T_2、T_3 和 T_4 分别表示电力系统建设期、电力系统市场化改革期、电力系统体制改革深化期和新型电力系统建设期。

表 1-2　　　　　　　电力系统的各演化参与主体的网络组织角色测度结果

层级	演化主体	活跃指数				贡献指数				结构洞指数			
		T_1	T_2	T_3	T_4	T_1	T_2	T_3	T_4	T_1	T_2	T_3	T_4
宏观环境	A1	4.5	6	6.5	6.5	0.56	0.67	0.69	0.69	13.89	11.74	10.15	10.36
	A2	4	4.5	4.5	4.5	0.50	0.56	0.56	0.56	4.17	2.65	1.50	1.71
	A3	2	4	4.5	4.5	0.00	0.25	0.33	0.33	0.00	14.71	17.84	17.83
	A4	0.5	0.5	0.5	0.5	1.00	1.00	1.00	1.00	0.00	0.00	0.00	0.00
	A5	1	1	1.5	1.5	1.00	1.00	1.00	1.00	0.00	0.00	0.00	0.00
中观体制	A6	2.5	5	6.5	6.5	−0.60	−0.40	−0.38	−0.38	0.00	6.69	1.18	0.78
	A7	3.5	4.5	6.5	7	−0.71	−0.56	−0.54	−0.57	1.39	7.89	1.18	1.52
	A8	3	5.5	8	8	−0.67	−0.27	−0.38	−0.38	0.00	21.34	22.44	20.86
	A9	—	3	5	6.5	—	−0.67	−0.40	−0.38	—	0.25	0.53	0.79
	A10	—	3.5	6	7.5	—	−0.43	−0.50	−0.47	—	0.44	0.53	0.63
微观利基	A11	3.5	4.5	5.5	5.5	0.14	0.33	0.45	0.45	2.08	1.14	0.85	0.84
	A12	3.5	4.5	5.5	5.5	−0.14	0.11	0.27	0.27	2.08	1.14	0.85	0.84
	A13	—	2.5	3.5	3.5	—	−0.60	−0.14	−0.14	—	0.19	0.32	0.32
	A14	—	—	4	4.5	—	—	0.00	0.11	—	—	0.32	0.58

通过对比四川电力系统在 4 个演化阶段中各演化主体的活跃性指数变化情况，发现政策制定者和政策监督者的活跃性指数在每一演化阶段都处于较高水平，这说明政策制定者和政策监督者在电力系统的演化过程中一直拥有着较高的协同演化能力，且扮演着重要的演化协调者的角色。此外，中观体制层电源侧主体的活跃性指数在电力系统市场化改革期因为国家增加了特高压输电线路的建设而得以增加，在电力系统体制改革深化期因为"直供电"项目和可再生能源项目的推广而进一步增加，但是在新型电力系统建设因为微电网项目和分布式发电项目的发展和推广而没能继续发展，这一变化特征证明了电源侧主体的协同演化能力与其网络地位紧密相关；电网侧主体活跃性指数不断增加，主要的得益于四川电网建设的不断推进；负荷侧主体活跃性指数在 T_3 阶段达到最大，在 T_4 阶段又有所下降，主要是因为在前三阶段，为了适应四川经济的发展和不断增长的电力需求，负荷侧主体关注度逐渐上升，但是随着"双碳"目标的提出，政府开始管控高耗能企业发展和促进用户用能模式转变，发展速度有所降低；储能和电力市场活跃性指数在 T_2 阶段出现后不断上升，说明随着电力系统发展，其作用逐渐凸显，尤其是随着新能源更大比例入网给电力系统平衡带来的影响的加深，其中储能能够平抑电力系统负荷波动，电力市场能够促进电力系统在更大范围内实现平衡。科研机构和电力设备制造的活跃性指数呈现上升趋势，这两者的协同演化能力是逐渐增加的，显示了随着电力系统的发展，对技术和设备的要求越来越高，科研机构和创新技术的关注度的也不断上升，进而活跃性指数也不断上升。

（四）各层级演化主体协同演化能力的变化规律

电力系统多层次多演化主体的合作演化网络具体包括两个部分的演化：整体网络结构的演化和演化参与主体角色的变化，前者反应整体网络的演化方向，后者表现出电力系统内各演化主体的系统功能和属性的变化。电力系统整体网络结构的演化是一个宏观、动态的过程，其实质是各演化参与主体、各层级间的关联关系的不断缔结和消亡的微观演化过程。本书主要从分析电力系统各演化主体的协同演化能力的变化规律入手，揭示整体电力系统的协同演化特征。

1. 宏观环境层演化主体的协同能力分析

在电力系统的协同演化过程中，宏观环境层的演化主体的协同演化能力一直保持在较高水平，而且，除了金融机构外，其他演化主体协同演化能力的变化幅度不大。政策制定者和政策监督者的活跃性指数在每一个演化阶段都处于最高水平，贡献指数和结构洞指数都不低，这说明在四川政府主导宏观背景下，政策制定者和政策监督者在进入电力系统建设期就拥有较高的协同演化能力，而且它们的协同演化能力会随着演化进程的加深逐步增强。

金融机构的活跃性指数在演化过程中稳步上升，这证明其协同演化能力也在逐步提升，但是它的结构洞指数从市场化改革期便开始迅猛增加，一跃成为关键的电力系统连接点，这一现象从侧面反映出虽然金融机构属于国家垄断行业，在电力系统建设期的协同演化能力较弱，但是随着市场驱动力的影响，在演化的中后期协同演化能力的提升速率很快。

国际组织和公众行为习惯这两个演化主体的 3 个组织角色测度结果的变化幅度都不大，几乎保持不变，具体分析两者的变化可知，国际组织和公众行为习惯一直属于重要的资源提供者（贡献指数在 3 个阶段均为 1），其保持了刚进入电力系统建设期时的高协同演化能力不变，但也说明其在电力系统演化过程中发挥的作用一直不大；公众行为习惯演化主体的活跃指数从一个较低的数值开始增加，这证明了在演化过程中，公众行为习惯的协同演化能力从一个较低的水平上升到一个稍高的水平，上升幅度并不大，后续发展潜力巨大。

2. 中观体制层演化主体的协同能力分析

中观体制层的演化主体的网络测度值变化幅度较宏观环境层略大，现任输配电集团的活跃性指数先增加后减少，前后数值没有发生变化，这说明在电力系统的协同演化过程中，输配端的协同演化能力基本没有发生太大的变化，维持在一个较高的水平；发电端拥有最大的贡献指数，属于电力系统的资源提供者，而且，它的结构洞指数变化幅度较大，证明了发电端由电力系统的边缘沟通者变成为了较重要的资源沟通者，这一变化过程不仅体现了发电种类的多样性，还突出表现了其协同演化能力的提升。

在电力系统建设期，负荷侧主体属于电力系统的资源接受者，但随着政府主导影响、市场驱动影响以及公民社会影响，当进入电力系统市场改革期后，居民用户和工业用户已经成为了电力系统中的协调者，它们的网络地位和协同演化能力都有所增加，总体来看负荷侧的协同演化能力的变化幅度较大。

储能侧属于整体电力系统的能量中转中心，理应拥有较大的协同演化能力，但是其贡献指数持续为负，属于系统中的能量消耗者，这一变化情况说明了储能端在电力系统的协同演化过程中协同演化能力发展缓慢，严重影响了整体电力系统的协同演化和发展。

3. 微观利基层演化主体的协同能力分析

在微观利基层中，科研机构和电力设备制造的活跃性指数呈现出倒 U 形曲线，其中，科研机构作为技术资源控制者，电力设备制造作为生产资源控制者，在科技研发影响力和市场驱动影响力的影响下，它们的协同演化能力增加幅度都较大。清洁能源和负荷预测技术参加演化的过程较短，与整体系统的匹配度差距较大，其中，清洁能源的协同演化能力增加速率较快，增加幅度也较大，负荷预测技术拥有初始协同演化能力值。

综上，可以发现：

（1）基于对电力系统整个网络指标的分析，四川未来的电力系统将保持温和的转型模式，而不是大规模的分解和重构。

（2）从演化主体的协同演化能力变化角度看，部分演化主体在进入电力系统建设期就拥有较高的协同演化能力，如：政策制定者、政策监督者和科研机构，虽然它们在整体演化过程中协同演化能力逐渐变大，但是提升空间有限。

（3）几乎所有演化主体的协同演化能力都在演化过程中逐渐加大，但是，电源侧主体和储能侧主体，作为一个资源提供者却拥有负贡献指数，证明其协同演化能力严重不足，无法适应电力系统的协同演化需求，匹配其他演化参与者，所以说，电源侧主体和储能侧主体还需要进一步提升其协同演化能力，大力发展清洁能源以及储能，以适应电力系统低碳化的要求。

第四节　四川电力系统协同演化的影响因素及作用机理

一、四川电力系统的演化驱动因素

社会—技术系统转型理论概括了各类系统转型过程中宏观环境层、中观体制层、微观利基层中的演化要素及其间的交互作用。根据前文对各演化主体间关联关系的分析，结合电力系统演化实际情况，归纳出了电力系统演化的 8 个驱动因素，描绘了 3 个层次间演化主体的交互作用关系。宏观环境层驱动因素主要体现在"双碳"承诺、政策支持和公众参与等方面；中观体制层驱动因素主要体现在能源供给能力、电网运营、用能需求、电力系统辅助服务需求和电力市场交易的发展上；微观利基层驱动因素主要受电力技术研发和电力设施制造驱动。根据归纳出的 10 个影响四川电力系统协同演化的因素，可以选取 10 个对应指标来表达这 10 个协同演化驱动因素，这些指标的选取主要考虑演化驱动作用的驱动特征，但是特征表达不够全面。其具体情况如表 1-3 所示。

表 1-3　　　　　　　　　　　电力系统演化驱动因素表

层级	驱动因素	变量选择	属性
宏观环境层（LI）	"双碳"承诺	碳排放总量	负向
	政策支持	电力系统政策数量	正向
	公众参与	电力行业热线信息数量	负向

层级	驱动因素	变量选择	属性
中观体制层（RI）	能源供给能力	全口径发电量	正向
	电网运营	输配电价	负向
	用能需求	全社会用电量	正向
	电力系统辅助服务需求	储能装机容量	正向
	电力市场交易	市场交易电量	正向
微观利基层（NI）	电力技术研发	电力企业开发新产品经费	正向
	电力设施制造	电力行业固定资产投资	正向

二、四川电力系统演化驱动因素的作用效果

本节融合演化熵权法和政策变权函数对电力系统演化驱动因素的作用效果作出定量衡量，结合不同发展阶段的电力政策动态评价电力系统演化路径，揭示电力系统转型过程中宏观环境层、中观体制层、微观利基层中的演化要素及其间的交互作用效果。

（一）电力系统演化的驱动作用模型构建

本章将电力系统视为一个完整体系，用 PS 表示，其中，宏观环境层、中观体制层和微观利基层的 3 个演化层次分别用字母 L、R、N 来表示，可构建出基于社会—技术系统转型理论的整体电力系统表达式：

$$PS = f(L, R, N) \tag{1-6}$$

其中，各演化层次中包含的演化主体在不同的演化阶段分别受到宏观环境层影响力（LI）、中观体制层影响力（RI）和微观利基层影响力（NI）的影响，这 4 种影响力在不同演化阶段的表达式如下：

$$g_{LI}(x) = g(LI(x)), \quad x \in （演化初期、演化中期、演化末期） \tag{1-7}$$

$$g_{RI}(x) = g(RI(x)), \quad x \in （演化初期、演化中期、演化末期） \tag{1-8}$$

$$g_{NI}(x) = g(NI(x)), \quad x \in （演化初期、演化中期、演化末期） \tag{1-9}$$

将式（1-7）～式（1-9）代入式（1-6），可得到电力系统在不同演化阶段所受综合作用力的函数表达式：

$$PS(x) = f\{g[LI(x), RI(x), NI(x)]\}, \quad x \in （演化初期、演化中期、演化末期） \tag{1-10}$$

在式（1-10）中，x 表示演化阶段，$g(x)$ 表示演化影响力，$f(g(x))$ 表示电力系统在 x 演化阶段所受的协同演化作用力。

（二）各演化驱动因素的作用力函数分析

本章结合熵权法和综合评价法构建出电力系统协同演化驱动因素的演化作用力的函数表达式，进一步分析演化驱动因素在不同演化阶段的作用效果和变化规律。

（1）综合评价模型由式（1-11）可知，PS 综合指数由 LI 指数、RI 指数和 NI 指数综合构成，其关系模型为：

$$PSI = f(LI, RI, NI) \tag{1-11}$$

式中：PSI 为电力系统驱动因素综合指数；LI 为宏观环境层影响指数；RI 为中观体制层影响指数；NI 为微观利基层影响指数。对 LI、RI 和 NI 分别用综合评价法进行计算，具体评价模型如下：

$$LI = \frac{1}{n_L} \times \sum_{i=1}^{n_L} (w_{Li} \times r_{Lij}) \tag{1-12}$$

$$RI = \frac{1}{n_R} \times \sum_{i=1}^{n_R} (w_{Ri} \times r_{Rij}) \tag{1-13}$$

$$NI = \frac{1}{n_N} \times \sum_{i=1}^{n_N} (w_{Ni} \times r_{Nij}) \tag{1-14}$$

式中：w_{Li} 为第 i 个宏观环境层影响指标的权重值；w_{Ri} 为第 i 个中观体制层影响指标的权重值；w_{Ni} 为第 i 个微观利基层影响指标的权重值；r_{Lij}、r_{Rij}、r_{Nij} 分别是宏观环境层影响、中观体制层影响和微观利基层影响的无量纲量化值；n_L、n_R、n_N 分别为宏观环境层影响、中观体制层影响和微观利基层影响的指标个数。

（2）基于熵权法的电力系统演化驱动力的权重计算。熵权法是一种在综合考虑各因素提供信息量的基础上计算指标权重的数学方法。作为客观的综合定权法，其主要根据各指标传递给决策者的信息量大小来确定权重。按照熵思想，人们在决策中获得信息的多少和信息本身的质量，是决策精度和可靠性大小的决定因素，而熵就是一个理想的尺度。本章将熵权思想引入电力系统协同演化模型中，根据各协同演化指标提供的数据信息，利用客观的计算方法，确定其权重。假设选取的协同演化指标有 n 个，并有 m 年的统计数据，设其矩阵为：

$$R' = (r'_{ij})_{m \times n}, (i = 1, \cdots, n; j = 1, \cdots, m) \tag{1-15}$$

式中：r_{ij} 表示第 j 年第 i 个指标的统计值。为消除指标间不同单位、数量等级的影响，对 R' 进行标准化，得到标准化矩阵。设标准化后的矩阵为：

$$R = (r_{ij})_{m \times n}, (i = 1, \cdots, n; j = 1, \cdots, m) \tag{1-16}$$

建立标准化公式，正向、逆向指标数据标准化公式如下：

$$r_{ij} = \frac{r'_{ij} - r'_{ij-\min}}{r'_{ij-\max} - r'_{ij-\min}} \tag{1-17}$$

$$r_{ij} = \frac{r'_{ij-\max} - r'_{ij}}{r'_{ij-\max} - r'_{ij-\min}} \tag{1-18}$$

正向指标数据标准化公式为式（2-17），逆向指标数据标准化公式为式（2-18），在两个公式中：r_{ij-max} 为第 i 个指标在 m 年中的最大值；r_{ij-min} 为第 i 个指标在 m 年中的最小值。

对统计数据进行标准化后就可计算各指标的信息熵。第 i 个指标的熵 H_i 可定义为：

$$H_i = -k \sum_{i=1}^{n} f_{ij} \ln f_{ij} \tag{1-19}$$

式中：

$$f_{ij} = \frac{r_{ij}}{\sum_{i=1}^{n} r_{ij}}$$

$$\left. k = \frac{1}{\ln m} \right\} \quad （假设当 f_{ij}=0 \text{ 时，} f_{ij}\ln f_{ij}=0） \tag{1-20}$$

确定演化协同指标熵后就可确定第 i 个指标的熵权 W_i：

$$W_i = \frac{1-H_i}{\sum_{i=1}^{n}(1-H_i)} \tag{1-21}$$

（3）电力系统协同演化驱动作用力函数构建。根据四川电力系统演化驱动因素表以及驱动作用模型，可以构建电力系统演化驱动作用力函数。

1）作用力指标的选取。

宏观环境层作用力主要体现在"双碳"目标、政策支持和公众参与等方面。其中，"双碳"目标倡导绿色、环保、低碳的生产生活方式，要求大力发展可再生能源，实现中国经济社会的碳减排，所以将四川碳排放总量作为双碳目标的指标。政策支持的激励行为主要体现在政府颁布的电力系统政策法规，电力系统的相关政策对其演化和转型起到了指导作用，如 2001 年和 2021 年间发布的四川电力系统改革文件，不仅说明了电力系统的演化转型方向，还体现了政府主导驱动力的实施点和实施力度。因此，本章将电力系统相关的政策数量作为政府主导激励行为的指标。而公众参与指的是公众实践活动对电力系统演化产生的影响，包括能源消费习惯、环境保护意识和资源友好意识等，其中，电力行业热线信息数量最能反映出公民意识对电力系统发展的影响，所以，选取电力行业热线信息数量作为公众参与的指标。

中观体制层作用力主要体现在能源供给能力、电网运营、用能需求、电力系统辅助服务需求和电力市场交易的发展上。其中，能源供给能力和用能需求指电力装机容量和电力消费的发展对整体能源体系转型的推动作用。全国发电量和全社会用电量的发展变化能够较好地体现电力供给与电力需求之间的结构性矛盾，揭示电力系统发展的内在动因，所以，选取全国发电量和全社会用电量分别作为能源供给能力和用能需求驱动因素的指标。电网作为连接电力系统电源侧和负荷侧的重要一环，跨省跨区输电是保障国家能源战略安全，解决四川能源资源和负荷中心逆向分布矛盾的重要手段，采用输配电价作为衡量电网运营的指标。"双碳"目标下的新型电力系统可再生能源发电和分布式发电占比将逐渐提高，供需双方的稳定性和可预测性均会降低，使得系统平衡的过程变得越发复杂，为保障电力系统稳定、高效、安全运行，电力辅助服务已变得越来越重要，本节采用储能装机容量作为衡量电力系统辅助服务需求的指标。跨省跨区电力交易市场的建立，将推动资源在更大范围内优化配置，在保障电力供应、促进清洁能源发展、维护电网安全、资源高效利用等方面发挥重要作用，跨区输配电价的降低以及电力市场化的推进将极大降低用户用电成本，因此，采用市场交易电量作为衡量电力市场交易发展的指标。

微观利基层作用力主要受电力技术研发和电力设施制造影响。电力技术研发为细缝技术发展提供动力，在不断累积的过程中各要素逐渐联系并产生稳定化的主设计，并对现有的社会—技术制度产生压力和冲击，在这个过程中，电力企业开发新产品经费是衡量电力技术研发水平的一个重要参考。电力设施制造为细缝技术扩散提供重要的驱动力，新技术往往会受到原有技术的路径依赖以及技术封锁等障碍，从而被原有技术排斥与挤出，难以实现有效扩散，但通过学习积累突破体制束缚，将对现有体制造成巨大冲击，而新技术的积累主要来自于电力行业固定资产投资。

2）数据来源。

电力系统协同演化驱动力的各指标数据来自"国家数据"网站、《中国统计年鉴》、《国家统计局》和国家能源局网站等。

3）利用式（1-16）～式（1-21）计算各指标的权重和综合指标。本章计算出 10 个电力系统协同演化驱动因素作用力的指标权重和发展指数，如表 1-4 和图 1-14 所示。

表 1-4　　　　　　　　　　电力系统协同演化指标权重计算

层级	驱动因素	变量选择	属性	权重
宏观环境层 （LI）	"双碳"承诺	碳排放总量	负向	0.055
	政策支持	电力系统政策数量	正向	0.117
	公众参与	电力行业热线信息数量	负向	0.057
中观体制层 （RI）	能源供给能力	全口径发电量	正向	0.070
	电网运营	输配电价	负向	0.098
	用能需求	全社会用电量	正向	0.068
	电力系统辅助服务需求	储能装机容量	正向	0.146
	电力市场交易	市场交易电量	正向	0.152
微观利基层 （NI）	电力技术研发	电力企业开发新产品经费	正向	0.146
	电力设施制造	电力行业固定资产投资	正向	0.090

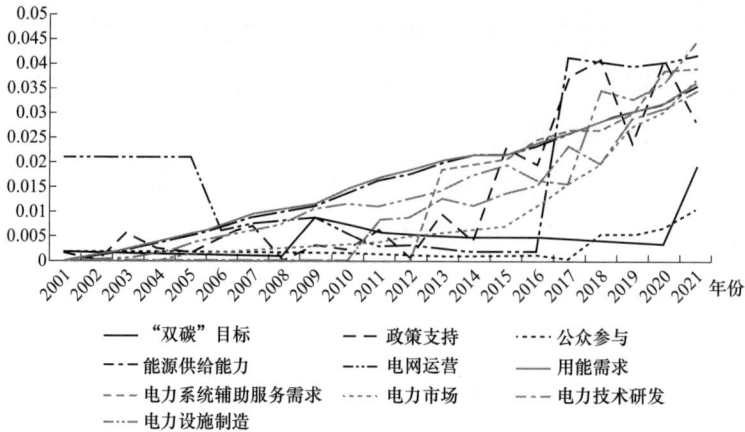

图 1-14　各演化驱动因素作用力变化图像

根据计算得到电力系统演化指标权重（见表 1-4），分析演化指标与电力系统发展之间的关联关系，揭示电力系统的演化机理并验证指标体系的有效性（图 1-8）。

宏观环境层最重要的指标是政府主导（0.117），这与中国属于政府主导型国家契合，也与近年来国家公布多项能源政策及其监管政策相互印证，但与其他指标权重相比，政策监督依然不属于电力系统演化过程中的绝对优势指标，其实施效果仍然需要协同发展推进。公众对于电力行业行为的投诉（公众行为）数量也不断增加，这一现象可以反映出公众参与电力行业发展的意识越来越强，但也凸显出国家事件中公众参与不足（0.057为最小值）。从指标属性来看，国际碳排放约束以及公众低碳行为均会从系统内部对其演化产生积极作用，且作用力度将逐年提升。

中观体制层 4 项指标的权重分布相对平均。其中，电力体制改革对电力市场的作用较大，电力市场建设以体制改革为其创造条件和提供保障，如果不打破电力统购统销的垄断体制、不最大限度剥离垄断环节、不培育独立市场主体、不建立合理的调度交易体制、不取消双轨制等，电力市场的建设将失去前提和基础，无法保证其健康发展。同时，由于电能替代背景下的用电量持续增长，电源装机容量持续增长与高比例可再生资源接入的协调，四川居民侧、工商业用电区域的集群化、核心化趋势，电网大型跨区域输送通道建设的迫切性和长期空间不断提升。而从网络结构而言，低碳、稳定的发电端属于较重要的电力系统子系统，而居民用电端由于其逐渐增加的灵活性和智能性也开始成为关键的需求端。中观体制层的演化发展是依赖电力供应链路径发展和其创新技术支撑的，这在短期内难以改变。

微观利基层的变量都较为活跃，其中，政策制定对微观利基的作用较大。政府提供财政支持和政策激励，促进利基层从多利基位的新兴阶段快速发展到优势利基位的成熟阶段，截至 2021 年底，四川可再生能源发电装机容量已经达到 10.63 亿 kW，可再生能源发电量达 2.48 万亿 kWh，风能和太阳能累计装机容量均居世界第一（《能源与电力分析年报》，2021 年）。此外，超高压输电技术也得到了广泛的应用；电力技术研发指标作为其发展的关键因素，在两个指标中占据了较大比重，这也证明了政府对清洁能源技术和负荷预测技术的大力支持。

总体来说，电力技术研发所占权重最大，这突显了电力企业技术研发对电力系统协同演化的巨大促进作用，也体现了全社会对电力系统数字化、智能化、灵活化、清洁化发展的重视程度；公众参与所占权重最小，公众意见对电力系统协同演化的作用效果目前不够明显，但是随着电力系统智能化的发展，以及居民用户用电量的不断增长，公众对电力系统的影响意愿和影响能力将不断增强。

接下来，根据式（1-13）～式（1-15）计算出 2001～2021 年四川电力系统演化驱动因素的发展指数，详情见表 1-5 和图 1-15。

表 1-5　　　　　　2001～2021 年四川电力系统演化驱动因素的发展指数

年份	宏观环境层	中观体制层	微观利基层
2001	0.042	0.156	0.000
2002	0.036	0.160	0.001
2003	0.058	0.165	0.002
2004	0.045	0.171	0.004
2005	0.042	0.184	0.009
2006	0.055	0.084	0.012
2007	0.065	0.105	0.015
2008	0.034	0.115	0.019
2009	0.046	0.127	0.026
2010	0.041	0.116	0.028
2011	0.055	0.110	0.078
2012	0.031	0.123	0.085
2013	0.064	0.129	0.113
2014	0.044	0.128	0.112
2015	0.118	0.125	0.133
2016	0.104	0.150	0.134
2017	0.164	0.186	0.181
2018	0.169	0.226	0.205
2019	0.101	0.278	0.257
2020	0.167	0.294	0.277
2021	0.113	0.330	0.318

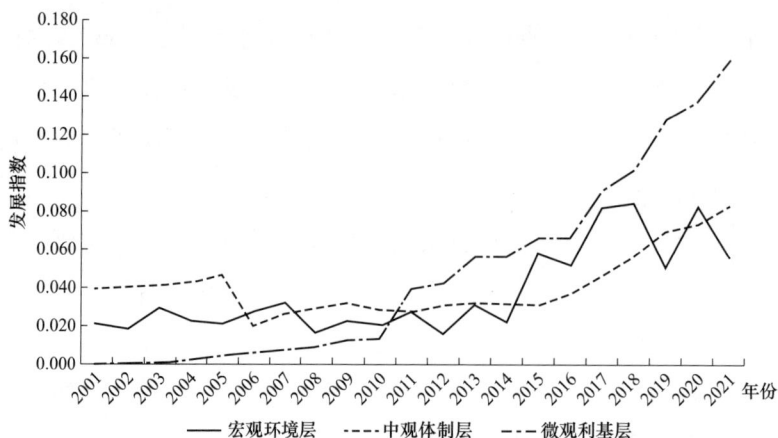

图 1-15　2001～2021 年四川电力系统演化驱动因素的发展指数

根据电力系统历年数据以及未来发展研判，通过指数平滑法预测各驱动因素在 2025、2030 年及 2035 年的发展情况，并通过专家预测法进行一定的修正。其中"双碳"目标在未来不断上升；政府主导力量在未来不断上升，但其所起作用将相对降低；公众参与对电力系统的作用将不断提高；电力市场在未来将成为电力系统演化的重要推动力，未来新型电力系统驱动因素发展情况如表 1-6 所示。

表 1-6　　　　　　　　　　　未来新型电力系统驱动因素发展情况

驱动因素	2025 年	2030 年	2035 年
"双碳"目标	0.039	0.065	0.095
政策支持	0.043	0.089	0.109
公众参与	0.075	0.097	0.120
能源供给能力	0.082	0.100	0.116
电网运营	0.074	0.077	0.085
电力系统辅助服务需求	0.082	0.102	0.114
电力市场交易	0.077	0.099	0.121
电力技术研发	0.077	0.122	0.142
电力设施制造	0.057	0.075	0.092
用能需求	0.084	0.101	0.116

基于未来新型电力系统驱动因素发展情况，可对我国新型电力系统建设发展提出一些建议。

（1）对于宏观环境层而言，因政府在系统中具有导向作用，因而政策制定者在新型电力系统建设初期需要制定科学的发展政策，对其他参与主体进行约束引导，以促进电力系统的绿色低碳发展。但是，以补贴为代表的产业培育方式本质是政府特惠模式，存在政府选择失灵或过度支持问题，可能引发产能过剩、低效率、其他产业发展目标被忽视。因此，随着各项事务走上正轨，其驱动作用整体还是呈下降趋势，政府对电力系统演化的作用将不断降低，逐渐转向中观体制内生动力和微观利基技术创新驱动发展。此外，随着政务公开和国际参与水平的提升，公众意见和国际组织将发挥更大的作用。

（2）对于中观体制层而言，随着源网荷储一体化和全国统一电力市场建设，电力系统内部各主体之间的联系将更加密切，各主体之间演化协同能力将不断提升。但为了适应现实发展的要求，电力系统需要不断引入新技术、新制度、新信息，以适应新型电力系统建设的新形势和新要求。一方面，需要继续进行体制改革，减少由于体制不适配电力系统发展带来的阻碍，针对储能侧主体和电力市场作用力不断发展的情况，需要促进储能新商业模式的发展，发展电网侧、电源侧和负荷侧储能，建立健全电力市场体制机制，发挥市场在电力资源配置中的作用，提升储能侧主体和电力市场的演化协同能力。另一方面，需要保持电力系统开放，在政府的作用逐渐减弱的趋势下，拓宽电力系统与公众和国际组织的沟通渠道，提升公众意见对电力系统演化的促进作用。

（3）对于微观利基层而言，"双碳"的实现需要更高水平电力系统技术的支持，科研机构和设备制造等主体的对中观层源网荷储等主体效益提升等发展作用将不断凸显。在新型电力系统建设初期，需要政府扶持相关技术发展，随着创新技术不断发展成熟后，相关创新技术主体规模不断扩大，应减少政府对创新技术的扶持力度，通过市场竞争提升其技术发展水平。

（4）电力系统协同演化驱动作用力函数拟合分析。根据四川电力系统驱动因素发展指数变化表，分别拟合出 3 种演化驱动作用力的函数表达式，并且通过分析来揭示每一种驱动因素作用力的变化规律以及它们未来的变化趋势，进而为分析电力系统协同演化的作用机理奠定基础。

1）宏观环境层作用力函数的拟合分析。首先，刻画出宏观环境层驱动作用力的变化图像（见图 1-14），如图可知宏观环境层驱动作用力的图像整体呈现出多个顶点，类似于多级傅里叶函数的组合形式，曲线上下变化的幅度较大；但是从图像的极值点的发展趋势来看，图像的整体走势接近于倒 U 形曲线，拟合出的函数表达式见式（1-22），拟合优度为 83.51%。

$$LI(x) = 0.038 + 0.001\cos(0.264x) - 0.024\sin(0,26x) - 0.014\cos(0.528x)$$
$$- 0.001\sin(0.528x), (x = 2001, \cdots, 2021) \tag{1-22}$$

基于图 1-15 的曲线变化特征，分析宏观环境层驱动作用力的变化规律。结合四川电力系统的演化过程和政府针对电力系统演化的主导力的变化情况，发现在电力系统演化的初期也就是不协同的演化阶段，政府对于电改的重视程度不算太高，仅仅处于宏观领导的状态；到了演化中期也就是被驱动的协同演化阶段，政府开始着力改变对待电力系统演化的态度，出台了较多的电力改革政策，从环境压力和微观利基的辅助等多个层面对电力系统协同演化提供作用力；到演化中后期也就是被抑制的协同演化阶段，在这个阶段理应削弱政府对电力系统演化的作用，政府主导作用力随着政策数量的减少而降低。纵观政府主导作用力未来的变化情况，从整体而言，政府主导作用力的总量应该逐渐减少，从阶段变化来看，政府主导作用力还会呈现出上下波动的状态，但是峰值应该不会超过在电力系统演化中期时的数值。此外，公民社会作用力对电力系统协同演化的作用程度随着时间的变化持续增加，但是增加的幅度不是很大，可见公民社会作用力对四川电力系统演化的作用程度较低，也从侧面反映出四川不太重视公民意识对中观体制的重塑作用。所以说，在未来的电力系统演化过程中，要重视公民社会作用力的作用。未来公民社会作用力的变化情况应该符合拟和出的函数图像，随着时间的变化，公民社会作用力作用程度逐渐变大，从中观体制层的内部施加引力，逐渐巩固和协同四川电力系统的演化。宏观环境层作用力的变化图像如图 1-16 所示。

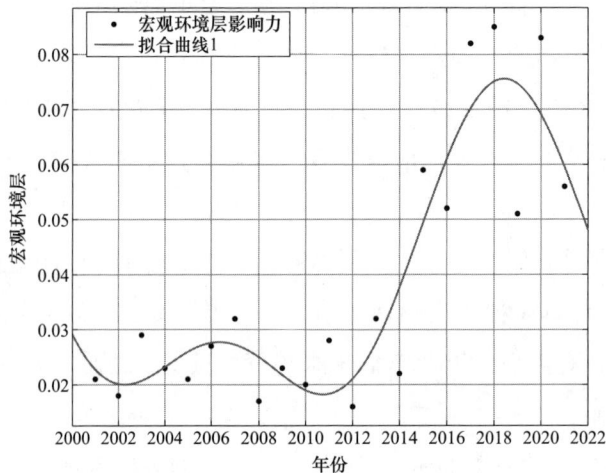

图 1-16　宏观环境层作用力的变化趋势图

2）中观体制层作用力函数的拟合分析。

刻画出中观体制层驱动影响力的变化图像如图 1-17 所示，中观体制层作用力图像的变化情况类似于一个开口向上的二次函数，在不协同的演化阶段，函数图像缓慢上升，图像的变化速率较小，在演化的中期，进入被驱动的协同演化阶段，函数图像逐渐变成一条直线，函数值趋于平稳状态，但是到中后期也就是被抑制的协同演化阶段，中观体制层驱动影响力的上升速率明显地加快。

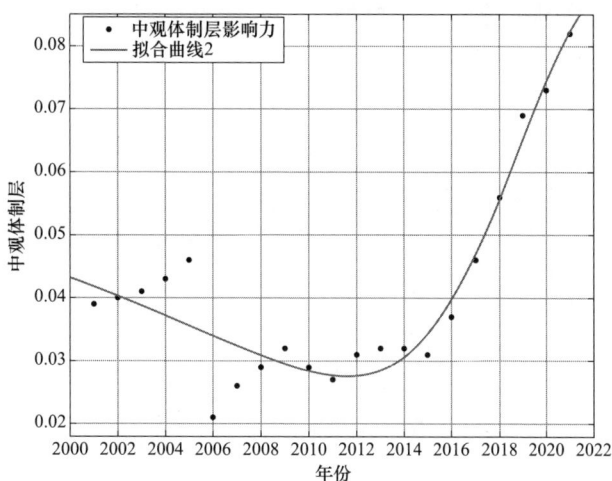

图 1-17　中观体制层作用力的变化趋势图

中观体制层驱动影响力的变化如图 1-17 所示，按照这样的图像变化特征，拟合出的函数表示式见式（1-23），拟合程度达到 91.8%。

$$RI(x) = 0.080 \times e^{-\left(\frac{x-2023}{6.342}\right)^2} + 0.052 \times e^{-\left(\frac{x-1988}{27.23}\right)^2}, (x = 2001, \cdots, 2021) \tag{1-23}$$

在电力系统的演化初期也就是不协同的演化阶段，电力体系属于国家垄断行业，中观体制层驱动影响力的作用程度较低；随着四川电力市场的逐渐开放，中观体制层驱动影响力也逐渐加大；而且，进入电力系统的演化中后期，进入被抑制的协同演化阶段，国家政府开始意识到没有中观体制层调控的电力系统演化将会面临各种难以协调的问题，如：高比例的弃风、弃光、弃水，电动车与充电桩的数量严重不匹配和储能电站规划建设不足等。所以，四川电力系统的演化要逐渐加大中观体制层作用力的作用效果，推进电力源网荷储一体化和多能互补发展，实现电力系统高质量发展，提升可再生能源开发消纳水平和非化石能源消费比重，促进四川能源转型和经济社会发展。按照这样的演化需求，未来中观体制层驱动影响力产生的影响将会越来越大，而且会以一个较快的速率上升，从促进源网荷储各环节间协调互动入手，充分挖掘系统灵活性调节能力和需求侧资源，提升电力系统运行效率和电源开发综合效益，构建多元供能智慧保障体系。

3）微观利基层作用力函数的拟合分析。

刻画出微观利基层作用力的变化图像如图 1-18 所示，微观利基层作用力图像的变化情况呈现出较为明显的指数函数的图像特征，整体函数处于上升态势，在演化的前中期，当进入被驱动的协同演化阶段，函数图像呈现出缓慢上升趋势，图像的变化幅度变小，但是到后期协同演化阶段，微观利基层驱动影响力的上升速率明显加快。

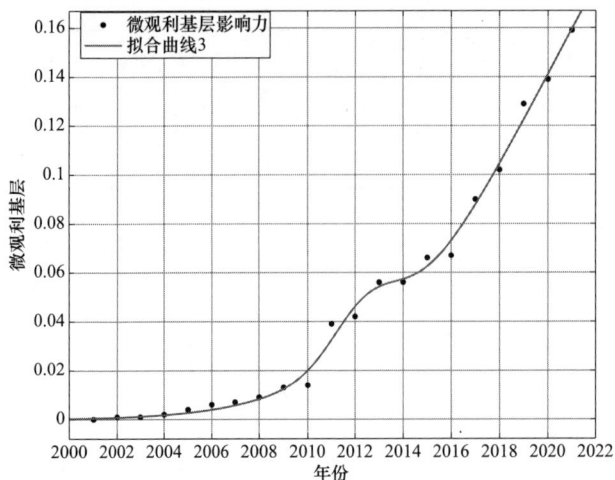

图 1-18　微观利基层作用力的变化趋势图

微观利基层驱动影响力的变化如图 1-18 所示，按照这样的图像变化特征，拟合出的函数表示式见式（1-24），拟合程度达到 99.57%。

$$NI(x) = 0.231 \times e^{-\left(\frac{x-2027}{10.62}\right)^2} + 0.019 \times e^{-\left(\frac{x-2012}{2.036}\right)^2}, (x = 2001, \cdots, 2021) \qquad （1-24）$$

从图像的整体走势来看，微观利基层驱动影响力的变化情况属于一个平稳上升的过程。结合四川电力系统的演化来看，在演化初期，四川电力系统的技术创新能力较差，政府没有重视到技术创新带来的原动力；当进入被驱动的协同演化阶段，政府加大了对技术创新的扶持力度，不仅给予资金支持，还给予政策支撑，所以，演化中期的技术创新驱动力出现了一个小规模的提升；当进入被抑制的协同演化阶段，虽然技术创新驱动力依然存在一定的波动，但是浮动范围较初期要小很多，并且逐渐趋于稳定；随着电网提档升级、网源协调匹配、动态无功响应、储能辅助运行、新型低碳市场的需要，对电力系统技术创新提出了更高的要求，微观利基层驱动影响力出现大规模的提升。

（三）各演化驱动因素的动态作用分析

针对上述四川电力系统演化驱动因素在各阶段的作用特点，从各层级的协同演化效果入手，分析不同阶段演化驱动因素的作用情况，均衡各阶段的驱动力，并且协调各种驱动力在各阶段的主从关系，分析在电力系统演化过程中演化驱动因素的动态作用效果，旨在动态反映各演化驱动因素的作用力变化情况和变化规律。

根据电力系统协同演化驱动因素的作用机制和构建出的 4 种影响力的函数表达式，基于社会—技术系统转型理论，构建出各演化驱动因素的动态作用效果模型。模型反映了电力系统协同演化驱动因素的动态作用效果以及电力系统多层次多演化主体受驱动力作用后进行的协同演化行为，最终目的是要通过分析各驱动因素各阶段的作用效果来提升各层级各演化主体之间的协同演化程度，进而促进整体电力系统的智能演化。而且，3种驱动力在不同阶段的施力效果不同，它们不仅协调了各参与主体之间的演化关系和合作行为，还逐渐改变各演化主体的网络角色，使其更符合整体电力系统的演化性质，最终达到影响电力系统的协同演化的目的。

综上，构建出基于社会—技术系统转型理论的演化驱动因素动态作用效果模型，如图 1-19 所示。

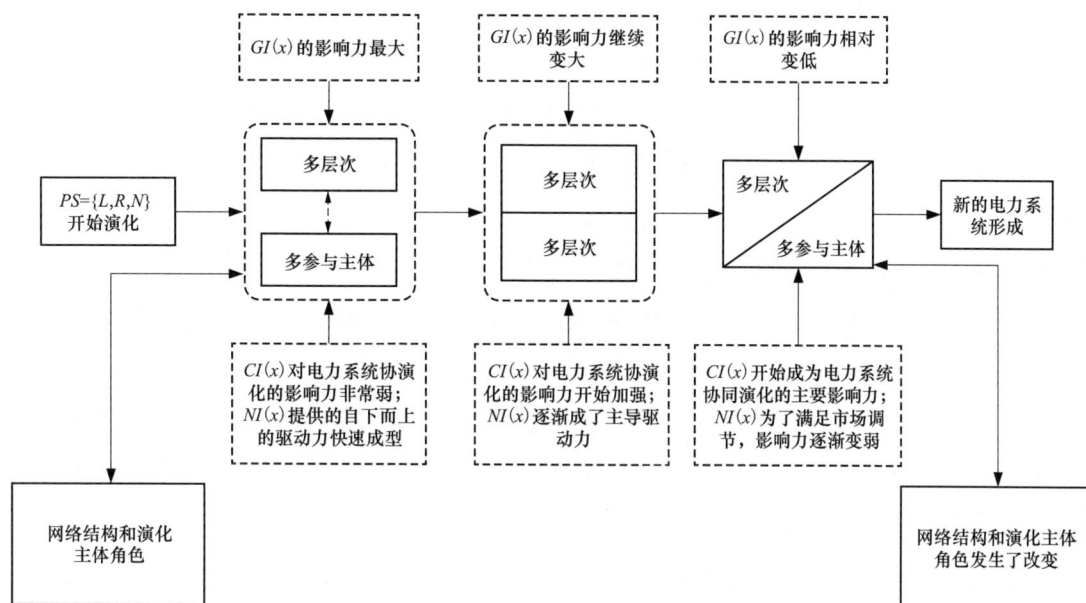

图 1-19　基于社会—技术系统转型理论的演化驱动因素动态作用效果模型

电力系统 $PS=\{L, R, N\}$ 开始演化，在电力系统建设期，各层级的演化主体之间存在许多演化矛盾需要调和，宏观环境层驱动影响力（LI）起着较为重要的作用，自上而下推动层级间的融合，中观体制层驱动影响力（RI）为此时的主要影响力，着力解决电力供需矛盾，微观利基层驱动影响力（NI）属于刚刚起步的作用力，对电力系统的协同演化基本没有发挥影响，但其在政策辅助下作用力缓慢发展，对电力系统的协同演化施加了部分作用。

在电力系统市场化改革期，演化主体间出现了一定程度的融合，宏观环境层驱动影响力（LI）继续变大，持续影响电力系统的协同演化发展，中观体制层驱动影响力（RI）缓慢增大，而微观利基层驱动影响力（NI）的增加幅度较中观体制层更大，随着政府影响增加至一个较高的水平，对电力系统中观体制产生了巨大的压力。

在电力系统体制改革深化期和新型电力系统建设期，各层级的演化主体构成了一个融合的集团，宏观环境层驱动影响力（LI）降低自身的影响水平，将电力系统的演化交于电力系统自身进行调节，对应的中观体制层驱动影响力（RI）达到了一个较大的影响力水平，微观利基层驱动影响力（NI）也随电力系统的发展而不断增加，本阶段的主张是将电力系统演化发展交于社会和技术进行调节，最终达到各主体间协同匹配的目的。

三、四川电力系统协同演化的作用机理

（一）电力系统协同演化的概念模型

电力系统协同演化可以看作是整体电力系统中各演化主体为了达到统一的协同演化目标而产生变异的全过程，协同演化的目标是每个层次的演化主体间的协同演化效果相匹配，并且与整体电力系统的演化方向相一致，这一过程不是单独发生的，而是与自身的多个层次和环境的不断交感中进行的。电力系统具有层次性，每一个层次演化参与主体的演化发展既受到其他层次演化主体的影响，同时每一层次演化主体的演化又反过来影响其他层次，每个演化参与主体都具有协同演化能力，每个演化影响因素都拥有协同演化作用，演化参与主体和演化影响因素间的交互作用形成了不同阶段电力系统的关联关系矩阵和关联关系图。

基于对电力系统演化参与主体的提取和演化影响因素的分析，进一步梳理了电力系统的整体演化阶段和每个演化阶段的演化特征，结合演化主体和演化驱动因素两者构建出电力系统的协同演化概念模型。

在电力系统的协同演化过程中，各演化主体具备各自的协同演化能力，在不同的演化阶段演化能力有高有低；演化驱动因素提供了协同演化作用，作用力在不同的演化阶段作用程度不同。用演化主体的协同演化能力和演化驱动因素的协同演化作用来描述电力系统的协同演化过程，因此，电力系统的协同演化过程包括两个维度：协同演化能力（Co-evolution Ability）和协同演化作用（Co-evolution Function）。协同演化能力由高到低，协同演化作用由小变大，形成了 4 个演化象限，这 4 个演化象限刻画出了电力系统协同演化的 4 种状态以及 5 种协同演化路径。

每个演化状态都拥有自己的演化目标，如：演化主体的协同演化能力低且驱动因素的协同演化作用小，电力系统处于协同演化初始阶段；演化主体的协同演化能力低但驱动因素的协同演化作用大，电力系统进入了被驱动的协同演化阶段，这个阶段的演化目标是完善相应的演化体制；演化主体的协同演化能力提高后驱动因素的协同演化作用力反而减少，此时电力系统进入被抑制的协同演化阶段，进入这个阶段后，各演化主体旨在实现各自的系统功能；演化主体的协同演化能力高且驱动因素的协同演化作用大时，电力系统达到最优协同演化阶段。在驱动因素的作用下，每个阶段都可以进入更高阶的其他演化阶段，具体的电力系统协同演化的路径描述如图 1-20 所示。

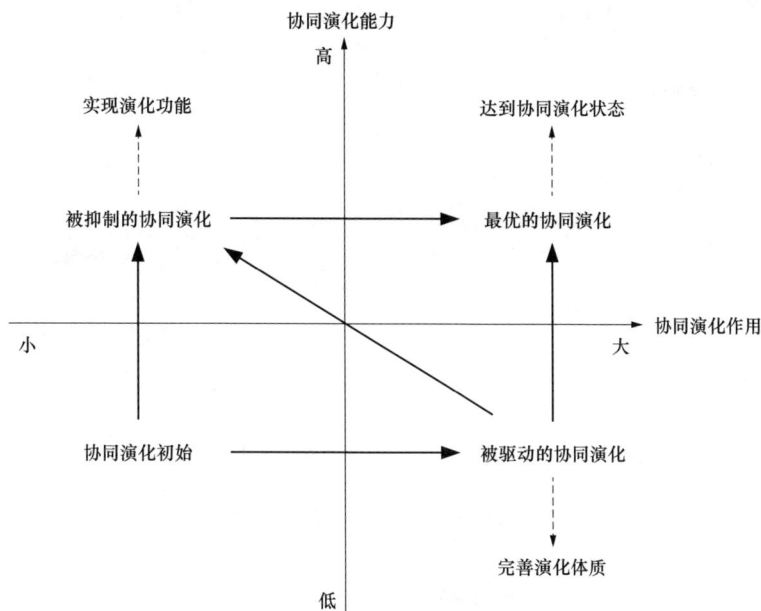

图 1-20　电力系统协同演化的路径描述

分析图 1-20 可知，电力系统在协同演化初始期的演化特征表现为演化参与主体的协同演化能力低且驱动因素的协同演化作用小，在这个时期，电力系统演化刚刚开始；随着驱动因素的协同演化作用增强，系统进入了被驱动的协同演化阶段，在这个阶段需要完善演化体制的修订工作；接下来，随着演化参与主体协同演化能力的提升，系统进一步进入了被抑制的协同演化阶段，在这个阶段需要逐步实现演化参与主体的系统新功能，匹配新的系统需求；在演化后期，演化参与主体的协同演化能力和驱动因素的协同演化作用力都得到了增强，达到了一个较高的水平，整体系统进入了协同状态。

基于电力系统的动态演化过程，进一步构建出电力系统协同演化的概念模型（见图 1-21），模型同样包括反映协同演化效果的 2 个维度：演化参与主体的协同演化能力（简写 A）和驱动因素的协同演化作用（简写 F）；电力系统的 4 个演化阶段：协同演化初始阶段、被驱动的协同演化阶段、被抑制的协同演化阶段和协同演化阶段；不同演化阶段的协同演化目标；以及不同演化阶段的 5 种演化路径，电力系统的协同演化就是按照这种演化路径从不协同状态演变到协同状态的过程。

综上，概念模型深入剖析了在电力系统协同演化过程中演化参与主体和演化驱动因素的发展和变化情况，总结了电力系统的协同演化规律。以达到协同演化状态为最终目的，定义电力系统协同演化的概念，即电力系统中各演化参与主体通过与其他主体以及宏观环境和微观利基间的不断交互作用以达到整体系统稳定和谐状态的一种全演化周期的进阶式的演化过程。

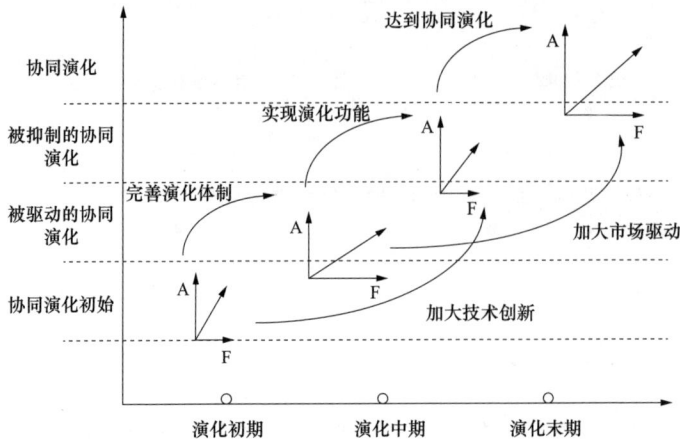

图 1-21　电力系统协同演化的概念模型

电力系统协同演化的进阶式概念模型包括 2 个维度、3 种演化状态、4 个演化阶段和 5 种演化路径，每种演化状态的具体表现如下：

（1）在协同演化初始阶段中，各演化参与主体刚刚进入演化进程，其协同演化能力较低，宏观环境对系统施加的压力较小，而且各演化驱动因素的作用程度都较低，这个阶段一般出现在电力系统的演化初期，各微观利基的发展刚刚起步，原有体制依然占据主导地位。

（2）在被驱动的协同演化阶段中，各演化参与主体的协同演化能力依然较低，但是演化驱动因素的作用力随着宏观环境压力的增大而逐渐变大，这个阶段一般出现在电力系统演化中期的前半部分，微观利基的发展较为成熟，新旧体制开始竞争，但是由于路径依赖特性，原有体制的地位依然较为牢固。

（3）在被抑制的协同演化阶段中，各演化参与主体在演化过程中协同演化能力有所提升，但同时，随着微观利基逐渐进入体制层，以及宏观环境层施加的压力趋于平稳，演化驱动因素的作用力开始变弱，这个阶段一般出现在电力系统演化中期的后半部分，在微观利基的冲击下，中观体制层的新旧体制间的博弈程度加强，新体制的优势初现端倪，原有体制面临着拆分重组。

（4）在协同演化阶段中，各演化参与主体的协同演化能力依然保持较高的水平且各演化驱动因素的作用力也达到最优，这个阶段一般出现在演化后期，电力系统的新体制逐步建立，其商业模式也逐渐成型。

（二）电力系统演化驱动因素的分阶段作用机制

在电力系统协同演化初始期，各层次演化主体之间都存在一定的演化距离，在演化过程中，各演化参与主体间靠多种驱动因素进行推动，慢慢整合，到演化末期，各层级各演化参与主体融合成一个完整的新的电力系统结构。纵观整体演化过程中，政府主导驱动力影响较大，在演化初期起引导演化方向、促进演化发展的作用，因此，应注重政府主导驱动力在协同演化初始阶段的作用效果；市场驱动力和公民社会驱动力都属于缓慢成型的作用力，在演化后期作用巨大，理应逐渐加大其作用范围和影响力度，其中，公民社会驱动力在演化中期的作用程度要大于市场驱动力，但是在演化末期，市场驱动力超越了公民社会驱动力，对整体电力市场进行融合性推动。技术创新驱动力的整体发展趋势是由小逐渐变大，但在演化过程中基于政府作用出现了不同程度的增大和减少。在电力系统的整体演化过程中，这 3 种演化驱动力相互作用、共同推动各层次各主体间的融合。

1. 协同演化初始阶段

在演化初期也就是协同演化初始阶段，各层级以及各演化参与主体之间的演化距离最大，每个层级和每个演化参与主体之间都存在需要融合的地方。在这个演化阶段，政府主导力成为最重要的驱动因素，自上而下作用于整个电力系统，且作用力度最大。其余 3 个驱动力的作用程度都小，尤其是公民社会和市场驱动，都属于萌芽状态，技术创新力刚开始起步，并基于政策驱动，迸发力度较大。

2. 被驱动的协同演化阶段

在演化中期也就是被驱动的协同演化阶段，宏观环境层中的演化主体已大致融合成一个整体，并且逐渐拉近与中观体制层之间的演化距离。在这一演化阶段中，政府主导驱动作用渐渐放缓，政府主导驱动力的主要作用就是将中观体制层中的演化主体进行重新组合并交与市场进行体制调节；同时，国家大力推广技术创新发展，技术创新作用力成为主要驱动力，从微观利基的角度加速向上推进体制间的竞争，加速演化进程。结合公民社会驱动力提供的内生力量，市场驱动力开始吸引中观体制层中各演化主体间的融合，进一步推进整体电力系统的演化。

3. 被抑制的协同演化阶段

在演化中后期也就是被抑制的协同演化阶段，各层次中的演化主体已大致完成彼此之间的融合，宏观环境层和中观体制层也已经整合完成。在这一阶段，政府主导作用应进一步减缓，技术创新阶段也已大致完成，所以，政府主导力和技术创新力均呈现出下降趋势。在这个阶段，市场驱动力和公民社会驱动力便成为推进整体电力系统融合的主要动力，而且市场驱动力占较大比重。但是，新构成的中观体制层与微观利基层之间依然存在着部分排斥力量，导致彼此之间的融合不够紧密；为了填补这种层次间的缝隙，需要出现与上下层之间都契合的商业模式。最终，与新的中观体制层和微观利基层都契合的商业模式成为一个过渡区域，类似于"桥"的作用将中观体制层和微观利基层紧密地融合在一起。宏观环境层、中观体制层和微观利基层融合成一个完整的智能化电力系统。

综上，根据 3 个演化阶段中 8 种协同驱动因素的不同作用情况可知，政府主导驱动因素在整体演化过程中的都处于主导地位，市场驱动和公民社会这两个驱动因素的作用效果增加速率很慢，在演化中后期市场驱动力的作用效果增强，来均衡整体电力系统的协同演化程度。基于四川电力系统的协同演化驱动因素发展分析可知，在政府主导体制下的国家，政府驱动作用力在整体演化过程中对电力系统的协同演化作用力都较大。

（三）算例分析

本节以中观体制演化主体电源侧主体之一新能源为例进行算例分析，以电力系统关联关系与驱动因素分析当前新能源发展的演化规律，基于此研判新能源这一主体在新型电力系统建设中的未来发展形态。

1. 四川新型电力系统协同演化分析

基于对电力系统的演化参与主体的提取和演化驱动因素的分析，进一步梳理电力系统的整体演化阶段和每个演化阶段的演化特征，结合演化主体和演化驱动因素两者构建出电力系统的协同演化概念模型。新型电力系统协同演化分析示意图如图 1-22 所示。

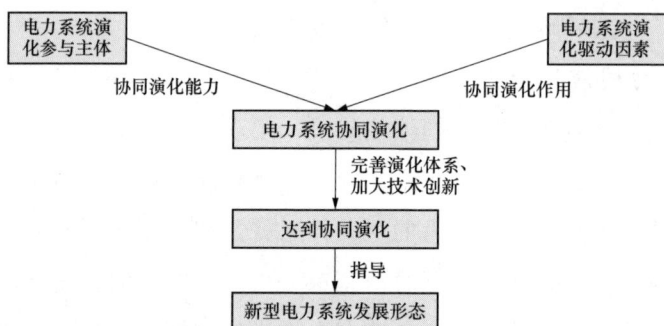

图 1-22　新型电力系统协同演化分析示意图

2. 面向新能源发展的电力系统协同演化分析

结合电力系统协同演化概念模型，以 2020～2025 年各演化参与主体的关联关系以及各驱动因素作用力的动态变化情况为例，分析面向新能源发展的四川电力系统协同演化过程，为四川新型电力系统发展形态特征提供理论依据。

随着新能源不断发展，宏观环境层、中观体质层及微观利基层各个主体关联关系将发生变化。2020 年，四川电力系统宏观环境层各主体对中观体制层和微观利基层的驱动作用一般，通过政策管理、资金流向和公众意见等主体间关联关系支持电源侧中新能源主体迅速发展。

随着新能源不断发展，宏观环境层、中观体质层及微观利基层各个主体关联关系将发生变化。在《四川省"十三五"战略性新兴产业发展规划》《四川省电力体制改革综合试点方案》等一系列政策、规划的推动下，四川新能源稳步发展，2020 年四川风光新能源总装机容量达到 617 万 kW。宏观环境层各主体与中观体制层新能源发电和微观利基层新能源技术的关联关系为一般联系，通过政策管理、资金流向和公众意见等主体间关联关系支持电源侧中新能源主体迅速发展。中观体制层负荷侧用能需求增长迅速，2020年能源生产量 20433 万 t 标准煤，消费量 21186 万 t 标准煤，能源供给能力供需缺口大，与电源侧新能源主体发展的关联关系增强。在宏观环境支持下，微观利基层新能源技术研发投入有所增长和新能源产业稳步发展，这有效降低了新能源发电的成本，又进一步促进了四川新能源的发展。面向新能源发展，2020 年四川电力系统各演化主体之间的网络关系如图 1-23 所示。

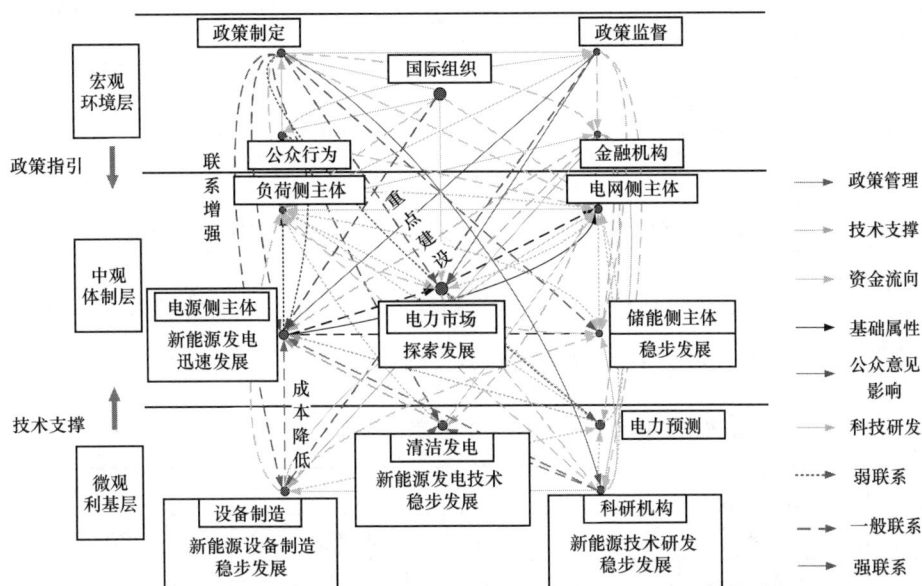

图 1-23　2020 年面向新能源发展的四川电力系统网络关系图

随着电力系统不断发展，宏观环境层、中观体质层及微观利基层各个主体关联关系将发生变化。宏观环境层"双碳"目标和《四川省碳达峰实施方案》（川府发〔2022〕34号）等政策提出，与新能源发展具有强联系，引导新能源装机容量规模不断增长；中观体制层随着成渝双城经济圈的建设，预计用能需求和电网建设将快速增长，能源供需矛盾突出，要求发展新能源以补足能源缺口，与新能源发电的关联关系变为强联系；微观利基层新能源发电和电网智能化技术的进步，在保证电力系统安全可靠的前提下，电力系统消纳新能源能力增强，减少四川新能源发展的制约，促进新能源发展。随着四川电网通道和目标网架的建设，抽水蓄能和新型储能的发展，电力市场交易规模的扩大和能源供需矛盾加剧，到 2025 年新能源将迎来爆发式发展，全省风光新能源总装机容量增至3200 万 kW，此时新能源成为发展重点。2025 年四川电力系统各演化主体之间的网络关系如图 1-24 所示。

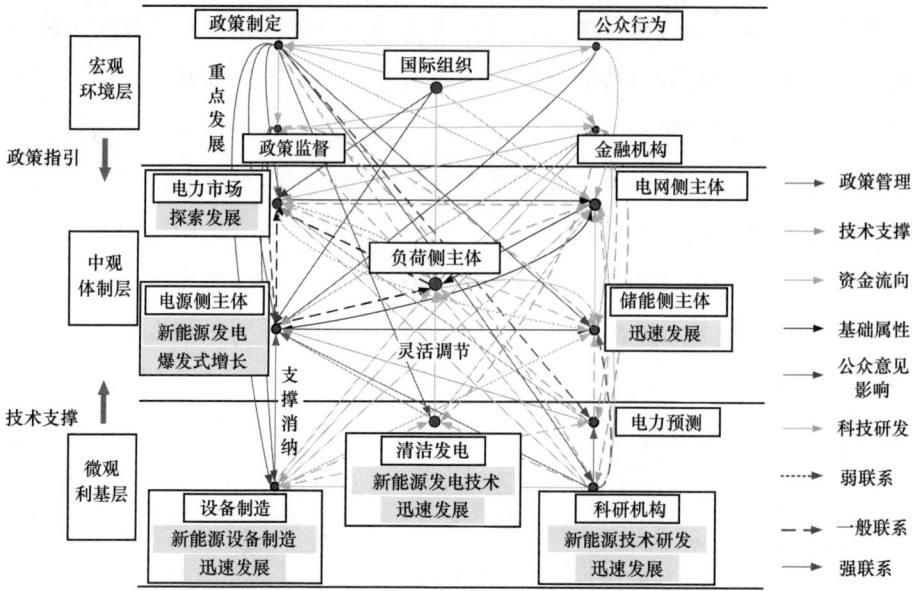

图 1-24　2025 年面向新能源发展的四川电力系统网络关系图

对以上网络关系图进行社会网络分析，可以得到四川电力系统各参与主体合作演化网络参数变化（2020～2025 年），如表 1-7 所示。

表 1-7　　　　　　　各演化主体合作演化网络参数变化（2020～2025 年）

层级	演化主体	活跃指数		贡献指数		结构洞指数	
		2020 年	2025 年	2020 年	2025 年	2020 年	2025 年
宏观环境层	政策制定者	6.5	7	0.69	0.72	10.15	10.13
	政策监督者	4.5	5	0.56	0.58	1.50	1.92
	金融机构	4.5	5	0.33	0.45	7.84	7.81
	国际组织	2.5	3.5	1.00	1.00	0.00	0.00
	公众行为	2.0	3.5	1.00	1.00	0.00	0.00
中观体制层	电源侧主体	6.5	7	−0.38	−0.36	1.18	0.53
	电网侧主体	6.5	7.5	−0.54	−0.60	1.18	1.21
	负荷侧主体	7.5	8	−0.38	−0.42	12.44	9.76
	储能侧主体	5	7	−0.40	−0.32	0.53	0.92
	电力市场	6	7.5	−0.50	−0.42	0.53	0.75
微观利基层	科研机构	5.5	6	0.45	0.56	0.85	0.71
	技术生产企业	5.5	6	0.27	0.35	0.85	0.71
	清洁能源	3.5	4.5	0.12	0.54	0.32	0.49
	电力调度预测	4	5	0.00	0.23	0.32	0.56

由表 1-7 可知,四川电力系统(2020~2025 年)各演化参与主体合作水平提高,协同演化能力整体变强。其中,负荷侧主体活跃指数在 2025 年达到最高,成为网络发展中心,说明此时负荷侧主体对新能源发展起主要推动作用,通过用能需求驱动新能源发展。清洁能源贡献指数迅速增长,对新能源发展的技术驱动作用明显增强。政府策制定者的结构洞指数仍最高,对新能源发展的资源配置起主导作用。

通过指数平滑法对各驱动因素的指数增长情况做一个预测,并添加 2025 年新能源增长目标作为修正因素,得到面向新能源发展的四川电力系统驱动因素作用力变化情况,如表 1-8 所示。

表 1-8　　　　　　　各驱动因素作用力变化(2020~2025 年)

层级	驱动因素	2020 年	2025 年
宏观环境层	"双碳"目标	0.040	0.065
	政策支持	0.036	0.053
	公众参与	0.029	0.050
中观体制层	能源供给能力	0.036	0.068
	电网运营	0.039	0.063
	用能需求	0.036	0.069
	电力系统辅助服务需求	0.036	0.059
	电力市场交易	0.035	0.060
微观利基层	电力技术研发	0.044	0.056
	电力设施制造	0.040	0.058

根据表 1-8 可得,2020~2025 年,宏观环境层"双碳"目标对新能源发展的驱动作用最强,对新能源发展相关性强,强力驱动新能源发展,政策支持驱动也在"双碳"目标指引下逐渐增强,助力我国电力系统转型发展。中观体制层随着成渝双城都市圈的建设,四川用能需求驱动作用力提升幅度大,逐渐对新能源发展起主导作用,此外随着四川网架结构的持续优化,能源供给能力增强,对新能源发展的驱动作用也不断提高。微观利基层电力技术的进步和智能化电力设施的应用,提升了电力系统开发新能源的能力,增强电力系统对新能源的消纳能力。

新能源的发展也将对其他演化主体产生积极的反馈,将支撑四川宏观经济的可持续高质量发展,补足四川能源缺口,为生产生活提供必要的能源供给,支撑四川各产业生产。新能源发展需要依靠电力市场机制支持以促进其消纳量的提升,这也将推动我国电力市场机制的完善。新能源发展将倒逼相关发电技术、能源出力预测技术、并网技术等技术水平的提升。

3. 未来四川新型电力系统发展形态

结合四川电力系统的演化过程和电力系统宏观环境层演化驱动因素的动态变化情况，可以总结出四川电力系统宏观、中观、微观层系统演化规律，如图 1-25 所示，指导新型电力系统发展形态。

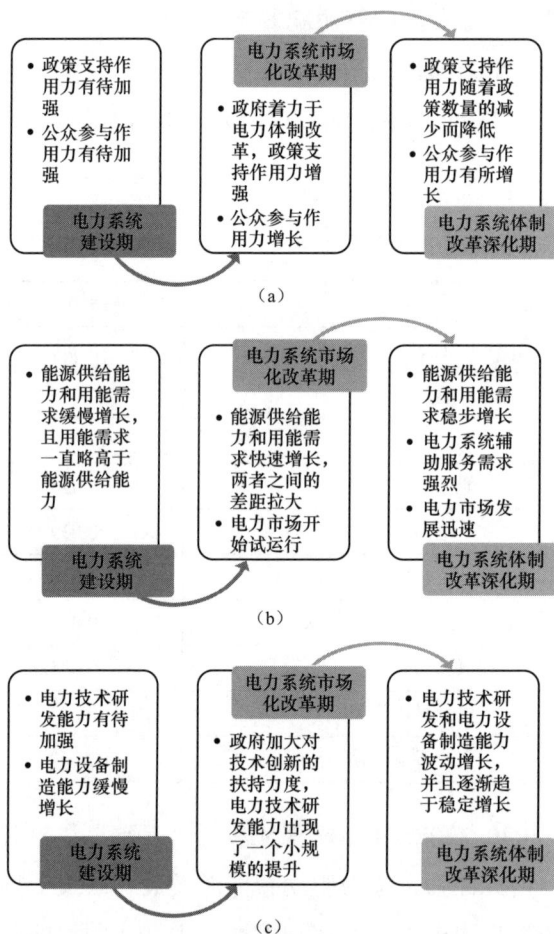

图 1-25 四川电力系统宏观、中观、微观层系统演化规律

（a）宏观环境层；（b）中观体制层；（c）微观利基层

根据以上四川电力系统演化规律，结合面向新能源发展的四川电力系统协同演化情况，可以得到四川未来新型电力系统具有以下发展形态。

宏观环境层：政府扶持新能源发展，发挥市场对电力资源配置的决定性作用；开放的公众交流渠道，高效的用户反馈机制。

中观体制层：水电和新能源高占比，水风光一体化开发；电网消纳和调控高比例大规模可再生能源；抽水蓄能和新型储能投运规模持续高涨；新型电力市场不断拓展和推进。

微观利基层：政府大力扶持电力技术研发；电力技术研发和电力设备制造协同性强，"产学研"结合密切；适应大规模高比例新能源友好并网的电网技术；清洁低碳的能源生产技术和清洁能源预测技术得到大规模应用。

四、四川特色新型电力系统发展形态

（一）模型框架

因电力系统容量配置方案与配置方案下的各类机组运行相互影响，基于新型电力系统演化规律，考虑各驱动因素作用下新型电力系统演化发展情况，研判得出四川电力系统发展相关的目标、输入、约束条件，构建新型电力系统双层发展形态规划模型。

上层模型以社会用能成本最低、碳排放强度最小等为目标，源网荷储发展模式优化结果传递至下层。下层模型在上层结果的基础上，考虑"双碳"目标、设备物理特性等约束，以电力系统综合效益最大为目标，进行结果优化，并将电力系统联合运行模式返回至上层，上层根据返回的结果进行源网荷储发展模式的更新。按照上述流程循环迭代，求解得出满足上下两层约束的条件的最优方案。双层模型架构如图 1-26 所示。

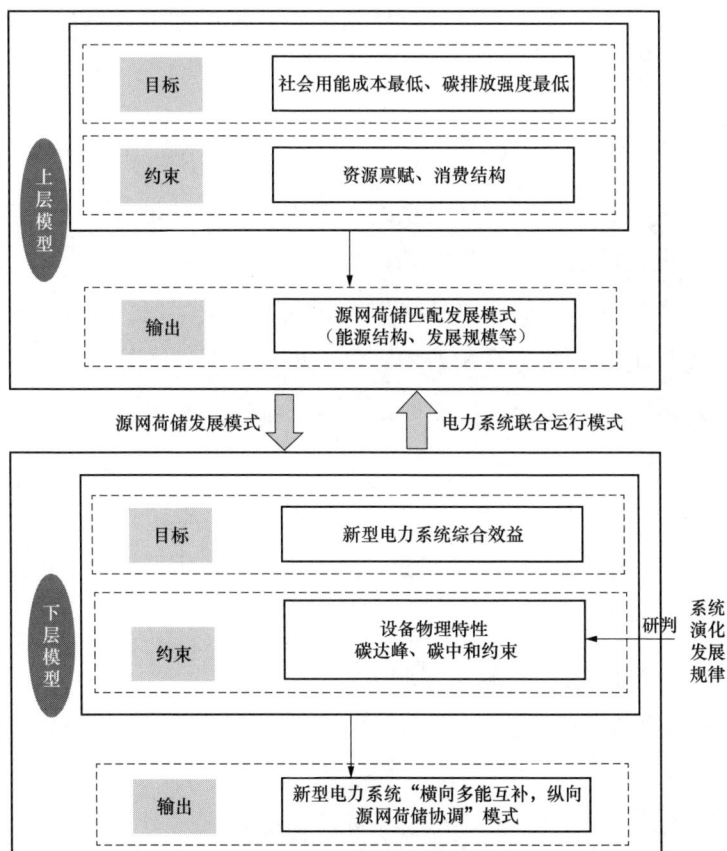

图 1-26 双层模型架构示意图

（二）模型构建

结合电力系统演化发展规律，考虑各驱动因素作用下新型电力系统演化发展情况，给出四川新型电力系统未来碳排放总量和可再生能源发电量占比等约束条件，对新型电力系统双层发展形态规划模型进行修正。通过开展电力系统优化规划，分析系统各项指标，优化计算出新能源发展高、中、低场景下四川新型电力系统在不同阶段的发展形态，体现为不同阶段电力系统的各项技术和经济指标，如新能源装机容量及占比、新能源发电量及占比、储能装机容量、通道容量等。

1. 上层模型

（1）目标函数。

上层以系统建设成投资回收期最短为目标函数：

$$\min F_1 = \min \left\{ \frac{C_y + C_c}{\max E[f_R(P_{\text{sell},t}, P_{G,t})]} \right\} \qquad （1-25）$$

式中：F_1 为系统成本回收期，$E[f_R(P_{\text{sell},t}, P_{G,t})]$ 为系统所能获得的年收益期望，为下层所需求解的目标值；$C_y + C_c$ 为系统总成本，C_y 为系统总投建成本，C_c 为系统总运维成本，风力、光伏发电主要成本来源于投资建设所需成本，发电环节成本可忽略不计。

1）系统总投建成本：

$$C_y = \frac{k_w P_w}{(1+r)^{T_{r,w}}} + \frac{k_{pv} P_{pv}}{(1+r)^{T_{r,pv}}} + \frac{k_p P_p}{(1+r)^{T_{r,p}}} + \frac{k_B P_B}{(1+r)^{T_{r,B}}} \qquad （1-26）$$

考虑满足负荷需求、新能源发展及系统内最大化自给自足，全省需新增水力发电、风力发电、光伏发电、储能等各类机组装机容量。式中，k_w、k_{pv}、k_p、k_B 分别为水电机组、风电机组、光伏机组、储能系统单位投建成本；P_w、P_{pv}、P_p、P_B 分别为水电机组、风电机组、光伏机组、储能系统新增容量；$T_{r,w}$、$T_{r,pv}$、$T_{r,p}$、$T_{r,B}$ 分别为水电机组、风电机组、光伏机组、储能系统使用年限；r 为贴现率，通常取 5%。

2）系统总运维成本：

$$C_c = e_w P_w + e_{pv} P_{pv} + e_{PHS} P_{PHS} + e_{BSS} P_{BSS} \qquad （1-27）$$

式中：e_w、e_{pv}、e_{PHS}、e_{BSS} 分别为水电机组、风电机组、光伏机组、储能的单位运维费用。

（2）约束条件。

上层模型受到各类机组容量/数量限制。

1）水电新增容量约束：

$$V_{\text{hg}_c\text{apmin}} \leqslant V_{\text{hg}_c\text{ap}} \leqslant V_{\text{he}_c\text{apmax}} \qquad （1-28）$$

$$0 \leqslant P_{\text{hg.power}} \leqslant P_{\text{he.powermax}} \qquad （1-29）$$

式中：$V_{\text{hg}_c\text{ap}}$ 为水电站中的上游库容的体积；$V_{\text{hg}_c\text{apmin}}$ 为水电站上游库容体积的下限；$V_{\text{he}_c\text{apmax}}$

为水电站上游库容体积的上限；$P_{\text{hg.power}}$ 为水电站水轮机的总装机容量容量；$P_{\text{he.powermax}}$ 为水电站水轮机装机容量容量的上限。

2）储能新增容量约束：

$$E_{\text{B,min}} \leqslant E_{\text{BO2,max}} \leqslant E_{\text{B,max}} \tag{1-30}$$

式中：$E_{\text{B,max}}$、$E_{\text{B,min}}$ 分别为电池储能装机容量容量上下限。

3）风电机组新增容量 NW 约束：

$$NW_{\text{min}} \leqslant NW \leqslant NW_{\text{max}} \tag{1-31}$$

式中：NW_{max}、NW_{min} 分别为风电机组容量上下限。

4）光伏板新增容量 NP 约束：

$$NP_{\text{min}} \leqslant NP \leqslant NP_{\text{max}} \tag{1-32}$$

式中：NP_{max}、NP_{min} 分别为光伏板新增容量上下限。

2. 下层模型

（1）目标函数。

下层目标函数为系统所获总收益期望最大：

$$\max E[f_{\text{R}}(P_{\text{sell},t}, P_{\text{G},t})] =$$
$$\max \left\{ 365 \times \sum_{s=1}^{M_s} \pi_s \left[\sum_{t=1}^{T} -\lambda_{\text{sell},t} P_{\text{sell},t} + C_{\text{G}} + C_{\text{CO}_2} \right] \Delta t \right\} \tag{1-33}$$

式中：$f_{\text{R}}(P_{\text{sell},t}, P_{\text{G},t})$ 为年运行成本函数；π_l 为风电、光伏发电功率在第 l 个场景发生概率，满足 $\sum_{s=1}^{M_s} \pi_l = 1$；$P_{\text{sell},t}$ 为 t 时刻省间交互的功率；$\lambda_{\text{sell},t}$ 为 t 时刻系统省间售电电价；$P_{\text{G},t}$ 为 t 时刻火电发电功率；C_{CO_2} 为系统运行碳排放成本；C_{G} 为火力发电成本，计算公式如下：

$$C_{\text{G}} = \sum_{t=1}^{T} (aP_{\text{sell},t}^2 + bP_{\text{G},t} + c)\Delta t \tag{1-34}$$

式中：a，b，c 分别为火电机组发电成本系数。

$$C_{\text{CO}_2} = K_{\text{CO}_2}(Q_{\text{g}} - Q_{\text{GP}})$$
$$Q_{\text{g}} = \sum_{t=1}^{T} P_{\text{G},t} m_{\text{G}} \tag{1-35}$$

式中：m_{G} 为火力发电的碳排放系数；Q_{g} 为火电机组碳排放总量。

（2）约束条件。

1）系统功率平衡约束：

$$P_{\text{G},t} + P_{\text{w},t} + P_{\text{pv},t} + P_{\text{PHS},t}^{\text{dis}} - P_{\text{PHS},t}^{\text{cha}} + P_{\text{BSS},t}^{\text{dis}} - P_{\text{PHS},t}^{\text{cha}} - P_{\text{sell},t} = 0 \tag{1-36}$$

式中：$P_{\text{G},t}$、$P_{\text{w},t}$、$P_{\text{pv},t}$ 分别为 t 时刻火电、水电、风电、光伏发电功率。

2）系统省间通道约束：

$$P_{\text{tal,min}} \leqslant P_{\text{sell},t} \leqslant P_{\text{tal,min}} \tag{1-37}$$

式中，$P_{\text{tal,min}}$、$P_{\text{tal,max}}$ 分别为系统省间交互功率上下限。

3）火电机组约束：

$$P_{\text{G,min}} \leqslant P_{\text{G},t} \leqslant P_{\text{G,min}} \tag{1-38}$$

$$|P_{\text{G},i,t} - P_{\text{G},i,t-1}| \leqslant \theta P_{\text{G}} \tag{1-39}$$

式中：$P_{\text{G,min}}$、$P_{\text{G,max}}$ 为火电机组发电功率上下限；P_{G} 为火电机组装机容量容量；θ 为机组爬坡率。

4）水电机组约束：

$$\begin{cases} 0 \leqslant P_{\text{HSI}}(t) \leqslant \min(P_{\text{HSmax}}, E_{\text{HSmax}} / 1\text{h}) \\ \max(-P_{\text{HSmax}}, -E_{\text{HSmax}} / 1\text{h}) \leqslant P_{\text{HSI}}(t) \leqslant 0 \end{cases} \tag{1-40}$$

$$0 \leqslant \sum_{t=1}^{N_t} P_{\text{HS2}}(t) \cdot 1\text{h} + \frac{E_{\text{HSmax}}}{2} \leqslant E_{\text{HSmax}} \quad N_t = \{2,3,\cdots,T\} \tag{1-41}$$

$$\sum_{t=1}^{N_t} [P_{\text{HS}}(t) - P_{\text{HS}}(t) - P_{\text{HS2}}(t)] = 0 \tag{1-42}$$

式中：P_{HSmax} 为水电站水轮机的最大装机容量容量；E_{HSmax} 为水电站上游库容最大体积所对应的发电量。限制水电站任意时刻的发电功率不得超过水轮机最大装机容量容量和上游库容最大可发电量中的较小值。$P_{\text{HS2}}(t)$ 为 t 时刻水电站储存在自身上游库容中的电量。限制在任意时刻水电站上游库容所蓄水量不得超过设定的上游库容体积，且在初始时刻，水电站上游库容的水量设置为库容体积的一半。$P_{\text{HS}}(t)$ 为 t 时刻水电站进水的可发电量。限制一天中水电站的进水量和出水量相同。

5）储能约束：

$$S_{\text{BO2,min}} \leqslant S_{\text{BO2},t} \leqslant S_{\text{BO2,max}} \tag{1-43}$$

$$P_{\text{BSS,min}} \leqslant P_{\text{BSS},t}^{\text{cha}}, P_{\text{BSS},t}^{\text{dis}} \leqslant P_{\text{BSS,max}} \tag{1-44}$$

$$\sum_{t=1}^{T} \eta_{\text{ch,B}} u_{\text{cha},t} P_{\text{BSS},t}^{\text{cha}} = \sum_{t=1}^{T} \frac{u_{\text{dis},t} P_{PHS,t}^{\text{dis}}}{u_{\text{dis,B}}} \tag{1-45}$$

式中：$S_{\text{BO2,max}}$、$S_{\text{BO2,min}}$ 分别为电池储能 SOC 上下限；$P_{\text{BSS,min}}$、$S_{\text{BO2,max}}$ 分别为电池储能充放电功率上下限。限制一天中电池储能充放电量相同，即每天电池储能内部初始电量一致，如式（2-45）所示。

6）碳排放总量约束。

该指标可反映新型电力系统的低碳程度，其约束为：

$$\sum_{t=1}^{N_t} \sum_{g=1}^{N_g} e_g P_{g,t} \leqslant E_{\text{yr}} \tag{1-46}$$

式中：N_g 为火电（主要包括煤电和气电）机组的个数；$P_{g,t}$ 为火电机组发电功率；e_g 为火电机组的碳排放强度，单位为 $kgCO_2/(kWh)$，煤电、气电碳排放强度分别为 0.83、0.39；E_{yr} 为年度碳排放总量限额。

7）可再生能源发电量占比。

该指标可反映新型电力系统低碳转型的进程，也可满足能源政策中新能源配额制的要求，其约束为：

$$\sum_{i=1}^{N_t}\sum_{i=1}^{N_r}r_{i,t} \geqslant \alpha\sum_{i=1}^{N_t}\sum_{i=1}^{N_d}d_{j,t} \tag{1-47}$$

式中：$r_{i,t}$ 为 t 时刻新能源 i 的发电出力；N_r 为新能源设备数量；α 为新能源发电的渗透率，与能源转型进程密切相关，一般要求 α 比例的系统用电负荷由新能源发电来满足。

（三）算例分析

1. 四川三阶段电力发展情况

根据四川 2025、2030、2035 年三阶段发展预测情况，研究得出新型电力系统各阶段规划运行结果如图 1-27 所示。

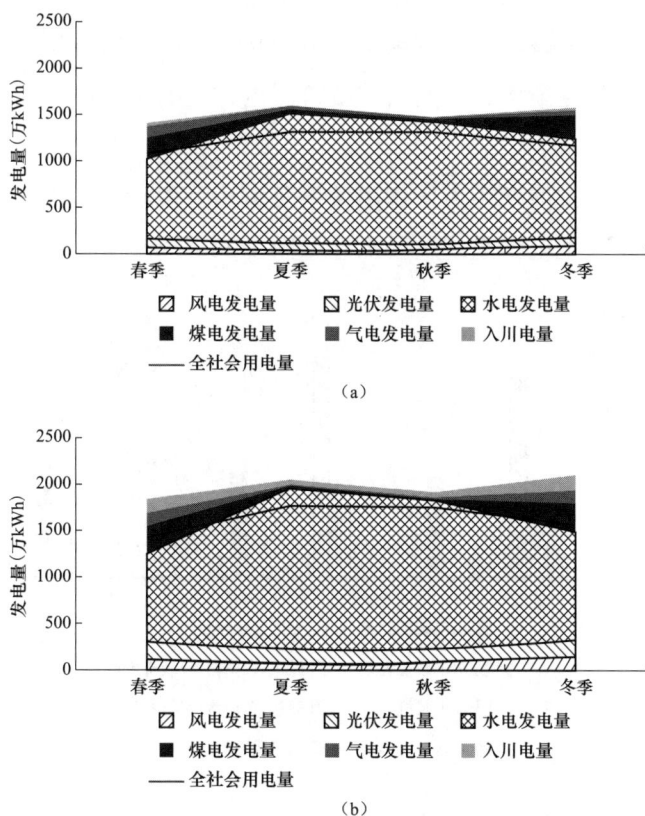

（a）

（b）

图 1-27 新型电力系统各阶段规划运行结果（一）

（a）2025 年；（b）2030 年

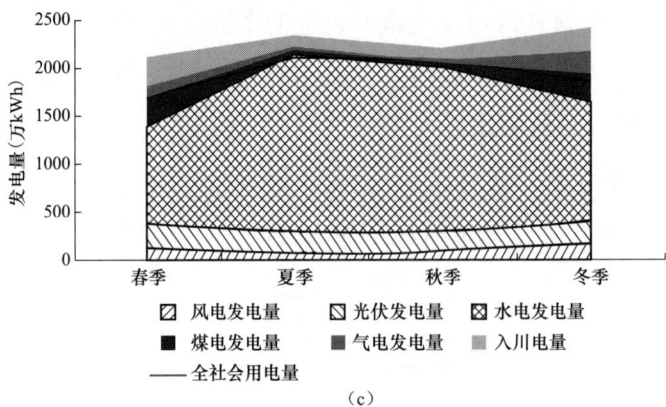

（c）

图 1-27　新型电力系统各阶段规划运行结果（二）

（c）2035 年

由图 1-27 可得，四川从 2025～2035 年全社会用电量不断增长，总发电量也不断增长，其中，光伏发电和风电发电量迅速增长，新能源发电量占比不断提升，推动清洁电力资源大范围优化配置；水电开发有序开展，水电为主体的可再生能源体系得到进一步巩固；煤电发电量逐渐缩减，气电发电量逐渐增长，火电结构得到进一步优化，支撑电网安全运行；入川电量逐渐增长，四川跨省跨区电力交换能力进一步提升。

2. 规划结果

根据新型电力系统发展期各主体作用关系及驱动因素，重点考虑新能源发展高、中、低场景，得到各阶段新型电力系统发展形态如图 1-28 所示。

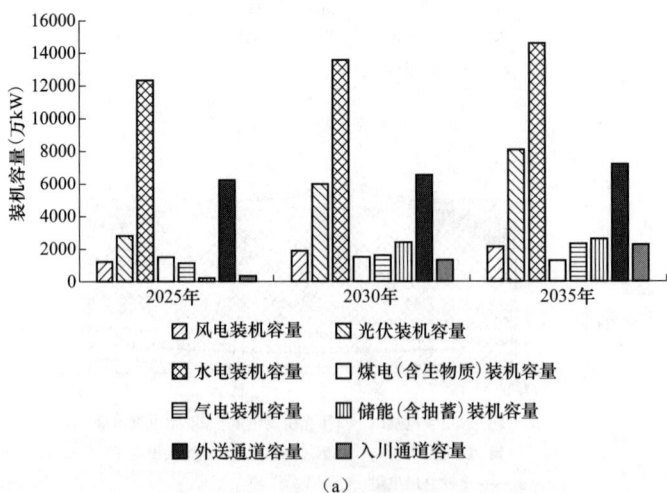

（a）

图 1-28　新能源发展不同场景下各阶段新型电力系统发展形态（一）

（a）高场景

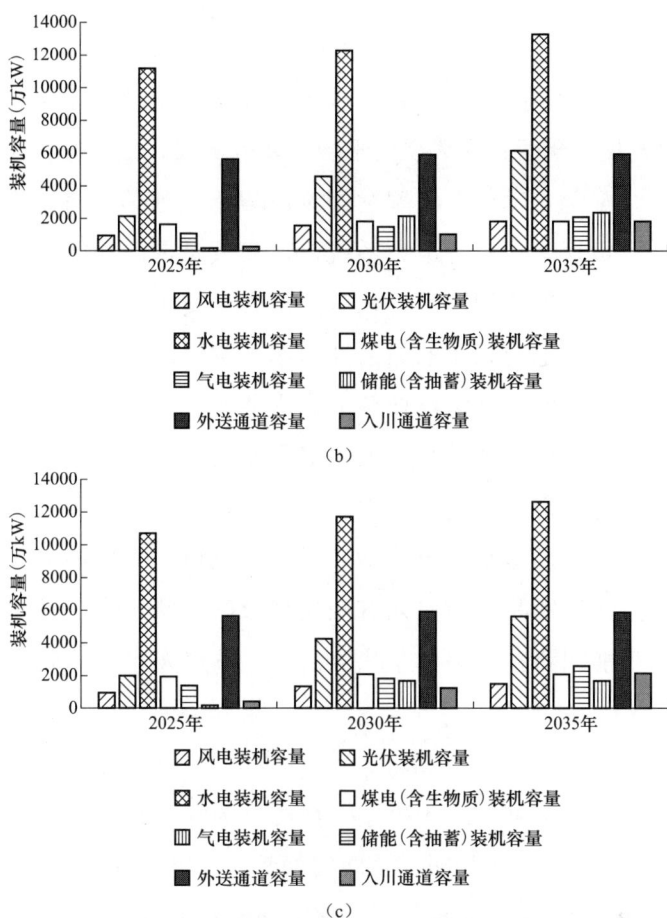

图 1-28 新能源发展不同场景下各阶段新型电力系统发展形态（二）

（b）中场景；（c）低场景

由图 1-28 可得，高场景下，从 2025 到 2035 年，风电、光伏发电装机容量迅速增长，新能源装机容量占比逐渐提高，2030 年新能源装机容量将接近甚至有望超过 8000 万 kW，新型电力系统建设稳步推进；水电装机容量有序发展，水电为主体的可再生能源体系得到巩固，煤电装机容量稳步减少，气电装机容量迅速增长，二氧化碳排放总量得到严格控制，促进煤电机组技术升级，降低火电煤耗，推动煤电服役期满机组科学安全转为应急备用和调峰电源，同时气电的发展优化了火电结构，支持电网安全运行。储能迅速增长，入川通道容量迅速增长，清洁电力输送能力增强，形成电网互联互济，四川新型电力系统接纳、消纳清洁能源的能力得到提升。高比例新能源并网给四川电网电力电量平衡以及安全稳定运行带来新的挑战。四川将大力提升新型电力系统接纳、消纳清洁能源的能力，促进新型电力系统清洁低碳发展。在电源侧，大幅提升风电和太阳能发电的装机容量，在满足增量电力需求之后进一步替代煤电满足存量电力需求，推动煤电提前退役或加装碳捕集设备实现低碳化改造以实现深度减排；在电网侧，建设更大的跨区域输电容量来传输清洁电力，加强建设区域间输电通道，形成电网互联互济，同时要促进电网信息化、智能化发展，全面建成数字化平台，智能电表、低压集抄覆盖率、自动抄表率提升至 99%以上，配电自动化覆盖率达到 90%以上，通信网百分百覆盖，优化电网架构，加强电网分等级管理，提升电力系统快速高效且灵活智能的信息反馈、响应能力；在负荷侧，挖掘用户灵活调节潜力，引导电力消费模式低碳转型；在储能侧，新建大量的储能设施来解决电力系统的灵活性问题，实现源网荷储协调控制、输配微网多级协同。此外，需要大力发展清洁低碳的先进能源生产技术，主要包括煤炭清洁高效灵活智能发电技术、先进风电技术、太阳能利用技术、负碳生物质技术、氢能技术以及核能技术等；在电力市场，健全电力市场交易机制和电价形成机制，充分释放电力市场交易活力，充分挖掘富余水电消纳潜力。以风电、太阳能为代表的非碳基能源将持续快速发展，生物质能是目前已知有望实现负碳的能源生产技术，氢能技术有望与电力并重成为四川能源科技战略竞争焦点之一，核能发电技术是保障能源安全的战略性技术。

中场景下，四川风电、光伏发电装机容量稳步增长，预计 2025、2030 年和 2035 年风光总装机容量分别达到 3249 万、6200 万 kW 和 8000 万 kW，分别占总装机容量的 18.84%、28.28%、31.63%；煤电装机容量缓慢增长，气电装机容量迅速增长，充分发挥存量煤电对防范电网安全风险的支撑作用；储能装机容量和入川通道容量迅速增长，提升电力系统的灵活高效能力，保证清洁能源的充分消纳。四川新型电力系统需具备灵活高效的能源利用技术特征，主要包括柔性智能配电网技术、智能用电与供需互动技术、分布式低碳综合能源技术、电气化交通技术与工业能效提升技术等。柔性智能配电网技术是支撑用户侧分布式能源及多元负荷"即插即用"，负荷主动支撑并网的关键平台枢纽；智能用电与供需互动是挖掘用户灵活调节潜力，引导电力消费模式低碳转型的支撑技术；分布式低碳综合能源技术是实现多种异质能源子系统之间协同管理和互补互济，提高能源综合利用效率，推动分布式清洁能源就近消纳的支撑技术；电气化交通与工业能效提升是终端用能低碳转型的关键技术。

低场景下，四川风电、光伏发电装机容量稳步增长，预计 2025、2030 年和 2035 年风光总装机容量分别达到 2819 万、5420 万 kW 和 7020 万 kW；煤电装机容量有序发展，气电装机容量稳步增长，电力系统安全可靠能力进一步提升，保障用户用电安全。四川新型电力系统具备安全可靠的能源网络技术特征。主要包括高比例新能源并网支撑技术、新型电能传输技术、新型电网保护与安全防御技术、碳排放流技术等。高比例新能源并网支撑技术是实现大规模新能源并网稳定运行的关键；新型电能传输技术是支撑大规模电能广域高效配置的关键枢纽；继电保护与稳定控制系统共同组成电力系统的安全防御体系；碳排放流技术是实现精准电力碳排放追踪与计量的核心技术，可以支持碳计量终端研发，实现源侧、网侧、荷侧的实体碳表。

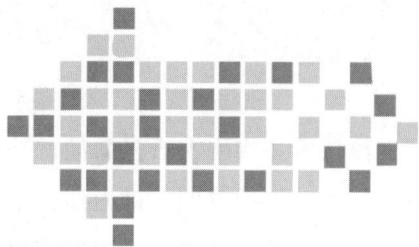

第二章 四川新型电力系统理论模型与发展指数评价体系研究

第一节 四川电网公司新型电力系统评估指标体系构建

一、新型电力系统发展评价体系框架

（一）新型电力系统发展评价体系基本原则

1. 可感知原则

在新型电力系统中，源、网、荷、储各个环节相互耦合，使得电力系统的分析由过去孤立分析方式，向各个环节的协同分析转变。因此，构建数字化新型电力系统，形成以数据为核心的生产要素，推进电能、风能、太阳能等多种能源流和由数据构成的信息流的深度融合，有效打通源网荷储各个环节，实现多能源网的协同互动，是电力系统对国家实现碳达峰、碳中和目标提供主动支撑的有效途径。有效实现数据获取并对其进行关联和综合分析，可实现对新型电力系统各个环节各类场景的准确、统一和全面感知，是电力系统可观、可测、可控的重要手段。因此，新型电力系统评价基本原则之一就是可感知原则，核心在于数据融合，分为数据采集、数据处理以及数据应用3个关键步骤。

在数据采集层面，通过广泛部署小微传感、芯片化智能终端和智能网关，采集大量数据，为电力系统的全面感知提供有效的数据基础；数据处理方面，通过充分发挥运用数据融合技术，充分挖掘数据间的关联性，实现数据间的补充和增强，增强新型电力系统中万物互联和全面感知的能力；数据应用方面，通过跨领域、跨业务数据系统之间的数据共享，加速实现电力系统状态、设备状态、交易状态、管理状态的全面透明。

2. 可衡量原则

新型电力系统评价基本原则之二是可衡量原则，通过设置具体的过程指标和结果指标，构建分主次、分阶段、分区域的指标体系，实现对新型电力系统预期建设目标量化设定、对中间建设过程量化控制以及对最终建设效果量化评价。

3. 可比较原则

在以新能源为主体的新型电力系统中，电源侧、电网侧以及负荷侧将发生根本性变革。电源侧包括新能源与常规能源之间利用效率指标比较、各类新能源对电力平衡贡献度和电网安全贡献度指标比较；电网侧包括电力系统区域交换能力指标比较、电网弹性性能指标比较以及电网接纳新能源能力指标比较；负荷侧包括各类电力市场主体之间需求响应效果指标比较、各类分布式能源之间发展指标比较以及交通、工业、建筑农业农村等不同领域之间电力替代指标比较。因此，新型电力系统评价基本原则之三是可比较原则，关键在于实现不同主体指标值之间的横向比较以及不同时期指标值之间的纵向比较。

4. 可落实原则

新型电力系统构建必然贯穿整个碳达峰、碳中和进程。新型电力系统构建是与各种要素之间相互协调配套的，不会发生先建一个新型电力系统，然后各要素再归其位的情况。所以，新型电力系统将逐步由化石能源电源为主导的电力系统，转换成为化石能源与新能源在功能主体上各占半壁江山的电力系统，再转换成以新能源为主体的新型电力系统。因此，新型电力系统评价指标体系体现整个电力系统的演变路径，能够准确把握住电力系统的演变方向，这便要求相应的指标能够分解落实，即新型电力系统评价指标按内容或层次将一项大指标分解成若干小指标，并将指标落实到相应的部门或者项目，指标落实责任明确到个人层面。一言以蔽之，新型电力系统评价基本原则之四是可落实原则，关键在于落实指标到具体项目、落实责任到具体部门。

（二）新型电力系统发展评价体系研究思路

由四川新型电力系统内涵可知，四川新型电力系统是以确保能源电力安全为基本前提，以实现"双碳"目标及电力系统运行经济性为核心目标，以电力系统"横向多能互补、纵向源网荷储协调"的多向协同、灵活互动为坚强支撑，以技术创新和体制机制创新为基础保障，以大型水电基地为基础、消纳高比例绿电的体系建设为主线任务的新时代电力系统，其具备安全可靠、灵活高效、友好互动、低碳经济、多种电网形态并存等特征，可利用储能、调峰机组、需求响应等灵活性调节资源的实现源网荷储协调发展、互济互利，具有应对极端气候、极限场景能力。结合第一章对四川新型电力系统的内涵定义，四川新型电力系统的主要特征可概括为安全可靠、低碳经济、灵活高效、友好互动4个方面。

以构建完善的新型电力系统发展指数评价指标评价体系为出发点，参考国内外新型电力系统及智能电网现有评价体系，基于新型电力系统的四大显著特征归类并构建评价指标池，进而通过主成分分析法筛选得到四川新型电力系统发展指数评价指标体系。新型电力系统发展指数评级研究思路如图 2-1 所示。

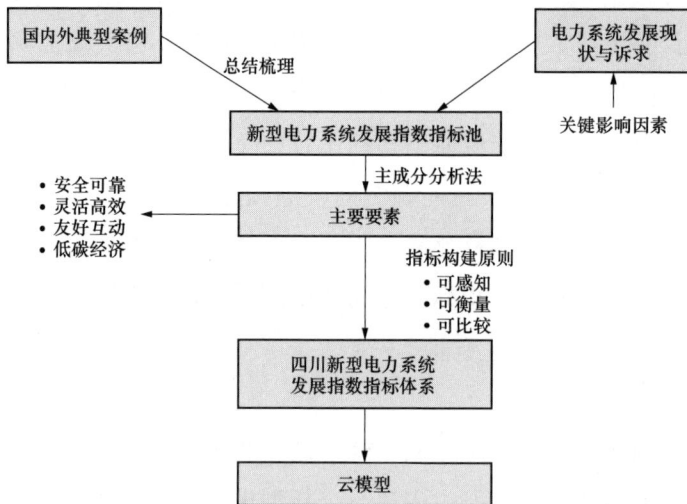

图 2-1　新型电力系统发展指数评价研究思路

二、适应四川新型电力系统发展的指标选取

（一）新型电力系统关键要素

确定四川新型电力系统建设的发展要素是构建完善的新型电力系统发展指数评价体系的关键。通过对四川建设新型电力系统面临的挑战及发展趋势进行分析，结合四川新型电力系统定义，将四川新型电力系统的发展指数评价模型主要维度拟定为安全可靠、灵活高效、友好互动、低碳经济 4 个方面。

1. 安全可靠

指能够有效应对新型电力系统中新能源的"双高、双随机"特点及极端气候出现带来的供电不足问题，促进新能源高比例消纳，保证系统供用电稳定性。

2. 灵活高效

指在实现"双碳"目标大中，新型电力系统非化石能源占比进一步提升，系统内各主体用能低碳性明显加强，供用电成本明显下降。

3. 友好互动

在考虑各区域内电力供需关系的基础上，借助云大物移智链技术等数字智能化手段及各类平台构建，提升新型电力系统数字化水平及区内外互动能力。

4. 低碳经济

指能够充分利用水电、风电、光伏、储能等各类灵活性资源及市场资源配置能力，实现能源间的灵活转换与高效利用，提升新型电力系统整体效率。

（二）新型电力系统发展评价指标池构建

以构建完善的新型电力系统发展指数评价指标评价体系为出发点，参考国内外新型电力系统及智能电网现有评价体系，以安全可靠、灵活高效、友好互动、低碳经济为主要维度得到新型电力系统评价指标池，如表 2-1 所示。

表 2-1　　　　　　　　　　　　　新型电力系统指标池

主要维度	指标池
安全可靠	平均停电时间
	年最大负荷时刻的本地电源最大有效发电功率
	年最大负荷时刻的外受电通道有效能力
	最大峰谷差
	全社会用电量
	系统最大供电能力
	系统平均备用容量
	成功应对断电情况次数
	断电后及时供给次数
	电源种类占比
	综合电压合格率
	线路"N-1"通过率
	重过载率
	净负荷波动率
	电力不足概率
	输配电系统断电次数
	水电供应不足次数
	动态线路容量
	分布式电源容量
	可安全容纳的最大注入功率
	可控负荷比例
	电网设施的种类
	大面积停电最长时间
	发电机紧急无功储备率

主要维度	指标池
安全可靠	区域功率平衡回复率
	用户平均停电次数
	供能可靠率
	功率因数合格率
	总谐波畸变率
	单台线路损耗严重超标条数率
灵活高效	储能辅助服务运行小时数
	抽水蓄能电站容量
	新型储能容量
	调峰机组容量
	需求响应用户签约容量
	可调节水库容量
	市场化交易电量
	电力交易平台注册主体数量
	发电和输配电效率
	网损减小量
	负荷转移率
	新能源一次调频有功功率调节时间
	线路容量利用率
	重载变电站比例
	轻载变电站比例
	线路平均负载率
	峰谷负荷比
	主变压器容量利用率
	新能源电站无功补偿容量
友好互动	外送通道和接入通道容量
	全口径外送电量
	全口径接入电量
	智能电表覆盖率
	核心业务线上化率
	数据资源利用率
	设备联网率

主要维度	指标池
友好互动	业务系统云化率
	实施运行数据共享
	主网占比
	智能变电站容量比
	智能预测准确率
	智能诊断准确率
	智能需求管理系统应用率
	配网占比
	互济互备占比
	用户反馈满意度
	信息推送次数
	业务受理次数
	其他参与方满意占比
	需求侧响应比例
	代理交易占比
	变电一次设备智能化率
	智能化配电网容量比
	双向通信覆盖率
	在线监测覆盖率
	电网升级改造占比
	灵活交流输电装置应用总量
	两型三新输电线路规模
	成功抵御网络攻击次数
低碳经济	新能源装机容量占比
	非化石能源装机容量占比
	新能源发电量占比
	非化石能源发电量占比
	可再生能源弃电量
	非水可再生能源电力消纳责任权重完成率
	电能占终端能源消费占比
	碳排放强度
	单位 GDP 能耗

主要维度	指标池
低碳经济	电能替代电量
	综合线损率
	单位用电能耗
	新能源投入产出比
	全社会供电成本
	二氧化碳减排量
	输变电工程项目投入产出率
	配网项目投入产出率
	设备在规划中的满年限服役率
	销售净利润
	单位投资供电负荷
	单位投资供电量
	降低环境损失成本
	降低经济发展成本
	人均污染物减排量
	单位产值能耗
	投资运维成本
	补贴收益
	本地一次能源利用率
	运营成本降低率
	资产利用率水平

（三）新型电力系统发展评价关键指标筛选

主成分分析法首先是由 K.皮尔森提出，然后由 H.霍特林将此方法进行推广。通过主成分分析法可将指标池中大量的指标归纳成分类为几个互不相关的维度，通过少数几个主成分来揭示多个变量间的内部结构，并使它们尽可能多地保留原始变量的信息。鉴于主成分分析法的上述优点，采用主成分分析法对指标池里的指标进行筛选，最终构建适应四川新型电力系统发展指数评估的指标体系。主成分分析法的特点和具体步骤如下：

1. 基于主成分分析法的评价指标集优选的特点

主成分分析以最少的信息丢失为前提，将众多的原有指标综合成较少的几个综合指标，通常综合指标（主成分）有以下几个特点：

（1）主成分个数远远少于原有变量的个数。原有变量综合成少数几个因子之后，因子将可以替代原有变量参与数据建模，这将大大减少分析过程中的计算工作量。

（2）主成分能够反映原有指标群的绝大部分信息。因子并不是原有变量的简单取舍，而是原有变量重组后的结果，因此，不会造成原有变量信息的大量丢失，并能够代表原有变量的绝大部分信息。

（3）主成分之间应该互不相关。通过主成分分析得出的新的综合指标（主成分）之间互不相关，因子参与数据建模能够有效地解决变量信息重叠、多重共线性等给分析应用带来的诸多问题。

主成分分析法具有处理多个具有一定相关性变量的能力，因此，适用于任何领域的多变量分析。主成分分析法对于各评价指标排序，可以直观地分析出起决定性作用和对综合评价结果影响较大的评价指标。但是，它对于主要指标的依赖性过大，对研究所选取指标体系是一个考验。

2．主成分分析法的主要步骤

（1）原始指标数据的标准化采集 p 维随机向量 $x = (x_1, x_2, \cdots, x_p)^{\mathrm{T}}$，$n$ 个样品 $x_i = (x_{i1}, x_{i2}, \cdots, x_{ip})^{\mathrm{T}}, i = 1, 2, \cdots, n, n > p$，构建样本阵，对样本阵元进行如下标准化变换：

$$z_{ij} = \frac{x_{ij} - \overline{x}_j}{s_j}, i = 1, 2, \cdots, n; \ j = 1, 2, \cdots, p \tag{2-1}$$

其中：

$$\overline{x}_j = \frac{\sum_{i=1}^{n} x_{ij}}{n} \tag{2-2}$$

$$S_j^2 = \frac{\sum_{i=1}^{n} (x_{ij} - \overline{x}_j)^2}{n-1} \tag{2-3}$$

得到标准化阵 Z。

（2）对标准化阵 Z 求相关系数矩阵：

$$R = [r_{ij}]_p xp = \frac{Z^{\mathrm{T}} Z}{n-1} \tag{2-4}$$

其中：

$$\gamma_{ij} = \frac{\sum Z_{kj} \cdot Z_{kj}}{n-1}, \ i, j = 1, 2, \cdots, p \tag{2-5}$$

（3）样本相关矩阵 R 的特征方程 $|R - \lambda I_p| = 0$ 得 p 个特征根，确定主成分按以下公式确定 m 值，即：

$$\frac{\sum_{j=1}^{m} \lambda_j}{\sum_{j=1}^{p} \lambda_j} \geqslant 0.85 \tag{2-6}$$

使信息的利用率达到 85% 以上，对 $\lambda_j, j=1,2,\cdots,m$，解方程组 $R_b = \lambda_{jb}$ 得单位特征向量 b_j^0。

（4）将标准化后的指标变量转化为主成分：

$$U_{ij} = Z_i^{\mathrm{T}} b_j^0, \quad j=1,2,\cdots,m \tag{2-7}$$

U_1 称为第一主成分，U_2 称为第二主成分，$\cdots$，U_p 称为第 p 主成分。

（5）对 m 个主成分进行综合评价。

对 m 个主成分进行加权求和，即得最终评价值，权数为每个主成分的方差贡献率。

通过计算原始变量的相关矩阵，计算 KMO 检验和 Bartlett 球度检验结果，因子分析初始结果，因子提取和因子旋转等过程，最终得到"安全可靠、灵活高效、友好互动、低碳经济"四个维度下的一级、二级指标集合。

三、新型电力系统特征指标体系

（一）安全可靠评价指标

结合四川省实际情况，新型电力系统安全可靠评价一级指标为供电可靠性、电能质量、稳定运行能力 3 个，通过主成分分析法筛选共梳理出 15 个二级指标，所有的安全可靠评价指标如表 2-2 所示。

表 2-2　　　　　　　　　　　　安全可靠评价指标

一级指标	二级指标
负荷侧可靠性	平均停电时间
	年最大负荷时刻的本地电源最大有效发电功率
	年最大负荷时刻的外受电通道有效能力
发电侧可靠性	系统最大供电能力
	系统平均备用容量
	新能源一次调频能力
	应对极限情况能力
	电源互补能力
电网侧可靠性	综合电压合格率
	线路"N−1"通过率
	重过载率
	净负荷波动率
	城乡电网可靠性

（二）灵活高效评价指标

结合四川省实际情况，新型电力系统灵活高效评价一级指标为灵活调节能力、市场化资源配置能力 2 个，通过主成分分析法筛选共梳理出 8 个二级指标，所有的灵活高效评价指标如表 2-3 所示。

表 2-3 　　　　　　　　　　**灵活高效评价指标**

一级指标	二级指标
灵活调节能力	储能辅助服务运行小时数
	抽水蓄能电站容量
	新型储能容量
	调峰机组容量
	需求响应用户签约容量
市场化资源配置能力	新能源电站无功补偿容量
	新能源一次调频有功功率调节时间
	可调节水库容量
	市场化交易电量
	电力交易平台注册主体数量

（三）友好互动评价指标

结合四川省实际情况，新型电力系统友好互动评价一级指标为区外交互能力、智慧融合水平力 2 个，通过主成分分析法筛选共梳理出 11 个二级指标，所有的友好互动评价指标如表 2-4 所示。

表 2-4 　　　　　　　　　　**友好互动评价指标**

一级指标	二级指标
区外交互能力	外送通道和接入通道容量
	全口径外送电量
	全口径接入电量
	主配网潮流上穿下穿占比
区内交互能力	省内通道容量
	主配互联占比
	互济互备占比
	需求响应资源总量
	需求响应价格敏感度
智慧融合水平力	智能电表覆盖率
	核心业务线上化率

一级指标	二级指标
智慧融合水平力	数据资源利用率
	设备联网率
	业务系统云化率

（四）低碳经济评价指标

结合四川省实际情况，新型电力系统清洁低碳评价一级指标为新能源成为电源主体、用能清洁化与能效水平、系统经济性 3 个，通过主成分分析法筛选共梳理出 14 个二级指标，所有的经济低碳评价指标如图 2-5 所示。

表 2-5 经济低碳评价指标

一级指标	二级指标
区外交互能力	外送通道和接入通道容量
	全口径外送电量
	全口径接入电量
	主配网潮流上穿下穿占比
区内交互能力	省内通道容量
	主配互联占比
	互济互备占比
	需求响应资源总量
	需求响应价格敏感度
智慧融合水平力	智能电表覆盖率
	核心业务线上化率
	数据资源利用率
	设备联网率
	业务系统云化率

第二节　新型电力系统发展指数评价模型

一、四川电网新型电力系统评价方法设计

四川新型电力系统发展指数指标体系模型评价具体流程如图 2-2 所示。

首先，通过熵权—序关系法确定发展指数评价指标体系的主客观权重。其次，通过

改进的云模型方法结合专家意见和实际数据确定各阶段指标的标准等级。然后通过计算四川实际数据的得到四川新型电力系统发展指数评价云图，通过与标准等级云图进行对比，确定发展指数各指标发展水平。最后，根据等级结果决定采取相应的措施进行修正，重新得到新的发展指数，循环优化，促进四川新型电力系统建设水平及发展指数的提高。

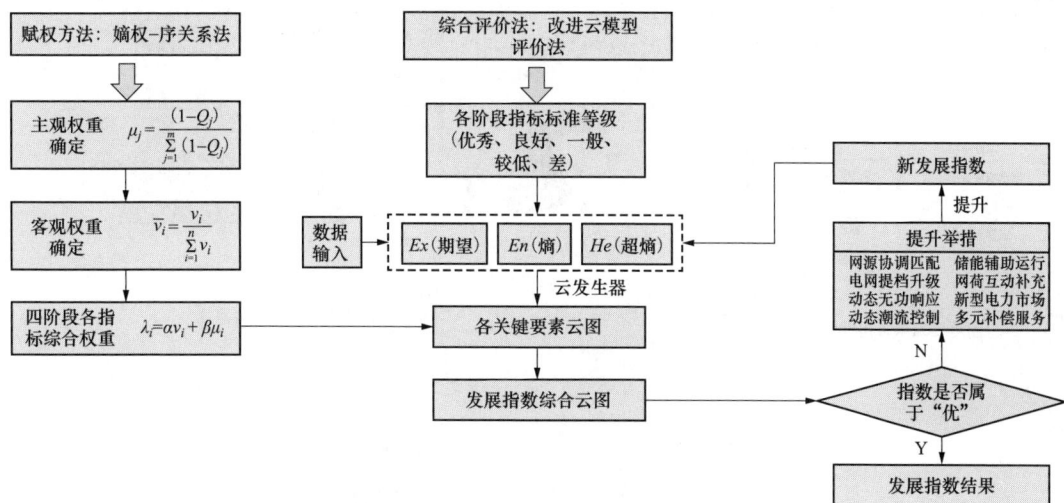

图 2-2　模型评价流程图

（一）指标体系赋权思路

随着四川新型电力系统构建不断完善及发展水平的不断提升，不同发展时期下四川的建设重点也有所不同。通过"8+2+1"模型，结合新型电力系统发展指数评估指标体系，得到新型电力系统转型期、建设期、形成期、成熟期四个阶段的发展指数评估指标体系权重。指标体系赋权思路如图 2-3 所示。

（二）指标体系赋权方法

指标赋权方法分为主观赋权方法和客观赋权方法。客观赋权方法是根据数据的客观规律对指标进行赋权。主观赋权方法是基于专家主观评判，更为贴合实际情况并可对客观数据误差纠偏。基于此本文采用主客观相结合的赋权方法，采用计算方便简洁、可执行性较强的熵权-序关系法集成赋权法，具体步骤如下。

1. 基于序关系的主观评价指标赋权

（1）确定序关系。

对于评价指标集 $\{x_1, x_2, \cdots, x_m\}$ 可按以下程序建立序关系：

第 1 步：请专家（或决策者）在指标集 $\{x_1, x_2, \cdots, x_m\}$ 中，选出认为时最重要的一个指标，记为 x_1^*。

第 2 步：请专家（或决策者）在余下的 $m-1$ 个指标中，选出认为最重要的一个指标，记为 $x_2{}^*$。

......

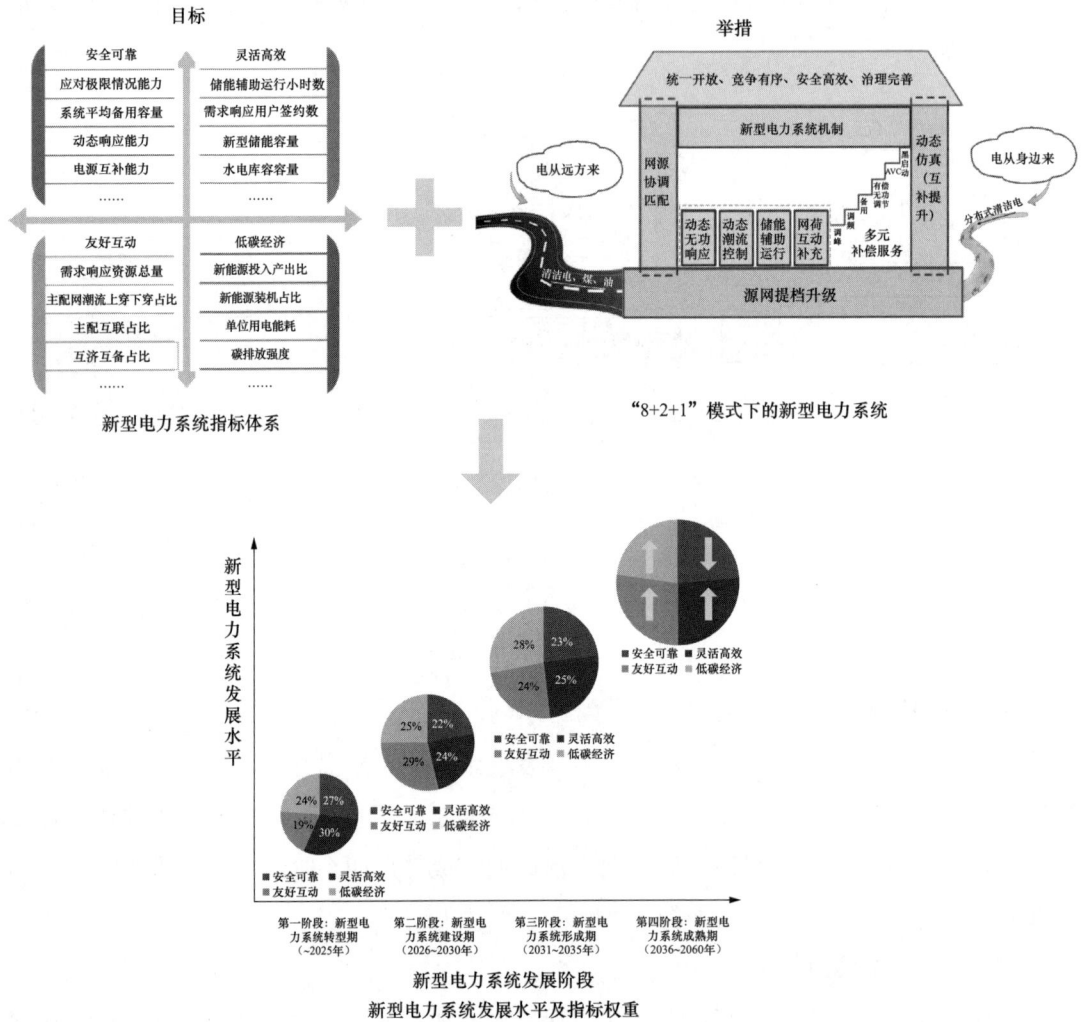

图 2-3　指标体系赋权思路图

第 k 步：请专家（或决策者）在余下的 $m-(k-1)$ 个指标中，选出认为时最重要的一个指标，记为 $x_k{}^*$；经过 $m-1$ 次挑选剩下的评价指标为这样就确定了唯一序关系 $x_1{}^*>x_2{}^*>\cdots>x_m{}^*$。

（2）确定相邻指标之间的相对重要程度。

相邻指标 x_{k-1} 与 x_k 重要程度之比可用表示，表达式为：

$$r_k=\frac{\omega_{k-1}}{\omega_k} \tag{2-8}$$

其中，为第 k 个指标的权重，$k = m, m-1, \cdots, 3, 2$。依照指标之间的序关系，计算各指标之间的相对重要程度。的赋值可参考下表，当 m 较大时，可取 $r_k=1$。指标间相对重要程度关系如表 2-6 所示。

表 2-6　　　　　　　　　　　　　　指标间相对重要程度关系

r_k 值	含义
1.0	指标 x_{k-1} 和指标 x_k 具有同样重要性
1.2	指标 x_{k-1} 比 x_k 稍微重要
1.4	指标 x_{k-1} 比 x_k 明显重要
1.6	指标 x_{k-1} 比 x_k 强烈重要
1.8	指标 x_{k-1} 比 x_k 极端重要

当 $x_1, x_2, \cdots, x_m$ 之间有序关系时，则与必须满足 r_{k-1} 与 r_k 必须满足 $r_{k-1} > \dfrac{1}{r_k}$，$k = m, m-1, \cdots, 3, 2$。

（3）计算指标权重。

若专家（或决策者）给出的 r_k 满足上述关系式时，则指标 x_m 的权重 w_m 为：

$$w_m = \left(1 + \sum_{k=2}^{m} \prod_{i=k}^{m} r_i \right)^{-1} \tag{2-9}$$

而 $w_{k-1} = r_k w_k, k = m, m-1, \cdots, 3, 2$，这样就得到所有评价指标的权重。

2. 基于熵权法的评价指标赋权

（1）构建标准化判断矩阵。

设进行综合评价的指标维度个数为 z，指标个数为 n，由标准化后的数据构造的标准化判断矩阵 X^* 为：

$$X^* = (x_{ij}^*)_{z \times n}, i = 1, 2, \cdots, z; j = 1, 2, \cdots, n \tag{2-10}$$

（2）计算各指标的信息熵。

$$H_j = -q \sum_{i=1}^{z} f_{ij} \ln f_{ij} \tag{2-11}$$

$$f_{ij} = \frac{x_{ij}^*}{\sum\limits_{i=1}^{z} x_{ij}^*} \tag{2-12}$$

$$q = \frac{1}{\ln z} \tag{2-13}$$

（3）指标赋权。

$$w_j = \frac{1 - H_j}{\sum\limits_{j=1}^{n} (1 - H_j)} \tag{2-14}$$

其中，$0 \leqslant w_j \leqslant 1, \sum_{j=1}^{n} w_j = 1$。

3. 评价指标组合赋权

评价指标组合赋权权重 w_t 为：

$$w_t = \alpha w_m + \beta w_j \tag{2-15}$$

（三）改进云模型综合评价方法

1. 云模型基本理论

设 X 为用精确数值表示的定量论域，C 为 X 上对应某概念的定性描述，即四川新型电力系统发展指数指标体系中的具体指标描述；若对任意的 $x \in X$，都有唯一的 y 值与之对应，其中 y 为 x 关于定性概念 C 的隶属度，$y = C(x)$，$y \in [0, 1]$，则把点在论域 X 上的分布称为云。用云的 3 个数字特征描述云分布形态的过程称为云模型，即标度 C（Ex，En，He）。其中：Ex 表示期望，表征云图中心最高点，是最能代表定性概念的点；En 表示熵，是对定性概念的度量，反映概念的模糊性和随机性，熵值越大，概念范围越大；He 表示超熵，是对熵的不确定性度量，反映云的厚度，超熵值越大，云越厚，概念共识程度越低。

云发生器是定性概念与定量概念之间互相转换的映射，有正向和逆向之分。通过正向云发生器可以实现定性到定量概念之间的转化，借助数据特征值生成运动的 N 个云滴，在此过程中可表达出概念转换过程的随机性；通过逆向云发生器实现定量到定性概念的转化，也即实现概念外延到内涵的转化，在此过程中可表达出概念转换过程的模糊性。

（1）正向云发生器算法。

输入为：定性概念的 3 个数字特征 Ex、En、He，以及云滴个数 N。

输出为：N 个元素在论域空间的分布。

Step1：生成 En 为期望，He 为方差的随机数 En'。

Step2：生成 Ex 为期望，En' 为方差的随机数 x_i。

Step3：计算 $y_i = \exp[-(x_i - Ex)^2 / (2En'^2)]$。

Step4：得出定性概念的一次云滴量化值（x_i，y_i）。

Step5：重复 Step1～Step4，生成 N 个云滴，算法结束。

正向云发生器如图 2-4 所示。

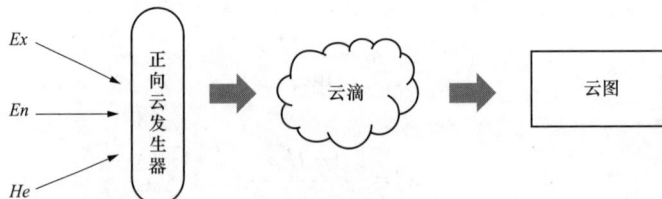

图 2-4　正向云发生器

（2）逆向云发生器算法。

输入为：N 个云滴样本 $x_i(i=1,2,\cdots,n)$。

输出为：定性概念的 3 个数字特征 Ex、En、He。

Step1：$Ex=\bar{X}=\dfrac{1}{N}\sum\limits_{i=1}^{N}x_i$，　$B=\dfrac{1}{N}\sum\limits_{i=1}^{N}|x_i-\bar{x}|$，　$S^2=\dfrac{1}{N}\sum\limits_{i=1}^{N}(x_i-\bar{x})^2$。

Step2：$Ex=\bar{x}$。

Step3：$En=\left(\dfrac{\pi}{2}\right)^{\frac{1}{2}}\times B$。

Step4：$He=\left|s^2-En^2\right|^{\frac{1}{2}}$。

对于边界已知即存在双边约束 $|C_{\min},C_{\max}|$ 的情况，可以采用指标近似法计算云模型数字特征。其中，$Ex=(C_{\min}+C_{\max})/2$，$En=(C_{\max}-C_{\min})/6$，$He=k$。这里，En 依据正态分布的"$3En$"原则求得，即云滴落在 $[Ex-3En,Ex+3En]$ 区间的概率为 99.7%；k 可以根据指标评价的模糊性和随机性进行相应调整。逆向云发生器如图 2-5 所示。

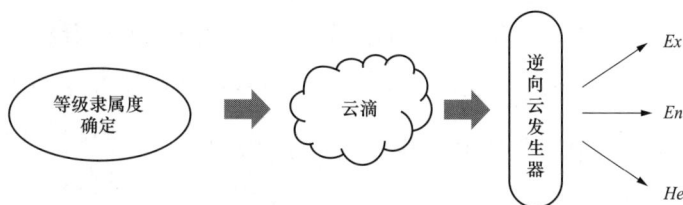

图 2-5　逆向云发生器

在四川新型电力系统发展指数指标评价云模型中，首先通过搜集数据并参考专家评价得出标准等级云图，然后将得四川实际数据的得到的云图与标准云模型各等级进行比对，进而确定四川新型电力系统发展水平状况。

2. 基于贝叶斯反馈修正的云模型

云模型评估结论在正态分布的云图上表现为云滴离散程度较大，概念边界模糊不清。因此，可将概率论中的贝叶斯反馈算法引入云模型，对当前的云模型参数进行反馈处理，以得到更加准确合理的云模型。采用贝叶斯反馈修正结果，降低了云模型的随机性与不确定性。贝叶斯反馈修正的云模型如图 2-6 所示。

用贝叶斯反馈算法修正云模型参数的方法如下：

（1）对以正向云算法生成的 n 个云滴进行检验，并使描述定性概念的云滴服从以 Ex 为期望，En^2+He^2 为方差的正态分布。由中心极限定理可知，当 $X\in[Ex-z_{\alpha/2}\sqrt{En^2+He^2}$，

$Ex+z_{\alpha/2}\sqrt{En^2+He^2}$] 时，其概念隶属度可以达到 $1-a$，其中，$z_{\alpha/2}$ 为标准正态分布的双侧百分位点。定义 XL 为 $x<Ex-z_{\alpha/2}\sqrt{En^2+He^2}$ 的云滴样本均值，XH 为 $x>Ex+z_{\alpha/2}\sqrt{En^2+He^2}$ 的云滴样本均值，当 $\left|\dfrac{d-d_0}{d}\right|\times100\%\leqslant20\%$ 时（其中，$d=XH-XL$，$d_0=2z_{\alpha/2}\sqrt{En^2+He^2}$），认为概念的共识程度较高，云模型参数不需修正，否则需要修正云模型参数。

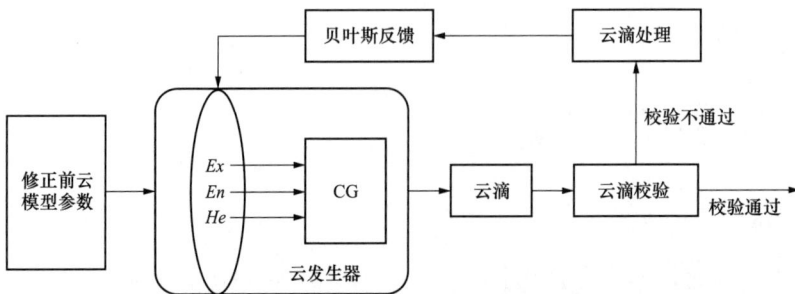

图 2-6　贝叶斯反馈修正的云模型

（2）将上述置信度 $1-a$ 以外的云滴删除，并将云模型参数中的超熵 He 变为原来的 95%，利用新的超熵 He'，原期望 Ex 和熵 En，生成相同数量的云滴。

（3）针对新生成云滴与原有云滴，通过贝叶斯反馈对云模型参数进行修正。已知概念云的期望 Ex 服从正态分布，即 $Ex\times N(C_0,\delta_0^2)$，通常为了计算方便，$C_0$ 取 Ex，δ_0 取 En。针对检验后的云滴，利用贝叶斯后验概率公式 $F(Ex/X)=\dfrac{F(Ex)F(X/Ex)}{\int_{+\infty}^{-\infty}F(Ex)F(X/Ex)\mathrm{d}Ex}$ 进行推

导。修正后的云模型参数为 $Ex^c=\left[\dfrac{X}{(En^2+He^2)/n}+\dfrac{C_0}{\delta_0^2}\right]\Big/\left[\dfrac{1}{(En^2+He^2)/n}+\dfrac{1}{\delta_0^2}\right]$，$En^c=$

$\sqrt{\dfrac{\pi}{2}}\times\dfrac{1}{n}\sum\limits_{i=1}^{n}|x_i-Ex^c|$，$He^c=\sqrt{S^2-(En^c)^2}$。修正后，对云滴进行重新校验，若校验不通过则继续修正，直至通过校验为止。

3. 综合云图构建

对于新型电力系统发展指数评价体系中一级指标云图、主要维度云图及综合云图构建按如下步骤进行计算：

（1）一级指标云图构建。

由于底层指标较为独立，可采用浮动云进行计算次高级特征值：

$$Ex=\frac{\sum\limits_{i=1}^{N}Ex_i\cdot u_i}{\sum\limits_{i=1}^{N}u_i} \tag{2-16}$$

$$En = \frac{\sum_{i=1}^{N} En_i \cdot u_i^2}{\sum_{i=1}^{N} u_i^2}\qquad(2\text{-}17)$$

$$He = \frac{\sum_{i=1}^{m} He_i \cdot u_i^2}{\sum_{i=1}^{m} u_i^2}\qquad(2\text{-}18)$$

式中：Ex_i 为第 i 个三级指标的期望；En_i 为第 i 个三级指标的熵；He_i 为第 i 个三级指标的超熵；u_i 为第 i 个三级指标的权重。

（2）主要维度虚拟云构建。

新型电力系统发展水平评价体系中 m 个二级指标之间具有相关性，可采用综合云方法对三个特征值进行计算，得出一级指标的特征值：

$$Ex = \frac{\sum_{i=1}^{m} Ex_i \cdot En_i \cdot u_i}{\sum_{i=1}^{m} En_i \cdot u_i}\qquad(2\text{-}19)$$

$$En = m\sum_{i=1}^{m} En_i \cdot u_i\qquad(2\text{-}20)$$

$$He = \frac{\sum_{i=1}^{m} He_i \cdot En_i \cdot u_i}{\sum_{i=1}^{m} En_i \cdot u_i}\qquad(2\text{-}21)$$

式中，Ex_i 为第 i 个二级指标的期望，En_i 为第 i 个二级指标的熵，He_i 为第 i 个二级指标的超熵，u_i 为第 i 个二级指标的权重。

（3）综合云图的构建。

综合云图的特征值由一级指标加权求和得到：

$$Ex = \sum_{i=1}^{N} Ex_i \cdot u_i\qquad(2\text{-}22)$$

$$En = \sum_{i=1}^{N} En_i \cdot u_i\qquad(2\text{-}23)$$

$$He = \sum_{i=1}^{N} He_i \cdot u_i\qquad(2\text{-}24)$$

式中：Ex_i 为第 i 个一级指标的期望；En_i 为第 i 个三级指标的熵；He_i 为第 i 个一级指标的超熵；u_i 为第 i 个一级指标的权重。

二、四川新型电力系统发展指数分析

（一）发展指数权重确定

新型电力系统在建设的不同时期的预期目标与建设效果有所差异，四川新型电力系统的构建分为转型期、形成期和成熟期三个阶段，其各级指标权重随着发展阶段变化也将发生相应的改变。根据四川 2021 年的各指标数据基于熵权法得到客观权重，在此基础上结合专家对各指标的重要程度排序得到的主观权重集成，得出最终的四川新型电力系统发展指数各指标权重，四阶段主要维度的权重如图 2-7 所示。

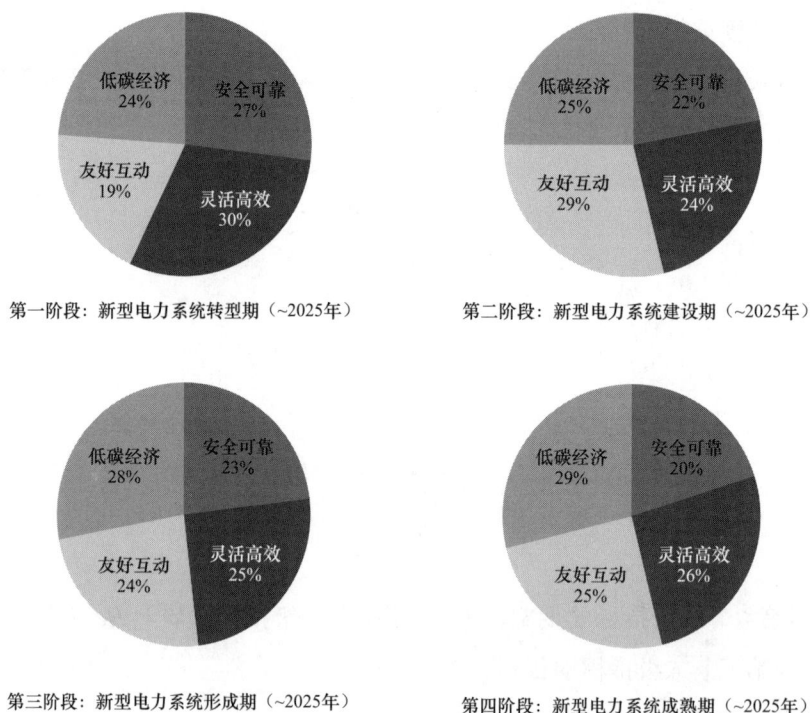

第一阶段：新型电力系统转型期（~2025年）　第二阶段：新型电力系统建设期（~2025年）

第三阶段：新型电力系统形成期（~2025年）　第四阶段：新型电力系统成熟期（~2025年）

图 2-7　四川新型电力系统四阶段发展指数各主要维度权重

在第一阶段中，一级二级指标具体赋权结果如表 2-7 所示。

表 2-7　　　　　四川新型电力系统发展指数各级指标权重

主要维度	一级指标	二级指标	权重
安全可靠 A1	负荷侧可靠性 A11	平均停电时间 A111	0.03
		年最大负荷时刻的本地电源最大有效出力 A112	0.03
		年最大负荷时刻的外受电通道有效能力 A113	0.03

主要维度	一级指标	二级指标	权重
安全可靠 A1	发电侧可靠性 A12	系统最大供电能力 A121	0.02
		系统平均备用容量 A122	0.01
		新能源一次调频能力 A123	0.02
		应对极限情况能力 A124	0.02
		电源互补能力 A125	0.02
	电网侧可靠性 A13	综合电压合格率 A131	0.02
		线路"N−1"通过率 A132	0.01
		重过载率 A133	0.02
		净负荷波动率 A134	0.01
		城乡电网可靠性 A135	0.03
灵活高效 A2	灵活调节能力 A21	储能辅助服务运行小时数 A211	0.015
		抽水蓄能电站容量 A212	0.015
		新型储能容量 A213	0.025
		调峰机组容量 A214	0.025
		需求响应用户签约容量 A215	0.025
		新能源电站无功补偿容量 A216	0.015
		新能源一次调频有功功率调节时间 A217	0.015
		可调节水库容量 A218	0.025
	市场化资源配置能力 A22	市场化交易电量 A221	0.06
		电力交易平台注册主体数量 A222	0.08
友好互动 A3	区外交互能力 A31	外送通道和接入通道容量 A311	0.01
		主配网潮流上穿下穿占比 A312	0.02
		全口径外送电量 A313	0.02
		全口径接入电量 A314	0.02
	区内交互能力 A32	省内通道容量 A321	0.015
		需求响应资源总量 A322	0.015
		主配互联占比 A323	0.015
		互济互备占比 A324	0.015
		需求响应价格敏感度 A325	0.01
	智慧融合水平力 A33	智能电表覆盖率 A331	0.01
		核心业务线上化率 A332	0.01
		数据资源利用率 A333	0.01
		设备联网率 A334	0.01
		业务系统云化率 A335	0.01

主要维度	一级指标	二级指标	权重
低碳经济 A4	清洁能源占比提升 A41	清洁能源装机容量占比 A411	0.02
		清洁能源发电量占比 A412	0.02
		可再生能源弃电量 A413	0.02
		非水可再生能源电力消纳责任权重完成率 A414	0.025
	用能清洁化与能效水平 A42	电能占终端能源消费占比 A421	0.02
		碳排放强度 A422	0.025
		单位 GDP 能耗 A423	0.02
	系统经济性 A43	电能替代电量 A424	0.02
		综合线损率 A431	0.01
		单位用电能耗 A432	0.02
		新能源投入产出比 A433	0.02
		全社会供电成本 A434	0.02

同理，对新型电力系统第二、三、四阶段一级指标进行预测赋权。

在第二阶段中，四川新型电力系统一级指标具体赋权结果如表 2-8 所示。

表 2-8　　　　　　　　　四川新型电力系统发展指数各级指标权重

主要维度	一级指标	权重预估
安全可靠	负荷侧可靠性	0.07
	发电侧可靠性	0.07
	电网侧可靠性	0.08
灵活高效	灵活调节能力	0.13
	市场化资源配置能力	0.11
友好互动	区外交互能力	0.09
	区内交互能力	0.1
	智慧融合水平力	0.1
低碳经济	新能源成为电源主体	0.08
	用能清洁化与能效水平	0.09
	系统经济性	0.08

在第三阶段中，四川新型电力系统一级指标具体赋权结果如表 2-9 所示。

表 2-9   四川新型电力系统发展指数各级指标权重

主要维度	一级指标	权重预估
安全可靠	负荷侧可靠性	0.08
	发电侧可靠性	0.07
	电网侧可靠性	0.08
灵活高效	灵活调节能力	0.13
	市场化资源配置能力	0.12
友好互动	区外交互能力	0.075
	区内交互能力	0.08
	智慧融合水平力	0.085
低碳经济	新能源成为电源主体	0.09
	用能清洁化与能效水平	0.1
	系统经济性	0.09

在第四阶段中，四川新型电力系统一级指标具体赋权结果如表 2-10 所示。

表 2-10   四川新型电力系统发展指数各级指标权重

主要维度	权重预估	一级指标
安全可靠	0.08	负荷侧可靠性
	0.08	发电侧可靠性
	0.08	电网侧可靠性
灵活高效	0.12	灵活调节能力
	0.14	市场化资源配置能力
友好互动	0.09	区外交互能力
	0.09	区内交互能力
	0.09	智慧融合水平力
低碳经济	0.07	新能源成为电源主体
	0.08	用能清洁化与能效水平
	0.08	系统经济性

（二）发展指数评价

发展指数评价内容主要包括指标评价标准等级划分、确定标准等级评级云图、计算各指标特征值三部分，为后续构建各级指标云图及综合云图打下基础。

（1）标准等级划分。

邀请专家围绕新型电力系统"安全可靠、低碳经济、灵活高效、友好互动"这四个方面的 11 个一级指标进行评分，评分采用百分制。对各个一级指标设置评价等级标准，具体如表 2-11 所示。

表 2-11　　　　　　　　　　　　　评 价 等 级 划 分

等级区间	等级
（100，90）	优秀
（90，80）	良好
（80，70）	一般
（70，60）	较低
＜60	差

（2）标准等级评价云图构建。

由表 2-11 划分的各等级范围计算新型电力系统发展指数评价标准云模型特征值为：优秀（100，10/3，0.5）、良好（85，5/3，0.5）、一般（75，5/3，0.5）、较低（65，5/3，0.5）、差（0，20，0.5）。依此可作新型电力系统发展指数四阶段评价判定标准，四川新型电力系统发展指数评价标准云图如图 2-8 所示，分为优秀、良好、一般、差、较低五个等级。

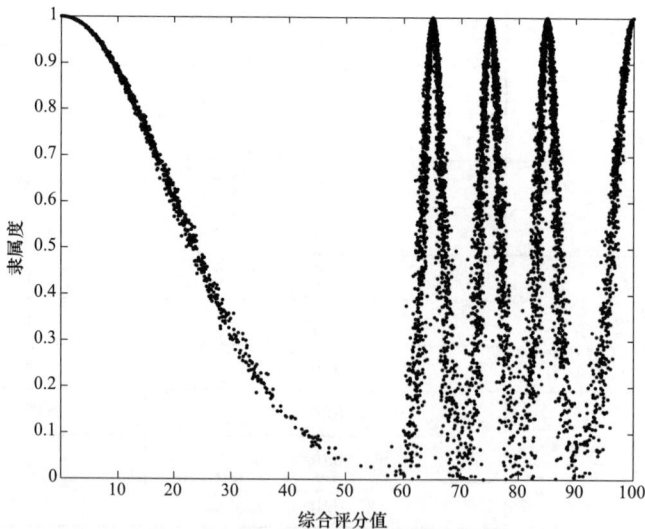

图 2-8　四川新型电力系统发展指数评价标准云图

（3）各级指标特征值计算。

根据得分情况采用指标近似法可计算二级指标特征值，通过式（2-16）～式（2-18）计算一级指标特征值，具体结果如表 2-12 所示。

表 2-12　　　　　　　　　　　　一级、二级指标特征值

一级指标	Ex	En	He	二级指标	Ex	En	He
A11	68.50	0.25	0.17	A111	67.80	0.27	0.10
				A112	69.30	0.33	0.10
				A113	68.50	0.33	0.10
A12	69.30	0.56	0.21	A121	69.50	0.50	0.20
				A122	67.52	0.43	0.21
				A123	68.00	0.33	0.10
				A124	69.61	0.43	0.25
				A125	69.78	0.34	0.20
A13	69.50	0.54	0.21	A131	69.50	0.53	0.25
				A132	69.80	0.67	0.30
				A133	69.80	0.67	0.30
				A134	69.10	0.50	0.20
				A135	69.20	0.33	0.10
A21	68.30	0.33	0.10	A211	68.20	0.33	0.10
				A212	68.20	0.33	0.10
				A213	69.50	0.26	0.10
				A214	66.90	0.23	0.10
				A215	67.00	0.33	0.10
				A216	68.50	0.23	0.10
				A217	67.72	0.33	0.10
				A218	66.66	0.23	0.10
A22	67.40	0.33	0.10	A221	67.60	0.33	0.10
				A222	68.86	0.33	0.10
A31	66.20	0.41	0.15	A311	65.30	0.67	0.30
				A312	65.85	0.33	0.10
				A313	66.46	0.33	0.10
				A314	67.41	0.33	0.10
A32	66.80	0.33	0.10	A321	67.00	0.33	0.10
				A322	66.50	0.33	0.10
				A323	66.80	0.33	0.10
				A324	67.20	0.33	0.10
				A325	66.60	0.33	0.10
A33	69.40	0.27	0.12	A331	69.00	0.67	0.30
				A332	69.83	0.33	0.13
				A333	69.20	0.30	0.13
				A334	69.60	0.27	0.10
				A335	69.53	0.26	0.10

一级指标	Ex	En	He	二级指标	Ex	En	He
A41	69.32	0.33	0.10	A411	68.50	0.33	0.10
				A412	69.80	0.33	0.10
				A413	68.70	0.33	0.10
				A414	69.58	0.33	0.10
A42	69.82	0.33	0.10	A421	69.56	0.33	0.10
				A422	69.90	0.33	0.10
				A423	69.87	0.33	0.10
				A424	69.88	0.33	0.10
A43	69.78	0.33	0.10	A431	69.50	0.33	0.10
				A432	69.80	0.33	0.10
				A433	69.92	0.33	0.10
				A434	69.75	0.33	0.10

依据综合云图计算方法，通过式（2-19）～式（2-24）计算可得出主要维度以及新型电力系统发展指数综合云图的特征值，如表 2-13 所示。

表 2-13　　　　　　　　　　综合云图及主要维度特征值

综合云图	*Ex*	*En*	*He*	一级指标	*Ex*	*En*	*He*
四川新型电力系统发展指数	68.5	0.27	0.14	安全可靠	69.2	0.22	0.10
				灵活高效	66.5	0.20	0.10
				友好互动	67.8	0.23	0.14
				低碳经济	69.5	0.24	0.10

同理，四川新型电力系统第二、三、四阶段特征值也可同上述方法算出，此处省略。

（三）发展指数结果分析

根据上文对四川新型电力系统发展指数评价指标体系中各指标特征值结果，对第一阶段分别作出一级指标云图 11 个（红色）、主要维度云图 4 个（蓝色）和综合云图 1 个（紫色）。

1. 一级指标云图

负荷侧可靠性、发电侧可靠性、电网侧可靠性、灵活调节能力、市场化资源配置能力、区外交互能力、区内交互能力、智慧融合水平力、新能源成为电源主体、用能清洁化与能效水平、系统经济性分别如图 2-9～图 2-19 所示。

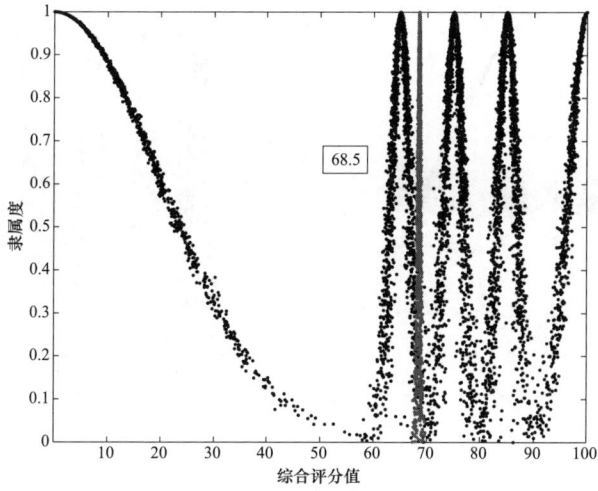

图 2-9　负荷侧可靠性

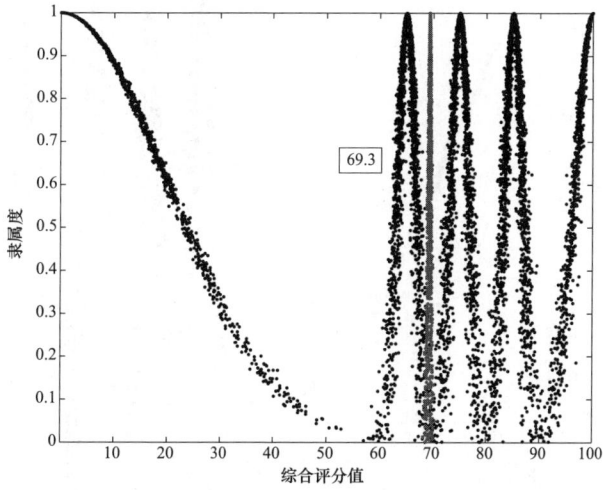

图 2-10　发电侧可靠性

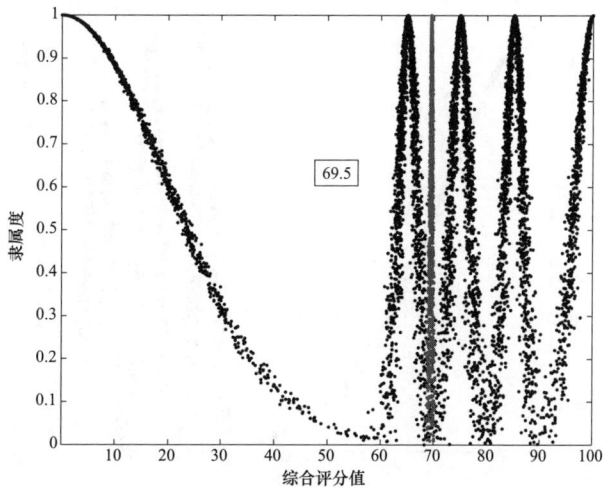

图 2-11　电网侧可靠性

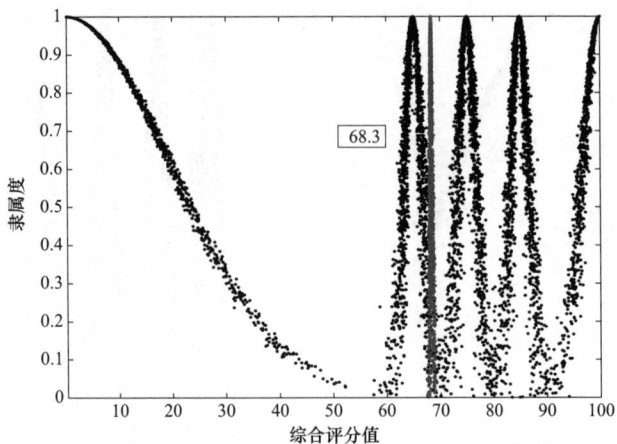

图 2-12 灵活调节能力

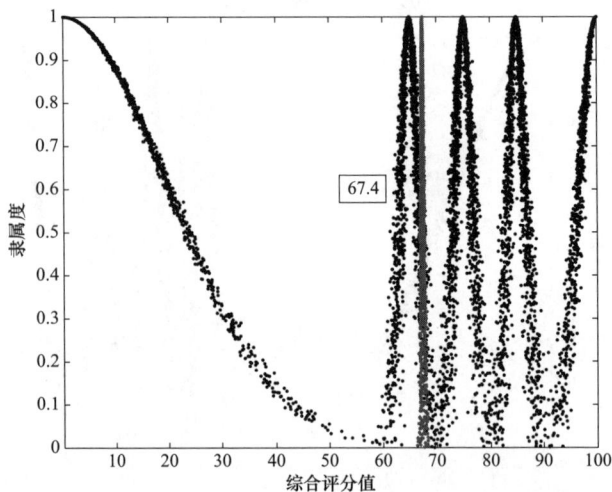

图 2-13 市场化资源配置能力

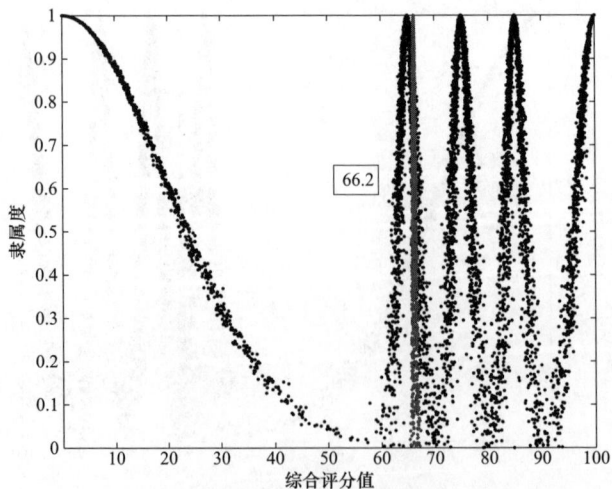

图 2-14 区外交互能力

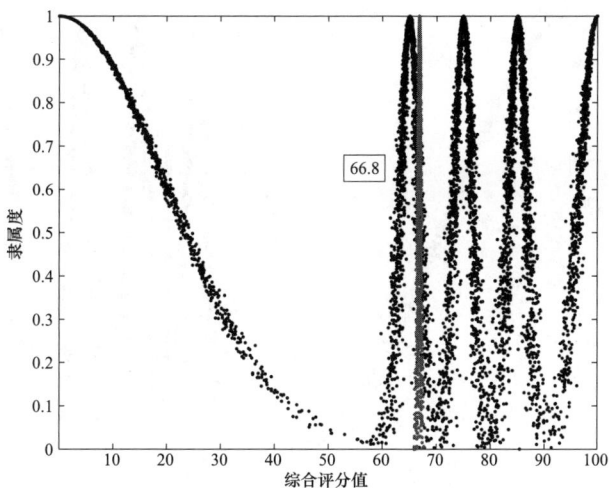

图 2-15 区内交互能力

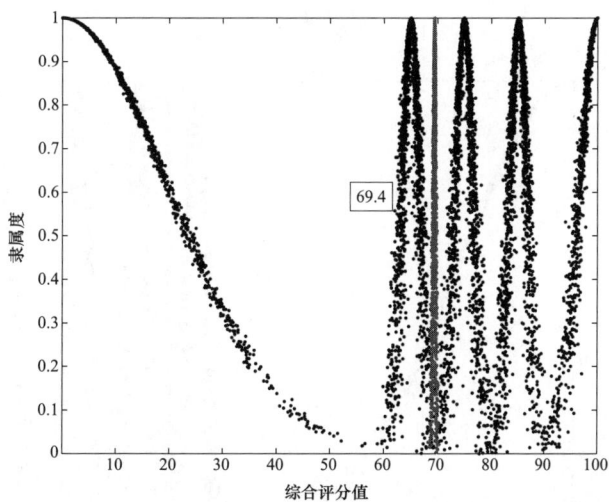

图 2-16 智慧融合水平力

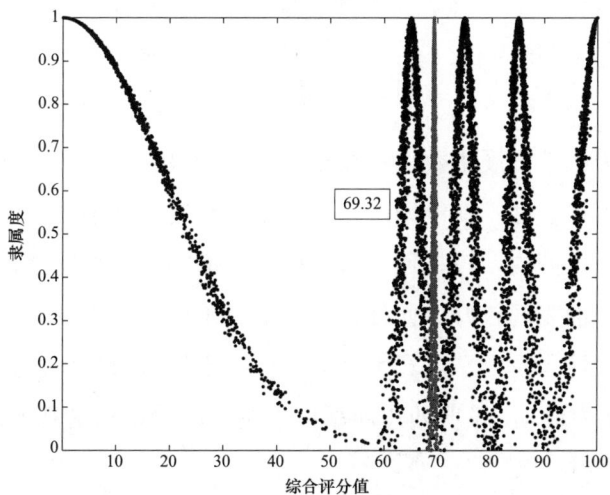

图 2-17 新能源成为电源主体

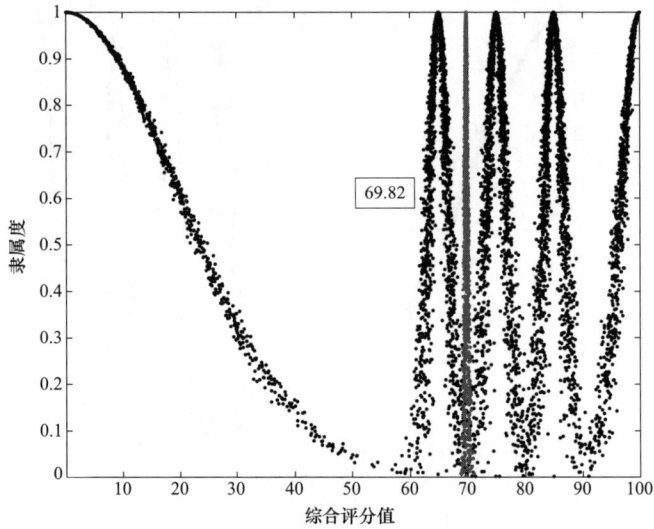

图 2-18　用能清洁化与能效水平

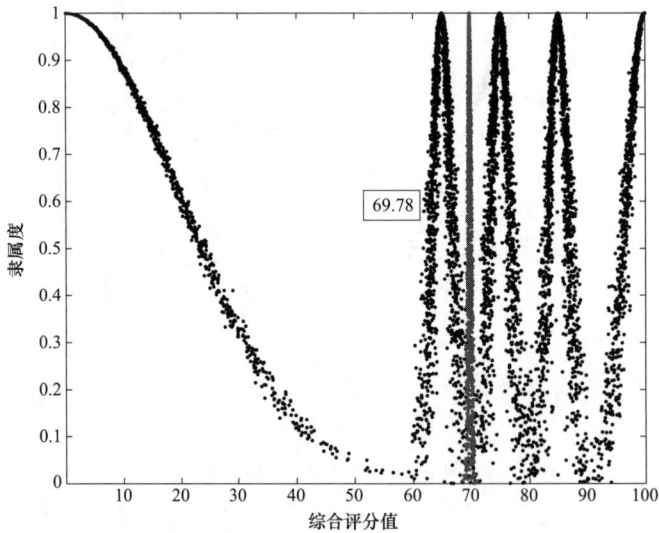

图 2-19　系统经济性

在四川新型电力系统发展指数评价指标体系的一级指标云图中，负荷侧可靠性、发电侧可靠性、电网侧可靠性、新能源成为电源主体、用能清洁化与能效水平及系统经济性云图属于等级较低区间内，较接近等级一般水平的指标，说明当前阶段四川新型电力系统建设中在这几方面表现较好。此外，在灵活调节能力、市场化资源配置能力、区外交互能力、区内交互能力及智慧融合水平力方面处于等级较低区间内，距离等级一般较远，其中灵活调节能力最差，说明四川新型电力系统的建设在这几方面需要进一步提升。

2. 主要维度云图

安全可靠、灵活高效、友好互动、低碳经济四个维度的云图如图 2-20～图 2-23 所示。

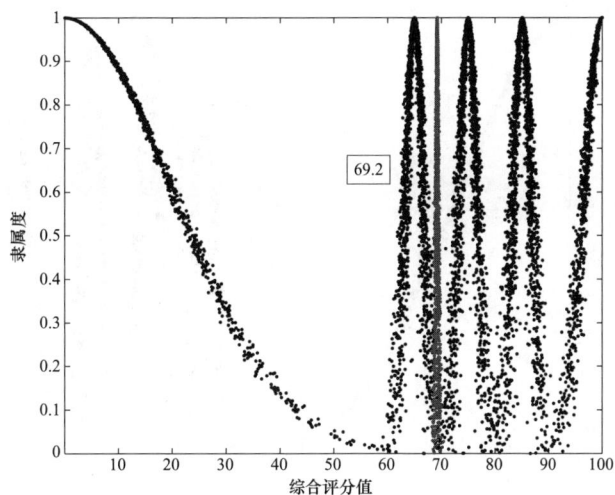

图 2-20 安全可靠

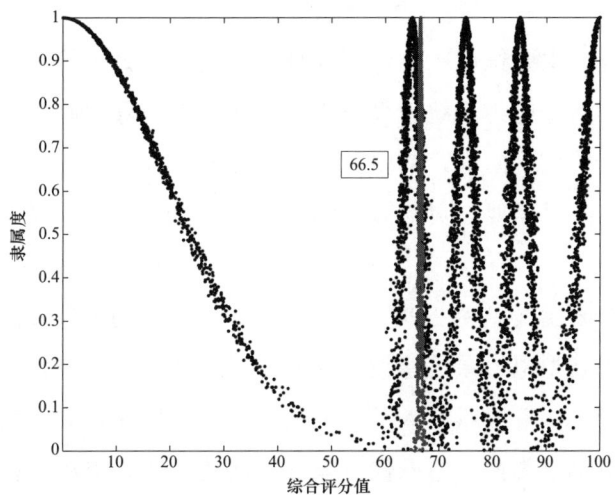

图 2-21 灵活高效

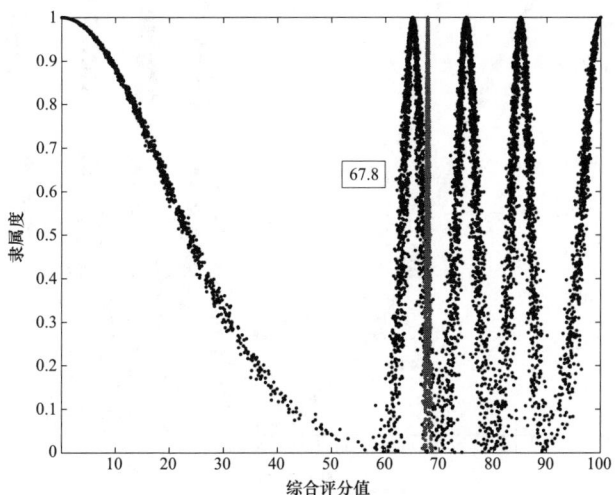

图 2-22 友好互动

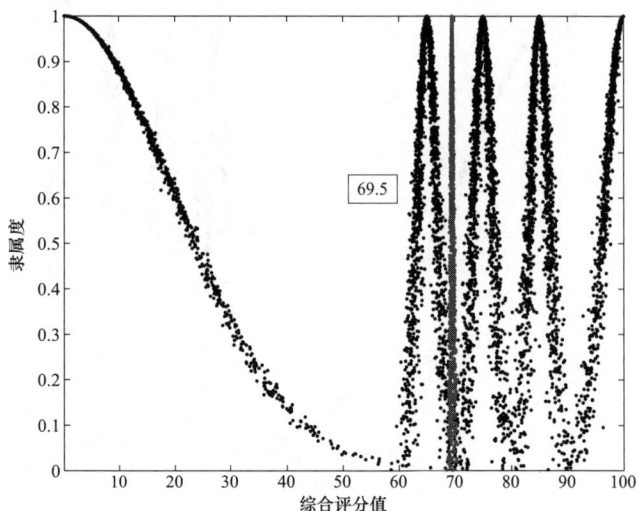

图 2-23　低碳经济

从云图可以看出，主要维度中的低碳经济和安全可靠处于等级较低区间内，较接近等级一般，说明四川新型电力系统建设在这两方面表现较好。此外，灵活高效和友好互动的云图也处于等级较低区间内，其中灵活高效最差，处于较低等级的平均水平，说明四川新型电力系统的建设需要在灵活高效和友好互动方面进一步提升。

3.　综合云图

由第一阶段综合云图（见图 2-24）可知，四川新型电力系统发展指数处于"较低"等级，说明当前四川新型电力系统建设已经取得了一些成就，但仍有进步的空间，可从主要维度及一级指标云图等级状况入手，从高到低进行排序，对等级高表现好的指标如负荷侧可靠性、发电侧可靠性、电网侧可靠性、新能源成为电源主体、用能清洁化与能

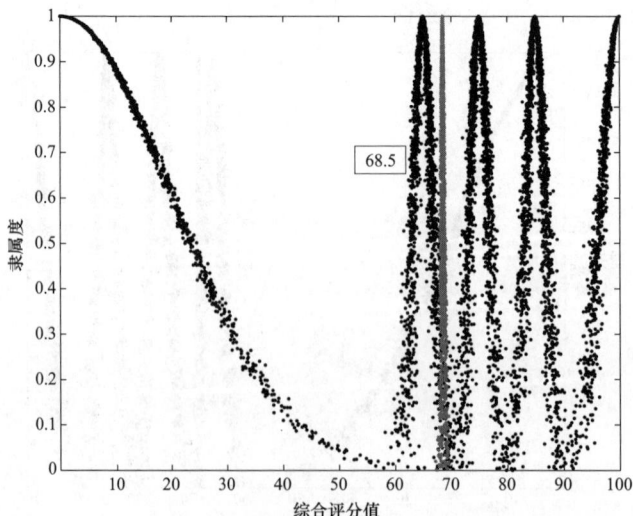

图 2-24　第一阶段综合云图

效水平及系统经济性应继续保持，对等级低表现较低的指标如灵活调节能力、市场化资源配置能力、区外交互能力、区内交互能力及智慧融合水平力采取针对性的措施，最终达到提高四川新型电力系统整体建设水平的目的。

同第一阶段发展指数评价方法，新型电力系统建设第二阶段、第三阶段及第四阶段综合云图如如图 2-25～图 2-27 所示，可以发现，随着新型电力系统发展阶段不断推演，发展指数不断提升。

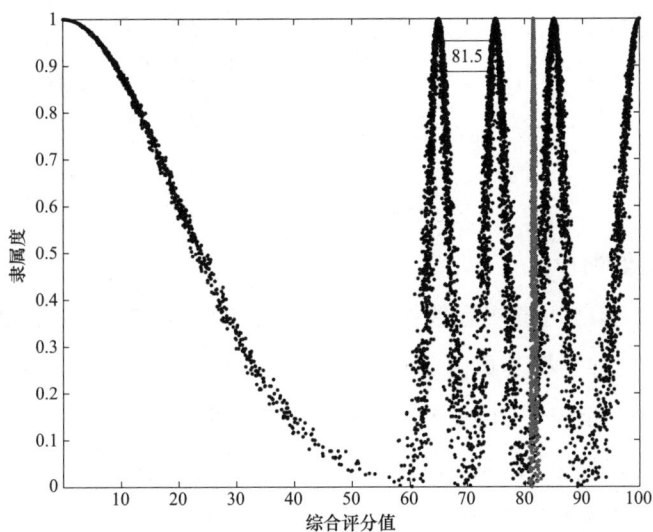

图 2-25　第二阶段综合云图

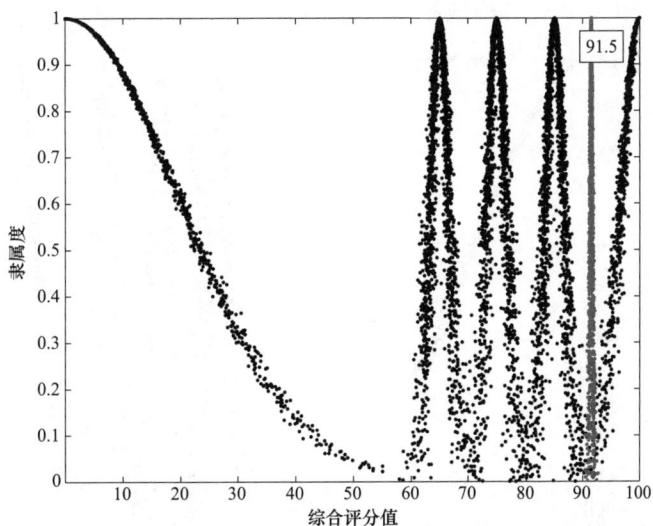

图 2-26　第三阶段综合云图

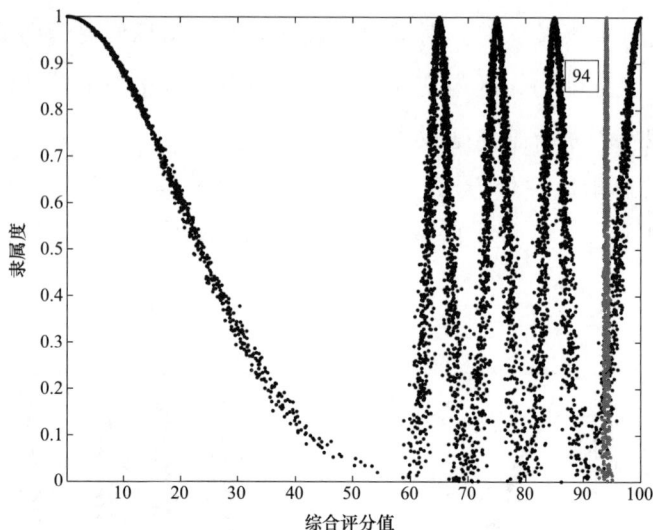

图 2-27 第四阶段综合云图

（四）算例指数对比

以 2020～2021 年四川省实际数据为例，分析四川省 2020 年与 2021 年主要维度及整体发展指数变化，并分析其原因。

由图 2-28 可知，相较于 2020 年，从安全可靠来看，2021 年的年最大负荷时刻本地电源最大有效出力提升 50 万 kW，年最大负荷时刻外受电通道有效能力提升 407 万 kW。由图 2-29 可知，从低碳经济来看，2021 年单位 GDP 能耗下降 59.13t/亿元，可再生能源发电量新增 231.26 亿 kWh，可再生能源弃电量下降 38.5 亿 kWh 等。低碳经济和安全可靠两个维度均处于水平较低区间内，较接近等级一般区间且得分略有提升，说明近两年四川新型电力系统相关举措实施取得了一定的效果。

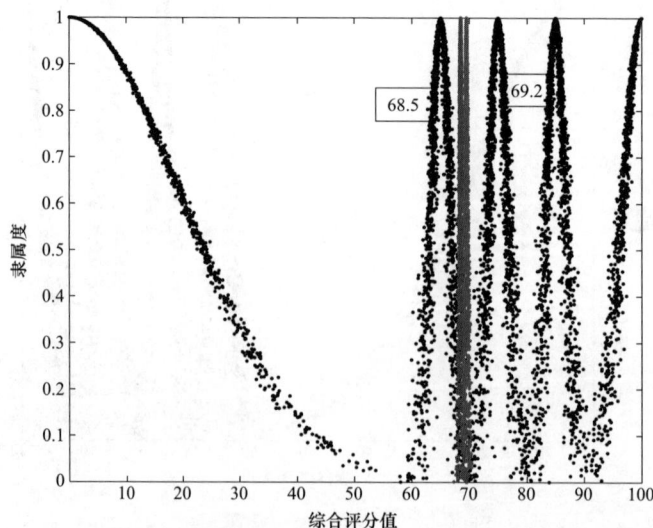

图 2-28 安全可靠 2020 年与 2021 年指数对比

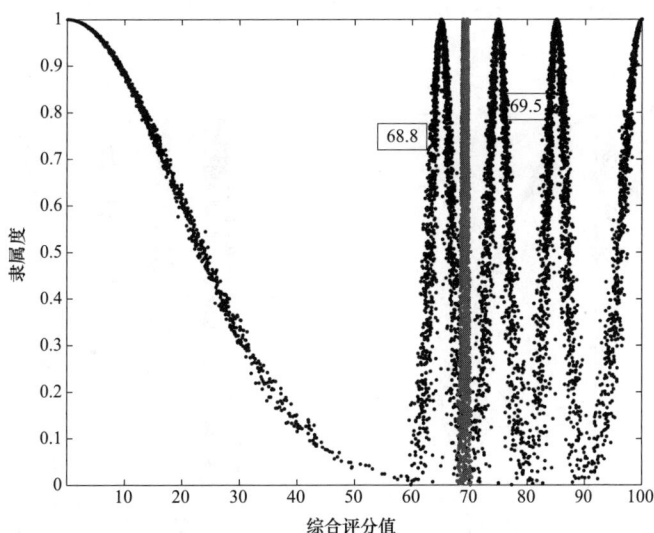

图 2-29 低碳经济 2020 年与 2021 年指数对比

由图 2-30 可知，相较于 2020 年，从灵活高效来看，由于 2021 年的年累计新增水电装机容量 1125 万 kW、新增风电装机容量 102 万 kW，合计新增清洁能源装机容量 1227 万 kW。由图 2-31 可知，从友好互动来看，2021 年四川 500kV 主网架全口径外送电量同比增加 0.3%等。灵活高效和友好互动两个维度均处于等级较低区间内且得分也略有提升，说明 2020～2021 年间四川新型电力系统建设相关举措取得了一定的效果。2020 年与 2021 年整体指数对比如图 2-32 所示。

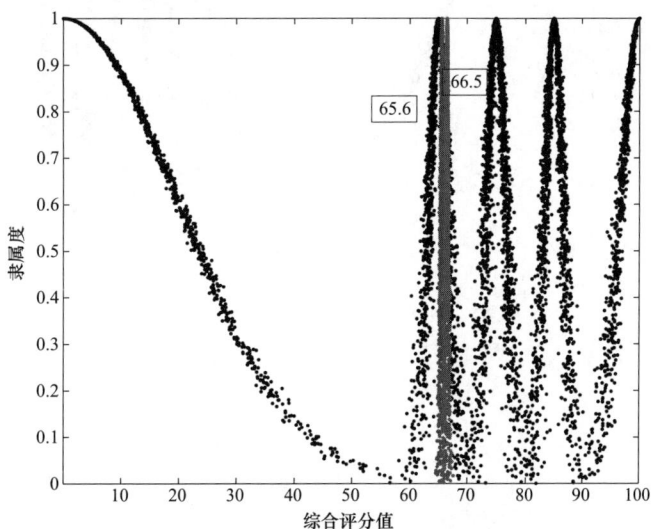

图 2-30 灵活高效 2020 年与 2021 年指数对比

综上所述，在相关措施的影响下，2021 年综合云图发展指数较 2020 年有略微增长。

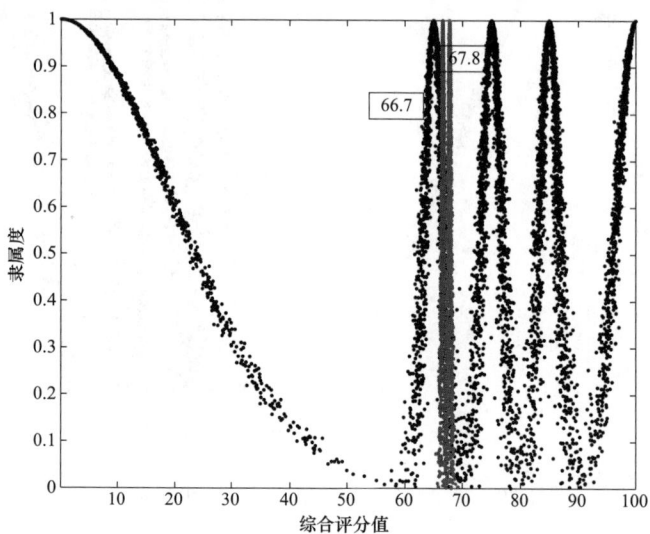

图 2-31　友好互动 2020 年与 2021 年指数对比

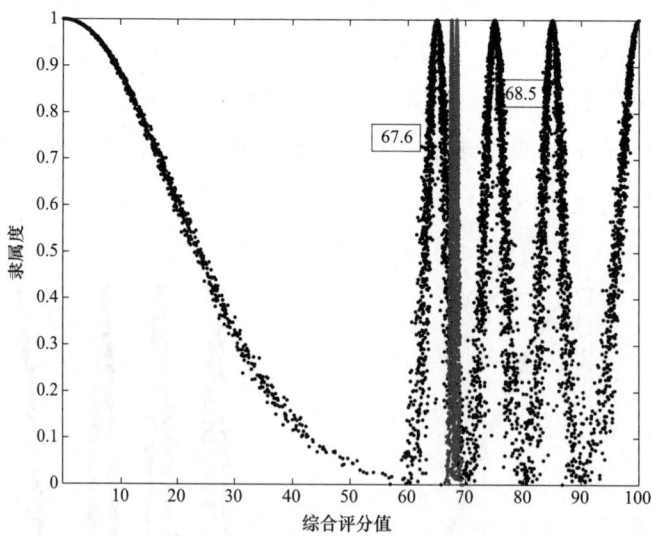

图 2-32　2020 年与 2021 年整体指数对比

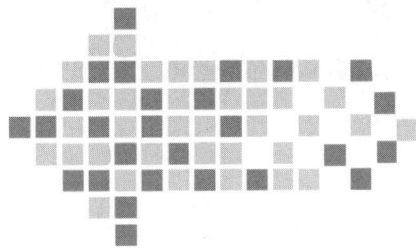

第三章　四川新型电力系统理论模型体系构建

在我国提出"双碳"目标的大背景下，如何实现现有电力系统向新型电力系统转型成为各省电力系统建设研究的重点。四川省积极响应国家"双碳"目标与新型电力系统转型号召，以我国新型电力系统演化过程为研究出发点，分析我国电力系统宏观、中观、微观演化过程，结合四川电力系统特点，认为四川要构建的新型电力系统是以确保能源电力安全为基本前提，以实现"双碳"目标及电力系统运行经济性为核心目标，以电力系统"横向多能互济、纵向源网荷储协调"的多向协同、灵活互动为坚强支撑，以技术创新和体制机制创新为基础保障，以大型水电为基础、消纳高比例绿电的新型能源体系建设为主线任务的新时代电力系统。其具备安全高效、清洁低碳、柔性灵活、智慧经济等特征，支持利用储能、调峰机组、需求响应等灵活性调节资源，实现源网荷储协调发展、互济互利，能源安全，结构多源，供需协同，具有应对极端气候、极限场景能力。

但四川现有电力系统想要实现上述目标，从而完成新型电力系统的转型，需要从多方面出发，综合运用多种模型解决新型电力系统建设过程中可能存在的问题，如"辅助服务市场建设、电源侧与电网侧协调运行、电网侧与负荷侧协调互动"等。因此，提出针对性的发展模型与优化举措，成为当前四川新型电力系统建设亟需解决的难题。基于上述考虑，针对四川新型电力系统建设可能出现的问题，搜集相关资料，结合专家意见创新性地提出了包含"源网提档升级、网源协调匹配、动态无功响应、储能辅助运行、新型电力系统机制、多元补偿服务、动态潮流控制"等模型在内的8+2+1模型，在明确各个模型内涵的基础上，研究未来推进四川特色的新型电力系统建设的重要攻关方向，改善新型电力系统建设过程中可能存在的问题的同时，针对后续章节中新型电力系统在不同阶段发展水平较低的部分指标提供优化措施。

第一节 四川新型电力系统未来攻关方向

为实现四川新型电力系统分阶段构建目标，提升其发展指数，在新型电力系统构建过程中需重点关注电网提档升级、网源协调匹配、新型电力系统机制、多元补偿服务、动态无功响应、动态潮流控制、储能辅助运行、网荷互动补充等方面，通过这八大模型提升新型电力系统发展指数中的各二级指标分数，从而实现新型电力系统整体发展指数的提升。多维度下，模型与发展指数具体关系如图 3-1～图 3-4 所示。

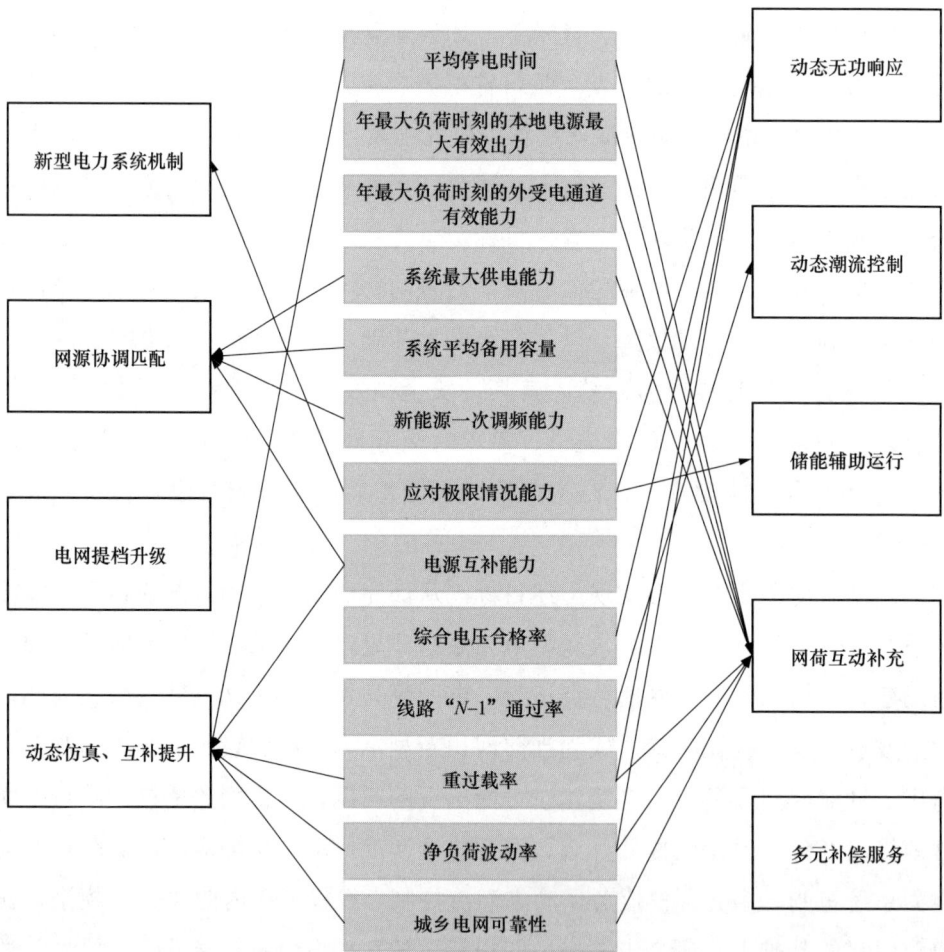

图 3-1 新型电力系统发展理论模型与发展指数的关系（安全可靠）

新型电力系统机制

网源协调匹配

电网提档升级

动态仿真、互补提升

储能辅助服务运行小时数

抽水蓄能电站容量

新型储能容量

调峰机组容量

需求响应用户签约容量

新能源电站无功补偿容量

新能源一次调频有功功率调节时间

水电库容容量

市场化交易电量

电力交易平台注册主体数量

动态无功响应

动态潮流控制

储能辅助运行

网荷互动补充

多元补偿服务

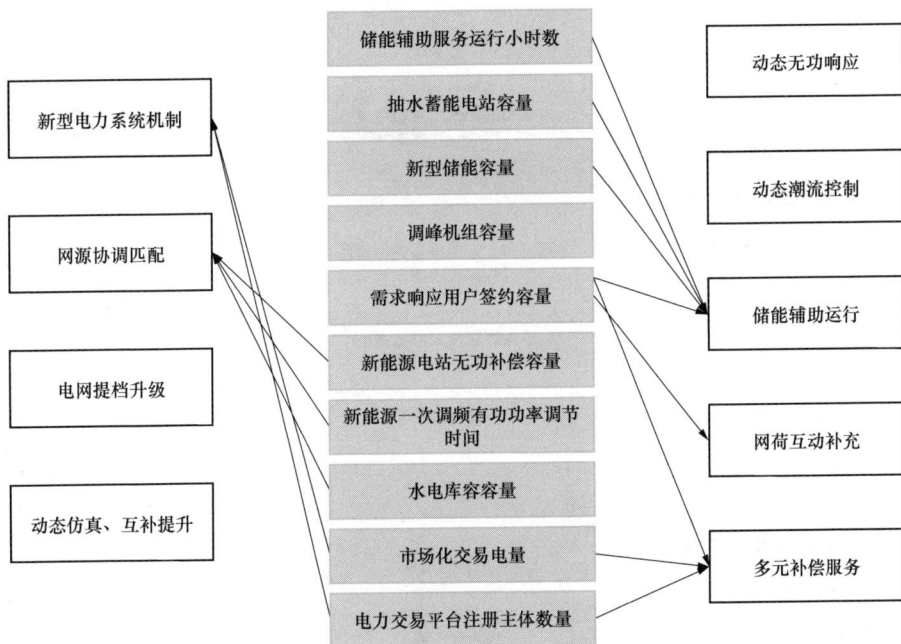

图 3-2　新型电力系统发展理论模型与发展指数的关系（灵活高效）

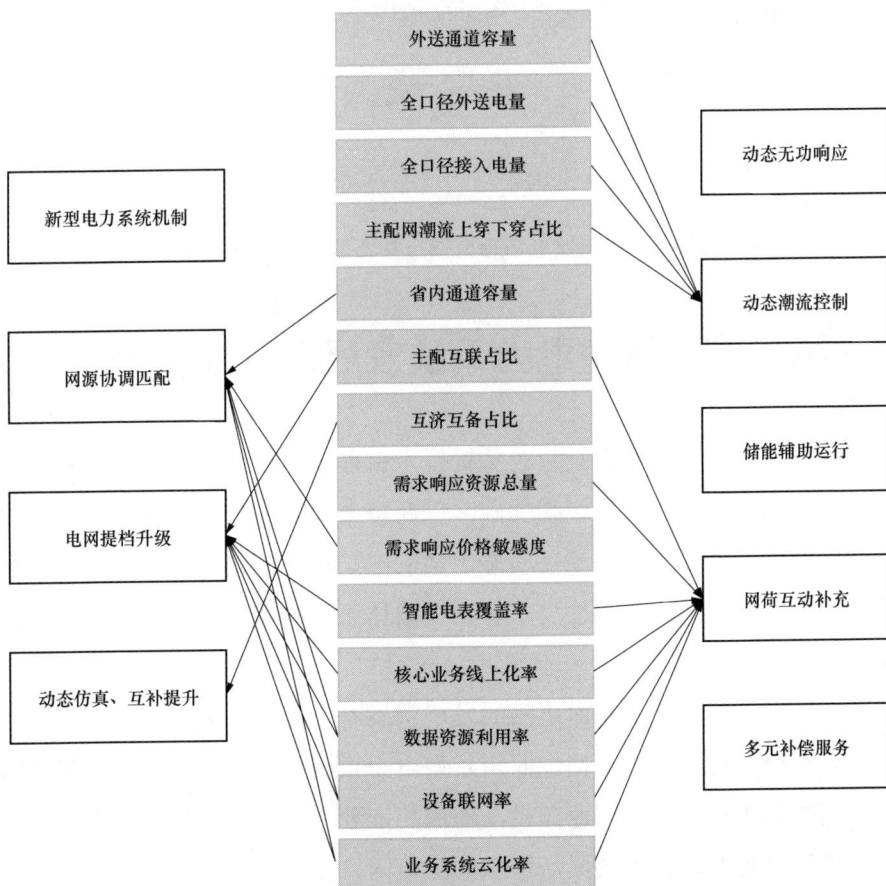

新型电力系统机制

网源协调匹配

电网提档升级

动态仿真、互补提升

外送通道容量

全口径外送电量

全口径接入电量

主配网潮流上穿下穿占比

省内通道容量

主配互联占比

互济互备占比

需求响应资源总量

需求响应价格敏感度

智能电表覆盖率

核心业务线上化率

数据资源利用率

设备联网率

业务系统云化率

动态无功响应

动态潮流控制

储能辅助运行

网荷互动补充

多元补偿服务

图 3-3　新型电力系统发展理论模型与发展指数的关系（友好互动）

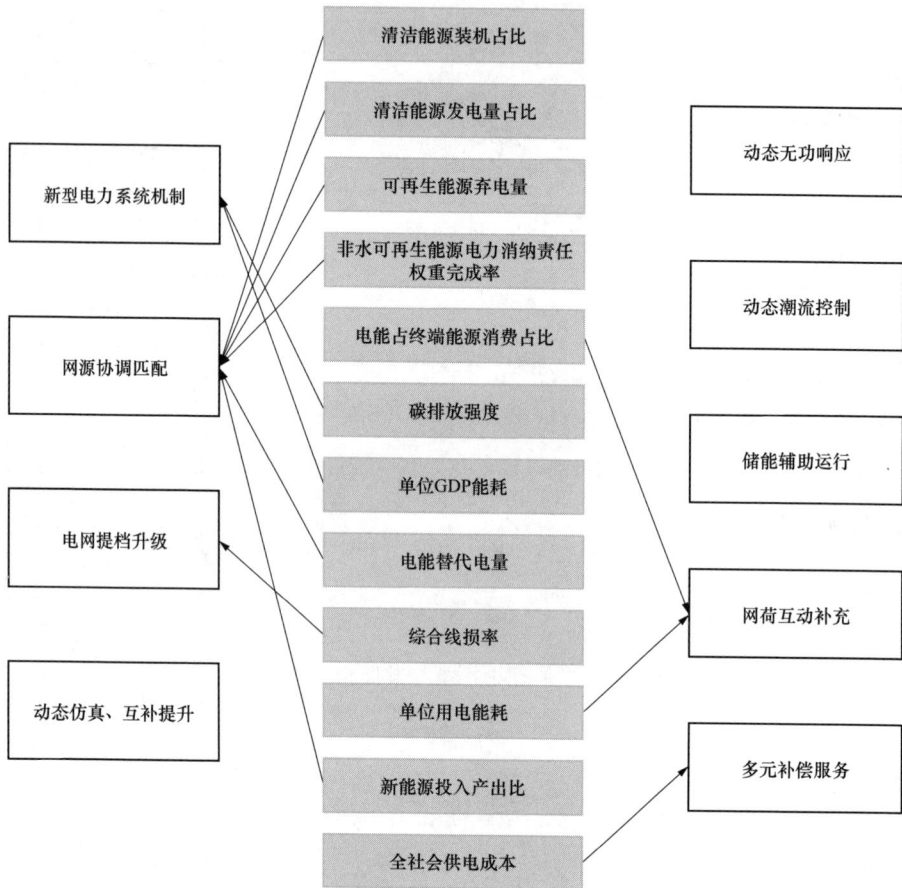

图 3-4　新型电力系统发展理论模型与发展指数的关系（低碳经济）

第二节　新型电力系统发展理论模型框架

根据新型电力系统五大要素及相关关键技术梳理，形成四川新型电力系统构建的理论模型框架，形成以源网提档升级为基础，以新型电力系统机制为保障，以网源协调匹配、多能互补提升为核心支撑，涵盖动态无功响应、动态潮流控制、储能辅助运行、网荷互动补充 4 个关键技术的"梁柱型"理论模型体系，具备极限场景应对能力，模型框架如图 3-5 所示。

源网提档升级是基础。从当前电网的发展状态看，四川正处于新型电力系统构建的关键时期，源网加速提档升级是构建四川新型电力系统的重要基础，新能源等清洁能源加速发展，超特高压骨干网络加速建设，形成相互独立、互联互济的主网结构，同时对配电网网架进行设备改造，建设灵活可靠的配电网，支撑电从身边来和电从远方来两条路径畅通且高效，构成新型电力系统的重要物理载体。新型电力系统机制是横梁。随着

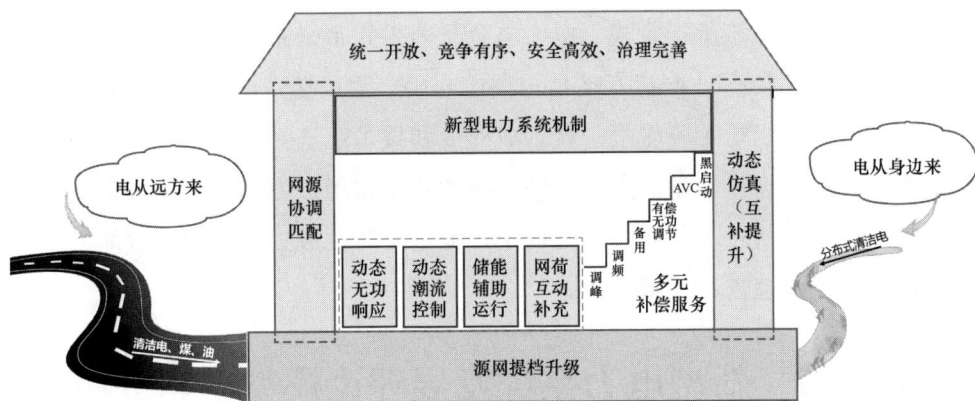

图 3-5 新型电力系统发展理论模型框架图

新能源装机容量快速增长，加之大量径流式水电丰枯特性明显且调节能力不足，电网灵活性资源不足问题日益凸显。新型电力市场机制通过柔性市场机制引导系统内源网荷储依托市场化交易手段，创新挖掘网内水电、风光新能源等电源的互动调节能力，促进负荷侧调节潜力释放，通过现货市场、中长期市场、辅助服务市场等多市场联动机制，提升电力系统稳定性和灵活调节能力，充分发挥电力市场"看不见的手"的作用，助力实现电力资源在更大范围内共享互济和优化配置，推动形成有更强新能源消纳能力的新型电力系统，同时，通过绿色电力交易等手段，还原清洁能源的环境价值属性，促进电碳耦合发展，承担新型电力系统低碳发展的核心纽带和关键承载。

源网协调匹配和多能互补提升是支柱。从发展阶段看，四川新型电力系统仍以结构性供需平衡矛盾为主，丰期保消纳、枯期互补提升保供应需求迫切，极端气候条件下电力电量双缺问题依然严峻，源网协调匹配和多能互补提升仍是解决上述难题的关键支撑，成为四川新型电力系统构建的关键支柱。源网协调匹配，既包括源网战略规划、建设时序、运行控制的最优匹配，也包括源网关键特性、互动能力的最优匹配，是省内电源与电网的匹配，也是省外电源与省间通道的匹配。多能互补是保供应和促消纳的关键手段，既是水、风、光、生物质等多种电源结构的互补提升，也是跨省跨区不同类型能源主体之间的互补互济，充分发挥四川水电的调节作用，挖掘综合调节潜力，实现电力电量双提升。

以涵盖源、网、荷、储 4 个环节的关键技术为重要支撑。其中，动态潮流是新型电力系统区别于传统电力系统的重要体现。随着新能源占比不断提升，加之新型负荷随机性波动性不断增强，电网运行方式将逐步由传统仅考虑"冬大、冬小、夏大、夏小"4种代表性运行模式，过渡到更加丰富化、精细化的动态运行模式，通过动态的有功及无功控制模型，提升电网的安全性和灵活性，实现电网资源配置能力挖潜。储能辅助运行与网荷互动补充是未来新型电力系统的重要发展方向。从技术发展趋势看，储能技术不断突破将为新型动力系统运行方式、电力电量平衡模式带来系统性的变革，是新型电力系统发展的重要"调节器"。网荷互动是挖掘电网用户侧灵活资源的关键手段，是保障系统安全的重要力量。当前阶段受限于技术成熟度和技术经济性等因素，储能和网荷互动对四川新型电力系统建设具备一定的辅助支撑和补充作用，但尚未形成规模效应，需以理论模型为引领，加快技术创新和示范应用，促进负荷侧成规模的相应效能，为全面新型电力系统构建提供理论和技术支撑。

第三节　新型电力系统发展理论模型要素分析

一、新型电力系统发展目标

图 3-6 为新型电力系统发展目标，并且这一板块将关键因素、发展阶段、宏观目标三个方面递进进行展开。

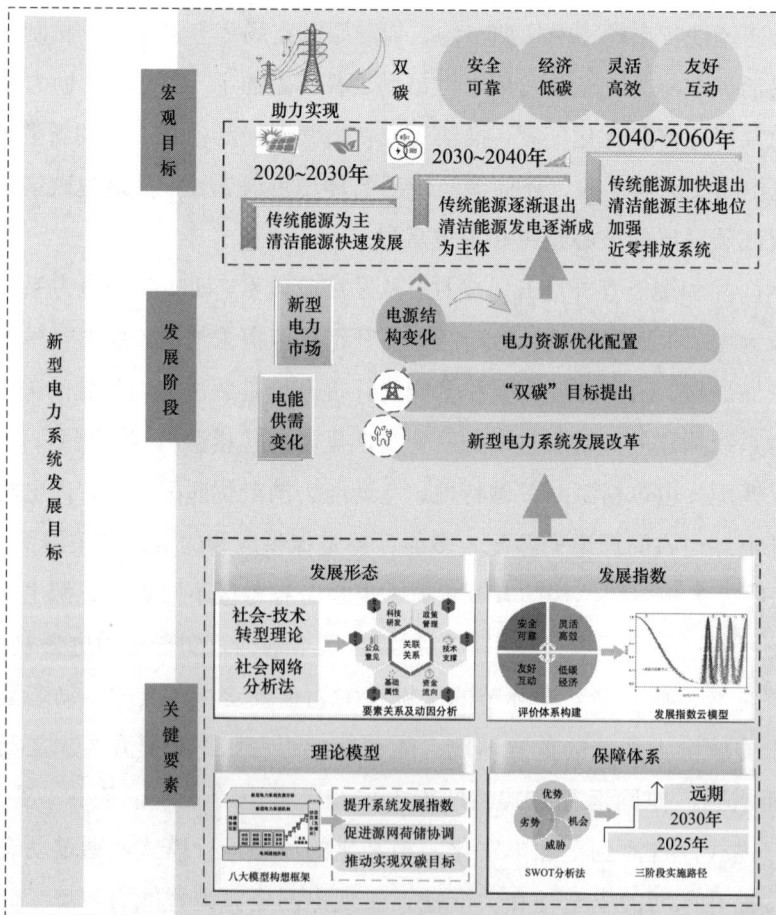

图 3-6　新型电力系统发展目标

1. 关键要素

在新型电力系统发展形态研究中，首先，运用社会—技术转型理论和社会网络分析法对科技研发、政策管理等关键要素进行关系及动因分析，初步模拟电力系统的演化发展；在发展指数研究中，将运用云模型评价模型对新型电力系统从安全可靠、经济低碳、灵活高效、友好互动四个方面的进行四川新型电力系统发展指数进行评价；在理论模型研究中，将通过八大模型针对发展指数指标体系中存在的问题进行改进，提高四川新型电力系统建设水平；在保障体系研究中，将运用SWOT分析模型，从优势、劣势、机会、威胁等方面出发分析，并制定相关战略以达到发展宏观目标。

2. 发展阶段

由于电能供需和电源结构的变化，电力市场化改革持续向纵深推进，经历了"从无到有"的历程，从厂网分开、新一轮电力体制改革，直至2021年"双碳"目标提出要健全多层次统一电力市场体系，加快建设国家电力市场，最终实现电力资源在更大范围内的共享互济和优化配置。

3. 宏观目标

通过建设安全可靠、经济低碳、灵活高效、友好互动的具有四川特色的新型电力系统，助力四川省实现在2020～2030年达到传统能源为主，清洁能源快速发展、2030～2040年传统能源逐渐退出，清洁能源发电逐渐成为主体、2040～2060年传统能源加快退出，清洁能源主体加强且近零排放系统的宏远目标。

二、源网提档升级

源网提档升级是指通过建设智能电网，推进输变电工程，形成相互独立、互联互济的主网结构，同时对配电网网架进行设备改造，建设灵活可靠的配电网，提高电网对高比例新能源的消纳调控能力和供电可靠性。源网提档升级这一板块将从模型内涵与输入输出分析、主网和配网这三个方面展开。源网提档升级如图3-7所示。

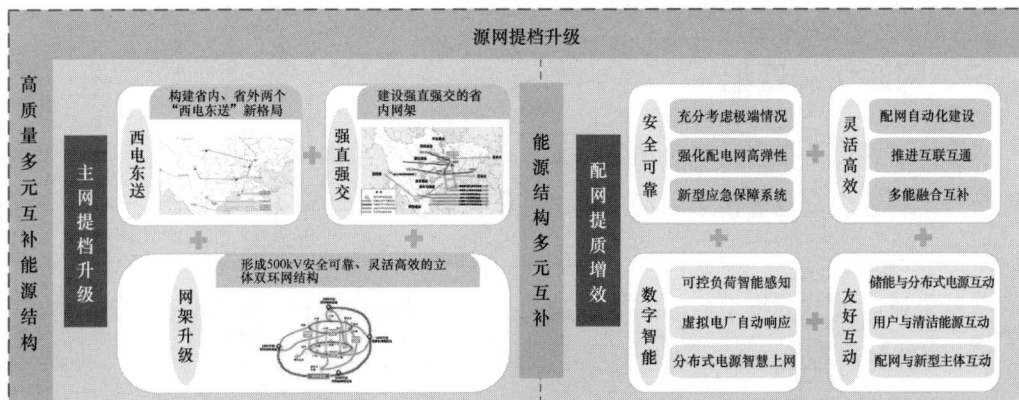

图3-7　源网提档升级

随着经济发展方式转变、城市化进程加快、能源结构优化升级、电力体制改革逐步深入，"十四五"时期配电网将进入新的发展阶段。同时，在"十四五"乃至"十五五"期间，四川清洁能源装机容量将翻一番，达到 2 亿 kW，为促进清洁能源支撑体系。

1. 模型内涵与输入输出分析

源网提档升级模型如表 3-1 所示。

表 3-1　　　　　　　　　　　　　　源网提档升级模型

模型名称	源网提档升级模型
模型内涵与定义	源网提档升级是指通过建设智能电网，推进输变电工程，形成相互独立、互联互济的主网结构，同时对配电网网架进行设备改造，建设灵活可靠的配电网，提高电网对高比例新能源的消纳调控能力和供电可靠性
目标（目标函数）	用电可靠性最高，总投资成本最小
输入量	各类设备单位建设成本、电力平衡约束、负荷正负备用约束、节点功率平衡约束、线路输送功率约束等
输出量	变压器台数、架线长度、电表安装台数等

2. 主网方面

四川将构建省内省外两个"西电东送"新格局，构建强直强交的省内网架，形成500kV 立体双环网结构，建设 ±800kV 直流以及 1000kV 交流特高压电网。

3. 配网方面

四川将促进安全可靠、灵活高效、数字智能、友好互动的新型电力系统建设。为此需要充分考虑极端气候，促进弹性电网建设以及应急保障电源建设，推动配电网向安全可靠方向发展；推动配电自动化建设，推广节能型设备，促进多能融合互补，推动配网向灵活高效方向发展；增强配网对可控负荷感知能力，提升 VPP 自动响应能力，推动分布式智慧上网，推动配网向数字智能方向发展；增强储能与分布式电源，用户与清洁能源，配网与新型主体之间的互动，推动配网向友好互动方向发展。

三、网源协调匹配

网源协调匹配是指利用先进调控技术将分布式和集中式的能源供应进行优化组合，发挥微网、智能配电网等技术的缓冲作用，降低新能源对电网安全稳定运行冲击，如图3-8 所示。

网源协调匹配分为模型内涵与输入输出分析、发展举措和匹配效果三部分。

1. 模型内涵与输入输出分析

网源协调匹配模型如表 3-2 所示。

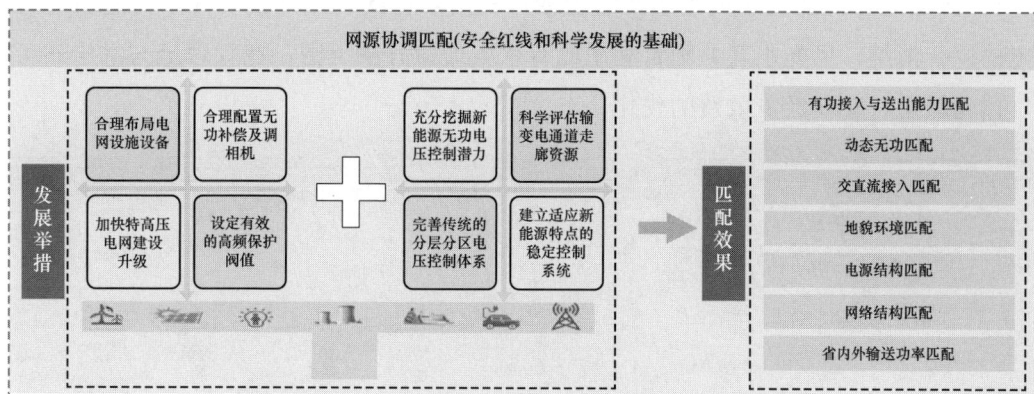

图 3-8 网源协调匹配

表 3-2 网源协调匹配模型

模型名称	网源协调匹配模型
模型内涵与定义	网源协调匹配是指利用先进调控技术将分布式和集中式的能源供应进行优化组合，发挥微网、智能配电网等技术的缓冲作用，降低新能源对电网安全稳定运行冲击
目标（目标函数）	年均投资建设成本最小
输入量	常规发电机出力上下限约束、清洁能源出力约束、机组爬坡约束、电力平衡约束、负荷正负备用约束、火电燃料消耗约束、系统污染物排放约束等；节点功率平衡约束、线路输送功率约束、潮流方程约束、$N-1$ 安全约束、基态（$N-1$ 状态）关联约束等
输出量	扩建/新增清洁能源装机容量，扩建网线长度等

2．发展举措

合理布局电网设施设备、合理配置无功补偿及调相机、加快特高压电网建设升级、设定有效的高频保护阈值、充分挖掘新能源无功电压控制潜力、科学评估输变电通道走廊资源、完善传统的分层分区电压控制体系、建立适应新能源特点的稳定控制系统等。

3．匹配效果

最终实现有功接入与送出能力匹配、动态无功匹配、交直流接入匹配、地貌环境匹配、电源结构匹配、网格结构匹配、省内外输送功率匹配等多种网源协调匹配效果。

四、动态仿真与互补提升

动态仿真与互补提升如图 3-9 所示，主要从互补提升、动态仿真这两个方面展开。

（1）互补提升。主要方式分为源源互补、网源互补、用户侧互补三个方面。

1）源源互补：通过水风光季节匹配性，利用水电改善风光波动性，促进新能源与水电的联合消纳，风光水互补项目利用已有水电通道打捆上网，在管理上与水电站可实现一体化运营，实现经济效益的优化。

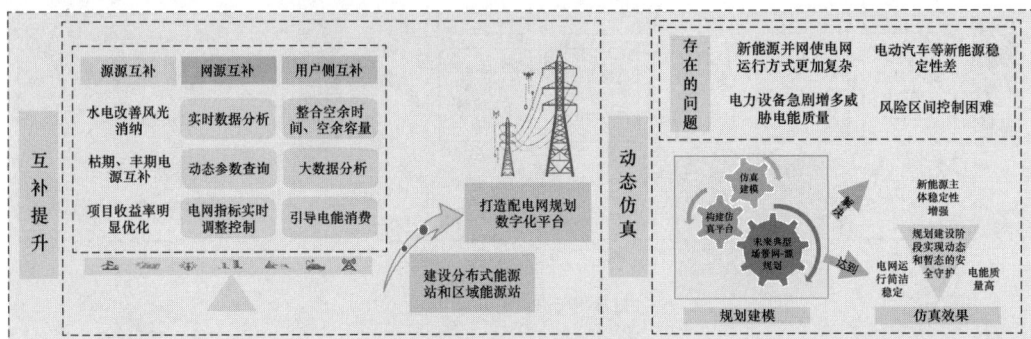

图 3-9 动态仿真与互补提升

2）网源互补：通过新能源电源接入系统的接入点与地区级电网中主要节点的实时数据进行综合分析与判断，动态监视多电源接入系统的运行参数，实时调整各电源间发电策略和电网运行指标，防范新能源接入风险。

3）用户侧互补：一是用户侧具有的分布式发电可一定程度上实现电力产销平衡；二是用户侧可以通过冷热电气等异质能源互补实现用能方式互补；三是引导电能消费行为通过需求响应产生更大汇聚潜力的可能性；四是将分布式储能的无序、自主运行整合成接受统一调度，变成电网的潜在优势资源。

此外，还可通过打造配电网规划数字化平台、建设分布式能源站和区域能源站的方式提升网源协调匹配能力。

（2）动态仿真。随着风电、光伏、电动汽车等新能源的加入，电力设备急剧增多，严重影响着电能质量，且使电网运行方式更加复杂，电网安全稳定运行的风险区间不易控制。通过构造仿真平台和仿真建模，可以实现未来典型场景的网源规划，进而达到电能质量高、电网运行简洁稳定、风险区间控制等效果。

五、新型电力系统机制

新型电力系统机制是指运用市场机制、金融手段和技术创新，驱动碳市场、绿证市场与电力市场之间的深度融合与合理衔接，进而充分发挥价格信号引导作用，提升能源利用效率，科学高效实现碳达峰、碳中和目标。

新型电力系统机制如图 3-10 所示，主要从模型内涵与输入输出分析、存在的问题、发展举措、实现效果这四个方面递进展开。

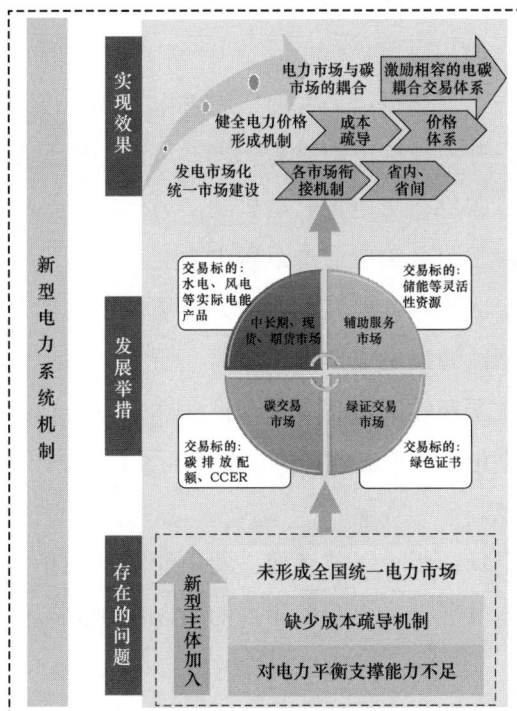

图 3-10　新型电力系统机制

1. 模型内涵与输入输出分析

新型电力系统机制模型如表 3-3 所示。

表 3-3　　　　　　　　　　　　新型电力系统机制模型

模型名称	新型电力系统机制模型
模型内涵与定义	新型低碳市场是指运用市场机制、金融手段和技术创新，驱动碳市场、绿证市场与电力市场之间的深度融合与合理衔接，进而充分发挥价格信号引导作用，提升能源利用效率，科学高效实现碳达峰碳中和目标
目标（目标函数）	碳排放最低，清洁电力比重最高
输入量	碳配额分配方案、清洁能源机组单位投资成本、各类机组度电成本、历史碳价、绿证价格
输出量	碳成本对各类发电机组电能成本的影响，碳市场下各类机组度电收益

2. 存在的问题

随着新型主体的加入，新能源的反调峰特点突出，电力市场对电力平衡支撑能力不足；此外，缺少成本疏导机制，参与主体的意愿不足，未形成全国统一电力市场。

3. 发展举措

在此背景下，应促进中长期现货期货市场机制、辅助服务市场机制、碳交易市场机制及绿证交易市场机制的形成，并探索几个市场直接的协同衔接机制。

4. 实现效果

（1）发电市场化统一市场建设：一方面，完善中长期、现货和辅助服务衔接机制，探索容量市场交易机制，开展绿色电力交易，推动可再生能源参与电力市场。研究电力市场和碳市场协同机制、碳价格与电价联动机制。另一方面，现货市场范围扩大，省内与省间衔接融合，依托跨省跨区输电通道组织电力交易。

（2）健全电力价格形成机制：研究优化电力市场价格机制、储能价格机制、输配电价机制，充分利用未来新能源发电成本下降空间，研究电源、电网、储能之间的利益分配机制，合理疏导调节资源和输配电网成本；推动建立健全峰谷电价、尖峰电价、可中断负荷电价等需求侧管理电价机制，激励用户侧参与系统调节；积极推动相关政策落地，做好政策实施的执行保障。

（3）电力市场与碳市场的耦合：二者促进清洁能源发展和减排目标是一致的，可以考虑协同推进，激励技术发展，提出激励相容的电碳耦合交易体系，研究二者协同的模拟与交易技术。

六、多元补偿服务

多元补偿服务是指并网发电厂提供的基本辅助服务之外的其他补偿服务，包括 AGC 调频、自动电压控制（AVC）、有偿调峰、有偿无功调节、旋转备用、黑启动在内的多种辅助服务，用于维护电力系统的安全稳定运行，保证电能质量。

多元补偿服务如图 3-11 所示，主要从模型内涵与输入输出分析、多元主体和多元机制三个方面展开。

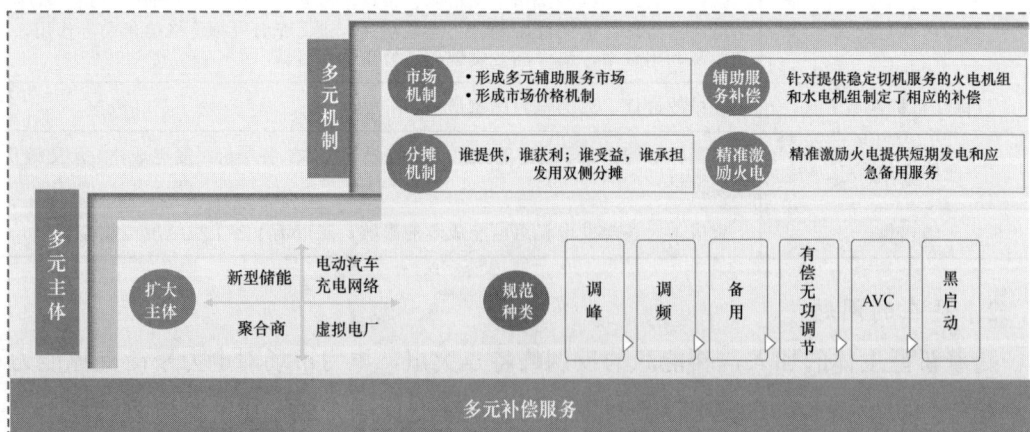

图 3-11　多元补偿服务

新型电力系统运行管理的复杂性不断提高，导致辅助服务的需求量显著增加，现有辅助服务主体及机制需进一步适应系统运行。

1. 模型内涵与输入输出分析

多元补偿服务模型如表 3-4 所示。

表 3-4　　　　　　　　　　　　　多元补偿服务模型

模型名称	多元补偿服务模型
模型内涵与定义	多元补偿服务是指并网发电厂提供的基本辅助服务之外的其他补偿服务，包括 AGC 调频、自动电压控制（AVC）、有偿调峰、有偿无功调节、旋转备用、黑启动在内的多种辅助服务，用于维护电力系统的安全稳定运行，保证电能质量
目标（目标函数）	社会效益最大
输入量	电力现货市场规则、可再生能源指导意见、各类辅助服务市场交易规则及流程、市场辅助服务需求量
输出量	辅助服务电量，各类辅助服务平均价格，各类辅助服务实际最高/最低出清价格等

2. 多元主体方面

多元主体方面，应扩大辅助服务主体的范围，由并网火力、水力发电厂扩大至新型储能、电动汽车充电网格、聚合商、虚拟电厂等形式聚合的可调节负荷；同时，规范辅助服务种类，对电力辅助服务进行重新分类，分为调峰、调频、备用、有偿无功调节、AVC、黑启动六大类。

3. 多元机制方面

多元机制方面，需明确分摊共享机制，按照"谁提供，谁获利；谁受益，谁承担"的原则完善用户分摊共享机制，使辅助服务成本在发/用电双侧合理公平分摊；健全多元辅助服务市场，建立市场价格形成机制，降低系统辅助服务成本，更好地发挥市场在资源配置中的决定性作用；完善辅助服务补偿，针对提供稳定切机服务的火电机组和水电机组制定相应的补偿；精准激励火电，提供短期发电和应急备用服务。

七、动态无功响应

动态无功响应是指针对不确定性清洁能源机接入后的电力系统，挖掘与优化新型电力系统中动态无功电压调节潜力与响应速度。

动态无功响应如图 3-12 所示，主要从模型内涵与输入输出分析、电源侧响应、电网侧响应和负荷侧响应四方面展开。

1. 模型内涵与输入输出分析

动态无功响应模型如表 3-5 所示。

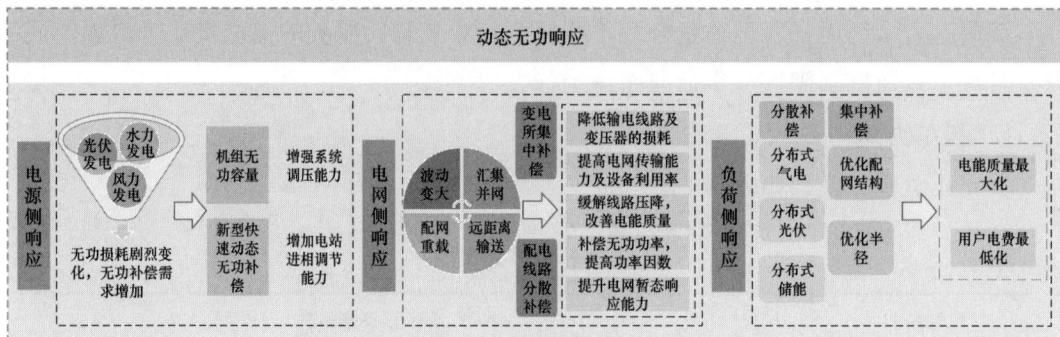

图 3-12　动态无功响应

表 3-5　　　　　　　　　　　　　　动态无功响应模型

模型名称	动态无功响应模型
模型内涵与定义	动态无功响应是指针对不确定性清洁能源机接入后的电力系统,挖掘与优化新型电力系统中动态无功电压调节潜力与响应速度
目标(目标函数)	以电力系统经济性与安全性为优化目标
输入量	实时电价、电网负荷、电网拓扑(新能源机组、储能、负荷、无功补偿装置等接入节点)、节点间电导、节点间相角差、节点电压幅值、节点电压越限值、电网拓扑及新能源机组、新能源机组视在功率、新能源机组有功功率约束、功率平衡约束、潮流约束、支路电流约束、节点电压约束、新能源发电无功补偿约束、无功补偿设备约束、储能无功功率约束
输出量	用户负荷响应曲线、储能出力响应曲线、无功补偿设备响应曲线

2. 电源侧响应

随着大规模光伏、风力和水力发电系统的接入,其发电功率变化会引起无功损耗的剧烈变化,发电站的无功补偿需求增加。需要增加机组无功容量,以增强系统调压能力,安装新型快速动态无功补偿装置,以增加电站进相调节能力。

3. 电网侧响应

电网可能会出现波动变大、电源汇集并网、电源远距离输送和配网重载等问题,此时可采用变电站集中补偿、配电线路分散补偿等方式,为电网提供无功功率,降低输电线路及变压器损耗,提高电网传输能力及设备利用效率,缓解线路压降,改善电能质量,补偿无功功率,提高功率因数,提升电网暂态响应能力。

4. 负荷侧响应

负荷侧无功补偿主要分为分散补偿和集中补偿两种方式。其中,分散补偿可以在负荷侧加装分布式气电、分布式储能、分布式光伏,以提供一些无功响应;集中补偿可以通过优化配网结构和优化半径,提高系统利用率,减少系统无功损耗。一般情况下提倡采用以分散补偿为主,分散补偿和集中补偿相结合的方式,来达到电能质量最大化以及用户用费最低化的目的。

八、动态潮流控制

动态潮流控制是指针对具备不确定性、随机性及去中心化特征的新型电力系统，在兼顾经济、环保、安全的前提下进行动态滚动的潮流计算与控制。

动态潮流控制如图 3-13，主要从模型内涵与输入输出分析、跨区互联互济、断面智能调控和负荷双向潮流四方面展开。

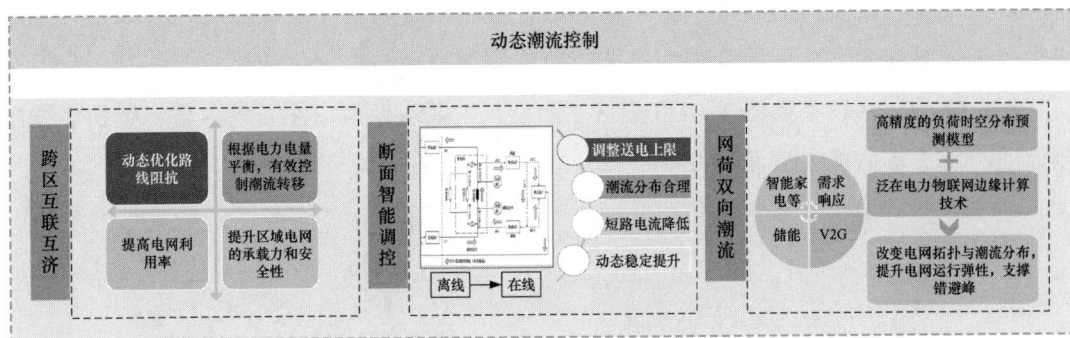

图 3-13　动态潮流控制

1. 模型内涵与输入输出分析

动态潮流控制模型如表 3-6 所示。

表 3-6 　　　　　　　　　　　　**动态潮流控制模型**

模型名称	动态潮流控制模型
模型内涵与定义	动态潮流控制是指针对具备不确定性、随机性及去中心化特征的新型电力系统，在兼顾经济、环保、安全的前提下进行动态滚动的潮流计算与控制
目标（目标函数）	以电力系统运行成本最小、环保成本最小为目标
输入量	电网拓扑（新能源机组、储能、负荷等接入节点），各节点的负荷、有功功率、无功功率预测值（包括负荷、新能源机组）、机组与设备运行的相应成本函数、节点间导纳约束、节点电压约束、节点电流约束等
输出量	机组出力曲线、配网与大网交互功率曲线（包括有功与无功）

2. 跨区互联互济

通过动态优化线路抗阻，提高电网利用率，提升区域电网的承载力和安全性，同时根据省间电力电量平衡，有限控制潮流转移，以及通过源荷侧供需形成动态调整方向。

3. 断面智能调控

智能化、数字化可以灵活调整送电上限，使潮流分布合理，降低短路电流，提升动态潮流稳定。

4. 负荷双向潮流

智能家电、需求响应、储能和电动汽车等产生负荷双向潮流，需要建立高精度的负荷时空分布预测模型，通过泛在电力物联网边缘计算技术，改变配电网拓扑与潮流分布，提升配电网运行弹性，支撑错避峰。

九、储能辅助运行

储能辅助运行是针对新型电力系统高比例清洁能源与高比例电力电子装备接入的特点，以及多元化负荷的出现，储能辅助运行模型通过调整储能设备运行方式以为电网提供各类辅助服务，进而提升电力系统清洁能源渗透率与综合化效益。

储能辅助运行模型如图 3-14 和表 3-7 所示，主要从模型内涵与输入输出分析、发电侧储能和用电侧储能三方面展开。

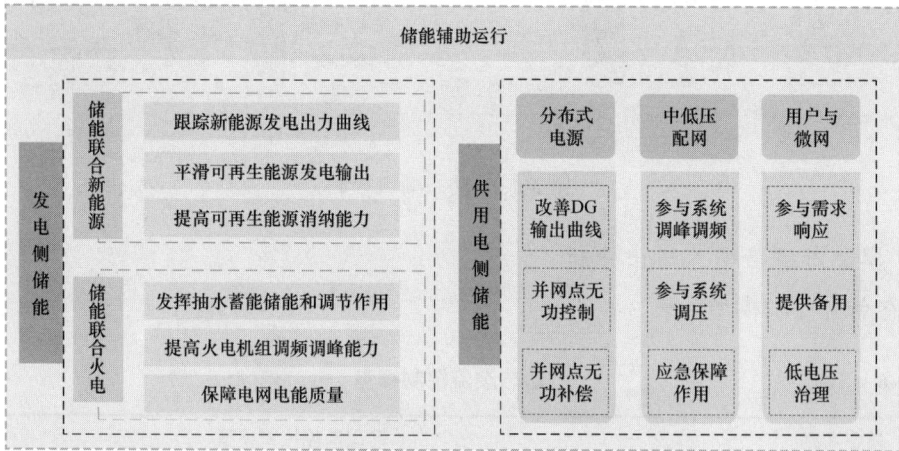

图 3-14　储能辅助运行

表 3-7　　　　　　　　　　　　　　储能辅助运行模型

模型名称	储能辅助运行模型
模型内涵与定义	针对新型电力系统高比例清洁能源与高比例电力电子装备接入的特点，以及多元化负荷的出现，储能辅助运行模型通过调整储能设备运行方式以为电网提供各类辅助服务，进而提升电力系统清洁能源渗透率与综合化效益
目标（目标函数）	以综合化效益最大为目标（包括调频收益、供能收益、黑启动收益最大，运营成本、投资成本等最小化）
输入量	储能设备参数（充放电功率、容量、自放电系数等）、市场价格（包括电能量价格、辅助服务出清价等）约束、储能设备储能量约束、充放电功率约束、能量平衡约束、调频服务与容量的关系约束、备用容量服务与容量的关系约束、能量转换效率损耗约束、转换能力曲线约束、快速充放电约束、循环使用次数约束、放电深度约束
输出量	储能装机容量、储能运行策略（包括参与各项辅助服务的容量）

储能在发电侧的应用集中在联合新能源与联合火电。利用储能可以跟踪新能源的发电出力曲线，平滑可再生能源发电输出，提高可再生能源消纳能力；火电机组作为维护电力系统稳定的主要支柱，机组调节性能对电力系统安全运行十分重要，储能技术凭借其快速响应能力来改善火电机组的调峰性能，提高火电机组调频调峰能力并保障电网的电能质量。

就用户侧储能而言，根据目前分布式储能在电力系统中的接入位置，其应用模式可分为分布式电源侧、中低压配电网侧、用户与微电网侧。分布式电源侧，通过储能能够抑制 DG 功率波动，改善 DG 输出曲线，对注入并网点的功率进行控制并实现无功就地补偿。

此外，分布式储能具有调节功率快速、控制精度高等特点，可以参与系统调峰调频调压，缓解系统调频压力，改善系统电压水平，起到应急保障作用；分布式储能接入工商业用户侧可以参与需求响应、提供紧急备用电源以及提升低电压治理能力。

十、网荷互动补充

网荷互动补充是针对新型电力系统高比例分布式电源接入和多元化负荷涌现的情况，网荷互动补充模型将形成覆盖主网、配网、台区以及准实时、超短期等多及时空尺度的网荷协调互动策略。

网荷互动补充如图 3-15 所示，主要从模型内涵与输入输出分析、保证供电可靠性、资源配置优化、激励新型主体四个方面展开。

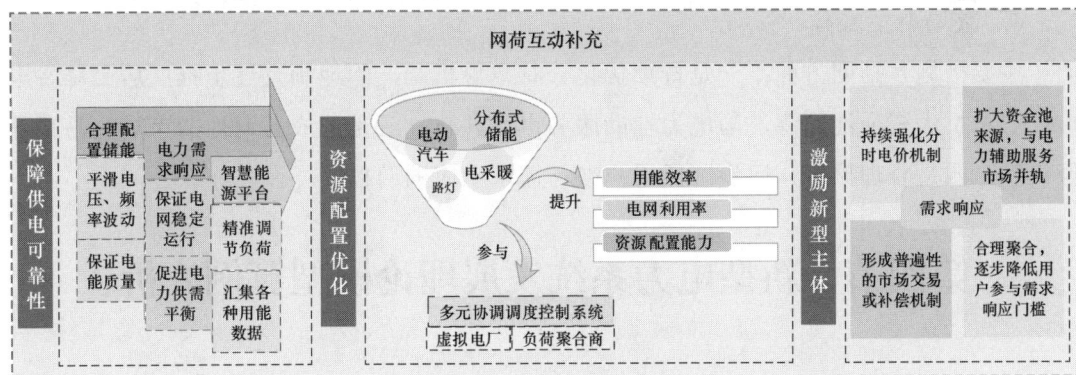

图 3-15　网荷互动补充

1. 模型内涵与输入输出分析

网荷互动补充模型如表 3-8 所示。

表 3-8 网荷互动补充模型

模型名称	网荷互动补充模型
模型内涵与定义	针对新型电力系统高比例分布式电源接入和多元化负荷涌现的情况，网荷互动补充模型将形成覆盖主网、配网、台区以及准实时、超短期等多及时空尺度的网荷协调互动策略
目标（目标函数）	以综合化效益最大为目标（包括有功功率波动最小、网损最小、经济效益最大等）
输入量	电网拓扑（新能源机组、储能、负荷等接入节点），各节点的负荷、有功功率值、设备运维成本约束、节点潮流约束、设备出力约束（包括分布式设备、电动汽车、储能等）、功率平衡约束
输出量	负荷节点及相应设备的运行曲线

2. 保证供电可靠性

第一，合理配置储能，在发生停电故障时，储能将储备的能量供应给终端用户，避免了电能中断，且储能系统可以进行平滑电压、频率波动、保证电能质量。第二，通过电力需求响应可以引导鼓励电力用户改变原有电力消费模式的用能行为，以促进电力供需平衡，保障电网稳定运行。第三，建立发展智慧能源服务平台，将聚集大量可调节负荷资源，并汇集各种能源数据。这些数据将为开展精准调节负荷提供重要支撑，让源网荷储互动更高效、更智能。

3. 资源配置优化

有序充电桩、电池换电站、公交场站待充电的公交车、分布式储能和电采暖设备主体通过参与多元协调调度控制系统，各个参与主体根据指令有序调整充放电功率，从而提升用能效率、电网利用率及资源配置能力。

4. 激励新型主体

主要措施包括四方面：一是持续优化分时电价机制，因地制宜逐步推广居民峰谷电价；二是扩大资金池来源，与电力辅助服务市场并轨；三是形成普遍性的市场交易或补偿机制；四是合理聚合，逐步降低用户参与需求响应的门槛。

第四节 新型电力系统发展理论模型算例分析

一、源网提档升级模型

通过源网提档升级模型，可以提升城乡电网可靠性和省内通道能力，发展举措及实施效果如图 3-16 所示。

四川主要举措包括：一是通过对配电网网架进行设备改造，建设安全可靠的坚强配电网；二是加快构建相对独立、互补支援的坚强输电体系，提升关键断面送电能力，满足新能源基地送电需求。

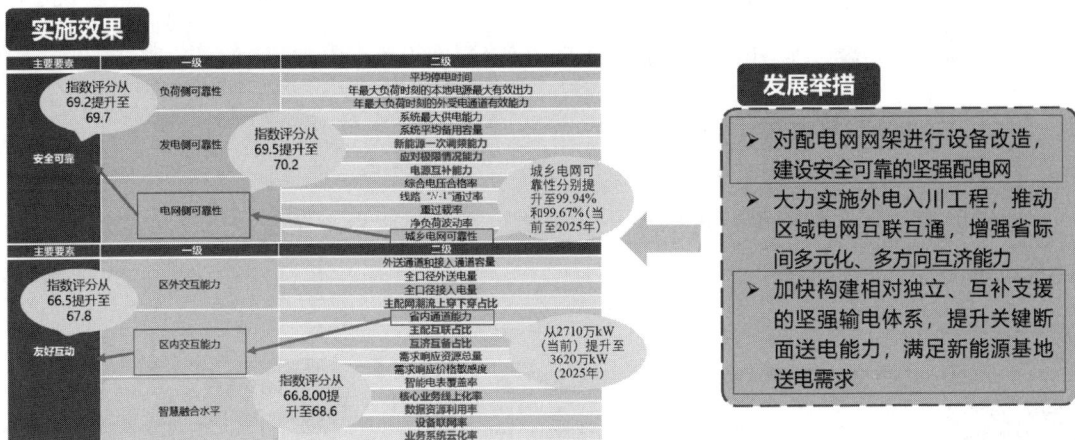

图 3-16 源网提档升级模型算例应用

具体表现为：城乡电网可靠性分别提升至 99.94% 和 99.67%（当前至 2025 年），省内通道能力从 2710 万 kW（当前）提升至 3620 万 kW（2025 年）。电网侧可靠性指数评分从 69.5 提升至 70.2 分，区内交互能力指数评分从 66.7 提升至 68.6，安全可靠指数评分从 69.2 提升至 69.7，友好互动指数评分从 66.5 提升至 67.8。

二、动态仿真（互补提升）模型

通过动态仿真、互补提升模型，可以提升城乡电网可靠性和省内通道能力，发展举措及实施效果如图 3-17 所示。

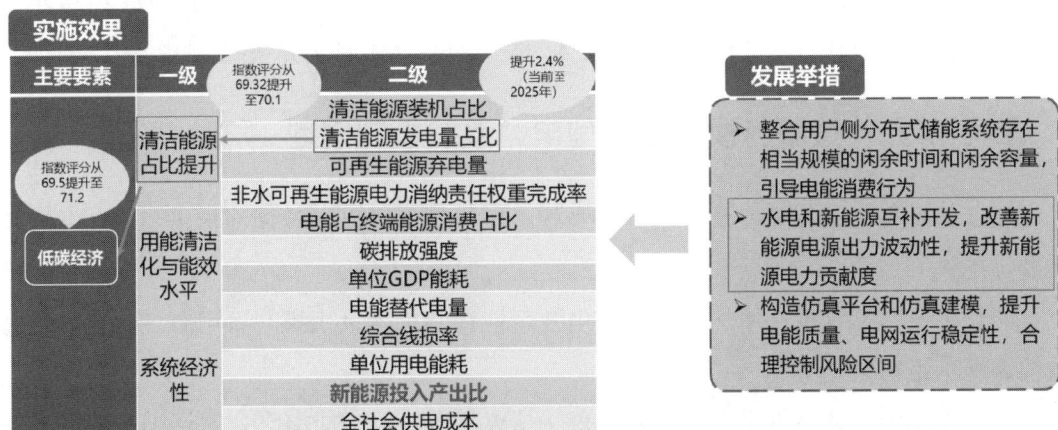

图 3-17 动态仿真、互补提升模型算例应用

四川主要举措为：水电和新能源互补开发，改善新能源电源出力波动性，提升新能源开发规模上限。

具体表现为：清洁能源发电量占比提升 2.4%（当前至 2025 年），清洁能源占比提升指数评分从 69.32 提升至 70.1，低碳经济指数评分从 69.5 提升至 71.2。

三、网源协调匹配模型

通过网源协调匹配模型，可以提升新能源一次调频能力，发展举措及实施效果如图 3-18 所示。

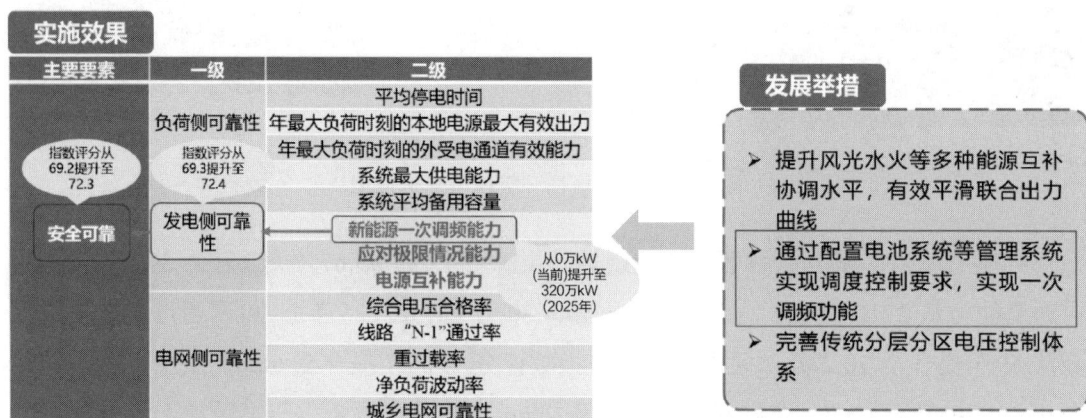

图 3-18　网源协调匹配模型算例应用

四川主要举措为：通过配置电池系统等管理系统实现调度控制要求，实现一次调频功能。

具体表现为：新能源一次调频能力从 0 万 kW（当前）提升至 320 万 kW（2025 年），发电侧可靠性指数评分从 69.3 提升至 72.4，安全可靠指数评分从 69.2 提升至 72.3。

四、多元补偿服务模型及新型电力系统机制模型

通过多元补偿服务模型及新型电力系统机制模型，可以提升调峰机组容量，发展举措及实施效果如图 3-19 所示。

四川主要举措包括：增加水电、火电及新能源装机容量规模与备用容量，提升电力系统调峰机组容量。

具体表现为：调峰机组容量提升 900 万 kW（当前至 2025 年），灵活调节能力指数评分从 68.3 提升至 70.3，灵活高效指数评分从 66.5 提升至 68.2。

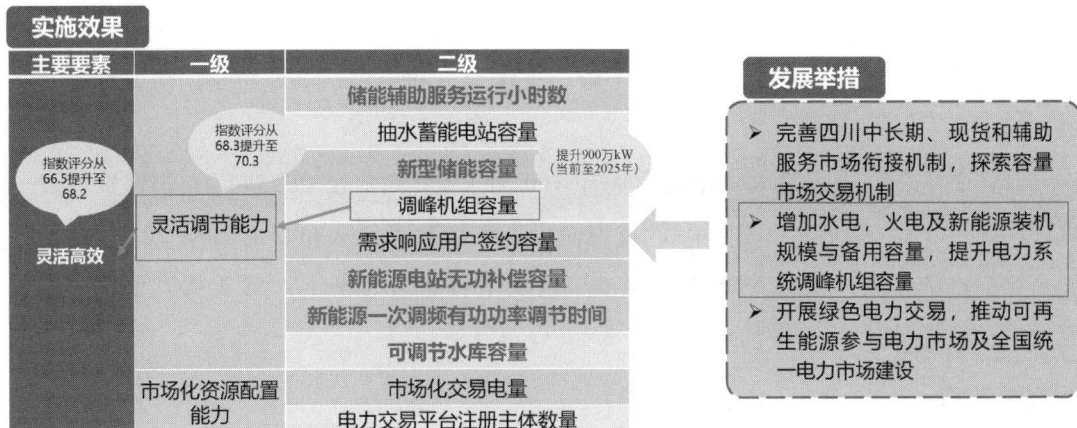

图 3-19 源网提档升级模型算例应用

五、动态无功响应模型

通过动态无功响应模型，可以提升系统供电能力和综合电压合格率，发展举措及实施效果如图 3-20 所示。

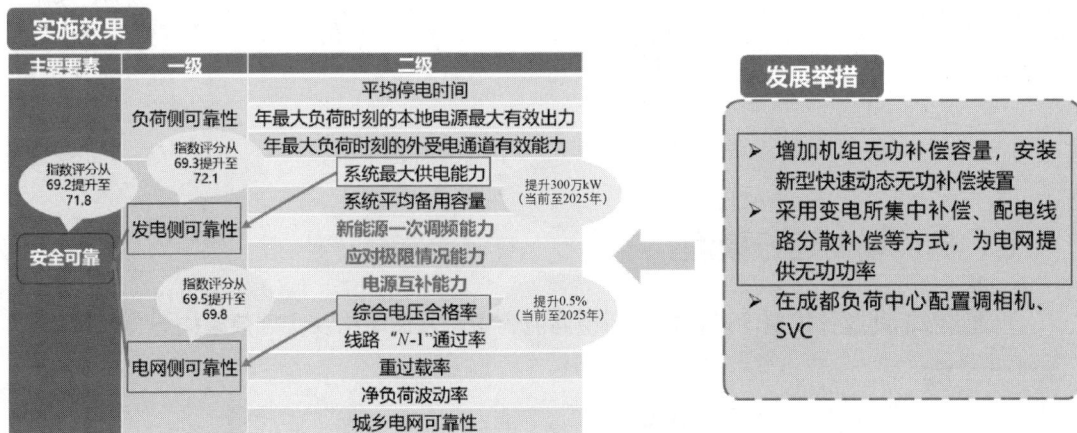

图 3-20 动态无功响应模型算例应用

四川主要举措包括：一是增加机组无功补偿容量，安装新型快速动态无功补偿装置；二是采用变电站集中补偿、配电线路分散补偿等方式，为电网提供无功功率。

具体表现为：系统最大供电能力提升 300 万 kW（当前至 2025 年），综合电压合格率提升 0.5%（当前至 2025 年），发电侧可靠性指数评分从 69.3 提升至 72.1，电网侧可靠性指数评分从 69.5 提升至 69.8，安全可靠指数评分从 69.2 提升至 71.8。

六、动态潮流控制模型

通过动态潮流控制模型，可以提升系统供电能力，发展举措及实施效果如图 3-21

所示。

四川主要举措为：灵活调整送电上限，使潮流分布合理，降低短路电流，提升动态潮流稳定。

具体表现为：系统最大供电能力提升 100 万 kW（当前至 2025 年），清洁能源发电量占比提升 1%（当前至 2025 年），发电侧可靠性指数评分从 69.3 提升至 70.4，清洁能源占比提升的指数评分从 69.3 提升至 69.5，安全可靠指数评分从 69.2 提升至 70.1，低碳经济指数评分从 69.5 提升至 69.6。

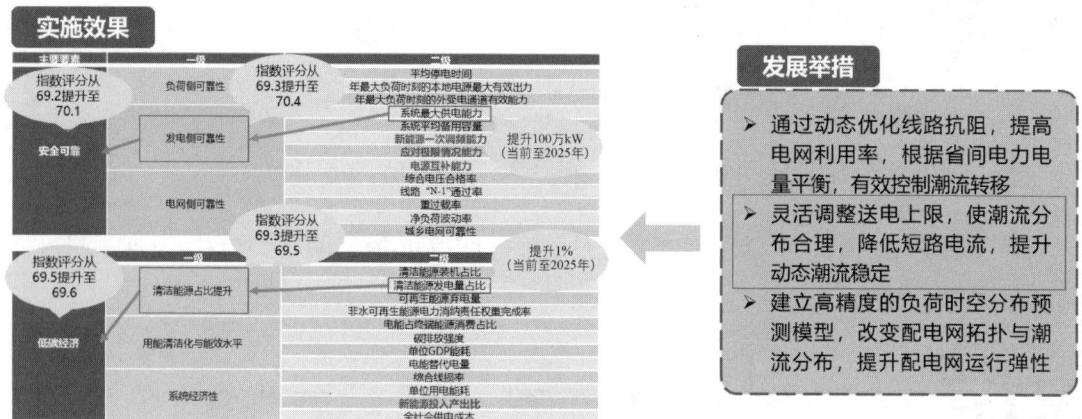

图 3-21　动态潮流控制模型算例应用

七、储能辅助运行模型

通过储能辅助运行模型，可以提升新型储能容量，发展举措及实施效果如图 3-22 所示。

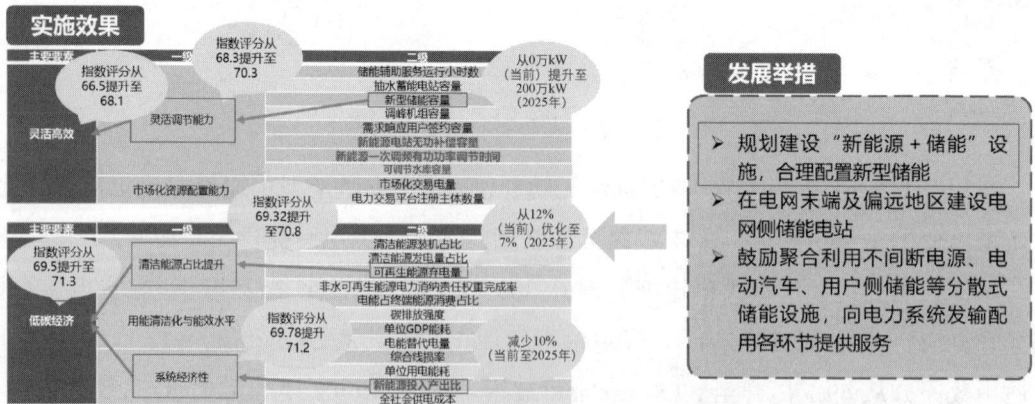

图 3-22　储能辅助运行模型算例应用

四川主要举措包括：规划建设"新能源+储能"设施，合理配置新型储能。

具体表现为：新型储能容量从 0 万 kW（当前）提升至 200 万 kW（2025 年），可再生能源弃电量从 12%（当前）优化至 7%（2025 年），新能源投入产出比减少 10%（当前至 2025 年），灵活调节能力指数评分从 68.3 提升至 70.3，清洁能源占比提升的指数评分从 69.32 提升至 70.8，系统经济性的指数评分从 69.78 提升 71.2，灵活高效指数评分从 66.5 提升至 68.1，低碳经济指数评分从 69.5 提升至 71.3。

八、网荷互动补充模型

通过网荷互动补充模型，可以提升需求响应资源总量，发展举措及实施效果如图 3-23 所示。

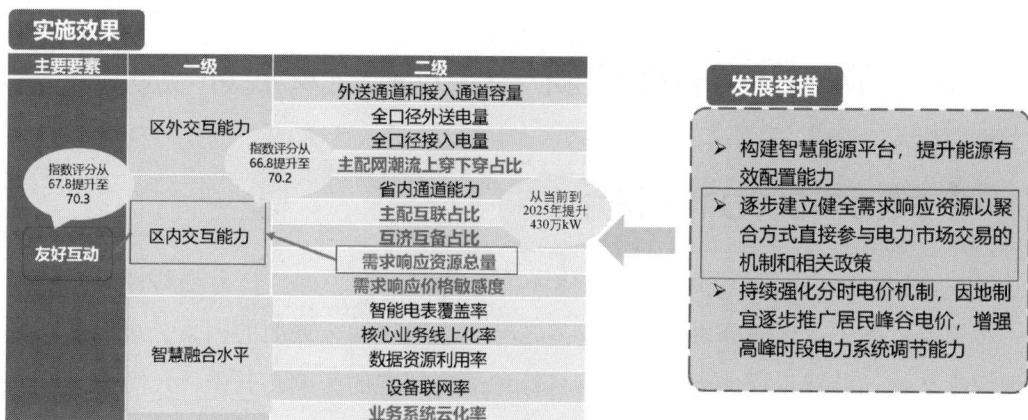

图 3-23　网荷互动补充模型算例应用

四川主要举措为：逐步建立健全需求响应资源以聚合方式直接参与电力市场交易的机制和相关政策。

具体表现为：需求响应资源总量从当前到 2025 年提升 430 万 kW，区内交互能力指数评分从 66.8 提升至 70.2，友好互动指数评分从 67.8 提升至 70.3。

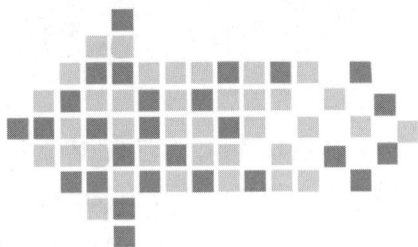

第四章　新型电力系统实施路径及保障机制研究

第一节　四川省构建新型电力系统发展环境研究

一、PEST-SWOT 分析方法

PEST 分析是利用环境扫描分析总体环境中的政治、经济、社会与科技等四种因素的一种模型，是宏观环境分析的重要模型之一。它通过四个方面的因素分析，从总体上把握宏观环境，并评价这些因素对战略目标和战略制定的影响。其中，P 代表 Politics，政策要素，是指对组织经营活动具有实际与潜在影响的政治力量和有关的法律、法规等因素；E 即 Economic，经济要素，是指一个国家的经济制度、经济结构、产业布局、资源状况、经济发展水平以及未来的经济走势等；S 即 Society，社会要素，是指组织所在社会中成员的民族特征、文化传统、价值观念、宗教信仰、教育水平以及风俗习惯等因素；T 即 Technology，技术要素，不仅仅包括那些引起革命性变化的发明，还包括与企业生产有关的新技术、新工艺、新材料的出现和发展趋势以及应用前景。

SWOT 分析法（也称波士顿矩阵）即态势分析法，最早是由美国旧金山大学的管理学教授韦里克提出。所谓分析是指将研究对象内部和外部条件各方面综合概括，进而分析其内部优劣势、面临的机会和威胁等，构造结构矩阵，然后运用系统分析的思想将这些因素相互匹配起来进行综合分析，从中得出一系列更加科学全面的结论。SWOT 分析总体上来说是一种比较准确和清晰的方法，它能比较客观地分析和研究一个单位的现实情况。其中，S 代表 strength（优势），W 代表 Weakness（弱势）；O 代表 Opportunity（机会）；T 代表 Threat（威胁）；S、W 是内部因素，O、T 是外部因素，表 4-1 为 PEST-SWOT 模型基本框架。

表 4-1　　　　　　　　　　　　PEST-SWOT 模型基本框架（一）

分项		PEST			
		政策（P）	经济（E）	社会（S）	技术（T）
SWOT	优势（S）	SP	SE	SS	ST
	劣势（W）	WP	WE	WS	WT
	机遇（O）	OP	OE	OS	OT
	威胁（T）	TP	TE	TS	TT

二、基于 PEST-SWOT 的四川省新型电力系统发展环境分析

PEST 模型通过对目标对象政治、经济、社会与技术四个方面的因素分析，能够从总体上把握其宏观环境。SWOT 分析则是通过对目标对象的优势、劣势及面临的机会和威胁进行分析，从中得出一系列更加科学全面的结论。本书将 PEST 模型与 SWOT 分析进行结合，构建 PWST-SWOT 模型，从政治、经济、社会与科技四个方面分析四川新型电力系统构建面临的优势、劣势、机会及威胁，理清四川新型电力系统建设的发展环境。

（一）四川省构建新型电力系统的优势分析

1. 政治层面

目前，我国大力支持并积极推动新型电力系统的发展。国家相继颁布关于促进新能源消纳、电价市场化改革和能源双控/碳减排的政策文件，以促进新型电力系统发展为目的，发布了一系列政策文件为未来新型电力系统的发展奠定政治基础，明确新型电力系统的发展方向，这为四川新型电力系统建设提供了借鉴与参考。四川省积极配合国家的响应，利用政府政策红利及技术革新的优势，着力构建省级新型电力系统。在政策制定方面，国网四川电力研究制定了《落实碳达峰、碳中和行动方案的任务清单》，重点以"三个着力"推进碳达峰、碳中和工作，努力走出符合四川省情、具有四川特色的新型电力系统构建之路。

2. 经济层面

2021 年，四川省地区生产总值（GDP）53850.8 亿元，按可比价格计算，比上年增长 8.2%，正处于由高速发展向高质量发展的转型阶段，经济结构持续优化，低端产业逐渐淘汰，人民生活水平不断提高。此阶段，经济发展更加注重效率与质量，绿色发展和生态文明战略影响不断扩大。经济发展对电能供给量需求依然旺盛，越来越注重对低碳清洁电能的开发和使用，即增量依然较大，存量也要优化。四川省统筹财政资金 2.5 亿

元开展生态环保项目财政贴息，筹备首届全省节能环保产业和环保基础设施招商会，预计签约投资项目 698 亿元，融资项目 803 亿元。协调农行、农发行新增审批绿色信贷 318 亿元，落实第一批专项债券、一般债券 87 亿元投入用于环保基础设施建设。这些因素都将推动传统电力系统向新型电力系统的转型。

3. 社会层面

随着四川电力系统构建的不断推进，电力的应用领域不断拓展，电力技术的不断创新发展，电力服务需求和消费理念日益多元化、个性化、低碳化，电力行业的新产业、新业态、新模式不断涌现，以满足用户侧的多元化的用电需求。伴随终端能源消费的高度电气化和分布式能源的广泛接入，用户侧主体由之前单一的用电需求属性向兼具发电和用电双重属性转变，由"被动消费者"向"主动产消者"转化。四川省在成都金堂地区开展优先试点，针对性优化调整配网规划，构建分层分级分区的就地最大消纳体系。四川省通过建设整县光伏+新型储能系统+生态农业的新型配网示范工程，打造支撑分布式能源接入的友好型配网，助力乡村振兴。

4. 技术层面

近年来，电力电子技术、数字技术和储能技术在能源电力系统日益广泛应用，低碳能源技术、先进输电技术和先进信息通信技术、网络技术、控制技术深度融合，有力推动了四川新型电力系统的发展。技术层面的优势主要体现在以下几个方面。一是能源基础设施加快建设。四川电网形成以 500kV 为骨干的主网架和"四直八交"外送通道，发展成为省级大电网、西部大枢纽。"十三五"期间，建成 ±800kV 直流换流站 3 座、换流容量 2160 万 kW，±500kV 直流换流站 1 座、换流容量 300 万 kW，500kV 变电站 52 座、变电容量 8730 万 kVA，输配电线路 16294km，外送能力达 3060 万 kW。全省水电外送电量累计 6698 亿 kWh，为我国东部地区节约超 2 亿 t 标准煤，减少二氧化碳排放超 5 亿 t。建成西南地区天然气（页岩气）输送枢纽，全面形成环形输送管网，年输配能力达到 450 亿 m^3，五年累计外输天然气 544 亿 m^3。二是能源储备设施加快建设，川东北储气调峰项目（一期）竣工，成都市液化天然气（LNG）应急调峰储备库项目（一期）基本建成，广安高兴煤炭储备基地项目开工建设。三是能源科技装备研发制造能力不断提升。国内首台完全自主知识产权 F 级 50MW 重型燃气轮机完成满负荷运行试验，推动我国自主燃气轮机产业实现新跨越。代表全球最高水平的百万千瓦级水电机组研制成功并在白鹤滩水电站投用。"华龙一号"在核燃料自主化、关键材料工程化等方面取得重大进步，具备三代核电机组批量化建设能力。页岩气勘探开发主体配套技术和 3500m 以浅页岩气开发工艺路径及技术体系基本形成，部分关键工艺和装备实现国产化。急倾斜、薄煤层综采及成套装备技术实现国内领先。此外，国网四川电力响应国家 5G 新基建网络建设和"网络强国"战略，在推动落实"双碳"目标和构建新型电力系统工作中试点先行、示范引领，积极推动 5G 在配电网领域实施落地。2019 年 12 月，国网四川电力在眉山"智慧东坡岛"投运国网系统全国首套 5G 配电网差动保护，创新性提出"省流量"运行模式。

（二）四川省构建新型电力系统的劣势分析

1. 政治层面

目前，四川省对于可再生能源的相关政策较不完善，可操作性相对较低，实施细则及配套法规有待完善，相应的政策、法规及管理标准的缺失，深深制约着四川新型电力系统的快速发展。四川电力交易体系有待健全，需求响应机制还未完全建立，未形成具有四川特色的电力市场理论，缺乏机制创新研究，以及适应能源转型和电力市场化改革大背景下的电力市场商业模式研究；电力跨省跨区域输送利益协调机制缺失，配套辅助成本尚未得到合理补偿。上网电价形成机制和销售电价改革需进一步深化和完善，适应油气体制改革的天然气价格形成机制改革需加快推进，价格引导能源资源配置的作用有待进一步发挥。能源管理体制滞后，职责分散，信息化水平不高。

2. 经济层面

近年来，四川新能源补贴不能及时到位、补贴拖欠金额越来越大等问题突出，已影响和制约了四川新能源行业和企业的健康发展，并导致政府信用受损。具体而言，存在补贴不能及时到位，且拖欠缺口越来越大的问题。同时，四川补贴退坡机制不完善的问题也很突出。上网电价补贴将逐渐退出，新能源电力将以市场化交易形式与传统电力同台竞争。但目前来看，上网电价补贴政策和全面无补贴平价上网政策之间还存在着一定的政策鸿沟。随着四川新能源装机容量比例的提高，降电价的预期与系统成本上涨之间的矛盾会愈发突出。一方面，不断降低的电价上限，不利于合理反映电力的商品价值；另一方面，发展新能源又会带来的全系统、全社会成本的显著上升。

3. 社会层面

当下，四川电力消费侧市场化程度不高，用户仍以被动消费为主，参与交易的准入门槛高、收益模式不清晰。四川新型电力系统建设未能充分调动电力消费积极性、主动性的市场机制不成熟，供需互动没有得到实际有效的解决，用户没有主动积极参与系统平衡调节、节能减排、资源配置等。此外，在四川电力系统用户侧，多能协同、多能融合程度普遍较低，数字化、智能化的发展进度缓慢，与综合能源、车网互动、微电网、虚拟电厂等新一代用能方式未充分结合，需求侧多种能源体系间耦合程度较低；促进新能源消纳的能力和可调节能力未得到充分挖掘，仍然面临着新能源大规模接入电网带来的设备利用效率降低、用电成本抬升等问题。

4. 技术层面

电能的生产、转换、传输、利用与存储等环节的技术创新是四川实现节能降碳、经济高效和可持续发展的关键，源、网、荷、储各环节仍有节能改造空间，主要表现为新能源发电效率有待提高、输变电损耗有待降低、部分储能技术在能量转化过程中损耗较大、部分用电设备效率较低、产业链相对较长等问题。同时，在应对复杂多变的资源气候条件、大规模新能源集群发电、极端天气事件的情况下，四川电力系统的功率预测准确度不高。适应新能源消纳需要的电网调度运行新机制尚未建立，四川现有信息化手段不能充分满足新能源功率预测与控制、可控负荷与新能源互动等需要，多能协调控制技术、新能源实时调度技术、送电功率灵活调节技术等新能源消纳平衡技术亟待加强。多元能源结构和高比例电力电子设备对电力系统安全稳定形成挑战。四川新能源装机容量规模快速增长，"强直弱交"、局部电网"卡脖子"等问题突出。

（三）四川省构建新型电力系统的机遇分析

1. 政治层面

2021年10月21日，为系统谋划四川省"十四五"期间电力发展目标任务和重点项目建设，引领电力高质量发展，加快构建以新能源为主体的新型电力系统，四川省发展改革委、四川省能源局组织编制了《四川省"十四五"电力发展规划》。大力提升电力系统综合调节能力，加快灵活调节电源建设，力争"十四五"期间新增水电可调能力800万kW、燃气机组可调节能力超600万kW。因地制宜布局建设新型储能设施，促进新型储能多元化发展和多场景应用。积极发展"新能源＋储能"、源网荷储一体化和多能互补，支持分布式新能源合理配置储能系统，推进大容量和分布式储能技术示范工程。结合调峰需求和新能源开发，在成都市等负荷中心地区和新能源集中送出等地区加快推进抽水蓄能规划项目建设。根据四川省负荷特性、电源结构、电网结构、重要用户分布、安全需求等情况建立应急备用和调峰电源机制，提升电力安全保障能力和电力系统灵活性。统筹主网与配网衔接，进一步升级完善城镇配电网，加快推进配网智能化，建设成都坚强灵活可靠城市电网，加快推进省域经济副中心重点城市配电网建设。"十四五"城镇配网建设投资超过200亿元，到2025年，基本建成"安全可靠、开放兼容、双向互动、高效经济、清洁环保"的智能配网体系。此外，四川省聚焦清洁能源产业发展，专门印发了《培育壮大清洁能源产业方案》。根据该方案，四川将通过创新发展能源新模式新业态，寻求能源新领域的核心装备和关键技术突破。具体而言，将主要依托新能源、储能、柔性网络和微网等技术，在全省产业园区、工业集中区、公共设施、特色低碳旅游小镇等实现分布式能源的高效、灵活接入以及生产、消费一体化，建设以智能电网为基础的智能电力系统，有效对接油气管网、热力管网、电动交通网络，发展成"源—网—荷—储"

协调发展、集成互补的"能源互联网"新模式新业态。

2. 经济层面

在四川相关经济政策的鼓励和支持下，围绕消纳高比例、大规模可再生能源，必将推动适应新能源快速发展的绿色电力交易机制建设。新一轮电力体制改革以来，四川电力市场建设稳步有序推进，多元竞争主体格局初步形成，市场在资源优化配置中作用明显增强，市场化交易电量占比大幅提升；四川电力中长期、现货、辅助服务市场一体化设计、联合运营，跨省跨区资源市场化配置和绿色电力交易规模显著提高，有利于新能源、储能等发展的市场交易和价格机制初步形成；引导和鼓励虚拟电厂、需求响应等新兴市场主体协同参与辅助服务市场，充分发挥市场配置资源的决定性作用，有利于实现电力系统安全稳定经济高效运行，加速构建四川新型电力系统。

3. 社会层面

随着四川新型电力系统加快构建，除了考虑利用电源侧、电网侧的调节资源，用户侧资源的灵活性调节能力也得到进一步释放，"源荷互动"将成为未来电力系统的显著特征。当前四川需求侧资源利用方兴未艾，利用形式逐渐从单一的有序用电、能效管理演变为功能多样、主动参与、市场驱动的需求响应资源。围绕新型电力系统的构建，科学合理地发挥需求侧资源作用，成为四川新型电力系统建设时期电力高质量发展的关注重点。此外，随着"双碳"理念的深入人心，社会和个体消费者更愿意为"低碳"或绿色产品和服务付费，更愿意购买那些 ESG（环境、社会和治理）表现好的企业的产品和服务，成为推动绿色能源发展的重要基础。

4. 技术层面

随着政策和市场需求的导向，5G、大数据、人工智能、云计算、物联网、虚拟技术的应用必然推动四川新型电力系统相关的技术研发与应用。尤其是能源电力与信息技术深度融合，将为构建能源互联网产业"新生态"提供技术支撑。此外，基于新型电力系统建设过程中取得的"从 0 到 1"的原创性成果，构建适应四川新能源电力系统发展相关的技术规范与标准体系，将为促进相关产业升级与开拓国际市场带来更多推动与支持。当前，学术界和工业界高度重视电力系统中海量数据的价值，正积极探索基于数据驱动的新模型和新方法在电力系统中的应用。未来，在以新能源为主体的新型电力系统中，数据科学与数字化技术的应用，必将极大促进四川新型电力系统的发展。

（四）四川省构建新型电力系统的威胁分析

1. 政治层面

从目前来看，四川的电力体制改革进程推动得并不顺利，比如很多增量配电网项目已经基本处于搁置状态，有利资源没有得到积极调动，电力市场化改革的成本也更多地分摊到了发电侧，当初"放开两头、管住中间"的既定方针政策到现在都没有得到实现，监管体系有待进一步完善，存在现行电力市场体系尚未充分还原电力商品属性，不能全面客观反映常规机组的市场价值，以及现行可再生能源电力消纳保障机制不适应大规模新能源发展需要等问题。此外，四川电力系统未充分发挥市场配置资源的基础性作用，缺少完善的电力企业转变内部经营机制，与社会主义市场经济体制相适应的富含中国特色、四川特色的电力体制建设进程还处于初步阶段，电力体制改革的道路任重道远。

2. 经济层面

建新型电力系统将大幅增加电网各环节的建造和运行成本，考虑到新能源发电成本较高，且短时间无法通过技术创新大幅降低成本。目前，四川的电力系统和电力市场建立在传统化石能源发电可控性和灵活性的基础之上，仍主要采用发电计划管理、政府定价等计划性手段，缺少灵活的价格机制，可再生能源发电全额保障性收购制度难以落实，电力市场还存在体系不完整、功能不完善、交易规则不统一、跨省跨区交易存在市场壁垒等问题。四川新能源参与市场交易比例低，电力市场主体竞争不规范，电力资源在四川内需得到进一步优化配置；发电侧"零和游戏"的电力辅助服务市场，使煤电处于付出与回报、责任与获利不对等的困境中，调峰能力得不到充分调用。

3. 社会层面

高比例新能源接入对四川的电力系统运行带来挑战。一方面，电力供应保障难度加大，在电力平衡方面，新能源发电出力曲线与用电负荷曲线匹配度较低，甚至某些时段完全相反。随着新能源装机容量规模增大，发电功率波动幅值不断增加，新能源日内调峰需求也不断增大。另一方面，随着新能源大规模接入和跨区直流容量的持续增加，深度电力电子化系统的复杂性、跨区直流大功率冲击下系统的脆弱性，对电网安全稳定运行产生一定的影响。随着规模化分布式光伏开发和用户侧新能源普及，会出现大量的"产消者"，传统"源随荷动"将向发供一体、多元用能、源网荷储互动转变，电网运营模式、电网形态将发生巨大改变，电网企业服务模式和架构将被颠覆。

4. 技术层面

设备是四川新型电力系统构建的物理基础，通过高精度分布式传感、物联网等先进数字技术与设备的深入融合，可实现电力装备与系统的全方位实时化状态感知，为广域智能控制建立信息基础。而四川目前在该领域的高端传感器和核心芯片等技术仍存在欠缺，应注重新型电力系统相关技术的发展，加大资金的投入。新型电力系统包含大量新能源发电、特高压和柔性直流等电力电子装置，"宽频振荡"问题需要在规划设计过程中准确识别，提出有效抑制措施，目前已并网的新能源发电普遍采用"跟网型"设计，机组并网和稳定运行高度依赖交流系统，未来应推动新能源从"被动跟随"转变为"主动支撑"，为后续规划的四川新型电力系统建设提供重要技术支持。

依据以上对外部机会、外部威胁、内部优势、内部劣势四方面的研究，构造 PEST-SWOT 分析矩阵，分析四川省构建新型电力系统可以采用的措施和战略。分析矩阵如表 4-2 所示。

表 4-2　　　　　　　　　　　PEST-SWOT 模型基本框架（二）

分项		PEST			
		政策（P）	经济（E）	社会（S）	技术（T）
SWOT	优势（S）	1．四川省政府高度重视、政策支持力度较强。2．建设全国首个省级新型电力系统研究平台	1．经济结构持续优化，低端产业逐渐淘汰。2．经济发展更加注重效率与质量，绿色发展影响扩大	1．新产业、新业态、新模式不断涌现。2．用户侧具备需求响应条件	1．能源基础设施加快建设。2．科技装备研发制造能力不断提升。3．5G+新型电力系统 示范区
	劣势（W）	能源体制改革和机制创新亟待深化	—	用户参与电力系统的能力未得到充分挖掘	源、网、荷、储各环节都存在技术制约问题
	机遇（O）	国家陆续出台新型电力系统相关文件，从技术、资金等方面推动新型电力系统建设	全国探索电力交易模式，加快市场体系建设	社会和个体绿色消费意愿强烈	能源电力与信息技术深度融合，为构建新型电力系统提供技术支撑
	威胁（T）	全国范围内电力体制改革进程推行任重道远	电力市场缺少灵活的价格机制	新型电力系统"双高"特征对电力系统运行带来挑战	我国目前在电力设备领域的高端传感器和核心芯片等技术仍存在欠缺

三、构建新型电力系统的 SWOT 战略分析

由 SWOT-PEST 分析矩阵，建立了新型电力系统发展的战略矩阵，为各省市构建新型电力系统提供策略，具体战略可包括以下 4 个方面：

1．SO 战略——能源体制改革

能源体制的改革创新是新型电力系统发展战略的重点部分，为进一步推动新型电力系统的建设，应从新型电力系统的业务发展方向和智能化数字平台的搭建两个方面考虑：

（1）加速业务与业态机制创新：能源电力新业务、新业态的发展势不可挡，是推动能源消费革命、供给革命和技术革命的重要抓手。能源电力新业务、新业态是新一轮科技革命和产业变革中，互联网理念、先进信息技术与能源电力产业深度融合的产物，是构建绿色低碳、安全高效的现代能源体系的必然要求，对于提高清洁能源占比，提升能源综合效率，促进能源市场开放和产业升级，形成新的经济增长点，推动新型电力系统的构建具有重要意义。

（2）打造智能化数字平台：在落实"双碳"目标与构建新型电力系统的双重驱动下，关于能源革命的系统性、全局性、复杂性、紧迫性被摆在前所未有的高度，未来能源的

供给模式、消费模式迎来全新的重塑与变革，在传统发展方式仍存在路径依赖的情况下，打造智能化数字平台，充分发挥数字化的高创新性、强渗透性、广覆盖性为能源行业创新发展注入了新动力，为能源电力数字化转型变革与新型电力系统的发展具有很强的理论与现实意义。

2. WO 战略——技术发展战略

建设以新能源为主体的数字化、智能化电力系统在源、网、荷、储各环节都存在技术制约问题，为增强电网经济性、灵活性、可靠性等基本指标，应充分应用先进数智转型技术，从电网提档升级、优化电网调度系统，构建安全风险预警与应急体系三个方面考虑：

（1）电网提档升级：近年来，随着新能源装机容量不断增多，新型电力系统构建进一步发展，为了紧跟时代谋新篇，加大电力基础建设投入，新型电力系统应该统筹推进电网提档升级，需不断完善电网架结构，加快特高压交直流、立体双环网络以及柔性配电网建设，形成适应当地区域可再生能源局域充分消纳和跨省广域传输的电网体系，提升电网对清洁能源的配置能力，增强大电网弹性和韧性，全力保安全、保民生、保供电，奋发拼搏、勇毅作为，助力"双碳"目标。

（2）电网调度系统：在国家电网调度三项基本原则（统一调度、分级管理、分层控制）的基础上，构建国家、大区、省级、地市级和县级别的一体化调度体系，引入新型智能化、数字化技术，实现收集统计各级别电网信息，监视重要监测点运行工况并统计分析制作报表，进行大区互联系统的各种计算，校核计算结果正确性等功能，保障电力系统长期安全稳定，促进新型电力系统构建。

（3）安全风险预警与应急体系：在新型电力系统构建中，持续优化电力结构布局，构建多元化电源安全保障体系，加强负荷中心城市本地支撑电源建设，为电力行业低碳转型提供安全支撑，提升大范围电力资源快速调度能力，推进重要电力设施设备安全风险评估工作，确保关键设施设备安全可靠。在应急处置方面，要进一步建立完善应急预案，强化对极端天气等场景的应对能力，构建多部门快速联动、各类应急物资高效调度的应急保障体系。加速构建近期与远期结合、常态与极端结合、综合与专项结合"三结合"的电力安全风险管控体系与应急，提高电力安全风险管控能力、应急保障能力和资源配置能力。

3. ST 战略——市场机制战略

当前新型电力系统存在成本高、市场机制不完善、激励措施不健全等威胁，应抓住新型电力系统的机遇，完善新型电力系统中的市场机制。设计合理的电力市场与碳市场机制是当前提高系统经济效益的有效手段。根据市场类型和交易机制的差异，探索电能市场、辅助服务市场、碳市场的市场机制。

（1）电能市场机制：电能市场的建设在于完善电能市场双边交易规则，设计电能市场跨区域交易规则，构建电能市场现货交易机制；跨省跨区电能交易坚持以市场为导向、以电网安全和公平开放为基础，坚持科学调度、余缺调剂、交易公平、价格合理、结算及时，充分利用电网互联优势，促进资源配置和节能减排，保障电力平衡和安全供应。发挥电能市场机制促进跨省跨区电能交易、现货交易能力，发挥市场在资源优化配置中的基础作用，保障交易主体合法权益。

（2）辅助服务市场机制：辅助服务市场的建设在于完善需求侧响应机制，调动具有响应潜力的电力用户参与辅助服务市场的积极性；辅助服务的主体范围由发电厂扩大到包括新型储能、用户可调节负荷、聚合商、虚拟电厂等主体，通过辅助服务市场机制充分挖掘供需两侧的灵活调节能力，更加适应新型电力系统需求，促进推动能源低碳转型。

（3）碳市场机制：中国碳排放权交易市场机制具有重大作用和意义，碳排放权交易机制相较于行政指令、经济补贴等手段具有低成本、可持续性强的优势，是中国实现碳排放总量控制和峰值目标的重要手段；中国碳排放权交易机制有助于企业将技术和资金导向低碳发展领域，推陈创新，向高新低碳技术转型升级；碳市场的建设在于丰富碳市场交易品种和交易方式（现货、碳期货、碳期权），设计合理的碳市场机制。

4. WT 战略——资源保障机制

资源保障体系建设是构建新型电力系统的重要手段，是支撑新型电力系统建设的基础条件。全面推进新型电力系统建设必须基于完备的资源保障体系，主要从政策、资金及技术三个方面考虑：

（1）政策保障：协调、贯通的政策机制是新能源健康发展的生命线。出台新型电力系统的发展体系及扶持政策，需要从规划建设、运行消纳等方面加强新能源政策体系顶层设计，完善政策保障。在保障完成国家明确的全国利用率水平的前提下，统筹确定各省差异化利用率目标，基于各省消纳空间合理确定新能源新增规模；完善平价项目管理，推动新增项目实施竞争性配置，促进新能源平价甚至低价上网。逐步推动全面实施竞争性配置。给予地方政府一定自主权，各省区根据差异化的利用率目标及相应电网消纳能力，提出装机容量规模管理方案。

（2）资金保障：加快新能源补贴退坡，推动新能源平价上网。近期，对于存量国家财政补贴项目，保障存量项目政策延续性和合理收益，推行"价补分离、总额管控"模式；新建项目分类管理、以收定支、补贴退坡；长期来看，持续推动补贴退坡，全面实现平价、低价上网；同时，加快构建绿色金融体系，利用能效信贷、绿色债券等支持节能减排绿色项目，实现绿色复苏、绿色发展。

（3）技术保障：推动电力系统源网荷储各环节技术水平升级。在电源侧，基于我国未来一段时间内以煤电为主的基本国情，发展清洁高效煤电技术，保持煤电对电力系统运行的支撑能力，发挥电力安全可靠供应的"压舱石"作用。在电网侧，研究高比例新能源接入的大电网运行规律和安全机理，提高电网认知能力、仿真分析能力和调控能力。在负荷侧，大力发展需求侧响应技术。

第二节　四川省新型电力系统构建总体框架

一、四川新型电力系统构建总体思路

首先，四川新型电力系统的建设立足于打造成渝双城经济圈、世界级清洁能源基地的战略目标及建设四川新型电力系统构建决策的核心智库、技术创新的中坚力量、产业发展的赋能平台的战略定位。

其次，基于战略目标及战略定位，制定了四川新型电力系统建设的理论引领、创新驱动两大战略方针及安全可靠、灵活高效、友好互动、低碳经济四大行动方向。

最后，基于战略方针及行动方向通过网荷互动、提档升级、多源互济等实施路径及 N 个课题项目、全电磁暂态仿真平台、新型电力系统体制与机制构建等完成四川新型电力系统建设的落地实践，全面提升四川新型电力系统的建设水平。四川新型电力系统构建总体思路如图 4-1 所示。

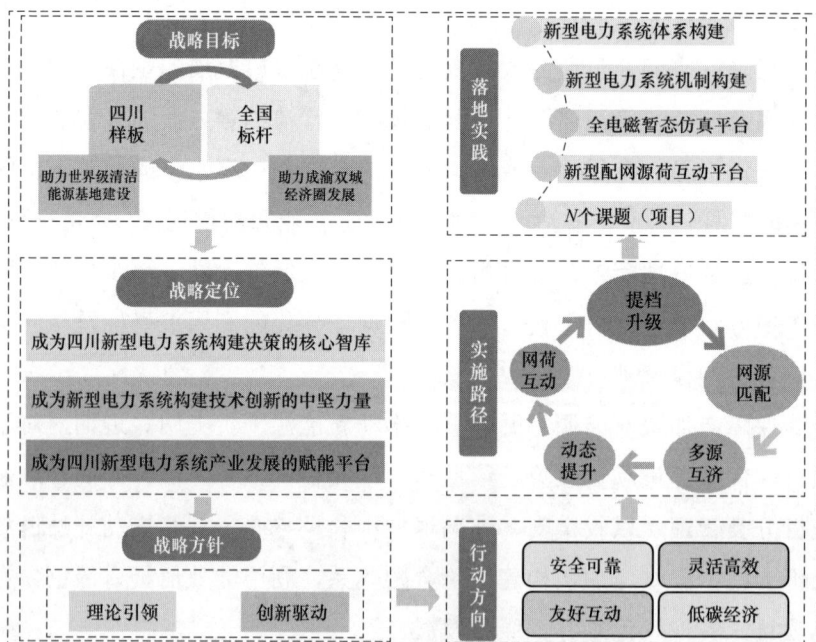

图 4-1　四川新型电力系统构建总体思路图

二、四川省新型电力系统战略目标与战略定位

（一）四川新型电力系统战略目标

1. 构建四川样板，助力建设世界级清洁能源基地

在电源侧，四川水电装机容量及发电量位居全国第一，天然气、太阳能、风能可开发量均位居全国前列。在电网侧，四川积极推动特高压项目建设，构建"六交八直"特高压网架。在负荷侧，四川积极推动清洁能源消纳，2021 全年共替代电量 151.3 亿 kWh。在储能侧，四川积极推进大容量和分布式储能技术示范工程及抽水蓄能建设，推动源网荷储协调发展。在技术方面，四川具备多电并举研发能力。整体上，加快推进"外电入川"工程，实现清洁能源和新能源互联互济的示范基地。

2. 打造全国标杆，助力成渝双城经济圈发展

四川抢抓国家"双碳"战略实施和成渝地区双城经济圈建设重大战略机遇，积极推进特高压项目建设，打造成渝电网资源优化配置平台，推进成德眉资核心负荷区电源"实心化"建设，充分发挥成渝两地电网能源资源汇集平台作用，实现成渝两地电力资源优化配置，并通过开展电力电量余缺互济等方式，提升成渝整体电力保障水平，助力成渝双城经济圈发展。

（二）四川新型电力系统战略定位

一是成为四川新型电力系统构建决策的核心智库。把电力系统各专业、各环节有机结合起来，支撑政府和电力企业高质量建设具有全国影响力和四川特色的新型电力系统。

二是成为四川新型电力系统构建技术创新的中坚力量。引领新型电力系统技术革命和产业变革，强化基础理论、关键技术的研究、示范和成果转化能力，提升四川新型电力系统技术创新水平。

三是成为四川新型电力系统产业发展的赋能平台。赋能产业、推动转型，聚焦新能源、电力装备制造、信息技术等重点领域，通过技术突破推动促进新模式、新产业、新业态发展，加速四川能源电力产业转型升级进程。

三、四川省新型电力系统战略方针与行动方向

（一）四川新型电力系统战略方针

四川新型电力系统战略方针包括理论引导和创新驱动两方面。在理论引领方面，主要完善四川新型电力系统的"梁柱型"理论模型：网源协调匹配理论模型、网荷互动补充理论模型、动态无功响应理论模型、动态潮流控制理论模型、储能辅助运行理论模型、新型电力系统机制理论模型、多元补偿服务理论模型、源网提档升级理论模型、动态仿真、

互补提升理论模型。在创新驱动方面，主要包括：一是加大新型电力系统关键技术研发力度；二是加强新型电力系统政策理论创新研究；三是推动四川新型电力系统政策创新。

（二）四川新型电力系统行动方向

四川新型电力系统建设行动方向从安全可靠、灵活高效、友好互动、低碳经济四个方面出发。在安全可靠方面，需提升新型电力系统备用容量、推动分布式智能电网发展、优化四川极端气候应急预案、构建四川多元绿色低碳电源供应结构。在灵活高效方面，需促进区域能源友好互动、增加电力市场交易品类、提升灵活性资源开发技术水平、推动电力市场交易机制及政策体系完善。在友好互动方面，需推动全国统一市场建设、推动关键数字技术及智慧融合发展、合理规划构建省间通道、推动主网配网网架提档升级。在低碳经济方面，需提升清洁能源占比、推动能源产业转型发展、提升用能清洁化与能效水平、推动新能源利用及并网技术的创新与应用。

四、四川省新型电力系统实施路径与落地实践

（一）四川新型电力系统实施路径

为响应我国"双碳"目标，充分发挥四川省资源禀赋优势，构建以新能源为主体的四川新型电力系统，需采取多种实施路径提升四川新型电力系统建设水平，鉴于实施路径中的不同举措对四川新型电力系统建设贡献有所差异，本文使用三色图展示不同举措对于四川建设新型电力系统中安全可靠、灵活高效、友好互动、低碳经济 4 个维度提升的贡献度进行区分。

如表 4-3 所示是分阶段实施路径关键举措贡献表。

表 4-3　　　　　　　　　分阶段实施路径关键举措贡献表

关键举措	具体任务	预期效果	贡献度			
			安全可靠	灵活高效	友好互动	低碳经济
推动源网荷储协调发展	大力推动新能源发展	提升新能源消纳率，提升电力供应量	△	○	△	●
	合理布局电网设施设备	提升网源协调匹配程度	○	●	●	○
	完善传统分层分区电压控制体系	提高电网电压控制能力	●	△	△	△
挖掘灵活性资源	推动储能技术研发应用	提高储能效率	●	●	△	△
	持续推动煤电灵活性改造	提高供电的稳定性	●	△	△	△
	激励用户侧参与需求响应	提高市场主体及用户参与电网运行的积极性	○	●	△	△
开发新型电力系统相关技术	推动能源生产技术的发展	提高风电、水电、核电等技术的应用能力	△	△	△	●

续表

关键举措	具体任务	预期效果	贡献度			
			安全可靠	灵活高效	友好互动	低碳经济
开发新型电力系统相关技术	推动电网技术的发展	提高输配电、高比例能源并网支撑等技术的应用能力	●	●	○	△
	推动能源高效利用技术的发展	提高低碳综合能源系统、终端部门电气化等技术的应用能力	△	○	△	○
	推动能量高效储能技术的发展	提高抽水蓄能、相变储能等技术的应用能力	●	●	○	○
加强主网、配网建设	坚持西电东送战略	构建省内省外西电东送新格局	○	○	●	△
	构建强直强交电网	构建强制强交的省内网架	●	●	●	○
	按需进行主网、配网架构升级	提升主网、配网的安全高效供电能力	●	●	○	△
保障电网安全稳定运行	开发水电及储能的调节能力	提高电网安全稳定运行控制能力	●	●	△	△
	提高电力系统平台网络安全能力	健全相关法规，避免系统遭受恶意攻击	●	△	△	△
完善新型电力系统市场机制	建设统一的电力市场	省内电力市场互通一体化	△	●	●	○
	完善电力市场相关政策	促进电力市场各主体有序进行市场交易	△	●	●	○
	建立合理的利益分配机制	提高市场主体运营能力，避免因利益分配不均导致的破产亏损现象	○	●	○	○
加强多交易市场耦合	建立科学合理的配额确定机制和分配方法	充分发挥碳价对激励减排的约束或引导作用	△	●	○	○
	推动建立电碳绿证价格良好衔接的价格体系	完善电力市场化价格形成机制，充分畅通不同市场间、产业上下游等价格信号传导	△	●	○	●
	深化绿色金融产品、服务以及市场体系的研究与建设	创新投资激励机制，以更好激发各类市场主体活力	△	●	○	●
促进能源互联互通	促进能源利用高效化	提升系统运行效率	△	●	○	△
	加大农村可再生能源消纳力度，推动农村能源生产清洁化、电气化建设	构建农村现代能源体系	○	○	●	○
提高电力系统数字化能力	提升数字平台支撑能力	提高电网平台数字化水平	○	○	●	△
	提升数字电网运营能力	促进大数据等技术的发展	○	●	●	△
	开展动态仿真	电网运行稳定，控制风险发生区间	●	●	●	○

注　●表示较大贡献；○表示一般贡献；△表示较小贡献。

（二）四川省新型电力系统落地实践

四川新型电力系统建设落地实践主要从新型电力系统体系构建、新型电力系统机制构建、全电磁暂态仿真平台、新型配网源荷互动平台、N 个课题项目五部分展开。

1. 新型电力系统体系构建

主要包括完善四川新型电力系统四阶段发展指数评价指标体系构建、完善四川新型电力系统四阶段保障管理体系等四川新型电力系统体系构建。

2. 新型电力系统机制构建

主要包括完善四川新型电力系统市场机制构建、完善四川新型电力系统激励新型主体进入市场政策机制构建及完善四川新型电力系统工作管理机制构建。

3. 全电磁暂态仿真平台

主要用于电网动态发展过程模拟，开展相关分析工作，以准确模拟电网运行状态的变化过程，提升电能质量，保障电网安全运行。四川省作为"西电东送"的起点和清洁能源基地，建设并规划了很多直流工程，特高压交直流混联，电网类型极其复杂。全电磁暂态仿真平台的建立是四川主动适应电网运行特性变化、服务新型能源体系建设的重要举措，对于推动电网分析和调度运行向精益化、数字化和智能化转型，保障四川高质量百万级大型基地、调控电源等项目与电网安全运行和清洁能源消纳具有重要意义。

4. 新型配网源荷储互动平台

主要通过云计算、大数据、电力物联网、边缘计算等技术手段，提升系统智慧融合水平，让电网系统配备拥有海量数据处理分析、高度智能化决策等能力。实现各类能源资源整合、打通能源多环节间的壁垒，让"源网荷储"各要素真正做到友好协同。同时，通过新型配网源荷储互动平台推动"源网荷储一体化"，实现能源资源最大化利用的运行模式和技术，运用源源互补、源网协调、网荷互动、网储互动和源荷互动等多种交互形式，更经济、高效和安全地提高电力系统功率动态平衡能力。

5. N 个课题项目

主要包括四川新型电力系统研究院围绕"双碳"目标和新型电力系统关键问题，先后启动八大领域、46 项关键课题研究。其中，八大领域分别是：新型电力系统发展战略研究、储能系统配置方案及协同运行研究、分布式光伏发电发展模式研究、多元电力负荷与新型配网交互影响研究、电网运行控制能力提升研究、能源电力价格及体制机制研究、新型电力系统信息通信技术与安全防护研究、新型电力系统数字化关键技术研究。关键课题研究方面主要包括"四川高比例新能源地区接入电网规划运行研究"等课题。

第三节　四川省构建新型电力系统的分阶段实施路径

一、新型电力系统转型期（～2025 年）

2025 年之前为四川新型电力系统转型期。此阶段内需重点优化省内电源结构，并挖掘电力系统各类灵活性资源，提升系统能效，保障负荷侧用电安全可靠，避免类似近期四川出现的大规模电力供应不足的问题出现，推动实现四川电力供应的稳定供应。

1. 转型期目标及成效

（1）在电源侧："十四五"期间四川将迎来清洁能源集中投产，预计到 2025 年，四川水电装机容量新投产 3200kW，风电和光伏装机容量将达到 2000 万 kW。此外，根据四川省人民政府发布《中共四川省委关于以实现碳达峰碳中和目标为引领推动绿色低碳优势产业高质量发展的决定》文件中规定，到 2025 年，四川省内清洁能源电力装机容量达到 1.3 亿 kW，天然气（页岩气）年产量达到 630 亿 m^3，清洁能源消费比重将达 60%左右，绿色低碳优势产业营业收入占规模以上工业比重达 20%左右，绿色低碳优势产业体系基本形成，新能源快速发展，"双高"影响处于"量变"阶段，常规电源仍是电力电量供应主体，新能源作为补充。

（2）在电网侧：加快形成 500kV "立体双环"网架，提升 500kV 枢纽电网输电能力，加快推进成都西、新津、大林、十陵、空港新城等 9 个 500kV 输变电工程建设（含 4 个续建项目）。完善 220kV 骨干电网。构建"界限清晰、区内成环"的 220kV 网架格局，新（扩）建清泉、空港新城、金融城、蜀龙等 59 个 220kV 输变电站项目（含 11 个续建项目）。打造坚强可靠配电网。新（扩）建商贸大道、天健扩等 164 个 110kV 输变电站项目（含 28 个续建项目），持续提升配电网安全承载力及运行灵活性；继续推进城市配电网改造，有序改造超过运行年限、设备老化的户外变电站，到 2025 年实现中心城区配网 10kV 线路联络率 100%、标准接线率 100%、线路转供率 100%；加快推进农网薄弱地区巩固提升，着力强化 10kV 及以下配电网网架建设，增加配电变压器布点及增容改造。

（3）在负荷侧方面：到 2025 年，四川风电、光伏装机容量预计都将达到 1000 万 kW以上，四川最大负荷将达到 7100 万 kW，送电规模达 6260 万 kW。负荷侧需求管理能力明显改善，能够通过数字化手段实现用能设备的状态和需求信息的监测，实现对负荷侧储能、可控负荷、充电桩、用户侧分布式能源系统的实时管理，挖掘用户侧灵活性调配资源。

（4）在储能侧方面：加快东方氢能产业园、华能集团水电解制氢等项目建设，到

2025 年，绿氢年生产能力达到 10000t 以上，支持可再生能源电解水制氢加氢一体化试点。规划建设加氢站 40 座，加快构建半小时加氢网络。推动氢燃料电池汽车规模应用，拓展氢能在工业、储能领域应用，建设成渝绿色"氢走廊"。各类储能技术经济优势得到初步展现，抽水蓄能布局科学，电化学储能、飞轮储能研发应用水平提高，开展光热储能和氢储能等示范应用。多地实施"新能源+储能"试点示范工程，多元储能融合发展，储能规模化应用加快。

（5）在体制机制方面：推进构建适应能源结构转型的电力市场机制建设，有序推动新能源参与市场交易，发挥电力市场对能源清洁低碳转型的支撑作用。形成以储能和调峰能力为基础支撑的新增电力装机容量发展机制。

2. 实施路径

（1）优化电源结构，推动源网荷储协调发展。

新型电力系统下的电源将由确定性、可控连续向不确定性、随机波动转变，生产组织模式将由"源随荷动"向"源网荷储协同"转变。

在源网互动方面，应大力推动新能源发展，重点推进水风光一体化可再生能源综合开发基建设，推进分布式光伏发电等新能源的开发利用，提升电力供应量；应合理布局电网设施设备，根据实际情况增添电网相关设施，优化电网布局，提升电源侧与电网侧协调匹配程度。应对传统分层分区电压控制体系进行完善。将大容量同步电源接入最高一级电网，支撑特高压直流运行和新能源外送，次一级电网合理配置动态无功补偿和调相机，维持本级电网无功平衡，在低电压等级电网合理配置分布式调相机，支撑末端电网电压，提高电网电压控制能力。

在源荷互动方面，要推动建立负荷侧资源利用技术标准，强化政府、行业和企业协同，加快建立"源网荷储"相关终端设备、通信接口、并网运行和控制等技术标准，打通负荷设备、采集终端、负荷聚合商、虚拟电厂系统、电网调度系统、交易系统之间的数据和控制通道，实现负荷资源可观可测、可控可调的闭环集约管理；应逐步健全负荷侧资源辅助服务竞价机制。初期，设置独立的负荷侧资源辅助服务市场，由负荷侧资源主体间参照标杆价格开展竞价，引导低成本市场主体积极参与，培育市场认知度。后期，随可调负荷资源广泛参与，逐步实现发电侧、负荷侧资源同台竞价，形成统一完整的辅助服务市场；应积极争取政策持续提升负荷侧调节能力。出台政策支持有条件地区尽快构建占电网最大负荷需求侧响应资源库。探索尖峰电价、偏差考核、跨省购售结余、政府专项补贴等资金渠道，鼓励有条件地区将电网企业需求侧响应补贴纳入输配电价核定，加快推动负荷侧资源聚合形成规模化应用。

在新型电力系统市场建设方面，扩大新型电力系统市场交易种类，推动各类电源、虚拟电厂和新型储能等主体进入电力市场，推动辅助服务市场建设。

（2）加强主网建设。

一是应继续坚持打造省内省外两个"西电东送"新格局，构建"强直强交"的省内网架，形成 500kV 立体双环网结构，建设±800kV 直流以及 1000kV 交流特高压电网。

二是优化四川新型电力系统的主网架管控策略。在构建新型电力系统的过程中，确保主网架安全稳定运行；在工程规划阶段，统筹处理好新能源发展与电力保障、电网安全之间的关系；在工程建设阶段，深入研究新型电力系统稳定控制、自然灾害防护预警等重大技术问题，做好高地震烈度、高海拔地区设备安全性和适应性的校核；在工程运维阶段，形成清晰的设备管控策略及适应发展的生产组织模式。

三是打造承载四川新型电力系统的主网架最佳形态。加快完成数字基础设施建设，实现数字与物理系统深度融合。同时，推动新型电力系统总体框架、形态特征与典型场景研究，应用新一代数字技术对所辖电网和设备进行数字化改造，提升数据采集能力和全域物联能力，实现主网架全景感知、全维分析和全域控制。

（3）加强配网建设。

一是应充分考虑极端气候，促进弹性电网建设以及应急保障电源建设，推动配电网向安全可靠方向发展。推动配电自动化建设，推广节能型设备，促进多能融合互补，推动配网向灵活高效方向发展。增强配网对可控负荷感知能力，提升 VPP 自动响应能力，推动分布式智慧上网，推动配网向数字智能方向发展。

二是要发挥资源配置作用。将信息通信技术深度融合到配电系统规划、运行、控制、管理等环节，推动分布式清洁能源的"即插即用"和全额消纳。加强对分布式电源和电动汽车等柔性负荷的统筹协调，结合区域资源禀赋和电网发展引导分布式电源有序开发利用，紧密跟踪充电桩规划及建设计划，开展配套电网工程同步建设。

三是强化新技术应用。利用柔性配电、虚拟电厂、自动化、电化学储能等技术与装备，克服分布式光伏、分散式风电功率输出间歇性和电动汽车负荷随机性的影响，优化配电网潮流分布，有效平滑功率波动、消除峰谷差，实现高渗透率分布式电源、电动汽车等柔性负荷接入下的配电网协调运行控制，提高电网运行稳定性和可靠性。

（4）保障电网安全稳定运行。

一是加强城市电网供电能力。加强四川中心城市和城市群电网建设，形成主体功能明显、优势互补、高质量发展的区域经济布局。城网核心区，及时将规划成果纳入城市规划和土地利用规划，保障变电站站址和电力廊道落地，加快高压配电网对侧电源变电站的规划落实；加强中压线路站间联络。其他城网区域，按照功能定位和负荷发展需求，紧密跟踪经济增长热点，及时增加变（配）电容量，降低高压配电网单线单变比例，逐步过渡到目标网架结构，消除城镇用电瓶颈。

二是保障重要用户供电。以"坚强统一电网联络支撑、本地保障电源分区平衡、应急自备电源承担兜底、应急移动电源作为补充"为原则，推进坚强局部电网建设，优化用户及本地保障电源接入方案，合理构建"生命线"通道；推进保障电源建设，加强四川省本地电源、公用应急移动电源建设，推动重要用户配齐配足自备应急电源。保障重要用户保安负荷在严重自然灾害和极端外力破坏情况下不停电。

三是巩固提升农村电网。推进四川城乡电网一体化，加强城乡电网规划有效衔接，优化完善目标网架结构；推进城乡供电服务均等化，重点消除设备过载、供电"卡脖子"、低电压等问题；推进供电保障再提升，持续加大电网基础设施补短板力度，逐步消除县域电网与主网联系薄弱问题。

四是有序推进天然气发电发展。加快推进调峰保安气电建设，发挥气电灵活调节优势和就地支撑作用。推动四川辅助服务市场建设，引导热电联产气电承担调峰电源任务。

五是推动电力系统备份能力建设。合理提升抽水蓄能及新能源容量规模，增加系统备用容量，提升系统对极端场景的应对能力。

二、新型电力系统形成期（2026～2035 年）

2025～2035 年为四川新型电力系统形成期。此阶段内需强化数字智能技术在电力系统中的应用，并在优化省内电源结构的基础上，增强跨区交互与区内交互能力，进一步提升系统能源利用率。

1. 形成期目标及成效

（1）在电源侧方面：新能源 2030 年时新能源开始参与电力平衡，到 2035 年成为发电主力且清洁能源占比持续提升，且新能源参与电力平衡的占比持续提升。到 2035 年，绿色低碳优势产业国际影响力显著增强，清洁能源消费比重达 70%左右，绿色低碳优势产业营业收入占规模以上工业比重达 30%左右，为全国建立绿色低碳循环发展的经济体系和清洁低碳安全高效的能源体系作出更大贡献，朝着实现碳中和目标稳步迈进。新能源将逐渐发展为电力装机容量主体，主要依靠火电灵活性改造调峰、抽水蓄能与储能和跨区互联互济提供灵活性，支撑大规模风/光并网消纳。煤电的功能与定位转变为"保容减量"，成为支撑电力平衡与灵活调节功能的灵活性电源。

（2）在电网侧方面：《四川省国民经济和社会发展第十四个五年规划和二〇三五年远景目标纲要》提出，要加快四川电网主网架提档升级，构建电网中长期目标网架，建成四川特高压交流重点工程，启动实施攀西电网至省内负荷中心通道工程。推进四川水电外送第四回特高压直流工程建成投产，加快白鹤滩水电站外送特高压直流工程建设，规划建设金沙江上游川藏段水电送出工程。完善省内电力输配网,提高输电通道利用率和配网供电能力、质量。持续推进农村电网改造升级。推进用户"获得电力"优质服务。科学有序开发水电,优先建设季以上调节能力水库电站,重点建设"三江"水电基地大中型水电站,推进白鹤滩、苏洼龙、两河口、双江口等大型水电站建成投产,加快建设拉哇、卡拉等水电站,开工建设旭龙、孟底沟、枕头坝二级等水电站。重点推进凉山州风电基地和"三州一市"光伏基地建设,加快金沙江流域、雅砻江流域等水风光一体化基地建设,因地制宜开发利用农村生物质能。到 2035 年,四川电网侧呈现大电网与分布式并举的特点,总体维持较高转动惯量和交流同步运行特点,交流与直流、大电网与微电网协同发展。广泛应用新一代信息通信、人工智能与控制技术,促进能源信息深度融合与数字化转型,建设微电网、智能电网,发展"5G+数字电网""5G+智能燃气管网",促进清洁能源科学调配和智能化运用。

(3)在负荷侧方面:"十五五"末期新能源装机容量将突破 4700 万 kW,且主要位于川西三州一市地区,局部电网新能源装机容量占比高,预计 2035 年四川最大负荷达到9600 万 kW。到 2035 年四川负荷侧呈现灵活、多样化特点,清洁取暖、工业电锅炉等多种形式的电能替代加快发展。负荷聚合商积极参与市场调节并通过专业的技术手段充分发掘负荷资源,提供市场需要的辅助服务产品。

(4)在储能侧方面:加快抽水蓄能、电动汽车、新型储能、电供暖等可调节灵活负荷发展。各类储能配置合理,有效地满足新能源大规模接入和用户用能方式升级带来的系统平衡新需求,支撑新型电力系统长时间尺度电力电量供需平衡,保证电力系统安全稳定运行。

(5)在体制机制方面:推动四川进一步融入全国统一电力市场体系,交易规则和技术标准进一步统一,市场壁垒基本破除。

2. 实施路径

(1)提高电力系统数字化能力。

一是四川应继续开发云大物移智链以及先进传感测量、通信信息、控制技术等现代化数字技术,打造一体化数字技术平台,为数字电网和新型电力系统建设提供基础资源和技术能力支撑。

二是加快建设边缘计算中心、5G 基站、北斗基站等新型基础设施,提供云边端三位一体的强大算力,满足新型电力系统对高强度分布式计算的需求。

三是打造能源行业领先的一体化的大型综合性数字技术科研中心,形成科研仿真与试验、装备自主研发、试验检测、网络安全对抗四大核心能力。

(2)挖掘灵活性资源。

应注重运用多元手段，充分挖掘源、网、荷、储各环节灵活性资源，实现各类灵活性资源的协调发展和有序衔接，促进电力系统灵活性的持续稳定提升。

一是在电源侧，持续推进煤电灵活性改造制造，煤电灵活性改造技术成熟、综合能效高，虽然煤电深度调峰运行煤耗升高，但增加新能源消纳后，综合供电煤耗显著下降。加快抽水蓄能电站建设及改造，推动已开工的项目尽快投产运行，尽早发挥作用；因地制宜，建设中小型抽水蓄能电站；对具备条件的水电站进行抽水蓄能改造。发挥流域水电集群效益，通过联合调度，利用好梯级电站水能资源，形成梯级电站大型储能项目，实现水电与新能源多能互补运行。因地制宜发展天然气调峰电站，同时鼓励热电联产气电开展灵活性改造，进一步提升调节能力。引导新能源积极主动参与系统调节，综合考虑技术经济性，合理确定新能源利用率目标；利用好新能源自身调节能力，多途径提升其并网友好性。

二是在电网侧加快配电网改造和智能化升级，满足分布式电源、电动汽车充电设施、新型储能、数据中心等多元化负荷的灵活接入，推进新能源就地开发、就近消纳。优化调度运行机制，共享储能资源，基于"低碳、高效、经济"的原则，构建多层次智能电力系统调度体系，电网统一调度"共享储能"，实现储能在不同场站间共享使用。

三是在负荷侧挖掘需求侧响应能力，着力提升大工业高载能负荷灵活性，引导用户优化用电负荷，增强电网应急调节能力。引导电动汽车有序充放电，利用现代信息技术和价格手段，推动电动汽车参与电力系统调节。因地制宜发展电供暖、电制氢、电转气等灵活性负荷，在新能源富集地区，鼓励热泵供热、电制氢、电制甲烷等灵活用电负荷，主动参与系统运行，减少系统峰谷差，从而提升新能源消纳能力。

四是在储能侧根据系统需要，多元化推进储能技术研发与应用。优化储能布局场景，合理选择储能技术类型，与各类电源协同发展。积极探索新的商业模式，推动独立储能发挥调节作用。

五是持续推进电价改革，充分释放各类资源调节潜力。探索建立容量成本回收机制，煤电的备用容量作为安全可靠的保障电源，要合理体现其容量价值；完善需求侧电价政策，激发需求侧资源参与系统调节的潜力；出台并完善面向新型储能的电价政策及市场化机制。

（3）规划构建省间通道。

应注重规划建设跨省跨区输电通道，提升资源大范围优化配置能力，提升"西电东送"能力。加强送受端省份对接协作，优化运行方式，充分利用邻近省区调节能力，提升地区整体的新能源消纳水平。建立送受端地区协作机制，最大程度发挥远距离大规模送电的效率效益。

一是打破省间壁垒，构建多层次协同、基础功能健全的电力市场体系。规范统一市场交易规则，破除电力交易地域界限，提高大范围资源配置效率；加快建设适应新能源消纳的电力现货市场；建立健全适应多元主体参与的体制机制。

二是提升输电通道输送效率，促进可再生能源由资源富集地区向负荷中心输送及消纳。在跨省跨区输电通道建设方面，结合"十四五"电力发展规划的编制工作，积极支持依托存量输电通道配套建设水电、风电、光伏发电基地，进一步提升输电通道输送效率，促进可再生能源由资源富集地区向负荷中心输送及消纳。同时，结合送受端资源禀赋和电力供需形势，规划建设跨省跨区输电通道，支持可再生能源发展。

（4）推动新型电力系统区域融合。

一是完善新型电力市场省内政策体系，推动省内相关政策体系完善，实现省内电力中长期、现货、辅助服务市场一体化设计、联合运营。

二是推动区域间绿电市场、碳市场、辅助服务市场等电力市场相关政策体系统一，推动地区电力中长期、现货、辅助服务市场一体化设计、联合运营，实现区域市场协同运行。

三、新型电力系统成熟期（2036～2060年）

2035～2060年为四川新型电力系统成熟期。此阶段内新型电力系统完全建成，四川电网已经具备了应对极端状况的能力，应在继续推进电力系统低碳化发展的基础上提升系统经济性。

1．形成期目标及成效

（1）在电源侧方面：建成大型水风光电基地，清洁能源发展成为电量主体，新能源以电/氢等多种二次能源形式传输和利用；退役煤电机组仍保留一定容量，保障安全备用，保留运行的煤电容量将很大程度上取决于碳捕集技术以及和负排放生物质发电技术的发展和应用；全面形成包括核电、水电、光热、储能、灵活负荷等的低碳多元灵活性资源体系。

（2）在电网侧方面：呈现"大电源、大电网"与"分布式系统"兼容互补，交直流混联大电网、柔直电网、主动配网、微电网等多种形态电网并存局面；高比例电力电子化电力系统的安全稳定技术全面突破；电网全面实现跨时空、跨能源的源—网—荷—储优化调控。

（3）在负荷侧方面：呈现多样化、智能化、主动性特征；与建筑、工业、交通等终端部门深度融合，建成清洁智慧的未来能源互联网。

（4）在储能侧方面：储能与电网深度融合，成为电网安全稳定运行中不可缺少的重要组成部分，抽水蓄能、电动汽车、新型储能、电供暖等可调节灵活负荷得到充分利用。

（5）在体制机制方面：推动四川进一步融入全国统一电力市场体系，交易规则和技术标准进一步统一，市场壁垒基本破除。

2. 实施路径

（1）促进多能融合互补与多元聚合互动，实现能源互联互通。

一是促进能源利用高效化。通过以电能为核心，电、气、热、冷的多能融合互补，在消费侧就地实现多种能源的相互转换、联合控制、互补应用，提升能源利用效率，以及能源供给的灵活性、可靠性与经济性。依托电动汽车有序充电、电动汽车与电网互动、需求侧响应等技术，聚合电动汽车、用能终端、储能等设备，发挥可控负荷的集群规模效应，推动各类主体多元聚合互动，提升系统运行效率。

二是构建农村现代能源体系。加大农村可再生能源消纳力度，推动农村能源生产清洁化；扎实推进乡村电气化建设，围绕农业生产电气化、乡村产业电气化、农业生活电气化，提升电能占终端能源消费占比；依托农村电力通信网和"大云物移智"技术，推进乡村电网功能延展，推动农村能源配置智慧化，实现从"用好电"到"用好能"。

（2）完善新型电力系统市场机制。

一是建设统一的电力市场。推动各类电源、虚拟电厂和新型储能加快进入市场，与工商业用户建设统一的电力市场，持续提高中长期市场灵活性，推动现货市场连续结算运行，开发与四川现货机制相匹配的市场风险管理工具，通过绝对价模式实现批发、零售两级市场成本的有效传导。

二是完善辅助服务市场建设。应尽快明确辅助服务市场主体地位和准入条件，设计合理的价格机制，探索建立跨省跨区辅助服务市场机制，推动送受两端辅助服务资源共享。此外，打破省间壁垒，可以充分发挥大电网互联错峰效益，发挥省市间调节资源互补互济优势。

三是完善碳市场机制建设。应建设具备统一完备的法律法规和制度体系。包括作为市场根本保证的国家法律法规体系，和作为市场运行基础的统一碳排放管理体系和交易规则体系；应建设平等、开放、竞争的市场环境。覆盖行业的多样化、市场参与主体的多元化，统一市场准入门槛，支持多样交易需求和多元交易结构的竞争博弈，达到市场畅通、定价有效；应建设多层次的市场结构和多样化的产品体系。市场结构上同步推进一级市场和二级市场建设，交易标的上衔接配额市场与减排量市场，交易产品包含碳现货与各类碳衍生品，在各市场维度上互联互通、互为补充、协同发展，形成功能齐备的市场体系。应建设完善的监管机制。按照碳市场的特点，建立包括行业主管和金融市场监管的市场管控体系，以及有效的市场调节保护机制。监管部门职责清晰、协作顺畅，成为市场健康运行的有力保障。

四是完善绿证市场机制建设。将绿证制度与补贴制度的相衔接，明确除在补贴年限内且未超过合理利用小时数部分的电量可以获得补贴外，其余电量都不再享有补贴而是核发绿证后参与绿证交易，增加新能源发电企业参与绿证交易的动力；将绿证制度与可再生能源配额制的衔接，更加有效地把推动能源转型的责任通过配额与具体主体相挂钩，且企业可以通过绿证交易、绿电交易等市场化方式履行义务，充分发挥了市场作用，减少政府负担的同时起到优化资源配置的作用。

五是完善绿电交易机制建设。应推进绿电交易市场多元化发展，适时添加交易标的，使更多、更高效的绿色电力加入绿电交易市场，扩大绿色电力交易的适用面；应根据绿电交易市场发展的成熟度实施配额制的绿电交易，提高绿电交易双方的活跃度。探索并建立合理完善的跨区域绿电交易机制，实现绿色电力就近消纳和跨区域绿电交易的协同运行，努力构建统一市场体系下的绿电交易价格机制和绿电追踪配套机制。

六是推动新型电力系统统一市场建设。推动全国统一电力市场相关政策体系完善，实现四川与全国电力中长期、现货、辅助服务市场一体化设计、联合运营。

（3）加强多交易市场耦合。

目前，国内存在的一些与能源相关的市场，如电力市场交易、绿证交易、碳交易、排污权交易、用能权交易和节能量交易等，基本处于相对孤立的状态，相互间的关联并不紧密，缺乏一个核心的机制将其有机关联起来，加强多交易市场间的联合。

一是建立科学合理的配额确定机制和分配方法。碳排放配额的规模和发放方式或将对市场运行产生显著影响，免费碳配额过松或过紧会导致电碳市场均衡点偏移，无法充分发挥碳价对激励减排的约束或引导作用。因此，应配套设计或选择科学的配额确定机制，实现配额合理分配；同时，宜强化市场机制的建模与仿真模拟，相应计算得出不同配额边界下电碳绿证等多市场间的均衡点。此外，伴随着主体范围的扩大和市场规则的成熟，可逐步引入有偿分配机制，循序渐进持续提升市场竞争强度。

二是推动建立电碳绿证价格良好衔接的价格体系。一方面，应持续深化电力体制改革，加快完善电力市场化价格形成机制，充分畅通不同市场间、产业上下游等价格信号传导，同时健全碳价发现机制和价格传导机制，形成碳价分解传导至源网荷储各个环节，将带有环境要素的价格信号传递至用户侧，鼓励市场相关主体主动开展节能减排与用能管理，带动经济社会各个领域绿色低碳转型；另一方面，可考虑通过碳市场、绿证交易等渠道推动由风、光等新能源消纳带来的社会用能成本上升由全社会共同承担，以激发市场主体自主优化用能方式，引导能源消费转型优化。

三是探索建立不同类型环境权益产品的互认联通机制。研究制定绿证、超额消纳量、碳排放权配额、CCER 等不同类型环境权益产品体系间的互认联通机制。一方面，宜明确环境权益产品间的制度边界，如对于 CCER、绿证等产品所涉主体范围重合等问题予以妥善考虑，在风电、光伏等新能源发电项目已被绿证（绿电）市场覆盖的前提下，可考虑将 CCER 的备案范围转移至林业碳汇、甲烷利用等领域；另一方面，应理顺环境权益认证体系，尽快建立面向不同类型环境权益产品的流通规则、核算体系间的联通和衔接机制，如可考虑基于碳交易、绿证（绿电）交易、超额消纳量交易等功能定位，以合理的方式构建绿证与碳排放量抵扣之间的关联关系，强化信息互联互通，减少面向清洁绿色电能的环境权益重复认证、多次核发、重复处罚等风险。

四是建立健全以电碳关系为基础的核查、计量标准和认证体系。提升发挥电力数据、绿证数据等对碳核查计量的支撑作用，结合温室气体排放核查程序，探索建立电、碳、绿证等交易数据辅助服务核查系列技术规范；建立健全电、碳、绿证计量技术体系，完善国家温室气体排放核算方法和报告指南中的电力碳排放因子，更新企业碳排放计量标准，构建全面覆盖的电碳绿证监测计量体系，实现碳排放量、绿证交易等交易标的的实时跟踪和计量；完善市场信息交互渠道，打破"数据烟囱"，强化电、碳、绿证等多市场间公共数据信息的互联互通和信息共享，探索建立实时跟踪环境权益价值存证、流转等全过程的监管分析平台。

五是深化绿色金融产品、服务以及市场体系的研究与建设。进一步挖掘电碳绿证等交易产品的金融属性，考虑围绕金融工具创新、信贷产品创新、配套服务创新等方面创新投资激励机制，以更好激发各类市场主体活力。一方面，在现货市场成熟运作的前提下，进一步推进电力金融市场的研究与建设，以进一步挖掘真实有效的电能价格信号；与此同时，可研究建立绿证二次交易机制及相应配套机制，进一步提升绿证交易活跃度；另一方面，可推动基于电网能耗等数据的碳普惠、碳期货、碳远期、碳期权等碳金融领域产品体系与交易机制研究，开展系列数据应用建设，为碳金融领域探索和发展提供技术支撑，以数据为纽带推动支撑绿色产业发展的金融服务体系构建，引导交易各方开展投资，助力提升市场流动性；此外，同时也配套建立合理的调节制度和风险管控机制，抑制过度投机、严防价格操纵。

第四节　四川省构建新型电力系统的技术攻关方向

新型电力系统对传统电力系统及相关领域的科技创新发展提出了更高的要求。伴随着全球新一轮科技革命和产业革命的快速兴起，云计算、大数据、物联网、人工智能、5G 通信等数化技术更快融入电力系统，加速传统电力行业业务数字化转型。构建新型电力系统将在源网荷储各个环节催生大量新技术和生态力，并带动一批关键共性支撑技术的快速发展，构建新型电力系统需要突破的关键技术如图 4-2 所示。

新型电力系统关键技术的研发有利于促进四川新型电力系统的建设，未来研究重点应放在加强新型电力系统政策理论研究及新能源高效利用技术、外送输电技术、大电网安全与规划技术等技术创新。具体从加强新型电力系统政策理论研究、加大新型电力系统关键技术研发力度、强化创新驱动等方面进行展开。

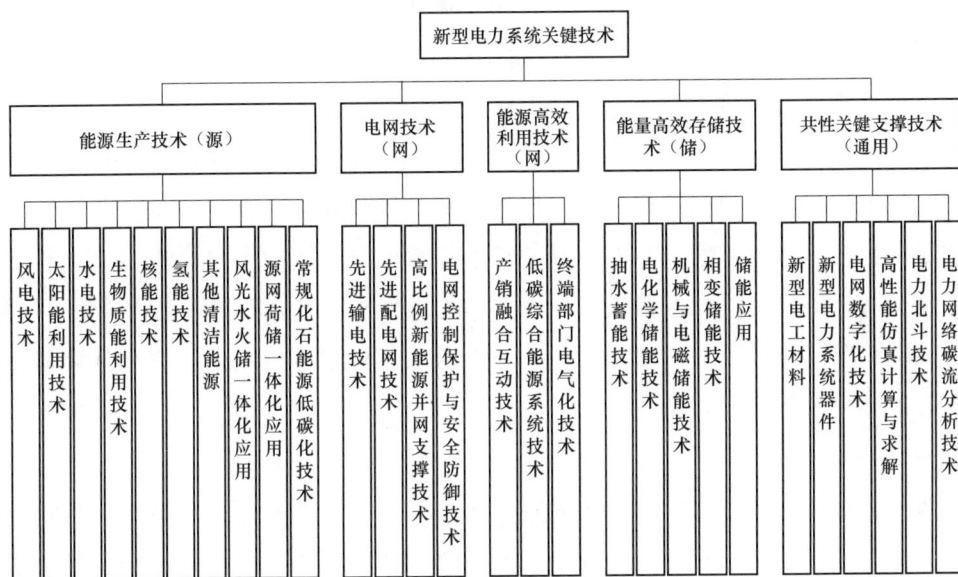

图 4-2　新型电力系统关键技术

随着新型电力系统的构建，要求电网企业转变服务理念与经营方式，来寻求竞争优势。从分布式能源、微电网、虚拟电厂、配售一体化以及综合能源服务等方面，对四川电网企业商业模式进行了分析，寻找电网企业未来拓宽盈利的途径，以保障四川电力企业的可持续健康发展。

1. 分布式能源+微电网

随着四川可再生能源的大力开发，分布式能源得到了快速的发展，能源规模不断扩大，但由于可再生能源发电的不可控性和随机波动性，分布式能源发电极其不稳定。微电网是一种新型能源网络化供应与管理技术，具有强大的电能调节能力，分布式能源+微电网的商业模式能够有效解决分布式能源电网安全稳定供电的问题。

分布式能源＋微电网模式的主要运行方式为通过微电网能将原本分散的光伏、风电、蓄电池等分布式微型电源相互协调起来，保证配电网的可靠性和安全性，能够便利可再生能源系统的接入、实现用户需求侧管理以及现有能源和资源的最大化利用。按照国家发展改革委和国家能源局印发的《推进并网型微电网建设试行办法》要求，微电网可在内部建立购售双方自行协商的价格体系，构建冷、热、电多种能源市场交易机制，可作为拥有配电网经营权的售电公司（第二类售电公司），开展售电业务。

2. 虚拟电厂

相比传统电厂，虚拟电厂环境污染以及生态环境污染较小，也不会占有城市用地，通过人工智能以及远程控制等方式，合理协调周边商业中心、工厂以及景观等用电需求，在不影响其正常运行的前提下抽调一部分电能满足用电需求，以实现资源最大化利用，并降低电力设施投资，减少城市用地。对于面临"电力紧张和能效偏低矛盾"的四川来说，无疑是一种好的选择。

虚拟电厂模式主要运行方式为参与需求响应、进行市场化交易以及能效管理。①需求响应：根据电价变化情况，在电价高时将向电网输送电力，在电价低时从电网购买电力，通过电价差从中获取利润。②市场化交易：虚拟电厂可以通过虚拟电厂管理平台参与市场化交易，获得代理服务费或收益分成，也可针对内部负荷开展电量销售、结算等。③能效管理：阶梯电价下，虚拟电厂作为一个聚合整体可以通过进行内部优化调度为签约的高耗能用户节省电费，拿取分成。

3. 配售一体化

配售一体化售电企业与其他售电企业的不同点在于，在从售电业务中获得收益的同时还可以从配电网业务中获得配电收益。在提升四川省电力公司盈利水平及服务水平的同时减少了客户的业务量，提升了客户的满意度。

配售一体化模式主要运行方式为与客户签订购电合同。在公司配电网运营的范围内，用电客户如果直接与配售电公司签订用电合同，公司除了需要向输电网运营商支付输电费，剩下的收入都将归公司所有，去除购电成本与配网投资及运营成本外，公司将同时获得配电利润以及售电利润；如果用电客户与其他售电公司签订用电合同，那么公司只能收取配电费，也就只能获得配电利润。无论是哪种情况，配售一体化售电公司都能保证有利润来源，这是公司能持续经营以及发展的保障。

4. 综合能源服务

在能源飞速发展的背景下，单一的能源提供逐渐不能够满足客户多元化的需求，发展综合能源业务是能源企业转型的方向之一。售电公司具有客户资源优势，在进行售电业务过程中拥有发展综合能源业务的机会。通过开展综合能源服务，不仅能企业带来稳定的利润增长点，同时也能降低客户用能成本，提升客户满意度，增加公司客户黏性。

综合能源服务模式主要运行方式为提供综合能源套餐及同时与公司签订供电与供气合同。①提供综合能源套餐：指售电公司在开展售电业务的同时，也对该地区开展提供供电、供气及基础公共服务等其他服务。②同时与公司签订供电与供气合同：相对于单独签订合同，同时与公司签订供电与供气合同可得到更多的优惠，是这类公司吸引及留住客户的重要手段，让客户享受多方位的能源服务。这种捆绑销售方式吸引更多的客户，提高客户忠诚度，利润来源也更多样化。

5. 配售一体化+能源综合服务

与单一的配售一体化或能源综合服务模式相比，在售电侧和配电网同时放开的情况下，同时拥有配售电业务，并且能为园区内电力用户提供增值能源服务的配售一体化+能源综合服务模式将带来更大的收益，对四川新型电力系统的健康发展具有重大意义。

配售一体化+综合能源服务模式主要运行方式为从市场化的协议购电或集中竞价交易中获取发电侧和购电侧之间的价差利润。负责园区售电业务可以直接从市场化的协议购电或集中竞价交易中获取发电侧和购电侧之间的价差利润，同时还可获得园区内各电力用户的电力需求数据，是用户数据的第一入口。更为重要的是，以用电数据为基础，为用户提供能效监控、运维托管、抢修检修和节能改造等综合用电服务可以有效提高用户的用电质量，并增强客户黏性，同时从盈利能力更强的服务类业务中获得更多利润。

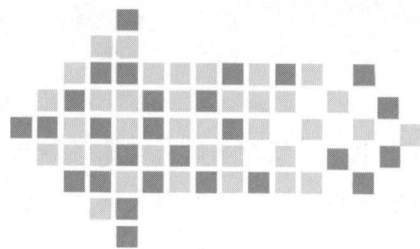

第五章 四川电网主要流域清洁能源资源及其特性研究

第一节 四川省清洁能源概况

一、水电

四川省河流众多，以长江水系为主，河床落差大，水能资源丰富，分布密集，技术可开发量达 14822.5 万 kW，仅次于西藏，位居全国第二。受高原山地气候和亚热带季风气候影响，各流域降雨及径流季节性特征明显，呈现典型的"丰余枯缺"的特点。四川省枯水期、平水期、丰水期汇入长江的多年径流量比重分别约为 16%、12%、72%。

四川省水力资源技术可开发量 14822.5 万 kW，年发电量 6764 亿 kWh，占全国的 22.4%，位居全国第二。主要集中在金沙江、雅砻江、大渡河"三江"流域，其技术可开发量分别为 4047 万、3928 万、3795 万 kW，合计 11769 万 kW，占全省的 79.4%。

金沙江是长江上游河段的重要组成部分，跨越青海、西藏、四川、云南四省（区），流域面积约 50 万 km²，由河源至宜宾全长 3464km，天然落差 5100m，多年平均流量 4920m³/s，多年平均径流量 1550 亿 m³，水电技术可开发量为 4047 万 kW。

雅砻江系金沙江最大支流，发源自我国青海省南部地区，河道水流自西北向东南方向流入其西南方向的四川省，经过甘孜藏族自治州、凉山彝族自治州，最终在攀枝花市内注入金沙江。流域面积约 13.6 万 km²，干流河道全长 1570km，天然落差 3870m，河口多年平均流量 1860m³/s，多年平均径流量 587 亿 m³。河流水电技术可开发量为 3928 万 kW。

大渡河流域面积 7.74 万 km²，干流全长 1062km，天然落差 4175m，多年平均流量 1490m³/s，多年平均径流量 470 亿 m³。河流水电技术可开发量为 3795 万 kW。

随着能源结构的不断优化，近年来四川省地区水电装机容量持续增长。截至 2020 年底，四川省水电装机容量达 8082 万 kW，占电力总装机容量的 78.5%；年发电量 3514 亿 kWh，占全省年发电量的 84.9%，水电装机容量及年发电量分别占全国的 21.8%、25.9%，均位居全国第一位。其中，"三江"干流建成投产 4648 万 kW，占全省水电装机容量的 57.5%。全省在建 5 万 kW 及以上水电装机容量 2789 万 kW，其中，"三江"干流在建 2490 万 kW，占全省在建水电的 89.3%。2020 年外送水电 1364 亿 kWh，占全省水电年发电量的 38.8%。

二、风电

四川省大部分地区处在西风带青藏高原东侧形成的"死水区"，主要受西风带、东南季风带、西南季风带以及高原季风的影响。大风期主要集中在冬、春两季，恰逢省内河流的枯水期，与水能开发具有天然的互补性；日内风速分布特性也符合电力系统日负荷规律。全省风能资源主要分布在川西地区，结合大多数山地风电场装机容量规模以及分布特点，全省的风能资源技术可开发量达 1800 万 kW 以上。主要集中在凉山、攀枝花地区，广元、绵阳、泸州、雅安等盆周山区也有零星分布。截至 2020 年底，四川省风电装机容量达 426 万 kW，在建（含未开工）210 万 kW。其中，凉山州风电基地建设顺利推进，已投产 327 万 kW，在建（含未开工）143 万 kW。

三、光伏

四川省太阳能年总辐射量可达 1800～7200MJ/m^2。四川省太阳能资源空间分布特征是自西向东呈径向性规律分布，太阳能资源丰富的地区主要分布于四川盆地以北的高原和山地，如阿坝州、甘孜州、凉山州和攀西地区，该地区的太阳能年总辐射量在 4500MJ/m^{2}以上，冬季大值区主要集中在攀西地区、凉山州和甘孜州南部，夏季大值区集中于阿坝州和甘孜州北部。四川省太阳能储量约为 250 万 kWh，年利用日数大于 150 天，且资源较为稳定。位于高原上甘孜州的稻城县、石渠县、巴塘县、理塘县和炉霍县一带为总辐射最高值区，太阳能年总辐射量在 6000MJ/m^{2}以上，太阳能资源最为丰富，一年中可利用日数大于 200 天，资源稳定。

四川省太阳能资源技术可开发量达 8500 万 kW 以上，主要集中在川西高原的阿坝州、甘孜州、凉山州和攀枝花市"三州一市"。截至 2020 年底，全省光伏发电装机容量达 191 万 kW，其中，集中式 169 万 kW，分布式 22 万 kW。

第二节 金沙江流域

一、水电资源

金沙江是长江的上游河段，主源沱沱河发源于青藏高原唐古拉山脉北麓的格拉丹东雪山西南侧，与当曲河汇合后至青海玉树附近的巴塘河口称通天河，玉树至岷江汇口的宜宾通称金沙江，宜宾以下始称长江，其中宜宾至宜昌河段又称川江。

金沙江流经青、藏、川、滇四省（区），流域形状为自西北流向东南的狭长条形，从河源至宜宾全长 3464km，天然落差 5100m；宜宾以上流域面积 47.32 万 km²，约占长江流域面积的 26%；多年平均流量 4920m³/s，多年平均径流量 1550 亿 m³，约占长江宜昌站来水量的 1/3。流域内山丘占 90% 以上，土地利用率较低，人口稀少，总人口 2000 多万人，河谷山间坝地区，是汉、藏、彝、纳西、白族等多民族聚居地。下游段攀枝花市至宜宾段，人口相对较为稠密，沿江城镇及工矿企业相对较多，工农业也较为发达。

金沙江干流玉树至宜宾河段全长 2326km，落差 3280m，习惯上将其分为上、中、下三段。玉树（巴塘河口）至石鼓为上游河段，石鼓至雅砻江口（渡口）为中游河段，雅砻江口至宜宾为下游河段。金沙江上段区间流域面积 7.65 万 km²，河段长 974km，落差约 1715m，河道平均比降 1.76‰。主要支流左岸有赠曲、欧曲、巴楚河、松麦河，右岸有藏曲、热曲、丹达曲、定曲等。

金沙江干流具有径流丰沛且较稳定、河道落差大、水能资源丰富、开发条件较好等特点，是全国最大的水电能源基地。

（一）水电资源开发规划

1. 金沙江上游

金沙江上游河段规划 13 级电站，13 个规划梯级总利用落差 1372m，规划总装机容量 13920MW，年发电量 642.3 亿 kWh。上游川藏段规划 8 级水电站，分别为岗托、岩比、波罗、叶巴滩、拉哇、巴塘、苏洼龙和昌波水电站，川藏段规划梯级水电站中季调节电站叶巴滩、拉哇及日调节电站巴塘和苏洼龙水电站均已开工建设，合计 6190MW，约占金沙江上游川藏段总装机容量规模的 65%。金沙江上游水电规划梯级水电站概况如表 5-1 所示。

表 5-1　　　　　　　　　　　金沙江上游水电规划梯级水电站概况

梯级	装机容量（MW）	正常蓄水位（m）	坝址集雨面积（万 km²）	调节性能	调节库容（亿 m³）	总库容（亿 m³）	装机利用小时（h）	多年平均发电量（亿 kWh）	建设情况	"十四五"投产情况	备注
岗托	1200	3215	14.8	年	37.3		4567	54.8	待建	不投产	
波罗	1000	2989	16.1	日	0.86		4523	45.23	待建	不投产	川藏段
叶巴滩	2240	2889	17.3	季	5.37		4556	102.05	在建	投产	
拉哇	2000	2702	17.6	季	8.24		4545	90.89	在建	不投产	

梯级	装机容量（MW）	正常蓄水位（m）	坝址集雨面积（万 km²）	调节性能	调节库容（亿 m³）	总库容（亿 m³）	装机利用小时（h）	多年平均发电量（亿 kWh）	建设情况	"十四五"投产情况	备注
巴塘	750	2545	17.6	日	0.24		4524	33.93	在建	投产	
苏洼龙	1200	2475	18.4	日	0.72		4509	54.11	在建	投产	
昌波	826	2387	18.4	日	0.086		5281	43.62	待建	投产	
旭龙	2400	2302	18.95	日	1.26	8.47	4381	105.14	待建	不投产	川滇段
奔子栏	2400	2148	20.32	日	2.46	13.8	4273	102.56	待建	不投产	

川滇段的旭龙和奔子栏为金沙江上游规划的最末两个梯级，两电站均为日调节性能，装机容量规模为4800MW。

金沙江上游川藏段待建水电站共4座，分别为岗托、岩比、波罗和昌波，总装机容量3326MW。其中，岩比水电站未列入规划实施方案。按照前期工作进度，"十四五"期间新增投产5016MW，"十五五"期间新增投产3000MW，2030年后岗托1200MW投产，届时除岩比水电站外，金沙江上游川藏段规划梯级将全部建成投产，总装机容量规模9216MW。

川滇段"十四五"期间暂无新增装机容量，"十五五"期末新增投产4800MW。

2. 金沙江下游

金沙江下段为攀枝花至宜宾段，总的流向是自西南流向东北，除局部河段流经四川或云南境内，绝大部分河段为川滇两省界河。金沙江下段河长780km，本河段除城河河口以上分属川滇两省外，其余均为界河，宜宾以上控制流域面积 47.32 万 km²，多年平均流量 4933m³/s。水力资源极为丰富，采用四级开发方案，即：乌东德（10200MW）、白鹤滩（16000MW）、溪洛渡（12600MW）和向家坝（6000MW）4 座梯级水电站，总装机容量规模达 44800MW，已全部建成。

金沙江下游梯级水电站概况如表 5-2 所示。

表 5-2　　　　　　　　　　金沙江下游梯级水电站概况

梯级	装机容量（MW）	正常蓄水位（m）	坝址集雨面积（万 km²）	调节性能	调节库容（亿 m³）	总库容（亿 m³）	装机利用小时（h）	多年平均发电量（亿 kWh）	建设情况	"十四五"投产情况
乌东德	10200	975	40.61	季调节	26.15	74.08	3815	390.7	在建	完全
白鹤滩	16000	825	43.03	年调节	104.36	206	4006	625.21	在建	完全
溪洛渡	12600	600	45.44	季调节	64.6	115.7	4890	570.7	已建	完全

梯级	装机容量（MW）	正常蓄水位（m）	坝址集雨面积（万 km²）	调节性能	调节库容（亿 m³）	总库容（亿 m³）	装机利用小时（h）	多年平均发电量（亿 kWh）	建设情况	"十四五"投产情况
向家坝	6000	380	45.88	季调节	9.03	51.63	5147	309	已建	完全
合计	44800		174.96		204.14	447.41	4364	1922.3		

（二）梯级水电站特性

1. 金沙江上游

（1）川藏段。本次对金沙江上游川藏段各梯级丰水年、平水年、枯水年三个代表年的月平均出力过程进行年内出力特性进行分析。

①无岗托水库。根据开发时序，2030 年前岗托水库还未建成投产，投产的叶巴滩和拉哇水电站仅具有季调节能力，金沙江上游川藏段水电站群丰枯出力差相对较大。

金沙江上游川藏段 6 个梯级电站，枯水年丰水期平均出力 5028MW，枯水期平均出力 1328MW，丰枯出力比为 3.8，装机容量与枯水期平均出力比 6.0，装机容量与丰水期平均出力比 1.6，年利用小时数 3257h。

平水年丰水期平均出力 6956MW，枯水期平均出力 1603MW，丰枯出力比为 4.3，装机容量与枯水期平均出力比 5.0，装机容量与丰水期平均出力比 1.2，年利用小时数 4424h。

丰水年丰水期平均出力 7625MW，枯水期平均出力 2013MW，丰枯出力比为 3.8，装机容量与枯水期平均出力比 4.0，装机容量与丰水期平均出力比 1.1，年利用小时数 4990h。金沙江上游川藏段梯级电站合计平均出力过程（岗托投产前）如图 5-1 所示。

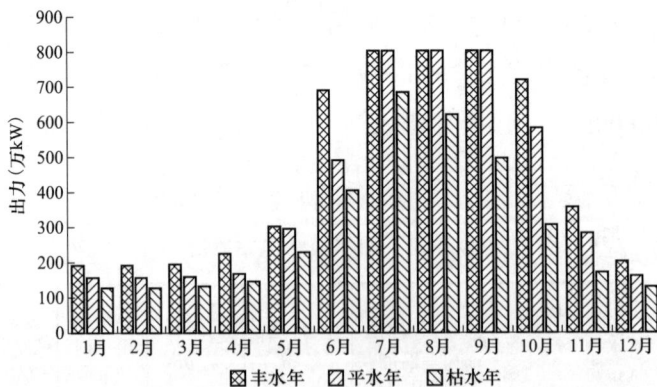

图 5-1　金沙江上游川藏段梯级电站合计平均出力过程（岗托投产前）

②有岗托水库。岗托水库建成后，将改变金沙江上游川藏段梯级电站的出力特性。

岗托水库正常蓄水位 3215m，调节库容 37.3 亿 m³，具有年调节性能，建成后可使下游水电站丰枯出力差减小，电能质量得到显著提高。

金沙江上游川藏段 7 个梯级电站，枯水年丰水期平均出力 4632MW，枯水期平均出力 2709MW，丰枯出力比为 1.7，装机容量与枯水期平均出力比 3.4，装机容量与丰水期平均出力比 2.0，年利用小时数 3412h。

平水年丰水期平均出力 7659MW，枯水期平均出力 3221MW，丰枯出力比为 2.4，装机容量与枯水期平均出力比 2.9，装机容量与丰水期平均出力比 1.2，年利用小时数 4926h。

丰水年丰水期平均出力 8957MW，枯水期平均出力 3609MW，丰枯出力比为 2.5，装机容量与枯水期平均出力比 2.6，装机容量与丰水期平均出力比 1.0，年利用小时数 5716h。金沙江上游川藏段梯级电站合计平均出力过程（岗托投产后）如图 5-2 所示。

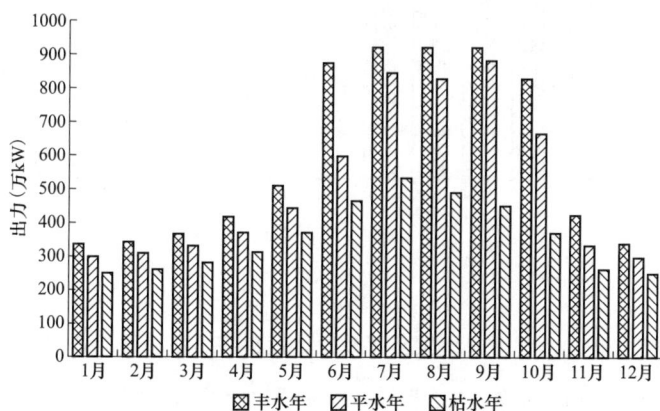

图 5-2　金沙江上游川藏段梯级电站合计平均出力过程（岗托投产后）

（2）川滇段。金沙江上游川滇段共两个梯级，分别为旭龙和奔子栏水电站，梯级总调节库容 3.72 亿 m³，均为日调节水库，梯级累积库容见表 5-3。

表 5-3　　　　　　　　　　　　　　金沙江上游梯级累积库容

梯级电站名称	累积调节库容 （亿 m³）	装机容量 （MW）
旭龙	1.26	2400
奔子栏	3.72	2400

本次对金沙江上游川滇段旭龙、奔子栏水电站丰水年、平水年、枯水年三个代表年的月平均出力过程进行年内出力特性进行分析，如图 5-3、图 5-4 所示。

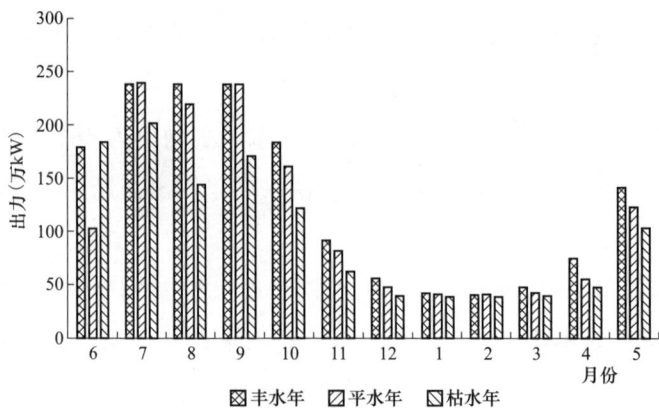

（a）

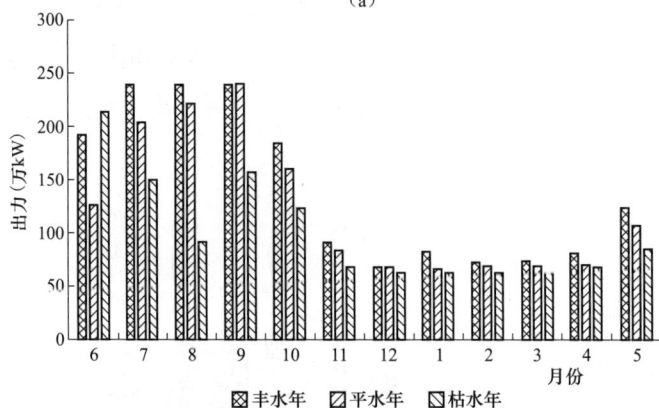

（b）

图 5-3　旭龙水电站月平均出力过程（岗托投产前后）

（a）旭龙（岗托投产前）；（b）旭龙（岗托投产后）

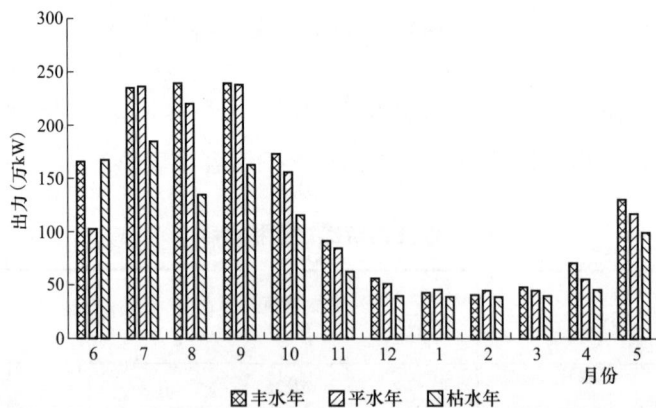

（a）

图 5-4　奔子栏水电站月平均出力过程（岗托投产前后）（一）

（a）奔子栏（岗托投产前）

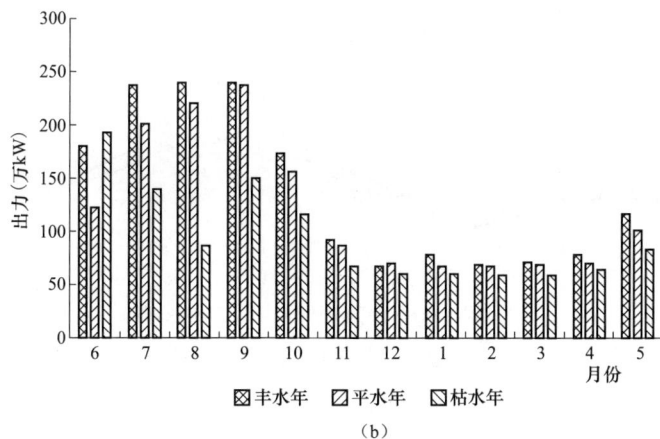

（b）

图 5-4 奔子栏水电站月平均出力过程（岗托投产前后）（二）

（b）奔子栏（岗托投产后）

总体来看，旭龙和奔子栏水电站调节性能一般，但上游具有调节性能的岗托的建设对旭龙和奔子栏枯期径流的调节补偿作用明显。

2. 金沙江下游

金沙江下游 4 座梯级水电站总装机容量 4520 万 kW，总调节库容 204.14 亿 m³，其中，乌东德水电站具有季调节性能，调节库容 26.15 亿 m³；白鹤滩水电站具有年调节性能，调节库容 104.36 亿 m³；溪洛渡水电站具有不完全年调节性能，调节库容 64.6 亿 m³。金沙江下游梯级库容见表 5-4。

表 5-4　　　　　　　　　金沙江下游梯级调节库容及装机容量表

梯级电站名称	调节库容 （亿 m³）	装机容量 （万 kW）
乌东德	26.15	1020
白鹤滩	104.36	1600
溪洛渡	64.6	1260
向家坝	9.03	640

金沙江下游 4 个梯级水电站具有季调节及以上能力，日内出力过程可根据系统需要进行综合调度运行。在水电站的具体运行过程中，应根据需要安排部分机组进行检修，同时，单独运行、联合运行的出力特性有所差异。根据上游各水库建设及机组投产计划，2025 规划水平年，金沙江下游 9 个梯级均考虑与上游雅砻江两河口、锦屏一级和二滩水库联合运行，同时考虑滇中引水 34.2 亿 m³。乌东德、白鹤滩、溪洛渡水电站代表年出力过程如图 5-5～图 5-7 所示。2025 年金沙江下游各梯级水电站出力特性表（丰、平、枯）分别见表 5-5～表 5-7 所示。

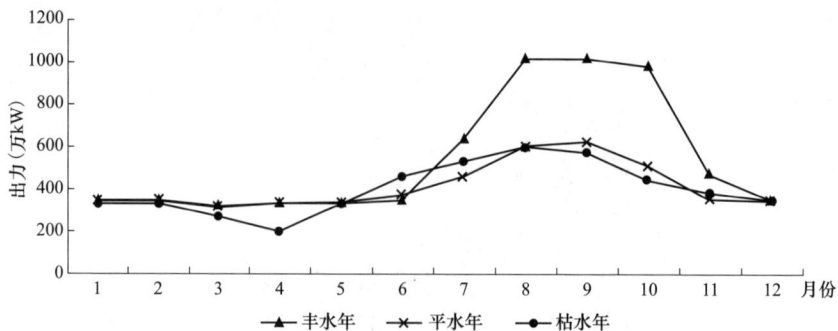

图 5-5　乌东德水电站代表年出力过程

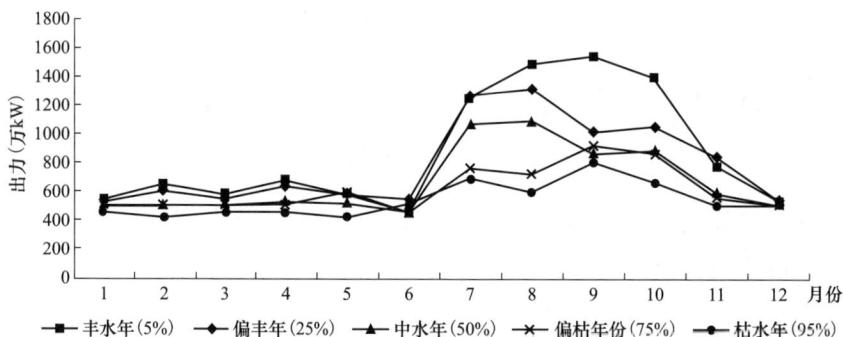

图 5-6　白鹤滩水电站代表年出力过程

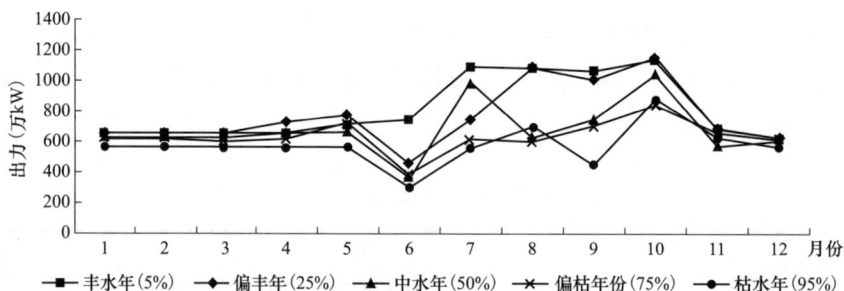

图 5-7　溪洛渡水电站代表年出力过程

表 5-5　　　　　　　　2025 年金沙江下游各梯级水电站出力特性表（丰水年）

电站	装机容量（MW）	丰枯出力比	年发电量（亿 kWh）	年利用小时数（h）
乌东德	10200	2.2	476.54	4672
白鹤滩	16000	2.1	764.64	4779
溪洛渡	12600	1.6	711.90	5650

表 5-6　　　　　　　　2025 年金沙江下游各梯级水电站出力特性表（平水年）

电站	装机容量（MW）	丰枯出力比	年发电量（亿 kWh）	年利用小时数（h）
乌东德	10200	1.5	360.37	3533
白鹤滩	16000	1.7	589.60	3685
溪洛渡	12600	1.2	594.34	4717

表 5-7　　　　　　　　2025 年金沙江下游各梯级水电站出力特性表（枯水年）

电站	装机容量 （MW）	丰枯出力比	年发电量 （亿 kWh）	年利用小时数 （h）
乌东德	10200	1.7	351.19	3443
白鹤滩	16000	1.4	477.12	2982
溪洛渡	12600	1.0	502.61	3989

（三）水电输电通道概况

1. 金沙江上游

金沙江上游川藏段规划梯级水电站中苏洼龙水电站已于 2022 年 11 月全面投产，叶巴滩、拉哇、巴塘水电站正在建设。根据《国家能源局综合司关于推进金沙江上游川藏段水电消纳工作的通知》（国能综通电力〔2019〕67 号），金沙江上游川藏段水电拟采用一条 ±800kV、输电功率 8000MW 的特高压直流输电线路，送电湖北鄂东地区。随着金沙江上游梯级水电的全面建成，加上沿江光伏电站的投产，一条 ±800kV、输电功率 8000MW 的输电线路将难以满足金沙江上游清洁能源送出需要，可通过与当地电网连接消纳富余电力，或新增送出通道。金沙江上游川藏段水电输电方案设想中，拟采用 1 回外送通道，结合金沙江上游水电的地理位置和接入条件，拟将送端换流站选在巴塘水电站附近，将金沙江上游梯级水电站直接汇集，并将沿江光伏电站也汇集至该输电平台后，打捆后外送，通道落点为湖北鄂东江南地区。送端换流站要与地方电网相连接，以满足枯期适当留存金沙江上游电量需求，保障本地电力供应，缓解四川电网"丰裕枯缺"的结构性矛盾。金上川藏段梯级水电站通道利用容量分析表如表 5-8 所示。

表 5-8　　　　　　　金上川藏段梯级水电站通道利用容量分析表

梯级	年发电量 （亿 kWh）	通道容量 （MW）	现有通道利用小时 （h）	现有通道利用率 （%）	送电 方向	接入系统情况
岗托	54.80	1200	4567	52.1		
波罗	45.23	1000	4523	51.6		
叶巴滩	102.05	2240	4556	52.0		拟采用一条 ±800kV 直流输
拉哇	90.89	2000	4545	51.9	湖北	电通道送电至
巴塘	33.93	750	4524	51.6		湖北
苏洼龙	54.11	1200	4509	51.5		
昌波	43.62	826	5281	60.3		
梯级	424.63	9216	4608	52.6		

根据电力规划设计总院 2020 年编制完成的《金沙江上游（川滇段）水电开发电力市场消纳和送出方案研究》报告及评审意见，针对旭龙和奔子栏水电站的电力市场消纳和送出方案，按照"空间上由近及远，自用优先，富余外送"的原则，推荐旭龙送电四川电网、奔子栏送电云南电网，"省内上网，一省一个"的消纳方案，通过 500kV 交流线路就近接入主网。

（1）旭龙送电四川方案。考虑旭龙送至四川主网，旭龙电站通过双回 500kV 伏线路接入乡城变，并加强乡城—水洛断面 500kV 网架，新建 500kV 线约 335km。

（2）奔子栏送电云南方案。考虑奔子栏送至云南电网，通过双回 500kV 线路接入建塘变，考虑加强建塘—太安—黄坪—仁和沿线加 1 回 500kV 线路，新建 500kV 线路合计约 461km。金沙江上游川滇段水电站通道利用容量分析如表 5-9 所示。旭龙水电站送电四川主网方案设想示意图、奔子栏水电站送电云南主网方案设想示意图分别如图 5-8、图 5-9 所示。

表 5-9　　　　　　　　金沙江上游川滇段水电站通道利用容量分析表

梯级	年发电量（亿 kWh）	通道容量（MW）	现有通道利用小时（h）	现有通道利用率（%）	送电方向	接入系统情况
旭龙	105.1	2400	4381	50.0	四川主网	通过双回 500kV 伏线路接入乡城变，并加强乡城—水洛断面 500kV 网架
奔子栏	102.6	2400	4273	48.8	云南电网	通过双回 500kV 线路接入建塘变，考虑加强建塘—太安—黄坪—仁和沿线加强 1 回 500kV 线路
梯级	207.7	4800	4327	49.4		

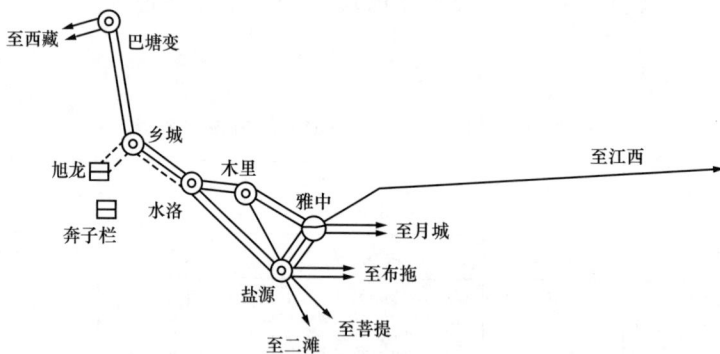

图 5-8　旭龙水电站送电四川主网方案设想示意图

2. 金沙江下游

溪洛渡配套直流已全部投产，溪洛渡水电站左岸外送通过 ±800kV 特高压直流溪浙线送电华东，输电容量 8000MW；溪洛渡水电站右岸外送通过 ±500kV 双回直流送电广东，输电容量 6400MW。白鹤滩水电站左岸通过白鹤滩—江苏 ±800kV 特高压直流工程送电方向江苏，2022 年 7 月输电工程投产，输送容量 8000MW，白鹤滩水电站右岸通过白鹤滩—浙江±800kV 特高压直流输电工程送电方向浙江，2022 年 12 月输电工程投产，输送容量 8000MW。向家坝水电站已建成配套直流外送向家坝—上海直流，输电容量 6400MW，以及宜宾—浙江直流，输电容量 8000MW。

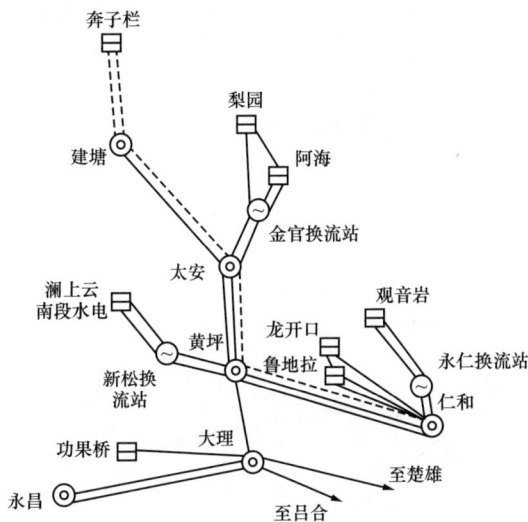

图 5-9　奔子栏水电站送电云南主网方案设想示意图

金沙江下游流域凉山片区新能源主要通过布拖 500kV 站升压经攀西断面送至四川主网消纳或经布拖一、二换流站送至江苏、浙江两地电网消纳。经计算，在已知的电网规划边界条件下，2025 年布拖变剩余升压容量约 1800MW，攀西送出通道可利用送出容量约 1800MW。金沙江下游四川凉山州、攀枝花电网 2020 年地理接线图、金沙江下游白鹤滩接入系统方案图、金沙江下游乌东德接入系统方案图如图 5-10～图 5-12 所示，金沙江下游梯级水电站通道利用容量分析如表 5-10 所示。

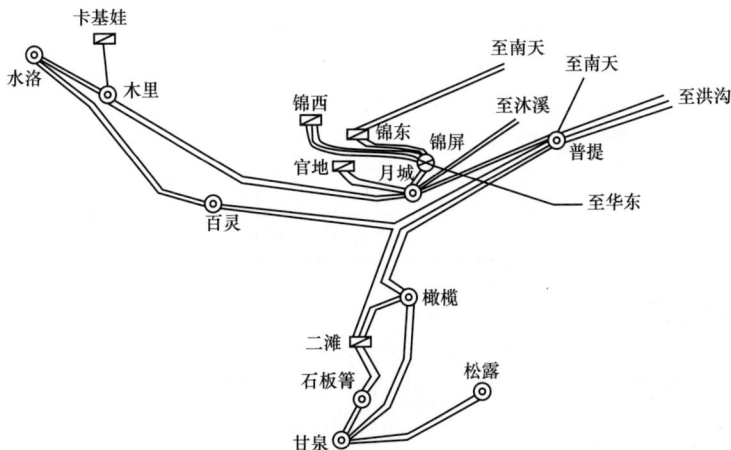

图 5-10　金沙江下游四川凉山州、攀枝花电网 2020 年地理接线图

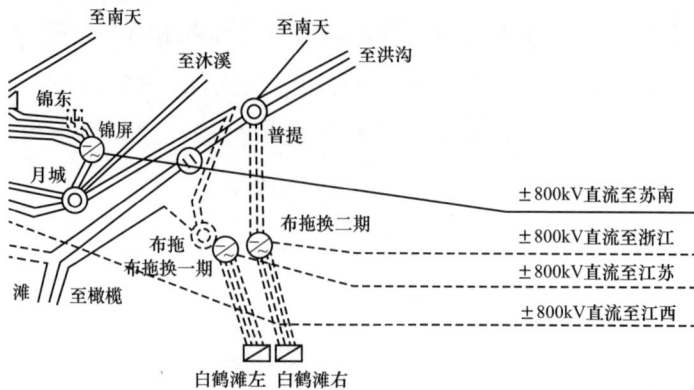

图 5-11　金沙江下游白鹤滩接入系统方案图

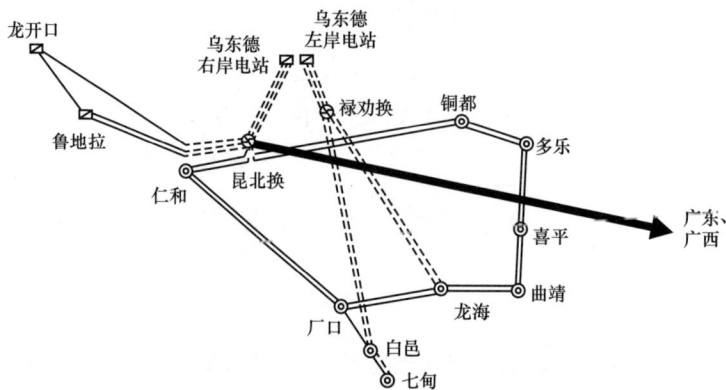

图 5-12　金沙江下游乌东德接入系统方案图

表 5-10　　　　　　　金沙江下游梯级水电站通道利用容量分析表

梯级	年发电量 （亿 kWh）	通道容量 （MW）	现有通道利用小时 （h）	现有通道利用率 （%）	送电方向	接入系统情况
乌东德	390.7	10200	3719	42.5	广东、广西	左右岸均接入 云南电网
白鹤滩	625.21	16000	3835	43.8	浙江、江苏	左右岸均接入 四川电网
溪洛渡	597.4	12600	4821	55	浙江、广东	左右岸分别接入 四川云南电网
向家坝	309	6000	4828	55	上海	复龙换流站
梯级	1922.3	44800	4291	49.0		

二、风光资源

（一）风光资源特点

1. 金沙江上游

金沙江上游流域年平均风速 3～7m/s 之间，该区域风速相对较高区域海拔较高，空气密度小，以至于风功率密度较小，资源条件一般。综合考虑区域风能资源、设备运输、场址建设及高海拔风电机组技术水平等条件，暂不考虑风电。

金沙江上游流域涉及的西藏、四川甘孜州和云南省是我国太阳能资源最丰富的省（区），西藏侧大部分地区太阳能年总辐射量在 5700～7900MJ/m² 之间；甘孜州全州太阳能年总辐射量大部分地区在 5500～6800MJ/m²；云南侧迪庆州区域内太阳能年总辐射量为 5500～6000MJ/m²。整个金沙江上游流域平均年辐射量约为 6450MJ/m²，年日照小时数超过 2000h，具有很好的开发前景。

2. 金沙江下游

金沙江下游流经四川省境内的攀枝花市、凉山州、宜宾市 3 个行政区，攀枝花市、凉山州为四川风能资源主要集中分布区域。从气象站和测风塔风资源观测数据分析结果来看，金沙江下游区域内的攀枝花地区 70m 高度平均风速在 5.5～7.0m/s 之间，风能资源条件较好；凉山州的会理、会东、普格、布拖、昭觉等县 80m 高度平均风速可达 6.0m/s 以上，风能资源条件较好；宜宾 80m 高度平均风速低于 4m/s，局部地区能达到 4.5～5m/s，风能资源一般。根据地形条件判断，金沙江下游区域风电场类型主要为山地风电场。研究区域内风电场平均风速大多在 6m/s 以上，风能资源等级多为 2 级，具备较大开发价值。

金沙江下游云南区域内的楚雄州姚安、大姚 70m 高度平均风速在 6.5～8.0m/s 之间，风能资源条件较好；楚雄的元谋、永仁、昆明市区域 70m 高度平均风速可达 6.0～7.0m/s 之间，风能资源条件较好；昭通市 70m 高度平均风速可达 5.5～6.5m/s 之间，风能资源一般。

金沙江下游区域四川侧的攀枝花地区大部分地区太阳能年总辐射量高于 6000MJ/m²，属于四川省太阳能资源最丰富的地区之一；凉山州西部各县均有较好的太阳能资源，大部分地区年总辐射量为 5000～5500MJ/m²；凉山州东部地区的雷波县、美姑县等地区年平均太阳能辐射值为 5000MJ/m² 左右；宜宾市太阳能年辐射量低于 3500MJ/m²，太阳能资源贫乏；金沙江下游区域云南侧的楚雄州地区大部分地区年总辐射量高于 6000MJ/m²，属于云南省太阳能资源最丰富的地区之一；昆明市北部各县均有较好的太阳能资源，大部分地区年总辐射量为 5500MJ/m² 以上；昭通市、曲靖市等地区年平均太阳能辐射值为 5000～5800MJ/m² 之间。

（二）风光资源开发潜力

1. 风能

（1）金沙江上游（川藏段）。从金上流域（川藏段）风能资源分布来看，流域内风功率密度等级多为 2 级及以下，具备一定开发价值。研究范围内风能资源理论蕴藏量为 0.5PWh，资源可开发量约为 5427 万 kW，技术可开发量为 334 万 kW。在昌都市、甘孜州风电技术可开发量的基础上，结合现场踏勘，考虑规模化开发、交通运输等因素后，所有规划的风电场即为重点实施项目，金上流域（川藏段）重点实施风电项目 18 个，装机容量约为 224 万 kW。其中，位于四川省境内的风电项目 1 个，装机容量 10 万 kW。

（2）金沙江上游（川滇段）—金沙江中游。甘孜州风能资源可利用区相对分散，其中，风能资源丰富区位于理塘县西部、巴塘县东部及白玉县东南山区，年平均风速约 7.08.0m/s；风资源较丰富区位于雅江县西部、理塘县东部、新龙县西南部、道格县东部、甘孜县西部、康定市南部、巴塘县南部、石渠县南北山区，年平均风速 6.5～7.5m/s。研究范围内风能资源理论蕴藏量为 0.31PWh，资源可开发量约为 3964 万 kW，技术可开发量为 396 万 kW。在甘孜州、攀枝花市风电技术可开发量的基础上，结合现场踏勘，考虑规模化开发、交通运输等因素后，所有规划的风电场即为重点实施项目，金上流域（川滇段）重点实施风电项目 4 个，装机容量约 40 万 kW；金中流域重点实施风电项目 5 个，装机容量约 61 万 kW。

（3）金沙江下游。根据气象站和测风塔风资源观测数据分析结果来看，金沙江下游区域内的攀枝花地区 70m 高度平均风速在 5.5～7.0m/s 之间，风能资源条件较好；凉山州的会理、会东、普格、布拖、昭觉等县 80m 高度平均风速可达 6.0m/s 以上，风能资源条件较好；宜宾 80m 高度平均风速低于 4m/s，局部地区能达到 4.5～5m/s，风能资源一般。研究范围内风能资源理论蕴藏量为 0.23PWh，资源可开发量约为 2739 万 kW，技术可开发量为 476 万 kW。在风电技术可开发量的基础上，结合现场踏勘，考虑规模化开发、交通运输、建设条件等因素，研究范围内规划风电项目 38 个，总规划规模 261.7 万 kW。

2. 太阳能

（1）金沙江上游（川藏段）。流域大部分区域太阳能年总辐射量在 1400kWh/m² 以上，属于年水平面总辐射量 B 级及以上，具备较大开发价值。研究范围内光伏资源理论蕴藏量约为 72PWh，光伏资源可开发量约为 4.6 亿 kW，技术可开发量为 1.1 亿 kW。在昌都市、甘孜州光伏技术可开发量的基础上，结合现场踏勘，考虑规模化开发、交通运输等因素后，所有规划的光伏电站即为重点实施项目，金上流域（川藏段）重点实施光伏项目 36 个，装机容量约为 3595 万 kW。其中，位于四川省境内的光伏项目 4 个，装机容量 620 万 kW。

（2）金沙江上游（川滇段）—金沙江中游。甘孜州全州太阳能年总辐射量为 5000～6800MJ/m²，大部分地区在 5500MJ/m² 以上，属于全国太阳能资源二类和三类地区，其中石渠、甘孜、理塘一带高达 6800MJ/m²，属于全国太阳能资源二类地区，东部边缘的泸定不足 3800MJ/m²，其间分布基本与海拔一致，是四川省太阳能最丰富地区，也是全国高太阳能地区之一。全州总辐射量是夏半年多于冬半年，夏半年总辐射量一般占全年的 60%左右，春、夏多于秋、冬，春季最大，占全年的 30%左右，冬季最小，仅占全年的 18%～20%。研究范围内光伏资源理论蕴藏量约为 38.5PWh，光伏资源可开发量约为 2.4 亿 kW，技术可开发量为 6107 万 kW。在甘孜州、攀枝花市光伏技术可开发量的基础上，结合现场踏勘，考虑规模化开发、交通运输等因素后，所有规划的光伏电站即为重点实施项目，金沙江上游流域（川滇段）重点实施光伏项目 4 个，装机容量约为 306 万 kW；金中流域重点实施光伏项目 5 个，装机容量约为 385 万 kW。

（3）金沙江下游。根据气象站和太阳能资源观测数据，凉山州绝大部分地区年总辐射量在 3780MJ/m^2 以上，属于全国太阳能资源丰富地区，具有较大的开发价值。研究范围内光伏资源理论蕴藏量为 30.5PWh，资源可开发量约为 2.24 亿 kW，技术可开发量为 4477 万 kW。在光伏技术可开发量的基础上，结合现场踏勘，考虑规模化开发、交通运输、建设条件等因素，研究范围内规划光伏项目 32 个，总规划规模 799 万 kW。

（三）风光出力特性

1. 金沙江上游

（1）光伏出力特性。

1）川藏段。

①年内出力特性。川藏段光伏电站斜面辐射值分布具有明显的季节性差异，总体呈现夏、秋季斜面辐射值低，冬、春季斜面辐射值高，斜面辐射的季节变化直接造成了光伏电站出力的季节性差异。

经统计，金沙江上游川藏段西藏侧光伏 2 月平均出力最大，占总装机容量的 24.1%；7 月平均出力最小，占总装机容量的 12.0%。云南侧规划区域太阳能年总辐射量分布图如图 5-13 所示；金沙江上游川藏段光伏电站月平均出力年内变化如表 5-11 所示。

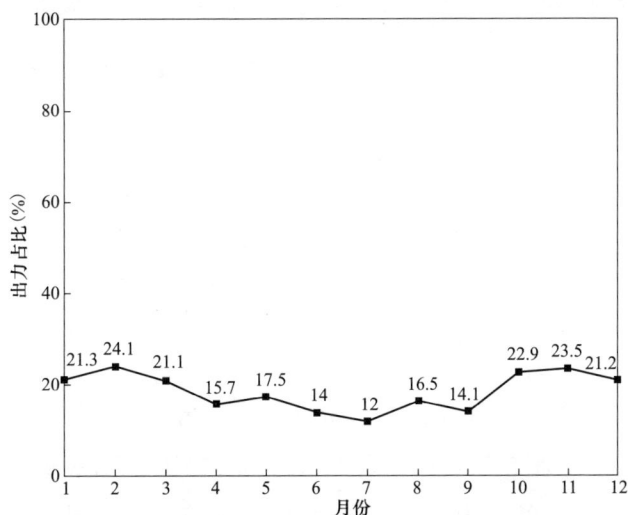

图 5-13　云南侧规划区域太阳能年总辐射量分布图

表 5-11 金沙江上游川藏段光伏电站月平均出力年内变化表

月份	1	2	3	4	5	6	7	8	9	10	11	12
占装机容量比例（%）	21.3	24.1	21.1	15.7	17.5	14.0	12.0	16.5	14.1	22.9	23.5	21.2

②日内出力特性。光伏出力主要由日照强度决定，光伏电站日变化特性受昼夜、季节、天气、温度等影响比较大。金沙江上游川藏段光伏电站日内出力特性如表 5-12 和图 5-14 所示。

表 5-12 金沙江上游川藏段光伏电站日内出力特性表

时刻	1	2	3	4	5	6	7	8	9	10	11	12
平均	0	0	0	0	0	0	1.6	12.5	30.7	44.2	51.9	58.0
晴天	0	0	0	0	0	0	2.4	19.5	47.5	68.7	84.4	94.1
阴天	0	0	0	0	0	0	1.0	4.6	12.1	16.2	18.7	19.7
雨天	0	0	0	0	0	0	1.4	11.7	21.4	27.3	34.1	40.1
时刻	13	14	15	16	17	18	19	20	21	22	23	24
平均	58.9	56.8	51.5	42.0	28.2	9.6	1.3	0.01	0	0	0	0
晴天	97.1	93.1	82.0	64.9	42.7	15.4	1.0	0	0	0	0	0
阴天	21.9	21.6	18.0	16.1	10.2	3.3	1.4	0	0	0	0	0
雨天	31.4	44.3	41.5	37.9	23.2	8.8	1.3	0	0	0	0	0

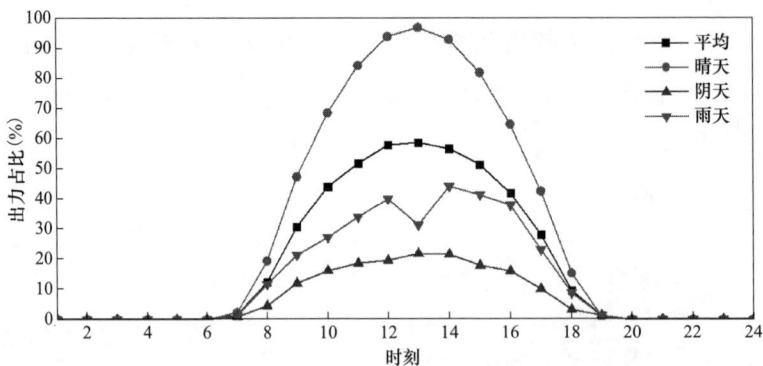

图 5-14 金沙江上游川藏段光伏电站日内出力特性图

③出力变率分析。基于金沙江上游川藏段实际测光数据得到的逐 10min 光伏出力过程，分析光伏出力变率。根据统计结果，光伏出力变幅在 ±5% 装机容量范围内的概率为 77% 左右，出力变幅在 ±10% 装机容量的概率为 91.5% 左右，出力变幅大于 ±20% 的概率不足 1%。光伏出力逐 10min 出力变率统计结果如表 5-13 所示。

表 5-13   光伏出力逐 10min 出力变率统计结果

占装机容量的出力变幅（%）	概率（%）
±5	76.9
±10	91.5
±15	97.6

2）川滇段。

①年内出力特性。川滇段光伏电站斜面辐射值分布具有明显的季节性差异，总体呈现夏、秋季斜面辐射值低，冬、春季斜面辐射值高，斜面辐射的季节变化直接造成了光伏电站出力的季节性差异。从旭龙水电站周边光伏发电出力年内特性看，有明显季节差异，总体呈现 1～2 月及 11～12 月较大，6～9 月较小。

②日内出力特性。光伏出力主要由日照强度决定，光伏电站日变化特性受昼夜、季节、天气、温度等影响比较大。旭龙水电站周边光伏电站从全年出力日变化曲线上看，日出力曲线基本呈正态分布，类似正弦半波，出力时间集中在 7～19 时之间，13 时出力达到峰值，夜间光伏电站出力为 0。金沙江上游川滇段流域光伏出力特性如图 5-15 所示。

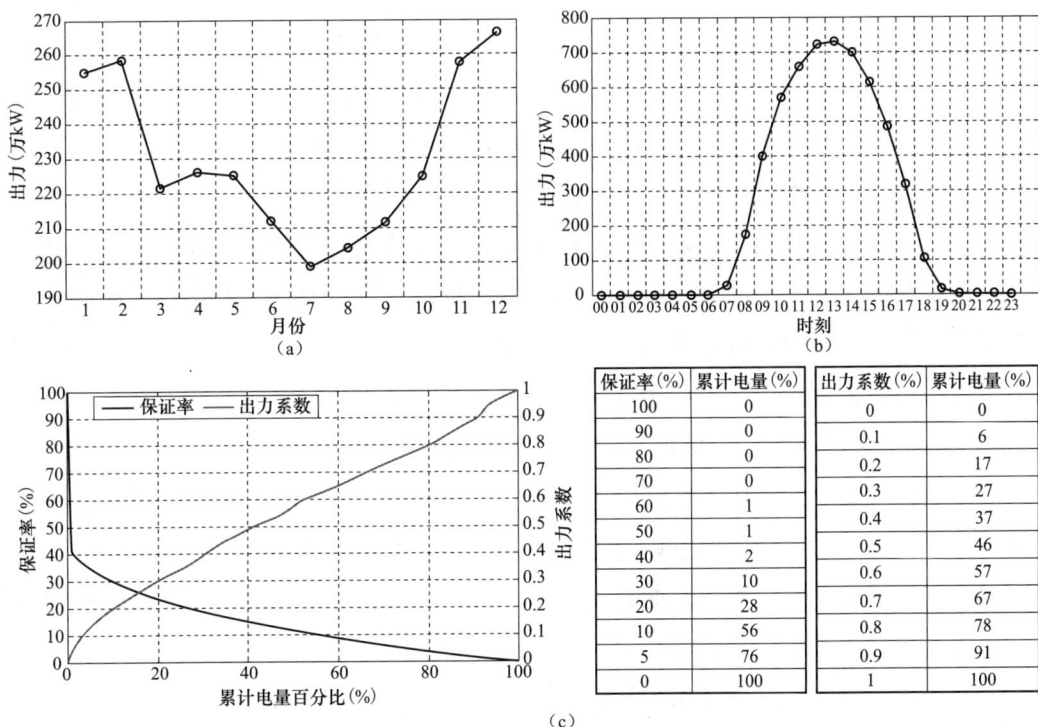

保证率(%)	累计电量(%)		出力系数(%)	累计电量(%)
100	0		0	0
90	0		0.1	6
80	0		0.2	17
70	0		0.3	27
60	1		0.4	37
50	1		0.5	46
40	2		0.6	57
30	10		0.7	67
20	28		0.8	78
10	56		0.9	91
5	76		1	100
0	100			

图 5-15 金沙江上游川滇段流域光伏出力特性（以旭龙水电站周边光伏为例）

（a）旭龙水电站周边光伏场实际年内出力图；（b）旭龙水电站周边光伏场实际日内出力图；

（c）旭龙水电站周边光伏出力—保证率—累计曲线图

（2）风电出力特性。

研究区域云南侧风能资源较好，大部分区域年平均风速在 7m/s 以上；四川侧风能资源较差，大部分区域年平均风速在 6m/s 左右。单从资源看，云南侧的风能资源可供开发，但由于该区域海拔较高（海拔均超过 4000m），空气密度较低，相应风功率密度也较低；超高海拔的风电机组技术还在研究中，预计"十四五"期间不会推出成熟的超高海拔风电机组。经初步排查，研究区域风能资源较好场址基本为生态红线区或风景名胜区，该区域内大规模开发风电的可行性不大。

2. 金沙江下游

（1）光伏出力特性。

以白鹤滩水电站周边光伏发电出力特性为例：

①年内出力特性。白鹤滩水电站周边光伏场光资源分布有明显的季节性差异，总体月平均出力系数在 0.11～0.16，冬季（12 月～次年 2 月），太阳能辐射量较小，受亚热带气候影响，天气较为寒冷，气温降低，光伏电池组件效率随温度的降低而升高，则冬季出力在年内属于较大季节，在 0.12～0.17 之间；春季（3～5 月），太阳能辐射量较高，且温暖少雨，则春季出力在年内属于较大季节，在 0.15～0.19 之间，其中 4 月最高；夏季（6～8 月），太阳能辐射量较强，高温多雨，气温是年内最高的季节，光伏电池组件效率很低，则夏季出力在年内属于较小季节，在 0.13～0.16 之间；秋季（9～11 月），太阳能辐射量较高，气温适宜，少雨，秋季出力在年内属于较低季节，在 0.11～0.15 之间。呈现冬春季大、夏秋季小的特点，且夏季出力最低。对于乌东德周边会理县大黑山、布拖县乌科梁子、元谋县天子山、巧家县洗羊塘代表光伏电站，当设计保证率 P=50% 时，出力百分率分别为 0.175%、0.187%、0.000%、0.000%；出力月际变化较为明显，呈现冬春季大、夏秋季小的特点，且夏季出力最低。

②日内出力特性。白鹤滩水电站周边光伏场从全年出力日变化曲线上看，一般在中午 12～14 时出力达到峰值，20 时～次日 6 时出力为 0，受昼夜影响较大。1 月和 3 月日内小时平均出力最大，8 月各时刻出力最低，发电最少。乌东德水电站周边日变化特性较为稳定，仅个别天受阴雨或云雾等因素影响会略有突变。冬春季节，日内出力波动较小，变化趋势较为一致；夏季，阴雨天气增多，日内出力波动性较大。金沙江流域下游会理县大黑山代表光伏电站瞬时出力（逐小时）最大正、负变率为 72%、73%，正负变率频率在 10% 以上相应的变率值在 20.5% 以下；金沙江流域下游布拖县乌科梁子代表光伏电站瞬时出力（逐小时）最大正、负变率为 57%、66%，正负变率频率在 10% 以上相应的变率值在 18.7% 以下；金沙江流域下游元谋县天子山代表光伏电站瞬时出力（逐小时）最大正、负变率为 55%、67%，正负变率频率在 10% 以上相应的变率值在 24.2% 以

下；金沙江流域下游巧家县洗羊塘代表光伏电站瞬时出力（逐小时）最大正、负变率为60%、61%，正负变率频率在10%以上相应的变率值在19.6%以下。白鹤滩水电站周边光伏场出力特性曲线如图5-16所示。

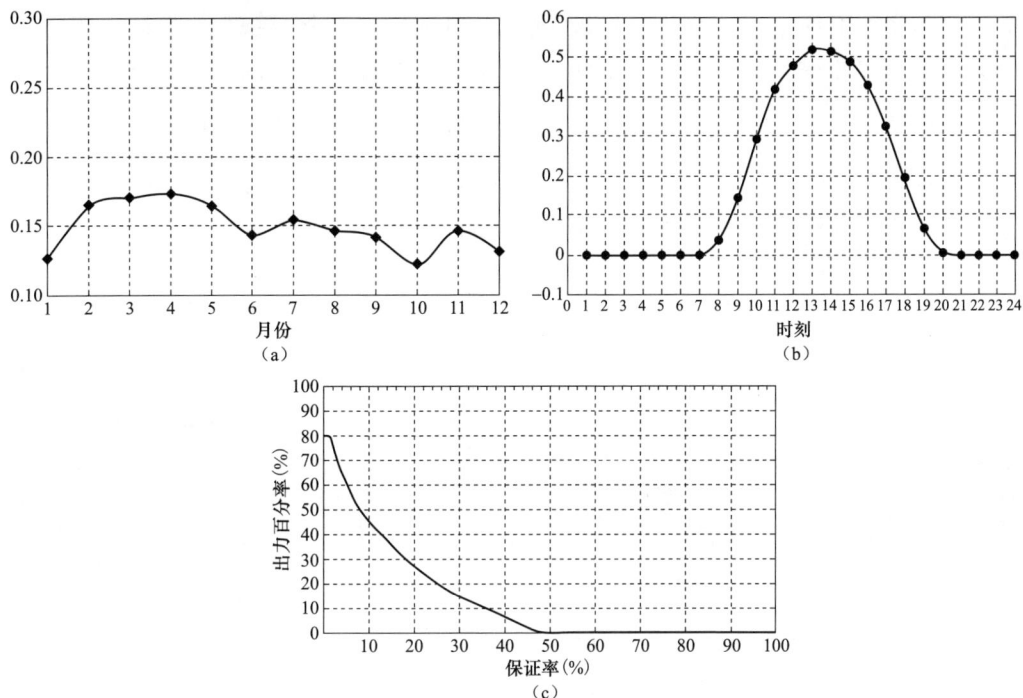

图 5-16 白鹤滩水电站周边光伏场出力特性曲线

（a）白鹤滩水电站周边光伏场实际出力逐月平均变化图；（b）白鹤滩水电站周边光伏场实际出力逐时变化图；

（c）白鹤滩水电站周边光伏出力—保证率曲线图

（2）风电出力特性。

以白鹤滩水电站和乌东德水电站周边风电场资源为例：

①年内出力特性。白鹤滩水电站周边风电场风能资源分布有明显的季节性差异，一般11月~次年4月出力较大，5~10月的出力较小。风速的季节变化直接造成了风电场出力的季节性差异。经统计，四川侧、云南侧2月均属于大风季节，各代表风电场出力系数在0.58~0.68，发电量在年内最大；8月属于小风季节，出力系数在0.07~0.18之间，在全年属于发电量较小季节；11月属于大风季节，各代表风电场出力系数分别在0.27~0.47之间，在全年属于发电量较大季节。乌东德水电站周边区域风电场年出力特性较为一致。当设计保证率$P=50\%$时，出力百分率在9%~26%之间。月出力变化规律基本一致，一般11月~次年4月出力较大，5~10月的出力较小。月际变化较显著，呈冬春季大、夏秋季小的特点。

②日内出力特性。白鹤滩水电站周边风电场从全年出力日变化曲线上看，呈现"一峰一谷"，一般在夜间21时风速开始加大，翌日上午6时风速达到最大，之后风速开

始下降。即夜间和上午风大，下午风速较小。2月日内小时平均出力最大。乌东德水电站周边区域一般小风季节，日出力特性较为稳定，相邻两日出力变化幅度较小；大风季节，日出力变化幅度较大；大风月日内出力变化幅度较大，小风月日内出力相对稳定。大部分风电场上午和夜间小时平均出力相对较大，下午较小；少数风电场日内各时刻出力相对平缓。与此同时，日内出力特性受季节因素影响较大。冬春季节，日内出力随机性较大；夏秋季节，日内出力变化幅度较小。瞬时出力最大正、负变率占装机容量比重分别在51%~100%之间，正负变率频率在10%以上相应的变率值占装机容量的比重在15%以下。白鹤滩水电站周边风电场出力特性曲线如图5-17所示。

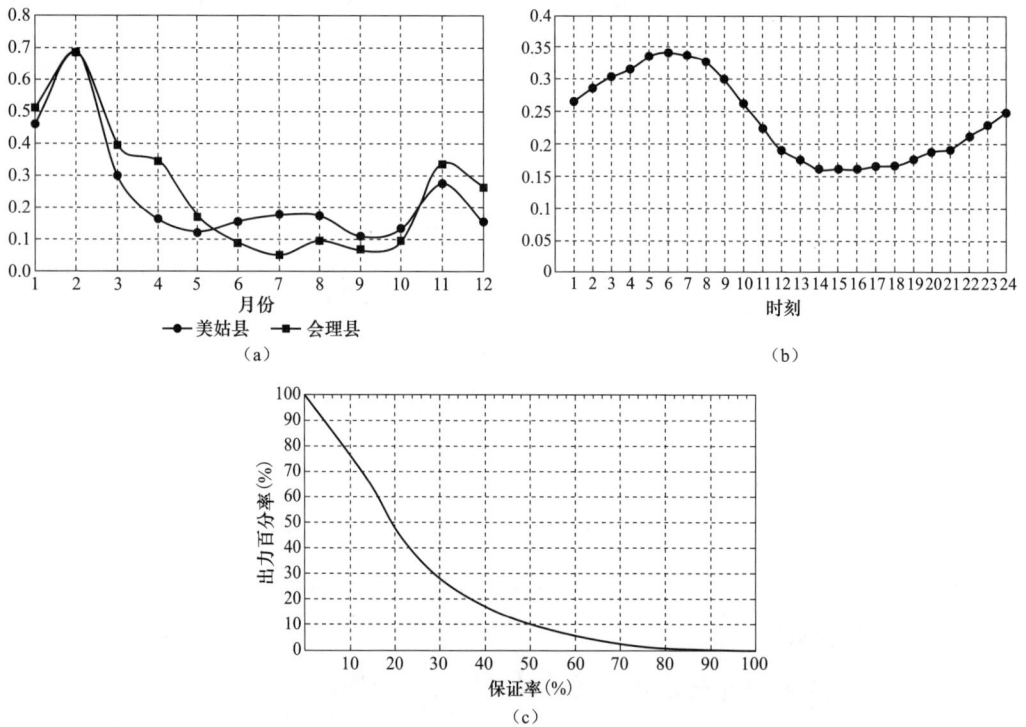

图 5-17　白鹤滩水电站周边风电场出力特性曲线

（a）白鹤滩水电站周边风电场实际出力逐月平均变化图；（b）白鹤滩周边风电场实际出力逐时变化图；

（c）白鹤滩水电站周边风电场出力—保证率曲线图

第三节　雅砻江流域

一、水电资源

（一）水电资源开发规划

雅砻江系金沙江的最大支流，源出青海省巴颜喀拉山南麓，自西北向东南流至呷依寺附近入四川境内。雅砻江水系水量丰沛、落差巨大且集中，干支流蕴藏水能资源丰富，水能资源技术可开发量 39238MW，其中，干流为 28834MW，占全水系的 73.5%。

雅砻江干流上游开展规划，中游（两河口—卡拉）河段分 7 级开发：两河口（3000MW）、牙根一级（270MW）、牙根二级（1080MW）、楞古（2575MW）、孟底沟（2400MW）、杨房沟（1500MW）、卡拉（1020MW），装机容量共计 11845MW。两河口（3000MW）、杨房沟（1500MW）已投产发电。其余梯级，除牙根二级、楞古梯级外，均在 2030 年前投产。下游卡拉至江口河段分 5 级开发：锦屏一级（3600MW）、锦屏二级（4800MW）、官地（2400MW）、二滩（3300MW）、桐子林（600MW），装机容量共计 14700MW，已全部建成。雅砻江干流中下游各梯级主要指标如表 5-14 所示。

表 5-14　　　　　　　　　　　雅砻江干流中下游各梯级主要指标表

梯级	装机容量（MW）	正常蓄水位（m）	坝址集雨面积（万 km²）	调节性能	调节库容（亿 m³）	装机利用小时（h）	多年平均发电量（亿 kWh）	建设情况	"十四五"投产情况
两河口	3000	2865	6.57	多年	65.6	3666	110	在建	完全
牙根一级	270	2605	6.59	日	0.17	4407	11.9	未建	部分投产
牙根二级	1080	2560	7.10	日	1.09	4084	44.11	未建	部分投产
楞古	2575	2477	7.75	日	0.27	4574	117.78	未建	未建
孟底沟	2400	2254	7.96	日	0.86	4335	104.05	未建	部分投产
杨房沟	1500	2094	8.09	日	0.54	4580	68.7	在建	完全
卡拉	1020	1986	8.18	日	0.22	4529	46.2	未建	部分投产
锦屏一级	3600	1880	10.3	年	49.1	4617	166.2	已建	完全
锦屏二级	4800	1646	10.3	日	0.05	5265	252.7	已建	完全
官地	2400	1330	11.0	日	0.28	5167	124.0	已建	完全
二滩	3300	1200	11.6	季	33.7	5818	192	已建	完全
桐子林	600	1015	12.8	日	0.15	4850	29.1	已建	完全
合计	26545				152.03	4772	1266.74		

（二）梯级水电站特性

雅砻江中下游流域内 12 个梯级电站，总调节库容 152.03 亿 m³，其中，两河口水电站具有多年调节性能，调节库容 65.6 亿 m³；锦屏一级水电站具有年调节性能，调节库容 49.1 亿 m³。雅砻江中下游库容累积系数见表 5-15。

表 5-15　　　　　　　　　　　雅砻江流域梯级库容累积系数表

序号	电站名称	累积调节库容（亿 m³）	坝址年径流（亿 m³）	累积库容系数（%）	装机容量（MW）
1	两河口	65.6	210.03	31.2	3000

序号	电站名称	累积调节库容 （亿 m³）	坝址年径流 （亿 m³）	累积库容系数 （%）	装机容量 （MW）
2	牙根一级	65.77	210.03	31.3	270
3	牙根二级	66.86	234.94	28.5	1080
4	楞古	67.13	239.67	28.0	2575
5	孟底沟	67.99	279.72	24.3	2400
6	杨房沟	68.53	282.56	24.3	1500
7	卡拉	68.75	285.40	24.1	1020
8	锦屏一级	117.85	384.74	30.6	3600
9	锦屏二级	117.9	384.74	30.6	4800
10	官地	118.18	432.04	27.4	2400
11	二滩	151.88	520.34	29.2	3300
12	桐子林	152.03	605.49	25.1	600

通过两河口、锦屏一级、二滩三大水库调节，可使雅砻江干流梯级水电站群实现多年调节，各梯级电站日内出力过程可根据系统需要进行综合调度运行。根据电源建设时序，对 2025 规划水平年出力特性进行分析。

2025 水平年雅砻江干流已建成的水风光互补梯级电站有两河口、杨房沟、锦屏一级、锦屏二级、官地、二滩、桐子林等 7 个梯级。2025 水平年雅砻江干流梯级电站月平均出力过程如图 5-18 所示。2025 水平年雅砻江中下游已投产梯级电站代表年出力特性见表 5-16；2025 年雅砻江流域各梯级水电站出力特性（丰、平、枯）见表 5-17～表5-19 所示。

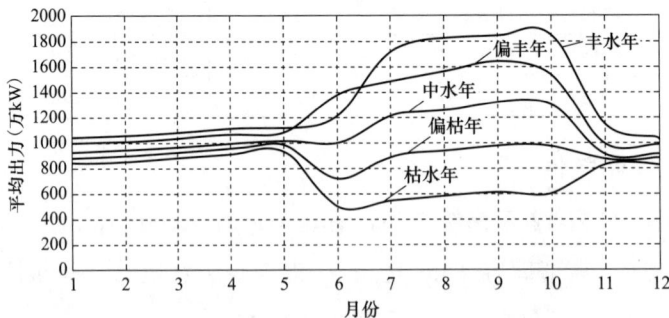

图 5-18 2025 年雅砻江中下游月平均出力过程

表 5-16　　2025 水平年雅砻江中下游已投产梯级电站代表年出力特性表

水平年	丰水年	偏丰年	中水年	偏枯年	枯水年
装机容量（MW）	19200	19200	19200	19200	19200

水平年	丰水年	偏丰年	中水年	偏枯年	枯水年
年均出力（MW）	13370	12320	10640	9080	7460
汛期（5～10月）平均出力（MW）	16900	15230	12190	9000	5750
枯期（11～4月）平均出力（MW）	10660	10190	9480	9070	8620
丰枯出力差（MW）	6240	5050	2710	−70	−2870
丰枯出力比	1.59	1.5	1.29	0.99	0.67
装机与枯期出力比	1.8	1.88	2.03	2.12	2.23
年电量（亿 kWh）	1171.33	1079.27	931.72	794.99	653.25
利用小时数（h）	6101	5621	4853	4141	3402

表 5-17　　　　2025 年雅砻江流域各梯级水电站出力特性表（丰水年）

电站	装机容量（MW）	丰枯出力比	年发电量（亿 kWh）	年利用小时数（h）
两河口	3000	1.35	144.31	4810.33
牙根一级	270	1.42	14.93	5529.63
牙根二级	1080	1.41	52.69	4878.70
楞古	2575	2.08	150.40	5840.78
孟底沟	2400	1.85	131.81	5492.08
杨房沟	1500	1.75	87.16	5810.67
卡拉	1020	1.85	56.00	5490.20
锦屏一级	3600	1.39	226.25	6284.72
锦屏二级	4800	1.60	313.18	6524.58
官地	2400	1.71	147.32	6138.33
二滩	3300	1.28	218.09	6608.79
桐子林	600	1.39	35.03	5838.33

表 5-18　　　　2025 年雅砻江流域各梯级水电站出力特性表（平水年）

电站	装机容量（MW）	丰枯出力比	年发电量（亿 kWh）	年利用小时数（h）
两河口	3000	1.08	113.29	3776.33
牙根一级	270	1.20	12.08	4474.07
牙根二级	1080	1.28	44.41	4112.04
楞古	2575	1.58	114.45	4444.66
孟底沟	2400	1.57	104.32	4346.67
杨房沟	1500	1.61	71.65	4776.67
卡拉	1020	1.70	78.24	7670.59
锦屏一级	3600	1.18	177.01	4916.94

电站	装机容量（MW）	丰枯出力比	年发电量（亿 kWh）	年利用小时数（h）
锦屏二级	4800	1.31	243.97	5082.71
官地	2400	1.48	116.93	4872.08
二滩	3300	1.14	179.82	5449.09
桐子林	600	1.22	29.05	4841.67

表 5-19　　　　2025 年雅砻江流域各梯级水电站出力特性表（枯水年）

电站	装机容量（MW）	丰枯出力比	年发电量（亿 kWh）	年利用小时数（h）
两河口	3000	0.46	70.89	2363.00
牙根一级	270	0.55	7.71	2855.56
牙根二级	1080	0.79	30.84	2855.56
楞古	2575	0.89	78.79	3059.81
孟底沟	2400	1.07	74.67	3111.25
杨房沟	1500	1.10	51.25	3416.67
卡拉	1020	1.37	61.45	6024.51
锦屏一级	3600	0.67	123.46	3429.44
锦屏二级	4800	0.75	168.54	3511.25
官地	2400	0.93	83.28	3470.00
二滩	3300	0.71	131.81	3994.24
桐子林	600	0.99	24.02	4003.33

（三）水电输电通道概况

四川电网与区外电网（西北电网、重庆电网、华东电网、昌都）呈"4 直+6 交"的联网格局，送电能力最高为 30500MW（不含川藏联网容量），其中，扣除金沙江界河直送部分后的川电外送规模为 15200MW。四川水电外送通道现状见表 5-20。

表 5-20　　　　　　　　四川水电外送通道现状

项目	外送通道	输电类型	落点	送电能力 MW	备注
4 直	德阳—宝鸡	500kV 直流	西北	3000	
	溪洛渡—浙西	800kV 直流	华东	8000	
	向家坝—上海	800kV 直流		6400	扣除金沙江界河直送，可利用溪、向通道 210 万 kW
	锦屏—苏南	800kV 直流		7200	
6 交	黄岩—万县	500kV 交流	重庆	650	
	洪沟—板桥	500kV 交流		3250	
	资阳—铜梁	500kV 交流		2000	
合计				30500	

2022 年雅中直流投运后，四川电网与区外电网交换的用于西电东送的交直流输电线路在现有电网基础上将发展为"5 直+6 交"，增加 1 回雅中—江西±800kV 特高压直流，送电能力最高达到 38500MW，扣除金沙江界河省外消纳部分后的川电外送规模为 23200MW。雅砻江梯级水电站通道利用容量分析见表 5-21。

表 5-21　　　　　　　　　雅砻江梯级水电站通道利用容量分析表

梯级	年发电量（亿 kWh）	通道容量（MW）	现有通道利用小时（h）	现有通道利用率（%）	送电方向	接入系统情况
两河口	110	3000	3666	41.9	四川	接入四川电网
牙根一级	11.9	270	4407	50.3	四川	
牙根二级	44.11	1080	4084	46.6	四川	
楞古	117.78	2575	4574	52.2	华中	通过雅中直流送电至华中
孟底沟	104.05	2400	4335	49.5	华中	
杨房沟	68.7	1500	4580	52.3	华中	
卡拉	46.2	1020	4529	51.7	华中	
锦屏一级	166.2	3600	4617	52.7	四川、重庆、华东	接入四川电网，通过川渝特高压、锦苏直流送电至重庆、华东
锦屏二级	252.7	4800	5265	60.1	四川、重庆、华东	
官地	124	2400	5167	59	四川、重庆、华东	
二滩	192	3300	5818	66.4	四川、重庆	
桐子林	29.1	600	4850	55.4	四川	接入四川电网
梯级	1266.74	26545	4772	54.5		

二、风光资源

（一）风光资源特点

受四川省地形及环流特点影响，雅砻江流经的甘孜州、凉山州、攀枝花三个行政区为四川风能资源主要集中分布区域。流域范围内现有多座测风塔，主要分布在凉山州和攀枝花区域。根据气象站和测风塔风资源观测数据分析结果来看，风能资源主要位于河谷区域和海拔 2500m 以上的高海拔山区，平均风速大多在 6m/s 以上，风能资源等级多为 2 级，具备较大开发价值。

本次研究区域主要为甘孜州、凉山州、攀枝花，境内现有盐源、攀枝花辐射观测站和部分开发项目的辐射观测站，根据气象站和太阳能资源观测数据分析结果来看，大部分区域太阳能年总辐射量在 5500MJ/m² 以上，属于全国太阳能资源二类和三类地区，具备较大开发价值。

（二）风光资源开发潜力

1. 风能

雅砻江流域涉及的行政区划主要包括凉山州、甘孜州、攀枝花市三个市级行政区划。从风能资源分布来看，流域内风能资源主要位于河谷区域和海拔 2500m 以上的高海拔山区，平均风速大多在 6m/s 以上，风功率密度等级多为 2 级，具备较大开发价值。流域范围内风能资源理论蕴藏量为 1.8125PWh，可开发量约 23809 万 kW，技术可开发量为 1905 万 kW。在技术可开发量的基础上，结合现场踏勘，考虑规模化开发、交通运输、建设条件等因素，规划风电项目 46 个，总规划规模 537.7 万 kW。

2. 太阳能

雅砻江流域涉及的行政区划主要包括凉山州、甘孜州、攀枝花市三个市级行政区划。根据气象站和太阳能资源观测数据分析结果来看，大部分区域太阳能年总辐射量在 5500MJ/m^2 以上，属于全国太阳能资源二类和三类地区，具备较大开发价值。流域范围内光伏资源理论蕴量为 174.3PWh，可开发量约为 13.3 亿 kW，技术可开发量为 11990 万 kW。在技术可开发量的基础上，结合现场踏勘，考虑规模化开发、交通运输、建设条件等因素，研究范围内规划光伏项目 61 个，总规划规模 4182 万 kW。

（三）风光出力特性

1. 光伏出力特性

（1）年内出力特性。雅砻江流域光伏电站太阳能资源年内分布存在季节性差异，地区温度也有较明显的季节差异，因此，光伏电站出力也存在一定的季节性差异。雅砻江流域各区域光伏电站月平均出力系数为 0.18。冬季（12 月～次年 3 月），太阳能辐射量较小，受亚热带气候影响，天气较为寒冷，气温降低，太阳电池组件效率随温度的降低而升高，则冬季出力在年内属于较大季节，在 0.19～0.23 之间，其中 1 月最高；春季（3～5 月），太阳能辐射量较高，且温暖少雨，则春季出力在年内属于较大季节，在 0.16～0.19 之间；夏季（6～8 月），太阳能辐射量较强，高温多雨，气温是年内最高的季节，太阳电池组件效率很低，则夏季出力在年内属于较小季节，在 0.12～0.17 之间，其中 8 月最低；秋季（9～11 月），太阳能辐射量较高，气温适宜，少雨，秋季出力在年内属于较低季节，在 0.12～0.2 之间。总体而言，雅砻江流域光伏电站出力月际变化较为明显，呈现冬春季大，夏秋季小的特点，且夏季出力最低。

（2）日内出力特性。雅砻江流域光伏电站各月日内出力趋势较为一致，一般在中午 12～13 时出力达到峰值，20 时～次日 6 时出力为 0，受昼夜影响较大。12 月日内小时平均出力最大，5 月、7 月各时刻出力最低，发电最少。两河口水电站周边光伏电站出力特性曲线如图 5-19 所示。

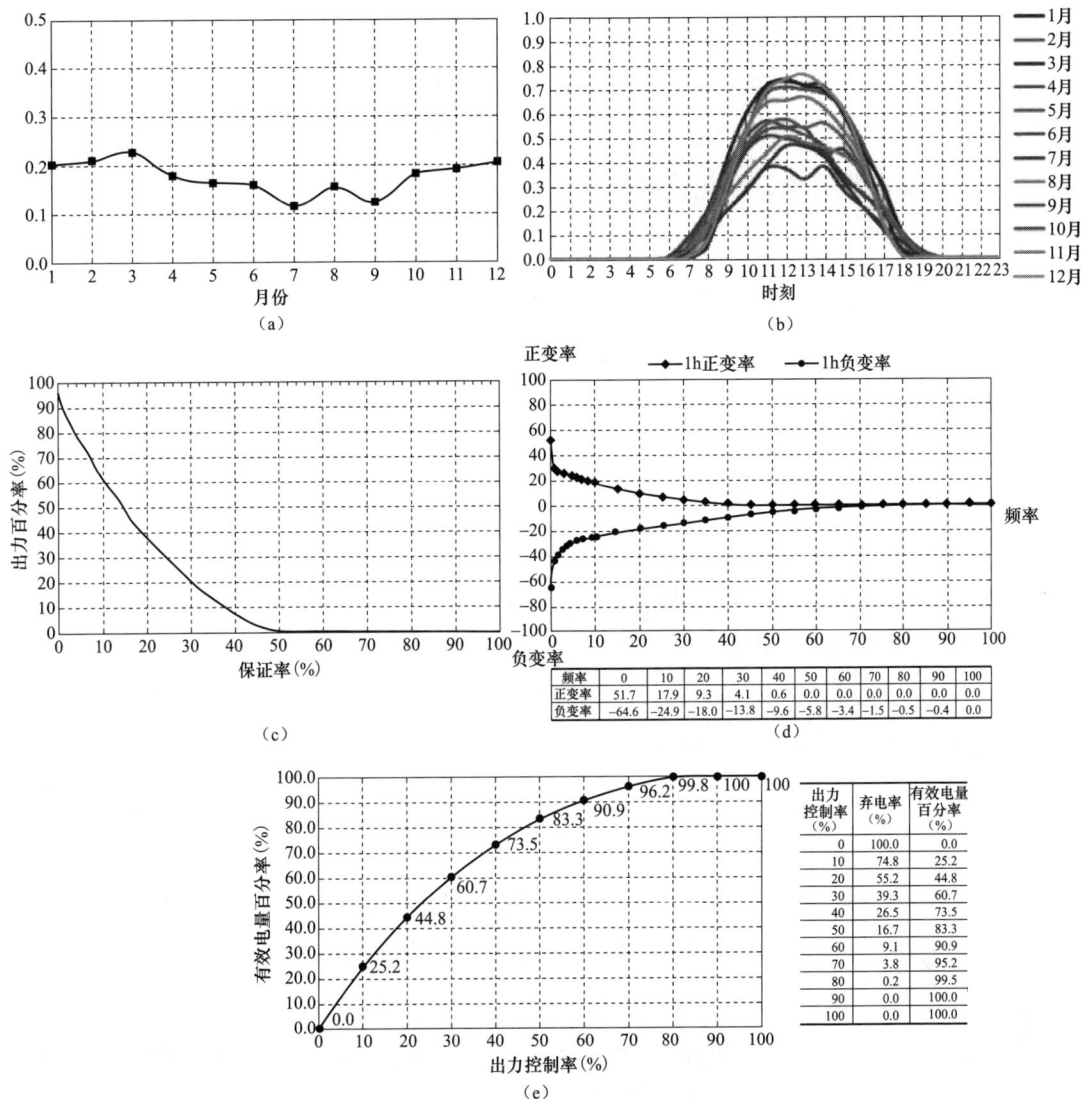

图 5-19　两河口水电站周边光伏电站出力特性曲线

（a）两河口水电站周边光伏电站实际出力逐月平均变化图；（b）两河口水电站周边光伏电站实际出力逐时变化图；

（c）两河口水电站周边光伏电站出力-保证率曲线图；（d）两河口水电站周边光伏电站逐小时出力变率分布图；

（e）两河口水电站周边光伏电站出力控制率—弃电率分布图（未考虑同时率）

2. 风电出力特性

（1）年内出力特性。雅砻江流域风电场风能资源分布有明显的季节性差异，风速的季节变化直接造成了风电场出力的季节性差异。2 月属于大风季节，两个代表风电场出力系数分别为 0.49、0.57，出力在年内最大；8 月属于小风季节，两个代表风电场出力系数分别为 0.06、0.1，出力在年内最小；12 月属于大风季节，两个代表风电场出力系数分别为 0.21、0.46，在全年属于发电量较大月份。雅砻江流域风电场出力月际变化较显著，呈冬春季大、夏秋季小的特点。

（2）日内出力特性。雅砻江流域风电场 11 月～次年 4 月日内出力变化较明显，大体呈现出"一峰一谷"的特征，峰时一般出现在 11～20 时，低谷一般出现在 2～9 时；6～9 月日内出力分布较均匀，变化幅度相对较小。

第四节　大　渡　河　流　域

一、水电资源

（一）水电资源开发规划

1. 大渡河干流

大渡河是岷江最大支流，发源于青海省果洛山东南麓，分东、西两源，东源为足木足河，西源为绰斯甲河，以东源为主源。大渡河流域面积 7.74 万 km²（不含青衣江），年径流量 470 亿 m³，其中，四川省境内流域面积 7.08 万 km²，占全流域面积的 91.5%；干流全长 1062km，其中，四川省境内长 852km；天然落差 4175m，其中，四川省境内2788m。干流四川省境内水力资源理论蕴藏量 19770MW，其中，双江口至铜街子河段是国家规划的大型水电基地之一。

大渡河干流规划建设梯级水电站 28 座，装机容量 26790MW。截至 2022 年底，已投产水电站有猴子岩、长河坝、黄金坪、泸定、大岗山、龙头石、瀑布沟、深溪沟、枕头坝一级、沙坪二级、龚嘴、铜街子、沙湾及安谷共 14 座电站，装机容量 17368MW，约占四川水电总装机容量的 22.6%。在建电站共有巴拉、双江口、金川、硬梁包 4 座电站，装机容量 4722MW。巴拉水电站 2018 年开工，预计 2025 年投产发电；双江口水电站已于 2015 年核准，预计"十四五"末建成发电，建成后对下游水电站具有较大的补偿效益；硬梁包水电站于 2016 年核准，2019 年全面开工；金川水电站于 2019 年核准开工，预计 2024 年投产发电；其余 10 座电站正开展项目前期工作。

2. 绰斯甲河

绰斯甲河系大渡河西源，上游分为杜柯河和色尔曲两源，杜柯河为主源，与色尔曲汇合后始称绰斯甲河，在可尔因处汇入大渡河。干流全长 400km，流域面积 1.6 万 km²，河口多年平均流量 202m³/s，年径流量 64 亿 m³，水力资源理论蕴藏量 1330MW。

绰斯甲河干流（曾克寺—麦斯卡段）水电规划推荐梯级开发方案为"一库四级"，自上而下的电站依次为：上寨（坝式）、蒲西（引水式）、绰斯甲（引水式）和观音桥（混合式）梯级。经过多年的研究、建设，绰斯甲河干流梯级电站总装机容量 1150MW，在不考虑"南水北调"情况下联合运行时，年发电量 48.83 亿 kWh。其中，绰斯甲水电站于 2019 年核准开工，预计 2025 年前后建成发电，其余水电站仍在开展前期工作。

大渡河干流及绰斯甲河梯级水电开发概况如表 5-22 所示。

表 5-22　　　　　　　　　　　　　大渡河流域水电开发概况

梯级	装机容量（MW）	正常蓄水位（m）	坝址集雨面积（万 km²）	调节性能	调节库容（亿 m³）	装机利用小时（h）	年发电量（亿 kWh）	建设情况	"十四五"投产情况
上寨	450	3100	1.03	年	7.04	3867	17.4	规划	不投产
蒲西	117	2862	1.14	日		4615	5.4	规划	不投产
绰斯甲	392	2788	1.2	日	0.047	3776	14.8	在建	投产
观音桥	186.5	2570	1.47	日	0.08	4718	8.8	规划	不投产
下尔呷	600	3120	1.55	多年	19.3	3700	22.2	规划	不投产
巴拉	749	2920	1.58	日		2991	22.4	在建	投产
达维	300	2730	1.66	日		4933	14.8	规划	不投产
卜寺沟	360	2606	1.73	日		3556	12.8	规划	不投产
双江口	2000	2500	3.93	年	19.1	3655	73.1	在建	投产
金川	860	2260	4	日	3.1	3791	32.6	在建	投产
安宁	380	2130		日	1.28	4184	15.9	规划	不投产
巴底	720	2075	4.24	季	6.9	6444	46.4	规划	不投产
丹巴	1196.6	1995	4.55	周	0.7	4621	55.3	规划	不投产
猴子岩	1700	1852	5.42	季	5.5	4356	74.1	已建	投产
长河坝	2600	1690	5.59	季	4	3999	104	已建	投产
黄金坪	850	1475	5.62	日	0.3	3315	28.2	已建	投产
泸定	920	1374	5.89	日	0.4	4075	37.5	已建	投产
硬梁包	1116	1250	5.93			5563	62.1	在建	部分投产
大岗山	2600	1130	6.27	周	0.6	4189	108.9	已建	投产
龙头石	700	955	6.3	日	0.24	4296	30.1	已建	投产
老鹰岩一级	220	905		日	0.049	6091	13.4	规划	不投产
老鹰岩二级	350	881		日	0.06	5343	18.7	规划	不投产
瀑布沟	3600	850	6.85	季	38.8	4050	145.8	已建	投产
深溪沟	660	665	7.29			4164	27.5	已建	投产
枕头坝一级	720	624		日	0.45	4569	32.9	已建	投产
枕头坝二级	236	590		日		4703	11.1	规划	不投产
沙坪一级	340	577		日	0.05	4941	16.8	规划	不投产
沙坪二级	348	554		日	0.21	4339	15.1	已建	投产
龚嘴	770	528	7.5	周	0.96	5058	39	已建	投产
铜街子	650	474	7.61	日	0.55	4548	29.6	已建	投产
合计	26691.1		98.4		156.9	4258	1136.5		

（二）梯级水电站特性

根据大渡河水电开发时序，2025 水平年有条件进行风光水互补开发的梯级电站为蒲西、绰斯甲、巴拉、双江口、金川。其中，双江口水电站调节库容 19.2 亿 m³，具有年调节能力，其余水电站均为日调节。电站基本情况见表 5-23。

表 5-23 大渡河及绰斯甲河 2025 年水风光互补梯级水电概况

序号	梯级名称	开发方式	装机容量（MW）	调节库容（亿 m³）	调节性能
1	蒲西	坝式	117		日调节
2	绰斯甲	坝式	392		日调节
3	巴拉	引水式	749		日调节
4	双江口	坝式	2000	19.2	年调节
5	金川	坝式	860		日调节

设计水平年 2025 年，大渡河干流及绰斯甲河 5 个梯级电站丰、平、枯代表年出力过程见图 5-20，出力特性汇总见表 5-24。2025 年大渡河梯级水电站出力特性表（丰、平、枯）见表 5-25～表 5-27。

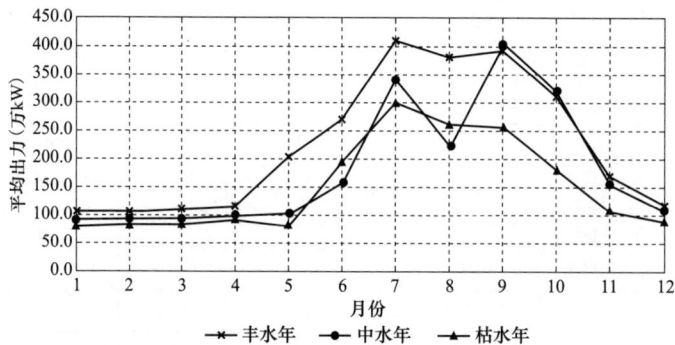

图 5-20 大渡河及绰斯甲河梯级丰平枯代表年出力过程图

表 5-24 2025 年大渡河梯级水电站代表年出力特性表

项目	丰水年	中水年	枯水年
装机容量（MW）	4118	4118	4118
年均出力（MW）	2234	1819	1497
丰水期（6～10 月）平均出力（MW）	3512	2884	2378
枯水期（12～翌年 4 月）平均出力（MW）	1109	969	845
丰枯出力差（MW）	2403	1914	1534
丰枯出力比	3.2	3	2.8

项目	丰水年	中水年	枯水年
装机与枯期出力比	3.7	4.2	4.9
年电量（亿 kWh）	195.6	159.3	131.1
利用小时数（h）	4750	3868	3183

表 5-25　　　　2025 年大渡河梯级水电站出力特性表（丰水年）

电站	装机容量（MW）	丰枯出力比	年发电量（亿 kWh）	年利用小时数（h）
蒲西	117	2.5	6.4	5470
绰斯甲	392	4.9	19.1	4872
巴拉	749	4.9	36.4	4860
双江口	2000	2.3	93.6	4680
金川	860	2.8	40.2	4674

表 5-26　　　　2025 年大渡河梯级水电站出力特性表（平水年）

电站	装机容量（MW）	丰枯出力比	年发电量（亿 kWh）	年利用小时数（h）
蒲西	117	2.4	5.4	4615
绰斯甲	392	6.4	16.0	4082
巴拉	749	6.4	30.6	4085
双江口	2000	2.3	75.1	3755
金川	860	2.3	32.3	3756

表 5-27　　　　2025 年大渡河梯级水电站出力特性表（枯水年）

电站	装机容量（MW）	丰枯出力比	年发电量（亿 kWh）	年利用小时数（h）
蒲西	117	2.5	4.9	4188
绰斯甲	392	6.8	14.6	3724
巴拉	749	6.8	27.9	3725
双江口	2000	2.0	58.6	2930
金川	860	2.0	25.2	2930

2025 年参与水风光互补的电站中仅有双江口具有年调节能力，但双江口位于 5 个梯级电站中相对下游的位置，其调节能力对 5 个梯级水电站年内出力的调节作用有限，因此，双江口上游水电站平枯期出力差距较大，双江口自身及下游金川电站平枯期出力差距相对较小。

（三）水电输电通道概况

根据国家"十四五"电力规划，2025 年，西部加快形成"两横一环网"特高压交流主网架，北横，新建阿坝—成都东双回特高压交流线路，汇集大渡河上双江口、巴拉、金川等水电外送；南横，甘孜—天府南双回特高压交流线路，汇集雅砻江中游两河口等水电外送；成渝环网，围绕川渝负荷中心，形成成都东—铜梁—重庆—天府南—成都东特高压交流环网，大幅提升川渝地区间电力输送能力和可靠性。解决近年大渡河水电窝电严重问题，通过特高压交流网送电至川渝负荷中心。大渡河梯级水电站通道利用容量分析见表5-28。

表5-28　　　　　　　　大渡河梯级水电站通道利用容量分析表

梯级	年发电量（亿 kWh）	通道容量（MW）	现有通道利用小时（h）	现有通道利用率（%）	送电方向	接入系统情况
上寨	17.4	450	3867	44.1	四川/重庆	
蒲西	5.4	117	4615	52.7	四川/重庆	
绰斯甲	14.8	392	3776	43.1	四川/重庆	
观音桥	8.8	186.5	4718	53.9	四川/重庆	
下尔呷	22.2	600	3700	42.2	四川/重庆	
巴拉	22.4	749	2991	34.1	四川/重庆	
达维	14.8	300	4933	56.3	四川/重庆	
卜寺沟	12.8	360	3556	40.6	四川/重庆	
双江口	73.1	2000	3655	41.7	四川/重庆	
金川	32.6	860	3791	43.3	四川/重庆	
安宁	15.9	380	4184	47.8	四川/重庆	
巴底	46.4	720	6444	73.6	四川/重庆	接入四川电网，参与川电外送，2025 年以后可通过川渝特高压环网送电重庆
丹巴	55.3	1196.6	4621	52.8	四川/重庆	
猴子岩	74.1	1700	4356	49.7	四川/重庆	
长河坝	104	2600	3999	45.7	四川/重庆	
黄金坪	28.2	850	3315	37.8	四川/重庆	
泸定	37.5	920	4075	46.5	四川/重庆	
硬梁包	62.1	1116	5563	63.5	四川/重庆	
大岗山	108.9	2600	4189	47.8	四川/重庆	
龙头石	30.1	700	4296	49	四川/重庆	
老鹰岩一级	13.4	220	6091	69.5	四川/重庆	
老鹰岩二级	18.7	350	5343	61	四川/重庆	
瀑布沟	145.8	3600	4050	46.2	四川/重庆	
深溪沟	27.5	660	4164	47.5	四川/重庆	
枕头坝一级	32.9	720	4569	52.2	四川/重庆	
枕头坝二级	11.1	236	4703	53.7	四川/重庆	

梯级	年发电量 （亿 kWh）	通道容量 （MW）	现有通道利用 小时（h）	现有通道利 用率（%）	送电方向	接入系统情况
沙坪一级	16.8	340	4941	56.4	四川/重庆	接入四川电网，参与川电外送，2025 年以后可通过川渝特高压环网送电重庆
沙坪二级	15.1	348	4339	49.5	四川/重庆	
龚嘴	39	770	5058	57.7	四川/重庆	
铜街子	29.6	650	4548	51.9	四川/重庆	
合计	1136.5	26691.1	4258	48.6		

二、风光资源

（一）风光资源特点

根据四川省风能资源分布，大渡河流域风能资源较好的地区，其离地 50m 高处的年平均风速达到 5～7m/s，风功率密度能够达到风功率密度 1 级及以上。流域内风能资源主要分布在阿坝州西部和凉山州北部的山区，海拔 3000～5000m，风电场类型主要为山地风电场。大渡河流域风能资源主要集中在阿坝县、金川县、壤塘县、丹巴县、康定市、甘洛县、越西县。

根据四川省太阳能辐射量分布图，大渡河流域太阳能资源较好的地区，其年均辐射量在 5500～6500MJ/m^2 之间，日照小数在 2000～2600h 之间。流域内太阳能资源主要分布在甘孜州东部、阿坝州西部，海拔 3000～5000m，场址主要为丘陵、山坡和台地。大渡河流域太阳能资源主要集中在色达县、壤塘县、阿坝县、红原县、金川县。

（二）风光资源开发潜力

1. 风能

大渡河流域涉及的行政区划主要包括阿坝州、甘孜州、凉山州、雅安市以及乐山市等市级行政区划。从风能资源分布来看，流域内风能资源主要分布于阿坝州西部、凉山州北部山地区域，海拔在 3000～5000m，雅安市、乐山市等地风能资源储量较少。研究范围内风能资源理论蕴藏量为 0.97PWh，资源可开发量约为 11425 万 kW，技术可开发量为 914 万 kW。在风电技术可开发量的基础上，结合现场踏勘，考虑规模化开发、交通运输、建设条件等因素，研究范围内规划风电项目 9 个，总规模 150.8 万 kW。

2. 太阳能

根据气象站和太阳能资源观测数据分析结果来看，阿坝州、甘孜州绝大部分地区太阳能年总辐射量在 5040MJ/m^2 以上，属于全国太阳能资源很丰富地区，具有较大的开发价值。研究范围内光伏资源理论蕴藏量 89.2PWh，光伏资源可开发量约为 4.5 亿 kW，技术可开发量为 3136 万 kW。在光伏技术可开发量的基础上，结合现场踏勘，考虑规模化开发、交通运输、建设条件等因素，研究范围内规划光伏项目 28 个，总规模 1503 万 kW。

（三）风光出力特性

1. 光伏出力特性

（1）年出力特性。大渡河流域光伏电站太阳能资源年内分布存在季节性差异，地区温度也有较明显的季节差异，因此，光伏电站出力也存在一定的季节性差异。

壤塘县代表光伏电站月平均出力系数在 0.16～0.18 之间，全年各月出力较为平均。冬季（12 月～次年 2 月），太阳能辐射量较小，受亚热带气候影响，天气较为寒冷，气温降低，光伏电池组件效率随温度的降低而升高；春季（3～5 月），太阳能辐射量较高，且温暖少雨；夏季（6～8 月），太阳能辐射量较强，气温是年内最高的季节，但高温使光伏电池组件效率降低。与金川代表光伏电站相比由于降雨、多云天气相对较少，壤塘代表光伏电站夏季出力也较高。

金川县代表光伏电站月平均出力系数在 0.13～0.21，呈冬春季大，夏季小的特点。冬季（12 月～次年 2 月），太阳能辐射量较小，受亚热带气候影响，天气较为寒冷，气温降低，光伏电池组件效率随温度的降低而升高，出力较高；春季（3～5 月），太阳能辐射量较高，且温暖少雨，出力较高；夏季（6～8 月），太阳能辐射量较强，但高温多雨，气温是年内最高的季节，光伏电池组件效率很低，出力较低。壤塘县、金川县代表光伏电站月出力系数变化曲线如图 5-21 所示。

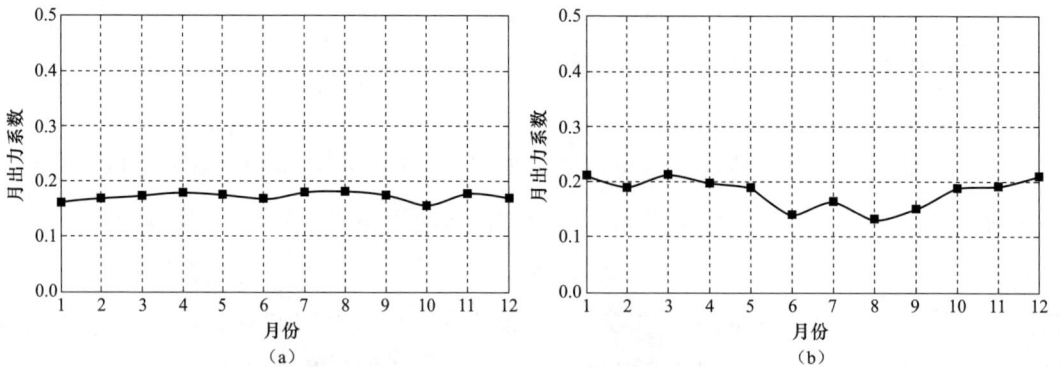

图 5-21　壤塘县、金川县代表光伏电站月出力系数变化曲线

（a）壤塘县；（b）金川县

（2）月出力特性。选取 2 月、8 月及 12 月进行日出力特性分析，大渡河流域代表光伏电站日变化特性较为稳定，壤塘县代表光伏电站各月相邻两日变化幅度平均值低于 6%，金川县代表光伏电站各月相邻两日变化幅度平均值低于 6%；各月仅有个别天受阴雨或云雾等因素影响略有突变，壤塘县代表光伏电站相邻两日变化幅度最大值为 16%，

金川县代表光伏电站相邻两日变化幅度最大值为 14%。壤塘县、金川县代表光伏电站月出力变化曲线如图 5-22 所示。

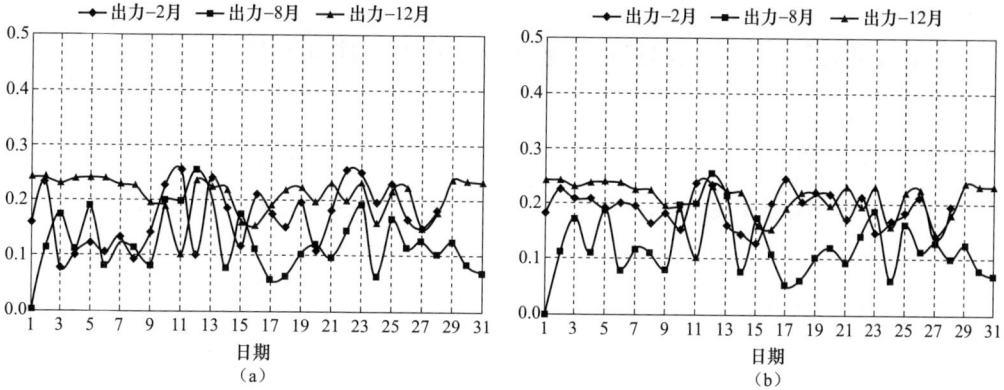

图 5-22　壤塘县、金川县代表光伏电站月出力变化曲线

（a）壤塘县；（b）金川县

（3）日内出力特性。大渡河流域代表光伏电站各月日内出力趋势较为一致，一般在中午 12～14 时出力达到峰值，20 时～次日 6 时出力为 0，受昼夜影响较大。1 月和 3 月日内小时平均出力最大，8 月各时刻出力最低，发电最少。壤塘县、金川县代表光伏电站各月日内出力变化曲线如图 5-23 所示。

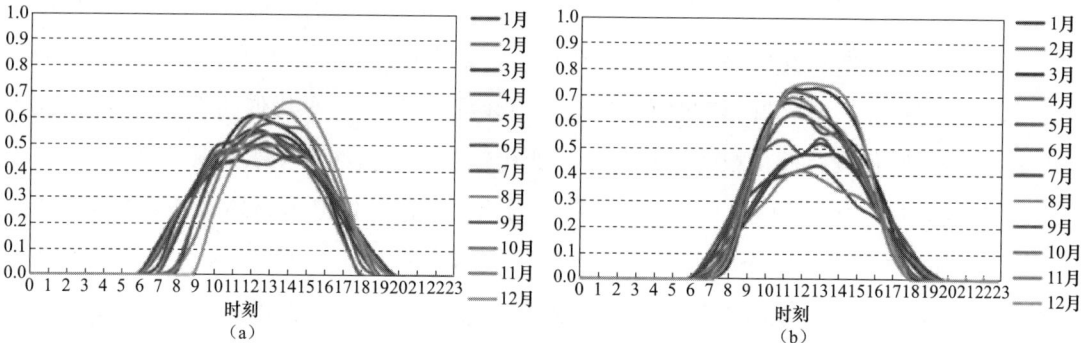

图 5-23　壤塘县、金川县代表光伏电站各月日内出力变化曲线

（a）壤塘县；（b）金川县

（4）出力特性总述。对于壤塘县、金川县代表光伏电站，当设计保证率 P=50%时，出力百分率分别为 0.2%、0.6%。壤塘县代表光伏电站出力月际变化较不明显，各月出力差距不大；金川县代表光伏电站出力月际变化较为明显，呈现冬春季大，夏秋季小的特点，且夏季出力最低。日变化特性较为稳定，仅个别天受阴雨或云雾等因素影响会略有突变。各月日内出力趋势较为一致，一般在中午出力达到峰值，夜间出力为 0，受昼夜

影响较大。日内出力特性受季节因素影响较大。冬春季节，日内出力波动较小，变化趋势较为一致；夏季，阴雨天气增多，日内出力波动性较大。

2. 风电出力特性

（1）年内出力特性。大渡河流域主要的风电资源为甘洛风电和金川风电。为分析各风电场区域年出力特性，引入保证出力的概念。甘洛代表风电场，当设计保证率 $P=50\%$ 时，出力百分率为 20%；金川代表风电场，当设计保证率 $P=50\%$ 时，出力百分率为 10%。大渡河流域风电场风能资源分布有明显的季节性差异，风速的季节变化直接造成了风电场出力的季节性差异。

经研究分析，大渡河流域各区域风电场月平均出力的变化规律基本一致，一般 11 月～次年 1 月出力较大，5～10 月的出力较小。1 月属于大风季节，各代表风电场出力系数在 0.35～0.47，发电量在年内最大；8 月属于小风季节，出力系数在 0.06～0.2 之间，在全年属于发电量较小季节。

总体而言，大渡河流域风电场出力月际变化较显著，呈冬季大、夏季小的特点。

（2）日出力特性。选取 2 月、8 月及 12 月进行日出力特性分析，大渡河流域风电场日出力特性受季节因素影响较大。各代表风电场 12 月相邻两日变化幅度明显大于 8 月相邻两日变化幅度。总体来看，一般小风季节，日出力特性较为稳定，相邻两日出力变化幅度较小；大风季节，日出力变化幅度较大。

甘洛代表风电场 12 月各日出力最大，2 月次之，8 月各日出力均较低。2 月日特性变化起伏较大，相邻两日变化幅度平均值约为 7%，最大值为 31%；8 月日变化特性较为稳定，仅个别日期受短时天气影响略有突变，相邻两日变化幅度平均值约为 5%，最大值为 23%；12 月日特性变化起伏很大，相邻两日变化幅度平均值约为 28%，最大值为 95%。

金川代表风电场 2 月各日出力最大，12 月次之，8 月各日出力均较低。2 月日特性变化起伏较大，相邻两日变化幅度平均值约为 12%，最大值为 37%；8 月日变化特性较为稳定，仅个别日期受短时天气影响略有突变，相邻两日变化幅度平均值约为 11%，最大值为 28%；12 月日特性变化起伏较大，相邻两日变化幅度平均值约为 20%，最大值为 49%。甘洛、金川代表风电场典型月日出力变化曲线如图 5-24 所示。

（3）日内出力特性。甘洛代表风电场 3～6 月日内出力变化较明显，大体呈现出"一峰一谷"的特征，其他月日内出力分布较均匀，变化幅度相对较小；金川代表风电场 11 月～次年 2 月日内出力变化较明显，大体呈现出"一峰一谷"的特征，其他月日内出力分布较均匀，变化幅度相对较小。

总体来看，大渡河流域风电场大风月日内出力变化幅度较大，小风月日内出力相对稳定。甘洛代表风电场夜间出力大，白天出力小；金川代表风电场白天出力大，夜间出力小。甘洛、金川代表风电场各月日内出力变化曲线如图 5-25 所示。

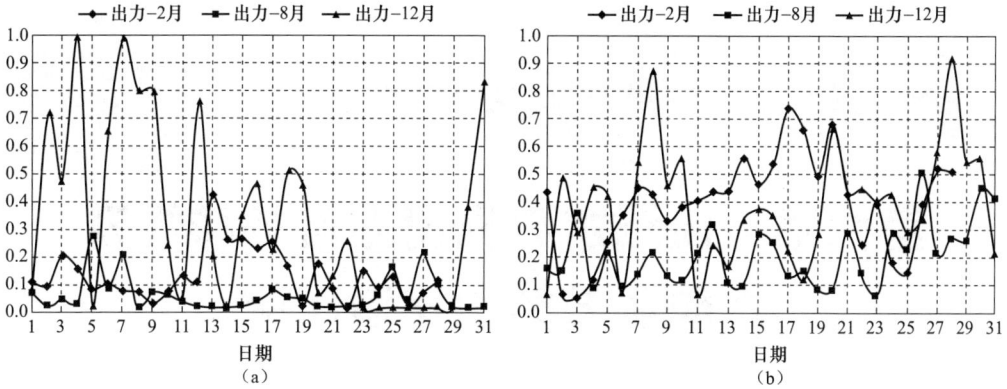

图 5-24　甘洛、金川代表风电场典型月日出力变化曲线

（a）甘洛；（b）金川

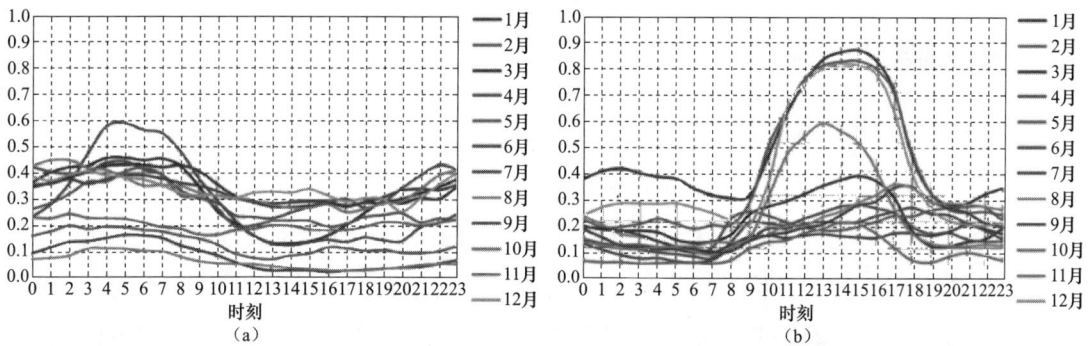

图 5-25　甘洛、金川代表风电场各月日内出力变化曲线

（a）甘洛；（b）金川

（4）出力特性总述。大渡河流域各区域风电场月平均出力的变化规律基本一致，一般 11～次年 1 月出力较大，5～10 月的出力较小。

大风月日内出力变化幅度较大，小风月日内出力相对稳定。甘洛代表风电场夜间出力大，白天出力小；金川代表风电场白天出力大，夜间出力小。与此同时，日内出力特性受季节因素影响较大。冬春季节，日内出力随机性较大；夏秋季节，日内出力变化幅度较小。

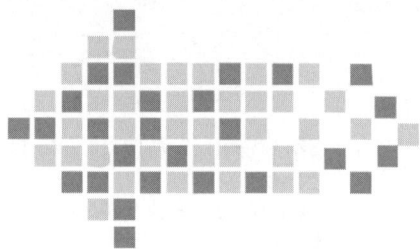

第六章 流域水风光出力互补特性及水电调节能力挖潜研究

第一节 流域水风光出力互补特性研究

一、雅砻江流域

（一）年内出力互补特性

雅砻江流域风速和风功率密度的年内变化基本呈冬春季大，夏秋季小的特点，一般11 月～次年 4 月风速、风功率密度较大，7～10 月的风速、风功率密度较小。与此对应，风速、风功率密度大的月份发电量较多，风速、风功率密度小的月份发电量较少。光伏发电并没有非常明显的季节性差异，但也基本呈现冬季出力相比夏季略大的规律，整体上光伏发电的年内各月差异较小，但也呈现出与水电一定的丰枯互补关系。而水电站的出力则根据来水情况分为汛期、枯期，每年的 6～10 月为汛期，来水量大，相应的发电量多，11 月～次年 5 月为枯期，来水量小，相应的发电量少。

雅砻江流域水电站与风电场、光伏电站年内出力特性对比如图 6-1 所示。可以看出，风电、水电的年内各月出力均呈现出明显的"一峰一谷"形式，风电的"峰""谷"恰好与水电的"谷""峰"在时间上对应，风、水之间形成较为统一的互补关系。光伏发电的年内各月差异较小，但也呈现出与水电一定的互补关系。

（二）日内出力互补特性

雅砻江流域水电站与风电场、光伏电站日内出力特性对比如图 6-2 所示，2025 年水平中水年 1 月风光水互补运行日内出力特性如图 6-3 所示。可以看出，水电站的日内波动较小，风电和光伏的日内波动性较大。光伏电站出力集中在 9:00～16:00，晚上出力为0，风电出力在下午和夜间较大，9:00～14:00 较小，光伏电站和风电的日内出力存在一定的互补性。因此，水电、风电、光伏发电联合运行消除了风电、光伏发电的日内波动，可更好地满足电力负荷要求。

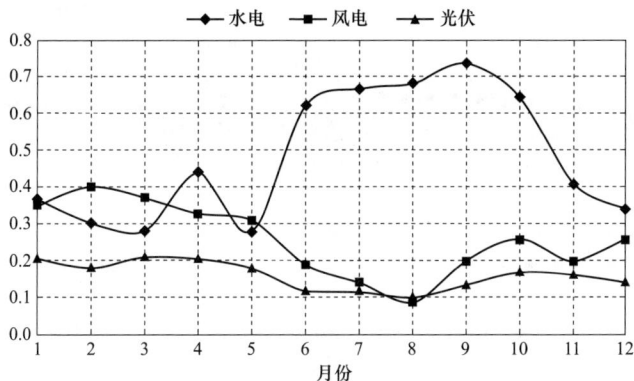

图 6-1　雅砻江流域水电站与风电场、光伏电站年内出力特性对比图

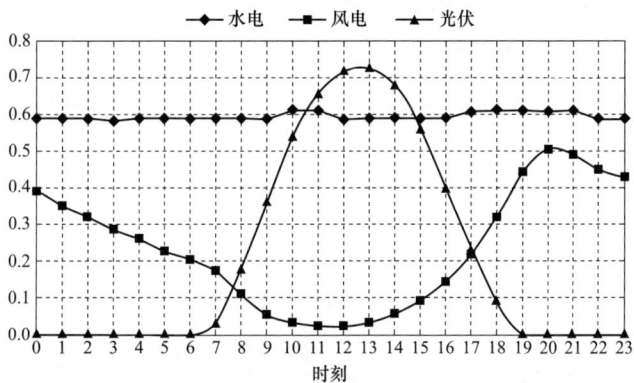

图 6-2　雅砻江流域水电站与风电场、光伏电站日内出力特性对比图

雅砻江流域中下游水电站都具备日调节及以上调节性能，能够利用日调节库容与风电和光伏进行日内互补运行。雅砻江水电站互补能力分析也是基于水电与风光日内互补运行原则。

用电负荷特性与人们生产、生活的特点和规律有关，全国不同地区用电负荷特性存在一定差异，但是总体规律相近。水电站与风光互补运行前，其日内出力参与全网电力电量平衡，出力特性符合全网日负荷特性需要，即尽量安排水电站在晚高峰时段发电，负荷低谷时段减小出力。风电和光伏资源日内出力特性具有各自特点。风电资源日内出力变化相对较小，且白天 6:00～18:59 出力相对较小，夜间 19:00～5:59 出力相对较大。光伏资源日内出力特性变化较为显著，光伏出力主要集中在白天 7:00～18:59，夜间出力为 0，且正午 12:00～13:59 光伏出力最大，日内变幅大。

水电与风光日内互补运行后，水电站白天出力相对减小，夜间出力相对增加，但风光水整体输出出力特性仍符合系统需求特性。

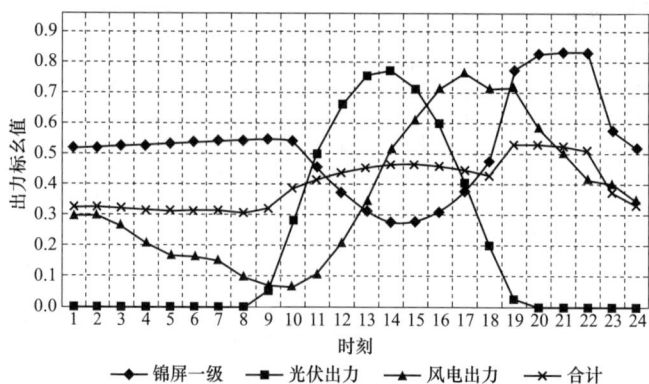

图 6-3　2025 年水平中水年 1 月风光水互补运行日内出力特性

以 2025 年水平锦屏一级水电站接入风电和光伏前后中水年典型日内运行过程为例分析电站日内出力特性。2025 年水平锦屏一级水电站中水年 1 月日内出力过程如图 6-4、图 6-5 所示，2025 年水平锦屏一级水电站中水年 8 月日内出力过程如图 6-6、图 6-7 所示。

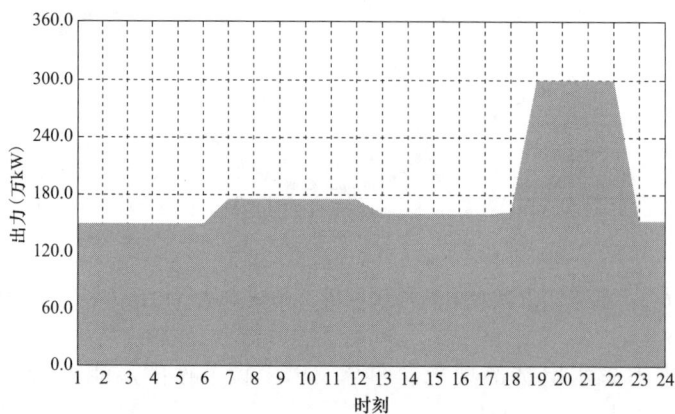

图 6-4　2025 年水平锦屏一级水电站中水年 1 月日内出力过程（接入风光前）

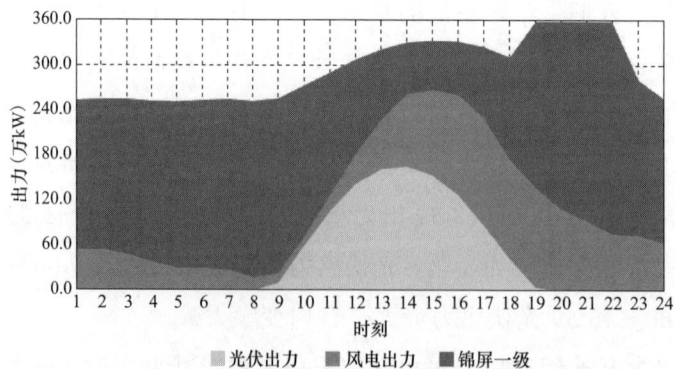

图 6-5　2025 年水平锦屏一级水电站中水年 1 月日内出力过程（接入风光后）

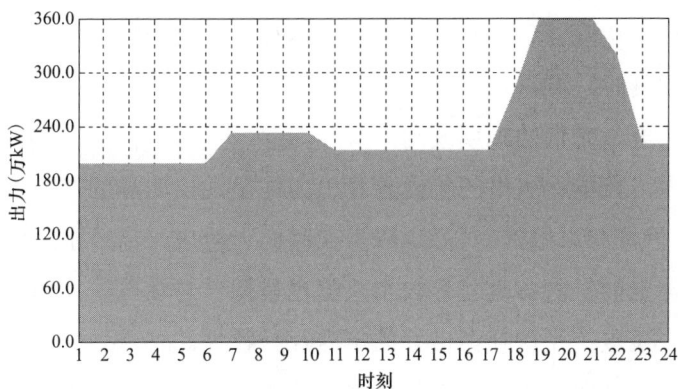

图 6-6　2025 年水平锦屏一级水电站中水年 8 月日内出力过程（接入风光前）

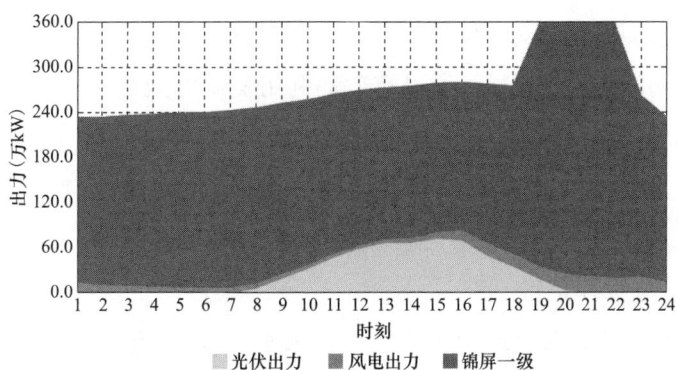

图 6-7　2025 年水平锦屏一级水电站中水年 8 月日内出力过程（接入风光后）

通过水电站互补运行前后过程可得，风光接入后，低谷出力大幅增加，调峰幅度减小，若全网用电负荷不变，其他电厂需减少低谷出力，水电站白天 9:00 至 22:59 出力小，夜间 23:00 至 8:59 出力大，并且在平枯水期，水电站日内出力过程变化更为明显。但风光水互补运行整体输出出力仍然是与电力系统负荷需求特性一致。

（三）水风光出力互补规律分析

雅砻江流域内，水电、风电、光伏的自身出力存在季节上的互补性，联合运行时风电、光伏在枯期对水电是有力的补充。受制于降雨汇流的特点和水库的调蓄作用，雅砻江流域水电的出力特点是季节性波动大（丰水年与枯水年、丰水季节与枯水季节之间的入库流量相差很大），但日波动较小；由于风资源的短期波动性较大，风电出力的短期波动性很大；光伏发电受气候影响，日内波动较大，且只在白天发电，夜晚出力为零。

当水电站的水库具有一定调节库容时，水库的蓄水可以平抑来水的短期波动，如果将水电站与风电场和光伏电站联合运行，就可以用水电站的短期波动平抑能力弥补风电和光伏的短期波动，而风电、光伏可以为整个水电—风电—光伏系统提供电量保证。因此，水电、风电、光伏联合运行时，水电的年运行方式可维持单独运行时的调度原则和方式；在进行日调度时，可以根据风电、光伏出力的变化，动用自身的调蓄能力进行日内调节，以平抑风电、光伏的短期波动。

雅砻江流域内，风电、水电的年内各月出力均呈现出明显的"一峰一谷"形式，风电的"峰""谷"恰好与水电的"谷""峰"在时间上对应，风、水之间形成较为统一的互补关系。光伏发电的年内各月差异较小，但也呈现出与水电一定的互补关系。因此，雅砻江流域水电、风电、光伏存在良好的年内互补特性。

在日内互补运行方面，风电和光伏日内波动明显。光伏电站出力集中在日内的 9:00 至 16:00，晚上出力为 0，而风电在下午和夜间达到出力峰值，反而在光伏电站出力较大时，风电出力较小，因此，风电与光伏电站本身在日内存在良好的互补关系。在日内通过水电与光伏和风电的联合运行，可以有效地利用资源的天然互补特性，平抑风光的波动性，从而更好地满足系统的电力负荷要求。

二、大渡河流域

（一）年内出力互补特性

大渡河流域上游梯级水电站的出力则根据来水情况分为汛期、枯期。每年的 6～10 月为汛期，来水量大，发电量增加，11 月～次年 5 月为枯期，来水量小，相应的发电量少。2025 年大渡河上游月平均出力过程如图 6-8 所示。

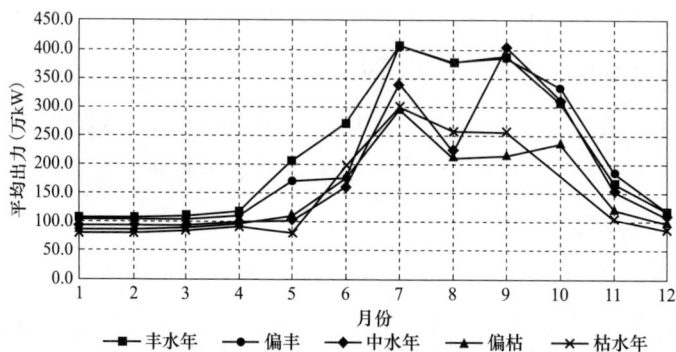

图 6-8　2025 年大渡河上游月平均出力过程

大渡河流域风电场风能资源分布有明显的季节性差异，风速的季节变化直接造成了风电场出力的季节性差异。经研究分析，大渡河流域各区域风电场月平均出力的变化规律基本一致，一般 11 月～次年 1 月出力较大，5～10 月出力较小。1 月属于大风季，各代表风电场出力系数在 0.35～0.47，发电量在年内最大；8 月属于小风季节，出力系数在 0.06～0.2 之间，在全年属于发电量较小季节。总体而言，大渡河流域风电场出力月际变化较显著，呈冬季大、夏季小的特点。金川、甘洛代表风电场逐月出力系数变化曲线如图 6-9 所示。

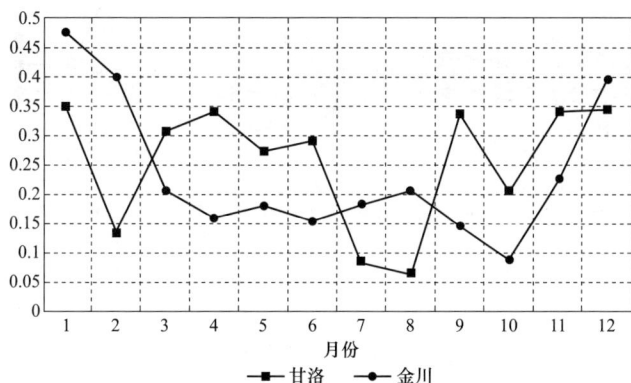

图 6-9　金川、甘洛代表风电场逐月出力系数变化曲线

从图 6-10 可以看出，壤塘县代表光伏电站月平均出力系数在 0.16～0.18 之间，全年各月出力较为平均。冬季（12 月～次年 2 月），太阳能辐射量较小，受亚热带气候影响，天气较为寒冷，气温降低，光伏电池组件效率随温度的降低而升高；春季（3～5 月），太阳能辐射量较高，且温暖少雨；夏季（6～8 月），太阳能辐射量较强，但高温，气温是年内最高的季节。与金川代表光伏电站相比由于降雨、多云天气相对较少，壤塘代表光伏电站夏季出力也较高。金川县代表光伏电站月平均出力系数在 0.13～0.21，呈冬春季大，夏季小的特点。冬季（12 月～次年 2 月），太阳能辐射量较小，受亚热带气候影响，天气较为寒冷，气温降低，光伏电池组件效率随温度的降低而升高，出力较高；春季（3～5 月），太阳能辐射量较高，且温暖少雨，出力较高；夏季（6～8 月），太阳能辐射量较强，但高温多雨，气温是年内最高的季节，光伏电池组件效率很低，出力较低。大渡河上游各水电梯级与流域内风电项目、光伏电站的年内出力特性对比如图 6-11 所示。

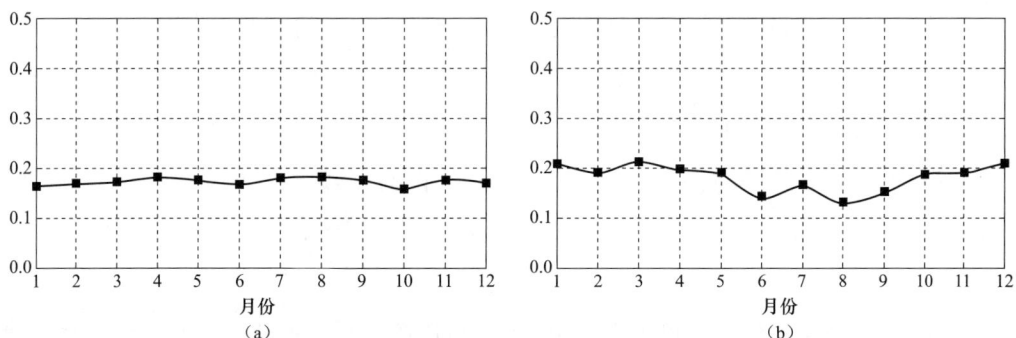

图 6-10　壤塘县、金川县代表光伏电站月出力系数变化曲线

（a）壤塘县；（b）金川县

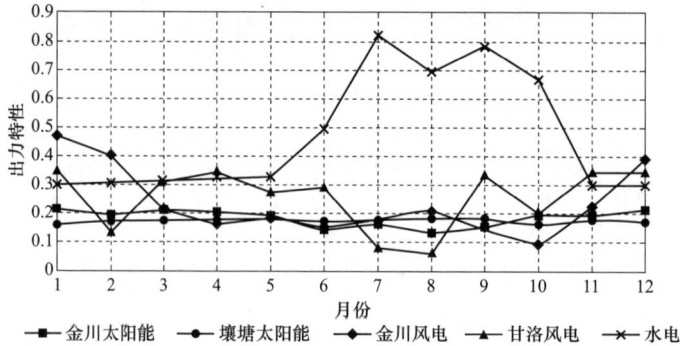

图 6-11 大渡河上游水电、风电、光伏年内出力特性对比图

以双江口电站为例,若双江口电站接入周边 350MW 风电资源及 1700MW 光伏资源,在不改变双江口水库调节方式的前提下,互补运行前后的年内出力特性如图 6-12 所示,风光水互补运行后的年内出力波动有所减小。

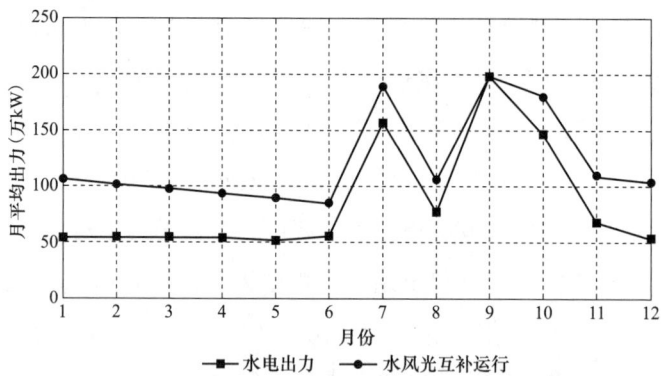

图 6-12 双江口电站水风光互补运行前后出力对比图(平水年)

(二)日内出力互补特性

大渡河流域风电场逐月日内平均出力统计如图 6-13 所示。可以看出,甘洛代表风电场 3～6 月日内出力变化较明显,大体呈现出"一峰一谷"的特征,其他月日内出力分布较均匀,变化幅度相对较小;金川代表风电场 11 月～次年 2 月日内出力变化较明显,大体呈现出"一峰一谷"的特征,其他月日内出力分布较均匀,变化幅度相对较小。总体来看,大渡河流域风电场大风月日内出力变化幅度较大,小风月日内出力相对稳定。甘洛代表风电场夜间出力大,白天出力小;金川代表风电场白天出力大,夜间出力小。

大渡河流域代表光伏电站日内平均出力统计如图 6-14 所示。大渡河流域代表光伏电站各月日内出力趋势较为一致,一般在中午 12～14 点出力达到峰值,20 点～次日 6 点出力为 0,受昼夜影响较大。1 月和 3 月日内小时平均出力最大,8 月各时刻出力最低,发电最少。

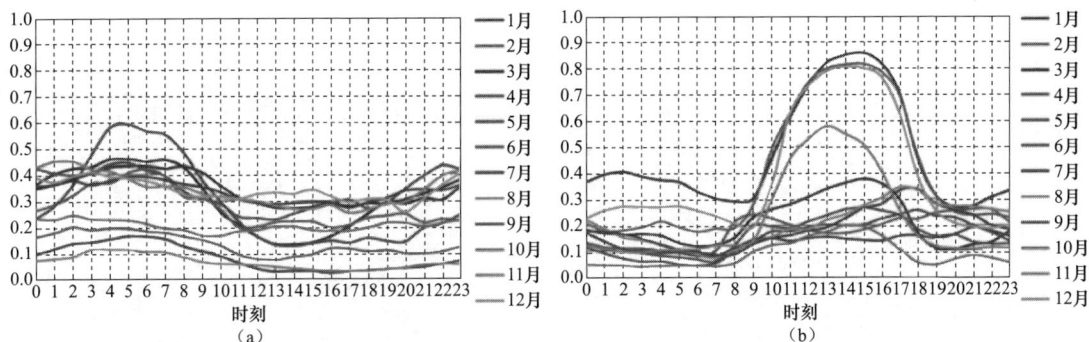

图 6-13　甘洛、金川代表风电场各月日内出力变化曲线

（a）甘洛；（b）金川

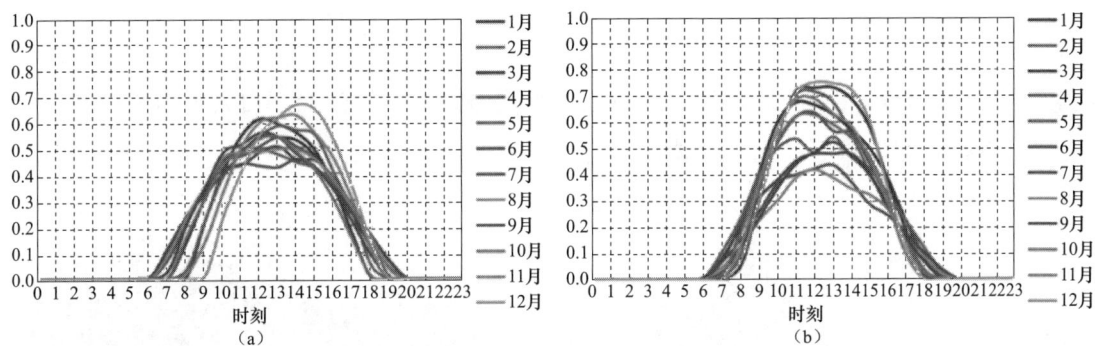

图 6-14　壤塘县、金川县代表光伏电站各月日内出力变化曲线

（a）壤塘县；（b）金川县

大渡河上游的风光资源主要有金川太阳能、壤塘太阳能、金川风电、甘洛风电，其日内出力特性如图 6-15 所示。

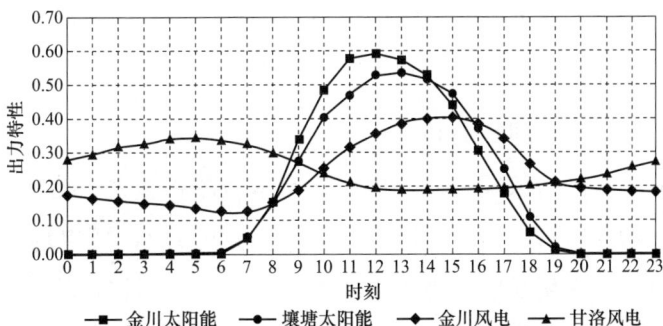

图 6-15　大渡河上游风光资源日内出力特性

以双江口水电站接入风电和光伏前后，中水年典型日内运行过程为例分析电站日内

出力特性。双江口风、光、水互补运行前后 1 月及 8 月日内运行过程如图 6-16、图 6-17 所示。

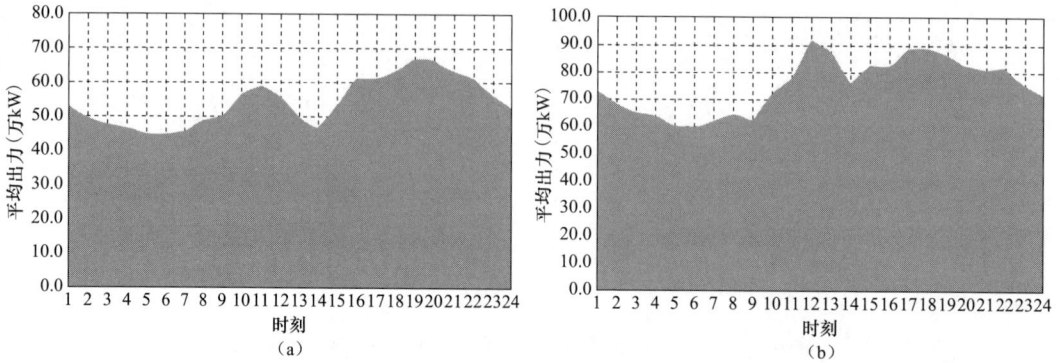

图 6-16　双江口接入风光前日内运行过程

（a）1 月；（b）8 月

水电与风光日内互补运行后，水电站日平均出力不发生改变，白天出力相对减小，夜间出力相对增加，但风光水整体出力特性与系统需求特性一致。

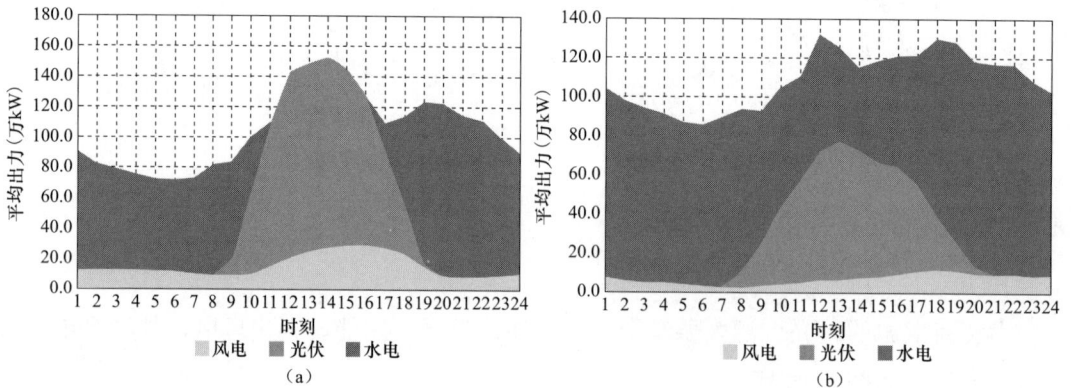

图 6-17　双江口接入风光后日内运行过程

（a）1 月；（b）8 月

（三）水风光出力互补规律分析

大渡河上游流域范围内风能资源年内变化基本呈冬春季大、夏秋季小的特点，一般 11 月～次年 4 月为大风月，7～10 月为小风月。与此对应，风电场出力具有明显的季节性差异，与水电有较为明显的互补关系。光伏发电与太阳辐射相关，也基本呈现冬季出力相比夏季略大的规律，整体上光伏发电的年内各月差异较小，但也呈现出与水电一定的丰枯互补关系。综合上述分析，水电站、风电场及光伏电站具备较好的年内互补特性。

大渡河流域拟接入光伏电站出力特性较为相似，出力主要集中在 7:00～18:00，晚上出力为 0。金川风电出力主要集中在 10:00～18:00，14:00～16:00 达到峰值。甘洛风电出力 0:00～8:00 较大，8:00 之后出力逐渐减小，13:00～18:00 风电出力较为平稳，19:00 后风电出力加大。水电与风光日内进行互补运行，能够充分利用风光日内的天然互补特性，在使水电站日内平均出力不发生改变的情况下，通过减少白天的出力，增加夜间水电出力，使整体水风光系统出力更加符合电力系统负荷需求特性。

三、金沙江流域

（一）年内出力互补特性

1. 金沙江上游

金沙江上游的光伏资源，与水能资源总体上呈现较好的区域协调性，对于发展水风光一体化具有有利条件。为了分析金沙江上游流域水光年内出力互补特性，对旭龙水电站和奔子栏水电站分析水光年内出力特性，分别如图 6-18、图 6-19 所示。

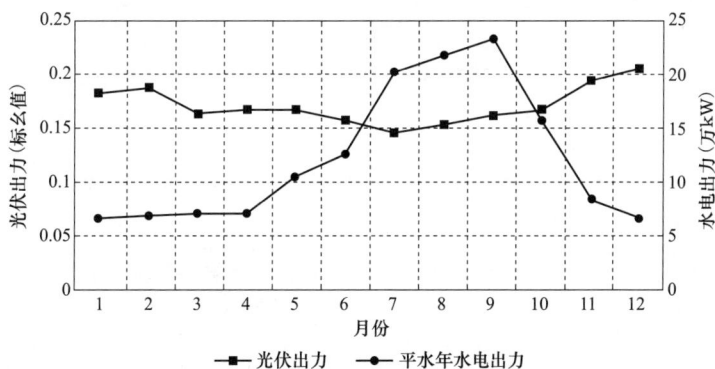

图 6-18　旭龙水电站平水年水光年内出力特性对比图

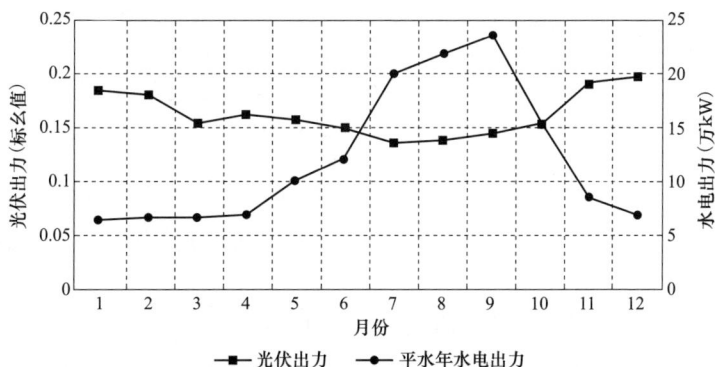

图 6-19　奔子栏水电站平水年水光年内出力特性对比

电站周边的光伏出力均具有明显的规律特征，光伏整体呈现较为平缓、波动较小的特点，光伏的出力高峰在 11 月～次年 2 月，基本处于流域的枯水期，与水电出力具有良好的互补性。

2. 金沙江下游

金沙江流域下游风速和风功率密度的年内变化基本呈冬春季大，夏秋季小的特点，一般 11 月～次年 4 月风速、风功率密度较大，5～10 月的风速、风功率密度较小。与此对应，风速、风功率密度大的月份发电量较多，风速、风功率密度小的月份发电量较少。光伏发电并没有非常明显的季节性差异，但也基本呈现冬季出力相比夏季略大的规律。

水电站的出力根据来水情况分为汛期、枯期，每年的 6～10 月为汛期，来水量大，相应的发电量多，12 月～次年 4 月为枯期，来水量小，相应的发电量少。金沙江下游各水电梯级与流域内风电项目、光伏电站的年内出力系数对比如图 6-20、图 6-21 所示。

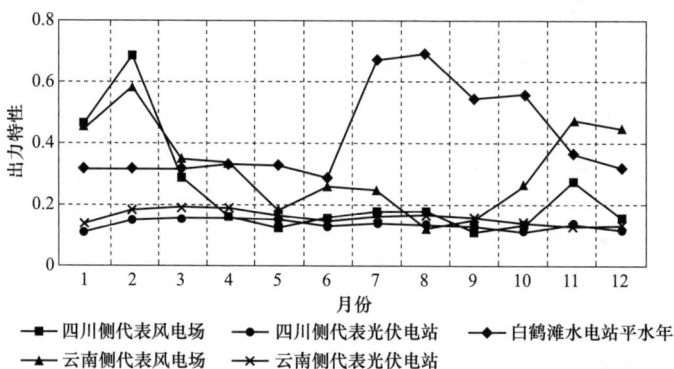

图 6-20　金沙江下游白鹤滩水电站与风电场、光伏电站年内出力特性对比图

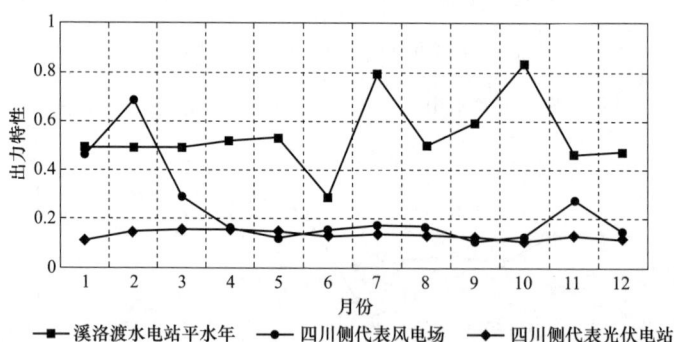

图 6-21　金沙江下游溪洛渡水电站与风电场、光伏电站年内出力特性对比图

可以看出，年内风电的"丰""枯"恰好与水电的"枯""丰"在时间上对应，风、水之间具有较好的互补关系。光伏发电的年内各月差异较小，但也呈现出与水电一定的丰枯互补关系。

以溪洛渡水电站为例，若以左岸电站接入溪洛渡水电站附近四川侧的风电场和光伏电站，互补运行前与互补运行后（不改变水库调节方式）的年内出力特性如图 6-22、图 6-23 所示。可以看出，风光水互补运行后的年内出力波动有所减小。

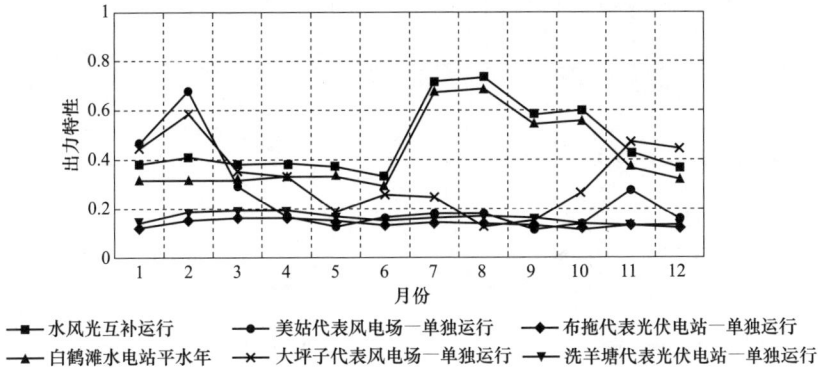

图 6-22　白鹤滩水电站水风光互补运行前、后年内出力特性对比图

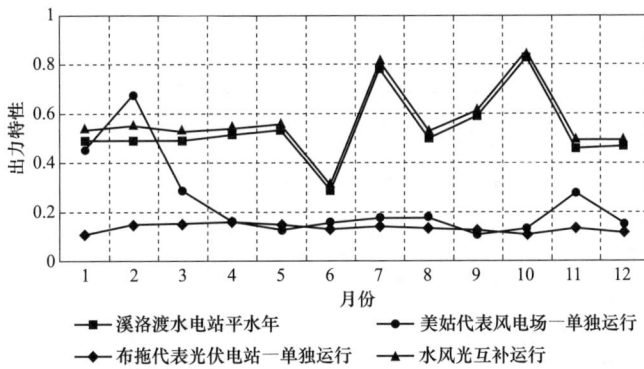

图 6-23　溪洛渡水电站水风光互补运行前、后年内出力特性对比图

（二）日内出力互补特性

1. 金沙江上游

水光日内出力互补同样选择旭龙水电站和奔子栏水电站进行分析。水电站分别选择丰、平、枯代表年的出力过程，光伏出力采用其典型年出力过程，并作标幺化处理。旭龙、奔子栏水电站丰、平、枯典型年水电与风电、光伏日内出力特性如图 6-24～图 6-26 所示。可以看到，光伏出力具有明显的规律特征，太阳辐射集中在白天，相应光伏出力也集中在白天，夜间无光伏出力。水电出力则跟系统负荷需求密切相关，主要集中在每天 8:00～21:00。从水电站出力过程来看，水电站出力与光伏的出力在部分时段上可进行互补，从而提高水光一体化运行效益。

2. 金沙江下游

以溪洛渡水电站为例，流域内规划风电项目、光伏电站与水电站日内出力过程对比如图 6-27、图 6-28 所示。可以看出，水电站的日内波动较小，风电和光伏的日内波动性较大。光伏电站出力集中在 9:00～17:00，晚上出力为 0，风电出力在夜间较大，9:00～20:00 较小，光伏电站和风电的日内出力存在一定的互补性。

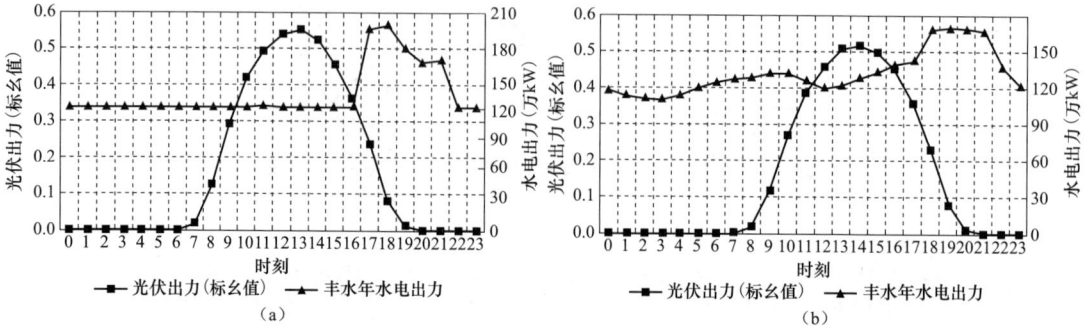

图 6-24　旭龙、奔子栏水电站丰水年水光日内出力特性对比图

（a）旭龙水电站；（b）奔子栏水电站

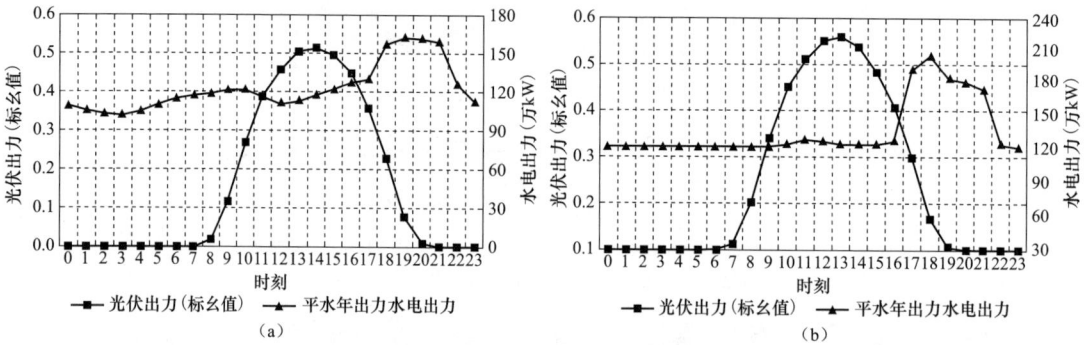

图 6-25　旭龙、奔子栏水电站平水年水光日内出力特性对比图

（a）旭龙水电站；（b）奔子栏水电站

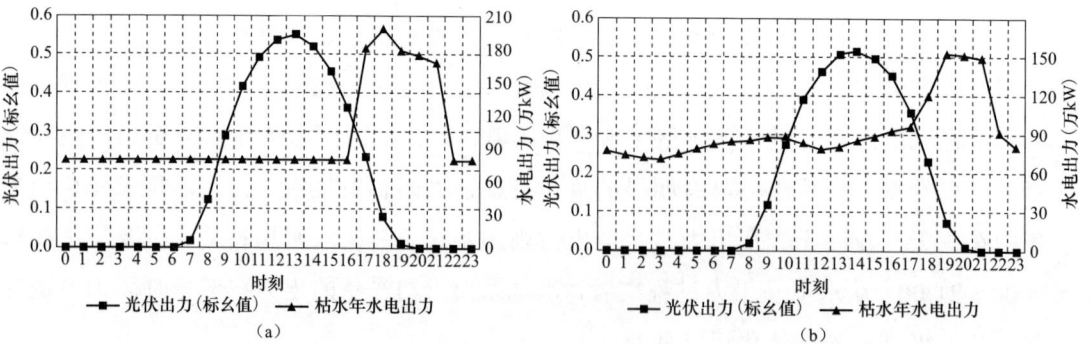

图 6-26　旭龙、奔子栏水电站枯水年水光日内出力特性对比图

（a）旭龙水电站；（b）奔子栏水电站

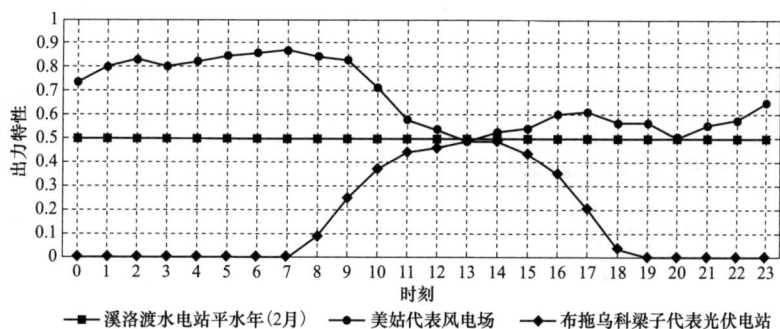

图 6-27 溪洛渡水电站与风、光日内出力特性对比图（平水年 2 月）

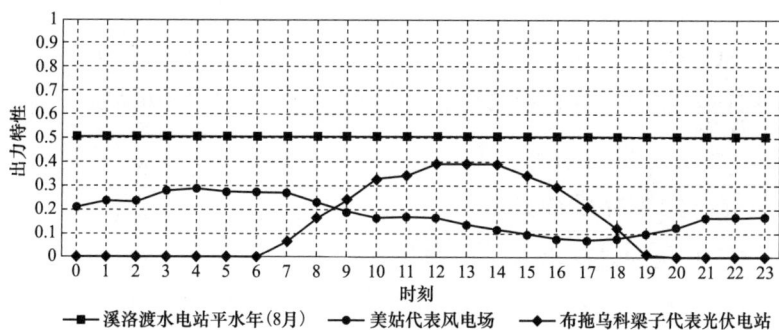

图 6-28 溪洛渡水电站与风、光日内出力特性对比图（平水年 8 月）

以乌东德水电站为例，流域内规划风电项目、光伏电站与水电站日内出力过程对比如图 6-29、图 6-30 所示。可以看出，水电站的日内波动较小，风电和光伏的日内波动性较大。光伏电站出力集中在 9:00～17:00，晚上出力为 0，风电出力在夜间较大，光伏电站和风电的日内出力存在一定的互补性。

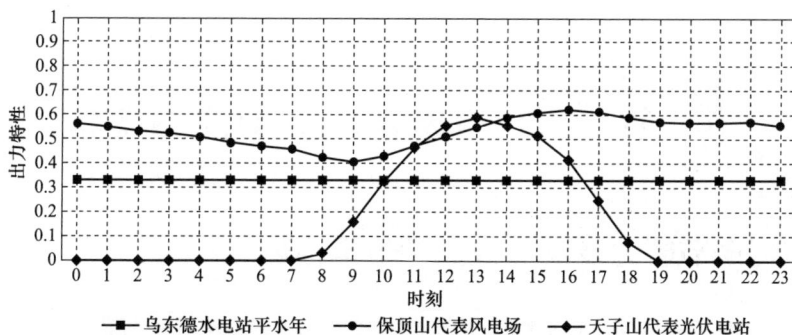

图 6-29 乌东德水电站与风、光日内出力特性对比图（平水年 2 月）

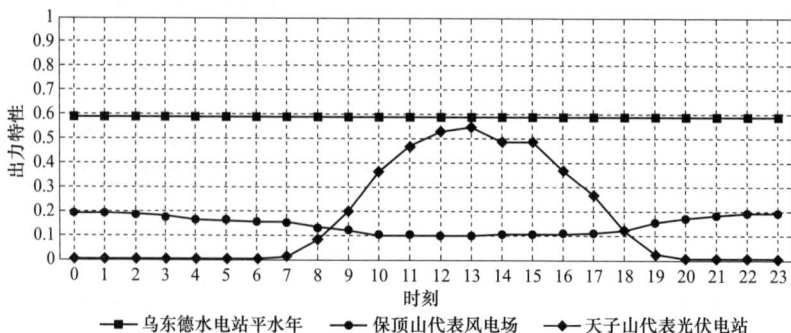

图 6-30　乌东德水电站与风、光日内出力特性对比图（平水年 8 月）

金沙江下游水电站均具有一定调节库容，水库的调蓄可以平抑来水的短期波动，如果将水电站与风电场和光伏电站联合运行，就可以利用水电站调节作用弥补风电和光伏的短期波动。因此，水电、风电、光伏联合进行日调度时，可以根据风电、光伏出力的变化，动用水库调蓄能力进行日内调节，平抑风电、光伏的短期波动，提高系统整体出力的平稳性。

（三）水风光出力互补规律分析

水电、风电、光伏的自身出力存在季节上的互补性，联合运行时风电、光伏在枯期可对水电出力进行补充。受制于降雨汇流的特点和水库的调蓄作用，金沙江梯级水电的出力特点是季节性波动大（丰水季节与枯水季节之间的入库流量相差很大），但日内波动较小。年内风电的"丰""枯"恰好与水电的"枯""丰"在时间上对应，风、水之间具有较好的互补关系。光伏发电的年内各月差异较小，但也呈现出与水电一定的丰枯互补关系。由于风资源的短期波动性较大，风电出力的短期波动性随之很大，加上光伏发电日内波动较大，且只在白天发电，夜晚出力为零。水电与风光日内进行互补运行，能够充分利用风光日内的天然互补特性，在使水电站日内平均出力不发生改变的情况下，通过减少白天的出力，增加夜间水电出力，使整体水风光系统出力与电力系统负荷需求特性一致。

第二节　四川电网水电调节能力现状

一、水电调节能力及调节效益评价指标体系

水电站调节性能是指水电站水库调节径流能力和满足电网负荷需求的程度。在新型电力系统建设背景下，水电站作为电力系统的重要调峰电源，还需要调节风光波动。为了充分评价水电调节能力及调节效益，建立了包含静态指标和动态指标的评价体系。

（一）调节能力评价指标

1. 静态指标

（1）调节库容：调节库容指为水力发电、航运、给水、灌溉等兴利事业提供调节径流的水库容积，即正常蓄水位至死水位之间的水库容积。在径流量相同的情况下，调节库容越大，则调节能力越强。

$$v_r = f^{z,v}(z_n) - f^{z,v}(z_d) \qquad (6-1)$$

式中：v_r 为水库调节库容；$f^{z,v}()$ 为水位库容曲线；z_n 为正常蓄水位；z_d 为水库死水位。

（2）库容系数：库容系数是水库调节库容与多年平均来水量的比值，与水库调节能力通常呈正相关，即调节能力随着库容系数的增大而增大，二者的对应关系见表 6-1。

$$\beta = \frac{v_r}{w} \qquad (6-2)$$

式中：$\overline{w}$ 为多年平均来水量；β 为库容系数；其他参数意义同上。

表 6-1　　　　　　　　　库容系数与调节能力的对应关系

库容系数 β（%）	水库调节能力
<2	日（无）调节/径流式
2～8	季调节
8～20	不完全年调节
20～30	完全年调节
>30	多年调节

2. 动态指标

（1）调峰幅度：因为电能的生产、输送、分配和使用同时完成，所以要求电力系统的生产企业，除能满足电力系统基本负荷需求外，还要能根据电力负荷的瞬间变化，及时调节生产，即调峰。调峰是为了负荷峰谷变化的要求而有计划、按照一定调节速度进行的发电机端负荷调整。从时间周期上考虑，调峰一般以 24h 为周期的日行为，这与日负荷以 24h 为周期循环变化的特性相关。系统调峰能力如图 6-31 所示。

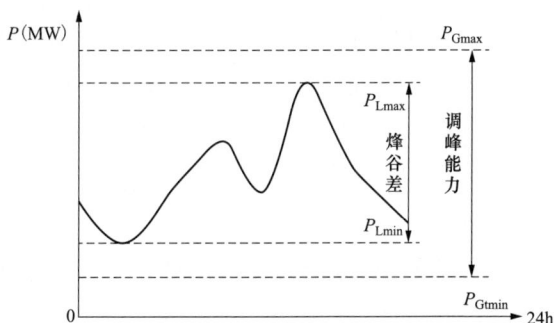

图 6-31　调峰能力示意图

图 6-31 中，$P_{L\max}$ 为系统典型日最大负荷，$P_{L\min}$ 为系统典型日最小负荷，$P_{G\max}$ 为系统高峰负荷时的可调机组出力，$P_{G\min}$ 为可调机组最小技术出力。负荷峰谷差为 $P_{L\max} - P_{L\min}$，

系统调峰能力为 $P_{G\max} - P_{G\min}$，备用负荷为 $P_{G\max} - P_{L\max}$。为了电力系统安全稳定运行、调峰机组经济安全运行，系统的调峰能力要大于负荷峰谷差。

类似地，对水电这类调节电源而言，最大可调出力与最低技术出力之间的差值就是其调峰能力。调峰能力电源装机容量的比值即为调峰幅度，调峰幅度越大表明电源调节能力越强。水电和燃机电站的调峰幅度可达到 100%，其发电出力可以在 0 到装机容量之间变化，而普通燃煤火电调峰幅度一般在 50%~100% 范围。

$$\begin{cases} \sigma = \dfrac{\Delta P}{N} \\ \Delta P = P_{\max} - P_{\min} \end{cases} \tag{6-3}$$

式中：σ 为电站调峰能力；$P_{\max}$、$P_{\min}$ 分别表示电站的最大和最小发电出力；ΔP 为电站的发电峰谷差；N 为电站装机容量。

（2）蓄满率：定义为水库在蓄水期每个月（旬）的实际蓄水量与总库容的比值，蓄满率越大，表明水库水位越接近正常蓄水位，调节能力越差。

$$s_t^f = \frac{f^{z,v}(z_t) - f^{z,v}(z_d)}{v_r} \tag{6-4}$$

式中：t 为时段编号；s_t^f 为第 t 时段的蓄满率；z_t 为第 t 个时段末水库的实际蓄水位；其他参数意义同上。

（3）储能比：定义为水库在供水期水位消落过程中每个月（旬）的剩余蓄水量与总库容的比值，储能比越大，表明电站供电能力越强，相应地上调能力越强。

$$s_t^d = \frac{f^{z,v}(z_t) - f^{z,v}(z_d)}{v_r} \tag{6-5}$$

式中：s_t^d 为第 t 时段的储能比；其他参数意义同上。

（二）调节效益评价指标

（1）水风光配比：定义为一定弃电率（如 5%）条件下水电可调节的风光装机容量与水电装机容量的比值，配比越大，表明水电能够调节的风光越多，调节效益越好，调节能力越强。

$$p = \frac{N^w + N^p}{N} \tag{6-6}$$

式中：p 为水风光配比；N^w、N^p 分别表示水电站能够调节的风电和光伏装机容量；N 表示水电站装机容量。

（2）水风光利用率：定义为电网实际消纳的水风光电量与水风光理论发电量的比值。水风光利用率越大表明总体弃电率越小，水电调节能力越强，调节效益越好。

$$u = \frac{E + E^w + E^p}{E + E^w + E^p + \Delta E} \tag{6-7}$$

式中：u 为水风光利用率；E、E^w、E^p 分别为水电、风电、光伏发电的实际发电量；ΔE 为弃电量。

（3）通道利用率：定义为一定时间内通过某输电通道输送的电量占通道理论输电量的比值，通道利用率越高，表明通道内电源打捆输送的电力越平稳，水电平抑风光波动的能力越强，调节效益越好。

$$\alpha_s = \frac{E_s}{C_s \times M_T} \tag{6-8}$$

式中：α_s 为输电通道 s 的利用率；E_s 为 T 时间段内通过通道 s 实际输送的所有电源的电量；C_s 为通道 s 的理论输电能力；M_T 为 T 时间内的小时数。

（4）源荷匹配度：利用水库电站调节，尽最大程度平抑风力发电和光伏发电的间歇性、随机性和波动性，使总输出功率更加接近电网负荷水平，对电网运行影响最小。为了分析风力发电、光伏发电等可再生能源发电系统对负荷的影响，定义负荷追踪系数 ρ，来量化评估多种电源跟踪负荷的特性。负荷追踪系数越大，表明电站发电过程与负荷过程的匹配程度越好，表明水电的调节效益越好，调节能力越强。

$$\rho = 1 - \frac{\sum_{t=1}^{T} |N_t - L_t| / T}{\overline{L}} \tag{6-9}$$

式中：ρ 为源荷匹配度；T 为时段总数；N_t 为第 t 时段的发电出力；L_t 为第 t 时段的用电负荷；$\overline{L}$ 为平均负荷水平；其他参数意义同上。

二、现有水电及其他电源调节能力分析计算

（一）四川电网调节性水电站基本情况

截至 2022 年底，四川电网投产水库电站 36 座，总装机容量为 4710.28 万 kW，其中，多年调节电站 4 座，包括冶勒、瓦屋山、布西、两河口，装机容量 350 万 kW，占调节性水电站总装机容量的 7.43%；年调节电站 14 座，总装机容量 2283.98 万 kW，占调节性水电站总装机容量的 48.49%；不完全年调节电站 7 座，总装机容量 785.6 万 kW，占调节性水电站总装机容量的 16.68%；余下 11 座位季调节电站，总装机容量 1290.7 万 kW，占调节性水电站总装机容量的 27.40%。除窦团、铜陵、海涯寨、华山沟以外的 32 座水库电站总调节库容为 440.71 亿 m³。根据金沙江、雅砻江、大渡河流域投产时序，到 2030 将新增投产双江口、岗托、叶巴滩、拉哇这 4 座调节性水库，届时将新增调节性水电装机容量 744 万 kW，新增调节库容 70.11 亿 m³。四川电网已投产水库电站装机容量结构如图 6-32 所示。2030 年四川电网水库电站装机容量结构和各水库电站调节库容分别如图 6-33 和表 6-2 所示。

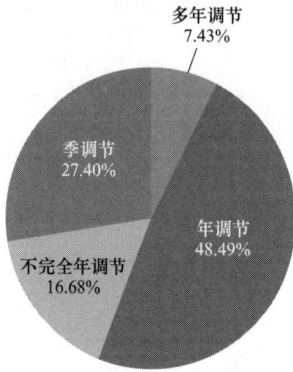

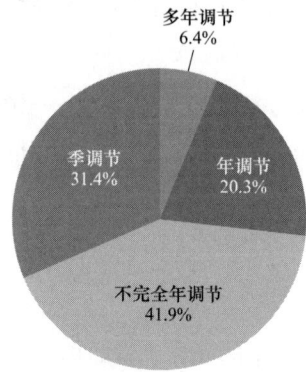

图 6-32　四川电网已投产水库电站装机容量结构　　图 6-33　2030 年四川电网水库电站装机容量结构

表 6-2 　　　　　　　　　　　**2030 年四川电网季及以上调节能力水电站**

序号	电站名	所属流域	调节性能	装机容量（万 kW）	调节库容（亿 m³）	备注
1	猴子岩	大渡河	季调节	170	3.9	
2	华山沟	大渡河	年调节	7.2	—	
3	瀑布沟	大渡河	季调节	360	38.94	
4	仁宗海	大渡河	年调节	24	0.91	
5	双江口	大渡河	年调节	200	19.2	截至 2022 年底未投产
6	铜陵	大渡河	季调节	8.1	—	
7	冶勒	大渡河	多年调节	24	2.76	
8	长河坝	大渡河	季调节	260	4.15	
9	锅浪跷	大渡河	年调节	21	1.31	
10	窦团	涪江	不完全年调节	15	—	
11	水牛家	涪江	年调节	7	1.09	
12	宝珠寺	嘉陵江	不完全年调节	70	13.4	
13	多诺	嘉陵江	年调节	10	0.49	
14	亭子口	嘉陵江	年调节	110	17.5	
15	白鹤滩	金沙江	年调节	1600	104.4	
16	岗托	金沙江	年调节	120	37.3	截至 2022 年底未投产
17	古瓦	金沙江	年调节	20.54	2.23	
18	久铁	金沙江	季调节	11	0.2771	
19	拉哇	金沙江	季调节	200	8.24	截至 2022 年底未投产

序号	电站名	所属流域	调节性能	装机容量 （万 kW）	调节库容 （亿 m³）	备注
20	去学	金沙江	季调节	24.6	0.4	
21	溪洛渡	金沙江	不完全年调节	630	64.6	
22	叶巴滩	金沙江	季调节	224	5.37	截至 2022 年底 未投产
23	舟坝	马边河	季调节	12.6	1.14	
24	官帽舟	岷江	不完全年调节	12	0.573	
25	毛尔盖	岷江	年调节	42.6	4.44	
26	狮子坪	岷江	不完全年调节	19.5	1.19	
27	紫坪铺	岷江	季调节	76	7.74	
28	海涯寨	其他	年调节	2.4	—	
29	硗碛	青衣江	年调节	24	1.87	
30	瓦屋山	青衣江	多年调节	24	4.634	
31	双滩	渠江	不完全年调节	3.6	1.34	
32	布西	雅砻江	多年调节	2	1.88	
33	大桥	雅砻江	年调节	10	5.93	
34	二滩	雅砻江	季调节	330	33.7	
35	锦屏一级	雅砻江	年调节	360	49.1	
36	卡基娃	雅砻江	年调节	45.24	2.81	
37	立洲	雅砻江	不完全年调节	35.5	0.82	
38	两河口	雅砻江	多年调节	300	65.6	
39	溪古	雅砻江	季调节	24.9	0.86	
40	斜卡	雅砻江	季调节	13.5	0.73	

（二）各类电源现有调节能力分析

1. 丰水期典型日

四川省统调水电、风电、光伏、燃机、燃煤 5 类电源总装机容量为 6612 万 kW，该典型日平均负荷为 4362 万 kW。日最大负荷为 4702 万 kW，出现在中午 1:00，最小负荷为 3933 万 kW，出现在早上 7:00，峰谷差为 768 万 kW。四川统调 5 类电源出力图如图 6-34 所示。

（1）风电。四川统调风电总装机容量为 585 万 kW，该典型日平均发电出力为 35 万 kW。最大发电出力为 117 万 kW，出现在夜间 0:00，最小发电出力为 4 万 kW，出现在中午 11:00，峰谷差为 113 万 kW，出力变幅为 19%。四川统调风电出力图如图 6-35 所示。

（2）光伏。四川统调光伏总装机容量为 169 万 kW，典型日平均发电出力为 44 万 kW。

最大发电出力为 128 万 kW，出现在中午 12:00，夜间 0:00～5:00、晚上 9:00～11:00 的发电出力为 0，峰谷差为 128 万 kW，出力变幅为 76%。四川统调光伏出力图如图 6-36 所示。

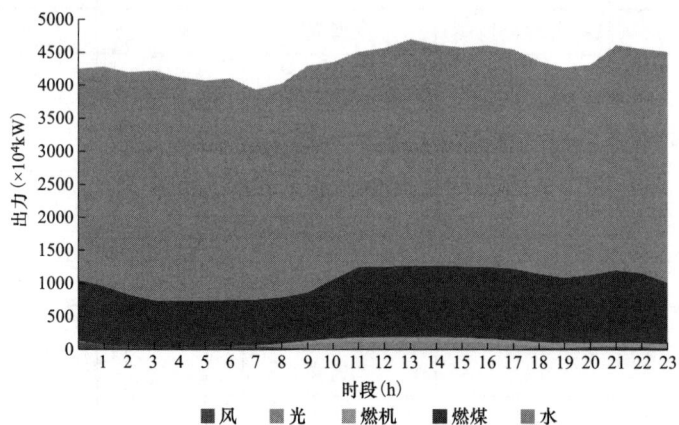

图 6-34　四川统调 5 类电源出力图

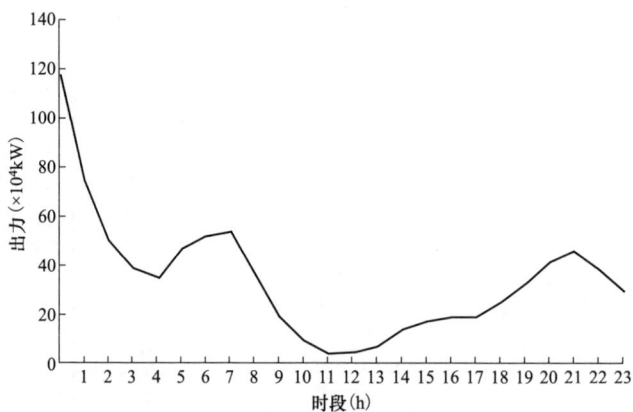

图 6-35　四川统调风电出力图

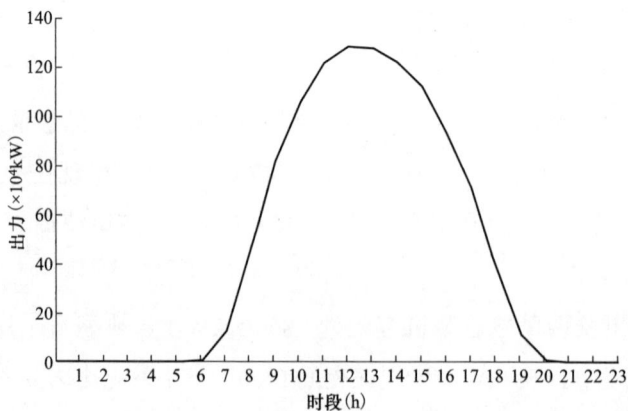

图 6-36　四川统调光伏出力图

（3）燃机。四川统调燃机总装机容量为 71 万 kW，典型日平均发电出力为 39 万 kW。日最大发电出力为 64 万 kW，出现在晚上 9:00，上午 1:00～7:00 发电出力为 0 万 kW，峰谷差为 64 万 kW，调峰幅度为 90%。四川统调燃机出力图如图 6-37 所示。

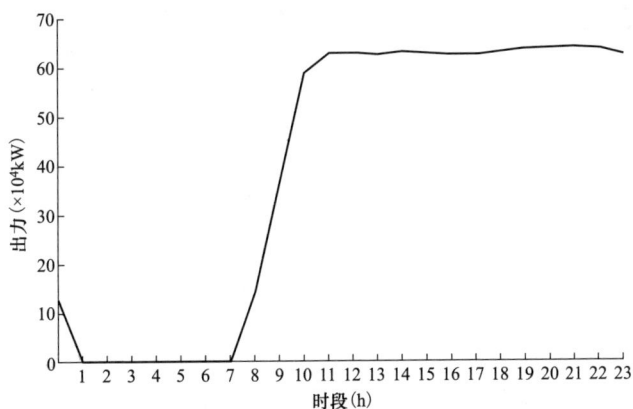

图 6-37　四川统调燃机出力图

（4）燃煤。四川统调燃煤总装机容量为 1393 万 kW，典型日平均发电出力为 918 万 kW。日最大发电出力为 1095 万 kW，出现在晚上 9:00，最小发电出力为 692 万 kW，出现在早上 7:00，峰谷差为 402 万 kW，调峰幅度为 29%。四川统调燃煤出力图如图 6-38 所示。

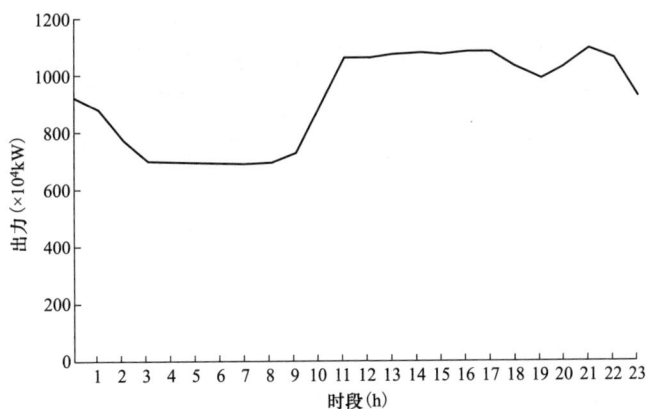

图 6-38　四川统调燃煤出力图

（5）水电。四川统调水电总装机容量为 4394 万 kW，典型日平均发电出力为 3326 万 kW。日最大发电出力为 3496 万 kW，出现在夜间 11:00，最小发电出力为 3174 万 kW，出现在早上 7:00，峰谷差为 322 万 kW，调峰幅度为 7%。四川统调水电出力图如图 6-39 所示。

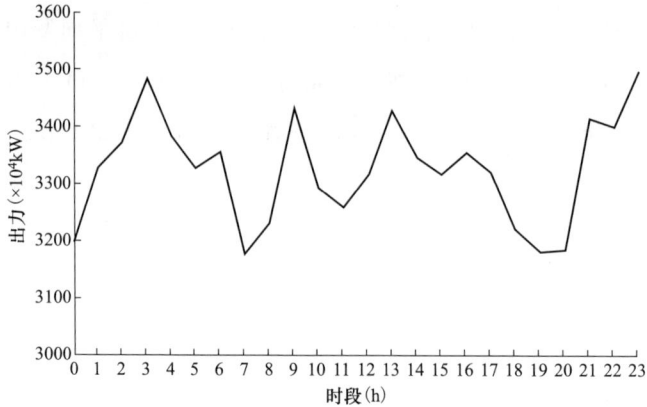

图 6-39　四川统调水电出力图

　　四川省统调水电中具有季调节及以上性能的水电站有 30 座，累计装机容量 1469 万 kW，约占统调水电总装机容量的 33%；典型日平均发电出力为 1102 万 kW，日最大发电出力为 1213 万 kW，出现在上午 9:00，最小发电出力为 1036 万 kW，出现在夜间 0:00，峰谷差为 177 万 kW，调峰幅度为 12%。其余调节性能较弱的总计 251 座，累计装机容量 2925 万 kW，约占统调水电总装机容量的 67%；典型日平均发电出力为 2216 万 kW，日最大发电出力为 2338 万 kW，出现在晚上 10:00，最小发电出力为 2120 万 kW，出现在晚上 7:00，峰谷差为 218 万 kW，调峰幅度为 7%。四川骨干水电站丰水期典型日调节能力评价见表 6-3。

表 6-3　　　　　　　　　四川骨干水电站丰水期典型日调节能力评价表

序号	电站名	装机容量（万 kW）	平均出力（万 kW）	最大出力（万 kW）	最小出力（万 kW）	峰谷差（万 kW）	调峰幅度（%）
1	水牛家	7	4.89	6.52	0.85	5.67	81
2	冶勒	24	0.03	0.03	0.03	0	0
3	硗碛	24	22.74	22.8	22.66	0.15	1
4	瓦屋山	24	11.29	24	0.02	23.98	100
5	毛尔盖	42.6	38.51	42.48	20.27	22.21	52
6	仁宗海	24	20.93	21.2	20.76	0.44	2
7	多诺	10	5.29	8.86	0.19	8.67	87
8	斜卡	13.5	13.14	13.5	12.07	1.43	11
9	亭子口	110	32.37	100.05	0.72	99.33	90
10	宝珠寺	70	37.39	58.85	8.29	50.56	72
11	瀑布沟	360	289.2	357.12	170.36	186.75	52
12	古瓦	20.54	14.71	18.21	10.04	8.18	40

序号	电站名	装机容量（万 kW）	平均出力（万 kW）	最大出力（万 kW）	最小出力（万 kW）	峰谷差（万 kW）	调峰幅度（%）
13	去学	24.6	19.52	24.4	11.64	12.77	52
14	紫坪铺	76	42.19	66.53	33.79	32.75	43
15	长河坝	260	243.61	250.41	241.14	9.27	4
16	舟坝	12.6	2.93	9.94	0	9.94	79
17	窦团	15	5.15	11.67	3.92	7.75	52
18	狮子坪	19.5	10	11.06	9.22	1.83	9
19	大桥	10	3.23	3.24	3.23	0.01	0
20	猴子岩	170	151.2	162.66	143.77	18.89	11

2. 枯水期典型日

四川省统调水电、风电、光伏、燃机、燃煤 5 类电源总装机容量为 6612 万 kW，典型日平均负荷为 2874 万 kW。日最大负荷为 3473 万 kW，出现在上午 11:00，最小负荷为 1987 万 kW，出现在凌晨 4:00，峰谷差为 1486 万 kW，占最大负荷的 43%。四川统调 5 类电源出力图如图 6-40 所示。

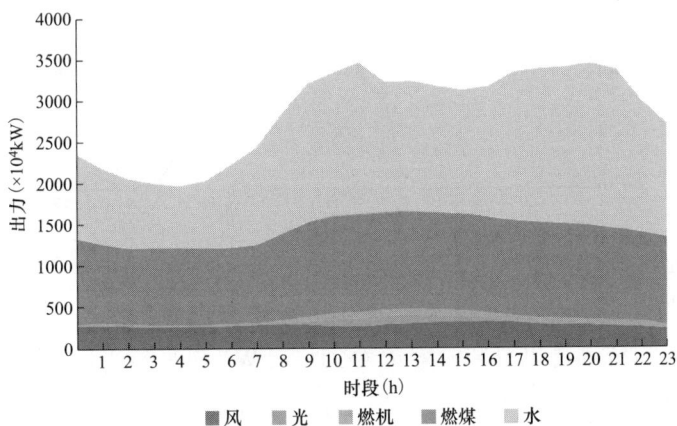

图 6-40　四川统调 5 类电源出力图

（1）风电。四川统调风电总装机容量为 585 万 kW，典型日平均发电出力为 290 万 kW。日最大发电出力为 326 万 kW，出现在下午 4:00，最小发电出力为 234 万 kW，出现在晚上 11:00，峰谷差为 92 万 kW，出力变幅为 16%。四川统调风电出力图如图 6-41 所示。

（2）光伏。四川统调光伏总装机容量为 169 万 kW，典型日平均发电出力为 27 万 kW。日最大发电出力为 103 万 kW，出现在上午 11:00，上午 0:00～7:00、晚上 7:00～11:00

发电出力为 0 万 kW，峰谷差为 103 万 kW，出力变幅为 61%。四川统调光伏出力图如图 6-42 所示。

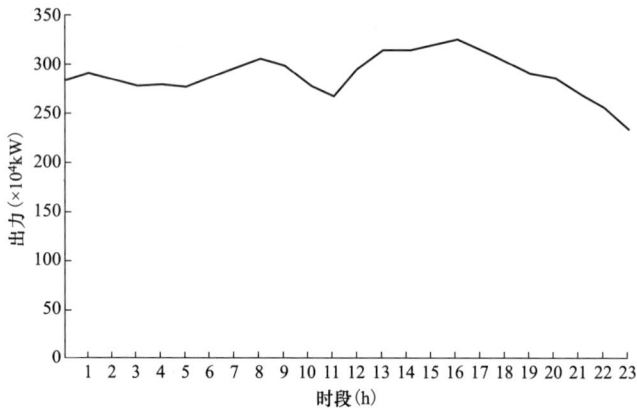

图 6-41　四川统调风电出力图

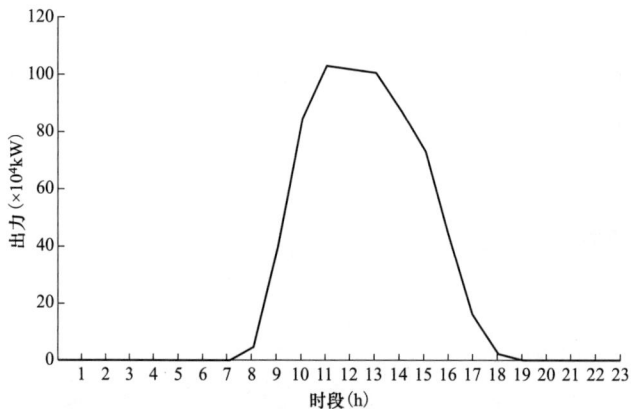

图 6-42　四川统调光伏出力图

（3）燃机。四川统调燃机总装机容量为 71 万 kW，典型日平均发电出力为 51 万 kW。日最大发电出力为 69 万 kW，出现在下午 6:00，最小发电出力为 21 万 kW，出现在凌晨 5:00，峰谷差为 49 万 kW，调峰幅度为 68%。四川统调燃机出力图如图 6-43 所示。

（4）燃煤。四川统调燃煤总装机容量为 1393 万 kW，典型日平均发电出力为 1077 万 kW。日最大发电出力为 1184 万 kW，出现在上午 11:00，最小发电出力为 924 万 kW，出现在凌晨 3:00，峰谷差为 260 万 kW，调峰幅度为 19%。四川统调燃煤出力图如图 6-44 所示。

（5）水电。四川统调水电总装机容量为 4394 万 kW，典型日平均发电出力为 1428 万 kW。日最大发电出力为 1959 万 kW，出现在晚上 8:00，最小发电出力为 762 万 kW，出现在凌晨 4:00，峰谷差为 1197 万 kW，调峰幅度为 27%。四川统调水电出力图如图 6-45

所示。

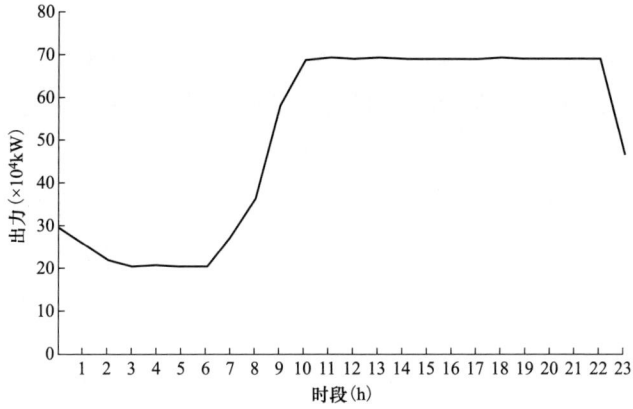

图 6-43　四川统调燃机出力图

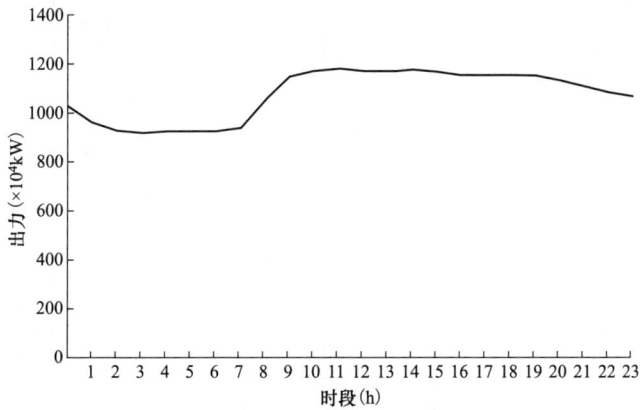

图 6-44　四川统调燃煤出力图

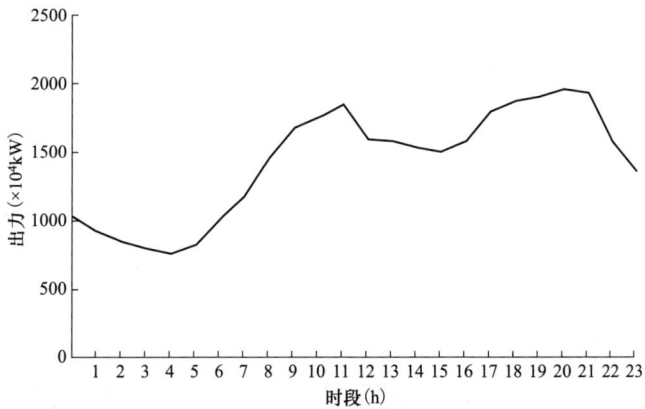

图 6-45　四川统调水电出力图

四川省统调水电中具有季调节及以上性能的水电站有 30 座，累计装机容量 1469 万 kW，约占统调水电总装机容量的 33%；典型日平均发电出力为 461 万 kW，日最大发电出力为 712 万 kW，出现在晚上 8:00，最小发电出力为 176 万 kW，出现在凌晨 4:00，峰谷差为 536 万 kW，调峰幅度为 36%。其余调节性能较弱的总计 251 座，累计装机容量 2925 万 kW，约占统调水电总装机容量的 67%；典型日平均发电出力为 965 万 kW，日最大发电出力为 1288 万 kW，出现在晚上 9:00，最小发电出力为 585 万 kW，出现在凌晨 4:00，峰谷差为 702 万 kW，调峰幅度为 24%。四川骨干水电站枯水期典型日调节能力评价见表 6-4。

表 6-4 四川骨干水电站枯水期典型日调节能力评价表

序号	电站名	装机容量（万 kW）	平均出力（万 kW）	最大出力（万 kW）	最小出力（万 kW）	峰谷差（万 kW）	调峰幅度（%）
1	水牛家	7	5.07	7	0	7	100
2	冶勒	24	17.3	22.31	0.01	22.3	93
3	硗碛	24	16.63	22.59	0.55	22.04	92
4	瓦屋山	24	16.18	21.92	0	21.92	91
5	毛尔盖	42.6	20.15	40.38	2.37	38.01	89
6	仁宗海	24	10.95	23.06	1.92	21.13	88
7	多诺	10	3.5	8.81	0.12	8.69	87
8	斜卡	13.5	4.97	9.35	0.03	9.32	69
9	亭子口	110	46.09	79.97	5.64	74.33	68
10	宝珠寺	70	20.59	39.96	0	39.96	57
11	瀑布沟	360	128.63	214.53	26	188.53	52
12	古瓦	20.54	4.8	10.37	0.09	10.27	50
13	去学	24.6	2.44	12.24	0	12.24	50
14	紫坪铺	76	42.05	56.9	21.27	35.63	47
15	长河坝	260	31.92	120.8	4.65	116.15	45
16	舟坝	12.6	1.16	5.6	0	5.6	44
17	窦团	15	7.77	9.8	3.51	6.29	42
18	狮子坪	19.5	3.07	4.66	0	4.66	24
19	大桥	10	4.82	6.57	4.72	1.84	18
20	猴子岩	170	30.48	47.65	23.8	23.85	14

第三节　水电调节能力挖潜研究

一、基于中长期水库调节的挖潜研究

（一）挖潜模型

梯级水电协调优化调度可使得有调节能力的水库电站的调节作用得到更加充分的发挥，在梯级电站发电统一考虑的情况下，提高梯级水资源的利用率。梯级联合调度在枯季进行补偿调节，使流域径流得到充分利用。在流域联合电力调度的过程中，汛初水库蓄水时可先蓄调节能力较小的水库，而有调节能力水库后蓄，从而提高梯级电站的引用水头；汛后则有调节能力水库先开始加大发电，对下游各梯级水库进行补偿调节，可使梯级电站枯季的发电能力有大幅度的提高，并提高流域径流的水量利用率。

根据前文，调节能力定义为最大可调出力与最低技术出力之间的差值。因此，水电的调节能力与其发电能力密切相关，在同等调峰幅度下，发电量越大，则表现出更强的调节能力。因此，本节拟通过梯级水库协调运行以优化水电发电量，从而挖掘其调节潜力。为充分挖掘水电调节能力，最大程度消纳风光及平抑其波动性，选择以水风光清洁能源发电量最大及最小出力最大化为目标函数构建中长期协同优化模型，考虑水量平衡约束、水库蓄水位约束、水库下泄流量约束、水电站出力约束、生态流量约束、防洪水位约束、断面输电约束等约束条件。

1. 目标函数

目标 I：水风光清洁能源年发电量最大。

$$\begin{cases} E = \max\left(\sum_{i=1}^{n_j}\sum_{t=1}^{T}\sum_{j=w,s,h} N_{j,it} \times m_t\right) \\ N_{h,it} = Q_{h,it} \times k / \delta_{h,i} \end{cases} \tag{6-10}$$

式中：i 为电站变量；$j=w$，s，h 分别代表风电场、光伏电站、水电站；n_j 为第 j 类电站总个数；t 为时段变量；T 为年内计算总时段数（以旬为计算时段，$T=36$）；E 为清洁能源年发电量，kWh；$N_{j,it}$ 为第 j 类电站第 i 个电站第 t 时段的发电出力，kW；$Q_{h,it}$ 为第 i 个水电站第 t 时段的发电流量，m³/s；$\delta_{h,i}$ 为第 i 个水电站耗水率，其大小随水库水位的变化而变化，m³/kWh；k 为换算系数，若电量单位为 kWh，则 $k=3600$；m_t 为年内第 t 时段的小时数。

目标 II：清洁能源年内出力最小时段的出力尽可能大，即最大化最小出力。

$$NP = \max\min\sum_{i=1}^{n_j}\sum_{j=w,s,h}N_{j,it} \qquad (6\text{-}11)$$

式中：NP 为清洁能源最大化的最小出力，kW；其他符号意义同前。

2．约束条件

（1）水量平衡约束。

$$\begin{cases} V_{i,t+1} = V_{i,t} + (R_{i,t} - Q_{ri,t})\times\Delta t \\ Q_{ri,t} = Q_{h,it} + S_{i,t} \end{cases} \qquad (6\text{-}12)$$

式中：$V_{i,t}$、$V_{i,t+1}$ 分别为第 i 个水电站第 t 时段初、末末水库蓄水量，m^3；$R_{i,t}$ 为第 i 个水电站第 t 时段入库流量，m^3/s；$Q_{ri,t}$ 为第 i 个水电站第 t 时段的下泄流量，m^3/s；$S_{i,t}$ 为第 i 个水电站第 t 时段弃水流量，m^3/s；Δt 为计算时段长度，s；其他参数意义同上。

（2）水库蓄水位约束。

$$Z_{i,t}^{\min} \leqslant Z_{i,t} \leqslant Z_{i,t}^{\max} \qquad (6\text{-}13)$$

式中，$Z_{i,t}$ 为第 i 个水库第 t 时刻的蓄水位，m；$Z_{i,t}^{\min}$、$Z_{i,t}^{\max}$ 分别为第 i 个水库第 t 时刻允许的最低、最高蓄水位，m；最高水位通常是基于水库安全方面考虑的，如汛期防洪限制等，m。

（3）水库下泄流量约束。

$$Q_{ri,t}^{\min} \leqslant Q_{ri,t} \leqslant Q_{ri,t}^{\max} \qquad (6\text{-}14)$$

式中：$Q_{ri,t}^{\min}$、$Q_{ri,t}^{\max}$ 分别为第 i 个水电站第 t 时段应保证的最小下泄流量和允许的最大下泄流量，m^3/s；其他参数意义同上。

（4）水电站间水量联系约束。

$$R_{i,t} = Q_{ri-1,t} + I_{i,t} \qquad (6\text{-}15)$$

式中：$Q_{ri-1,t}$ 为第 $i-1$ 个水电站（第 i 个水电站的上游电站）t 时刻的下泄流量，m^3/s；$I_{i,t}$ 为第 t 时刻第 $i-1$ 个水电站到第 i 个水电站的区间平均入流，m^3/s。

（5）电站出力约束。

$$N_{j,it}^{\min} \leqslant N_{j,it} \leqslant N_{j,it}^{\max} \quad j = w,s,h \qquad (6\text{-}16)$$

式中：$N_{j,it}^{\min}$、$N_{j,it}^{\max}$ 分别为第 j 类电站第 i 个电站第 t 时段的允许最小、最大出力，kW；其他参数意义同上。

（6）断面输电约束，假设共有 D 个输电断面，对任意一个断面 d 应当满足如下约束条件：

$$\sum_{j}\sum_{i\in n_{jd}}N_{j,it} \leqslant N_d \quad \forall t\in T \; \forall d\in D \qquad (6\text{-}17)$$

式中：D 为输电断面集合；d 为输电断面编号；N_d 为断面 d 的输电极限；n_{jd} 为断面 d 内的第 j 类电源的电站数量；其他参数意义同上。

（7）非负条件约束。

上述所有变量均为非负变量（≥0）。

（二）求解算法

用于求解梯级水电站优化问题的方法主要分为两类：一是基于经典运筹学理论的规划类算法，如动态规划（Dynamic Programming，DP）、逐步优化算法（Progressive Optimization Algorithm，POA）、混合整数线性规划（Mixed-integer Linear Programming，MILP）等；二是受自然界各类生物群体行为启发的群体智能算法，如粒子群算法（Particle Swarm Optimization，PSO）、蝙蝠算法（Bat Algorithm，BA）等。其中，POA 算法是继线性规划、动态规划后梯级水电站优化调度中应用范围最广的方法之一，它对目标函数和约束条件的要求较低，通过将多阶段决策问题转化为多个两阶段极值问题，有效降低了单次计算量，且能收敛得到全局最优解，编程实现难度较小，因此，本章尝试利用技术相对成熟的 POA 算法进行模型求解。

1. 逐步优化算法原理

POA 算法是将多阶段的问题分解为多个两阶段问题，解决两阶段问题只是对所选的两阶段的决策变量进行搜索寻优，同时固定其他阶段的变量；在解决该阶段问题后再考虑下一个两阶段，将上次的结果作为下次优化的初始条件，进行寻优，如此反复循环，直到收敛为止。逐步优化算法原理如图 6-46 所示。

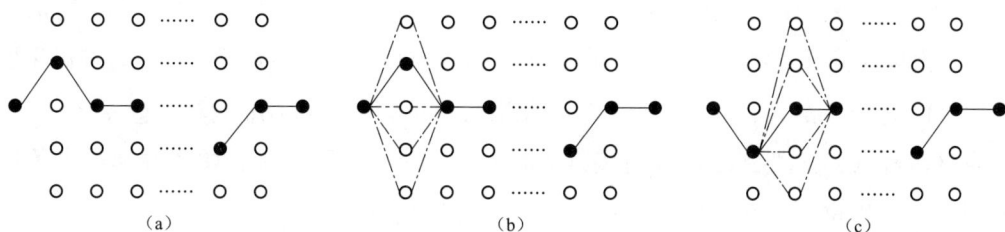

图 6-46　逐步优化算法原理图

（a）初始可行解；（b）第 I 轮第 I 阶段优化；（c）第 I 轮第 II 阶段优化

2. 初始可行解的求解方法

POA 算法必需一条初始调度线，初始调度线的好坏对 POA 的迭代次数有一定的影响。初始可行解的选取不好，可能会出现迭代过程过早收敛于局部优化解的情况，而好的初始决策过程可以加快迭代收敛速度。初始调度线可采用以下方法求得：

优化法：进行 2 单库调度优化分析而后将其最优运行状态轨迹作为库群系统的初始 2 调度线。

等流量法：计算每年汛期和供水期的平均流量，以平均流量运行，即可得水位过程线。

等出力法：通过试算，蓄水期和供水期分别等出力运行。

等库容法：根据水库控制水位，按照等库容运行。

本研究中 POA 法的初始调度线汛期采用等库容法，枯期采用梯级电站等出力法。

3. 逐步优化方法求解步骤

假设梯级水电站的调度期为 1 年，初始时刻为 6 月初，终止时刻为翌年 5 月末，将一年离散为 T（本研究中取 36）个时段，梯级电站数为 N，电站序号为 i（$0<i<N$），则 POA 算法的计算步骤如下：

（1）确定初始轨迹。利用 POA 算法来求解多阶段、多约束问题，初始决策的选取不好，可能会出现迭代过程过早收敛于局部优化解的情况，而好的初始决策过程可以加快迭代收敛速度。

（2）按照电站顺序，依次对第 i 个电站寻优。固定第 0 时刻和第 2 时刻的水位 $Z_{i,0}$ 和 $Z_{i,2}$ 不变，调整第 1 时刻的水位 $Z_{i,1}$，使第 0 和 1 两时段的发电量最大。状态变量为各水库第 1 时刻的水位 $Z_{i,1}$；决策变量为各电站的引用发电流量 $Q_{i,0}$ 和 $Q_{i,1}$。优化计算得各水库第 1 时刻的水位 $Z_{i,1}$ 和相应决策变量 $Q_{i,0}$，$Q_{i,1}$。这时优化后的各水库水位变为 $Z_{i,0}$，$Z_{i,1}$，$Z_{i,2}$，$\cdots$，$Z_{i,T}$，相应的决策变量变为 $Q_{i,0}$，$Q_{i,1}$，$Q_{i,2}$，$\cdots$，$Q_{i,T}$。

（3）同理，按照电站顺序，依次对第 i 个电站下一时刻进行寻优。固定第 1 时刻和第 3 时刻的水位 $Z_{i,1}$ 和 $Z_{i,3}$ 保持不变，调整第 2 时刻的水位 $Z_{i,2}$，使第 1 和 2 两时段的发电量最大，优化计算得各水库第 2 时刻的水位 $Z_{i,2}$ 和相应决策变量 $Q_{i,1}$ 和 $Q_{i,2}$。这时优化后的各水库水位变为 $Z_{i,0}$，$Z_{i,1}$，$Z_{i,2}$，$\cdots$，$Z_{i,T}$，相应的决策变量变为 $Q_{i,0}$，$Q_{i,1}$，$Q_{i,2}$，$\cdots$，$Q_{i,T}$。

重复步骤（3），直到终止时刻（第 T 时刻）为止。从而得到初始条件和约束条件下的梯级各水库水位过程线、引用发电流量过程和梯级总电量。

以前次求得的各水库过程线为初始轨迹，重新回到第（2）步，直到相邻两次迭代求得的发电量增量达到预先指定的精度要求为止。

4. 逐步优化法的优越性

逐步优化算法的主要优点是算法本身隐性并行搜索的特性，因而效率高，消耗的时间较短；该算法对状态变量不需要离散，因而不仅可获得较精确解，而且克服了动态规划求解多库问题时的"维数灾"困难。基于 POA 的优化算法流程图如图 6-47 所示。

（三）案例分析

1. 研究对象

以雅砻江流域"三库十二级"梯级水电站及其周边的风光资源为例，来挖掘水库电站的调节潜力。

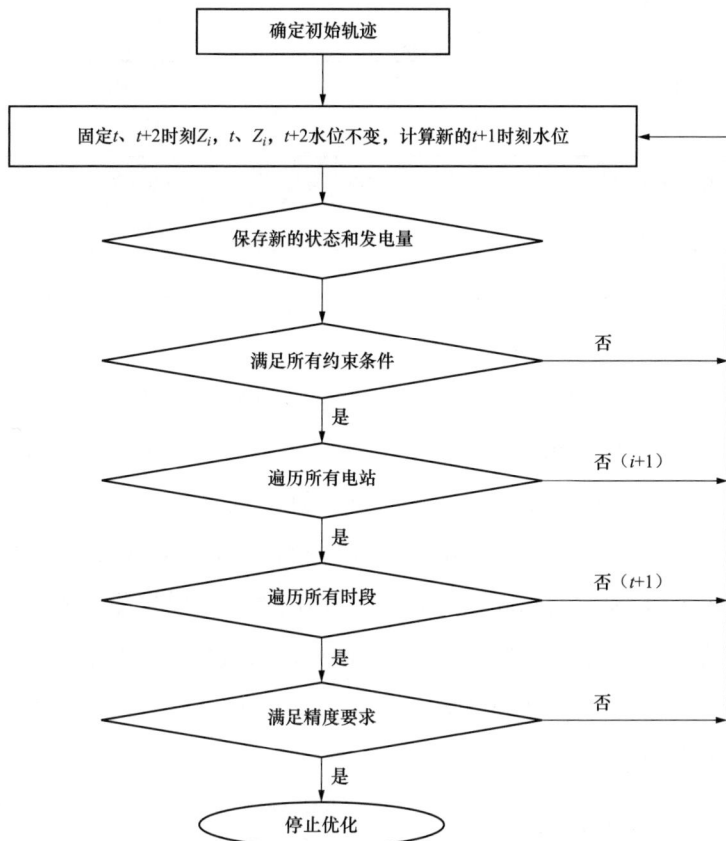

图 6-47　基于 POA 的优化算法流程图

雅砻江流域"三库十二级"梯级水电总装机容量 2636 万 kW，其中，两河口、锦屏一级和二滩三座水库电站分别具有多年调节、年调节和季调节性能，总调节库容 148.4 亿 m³，三座水库电站的基本参数如表 6-5 所示。据统计，雅砻江流域风光资源理论蕴藏量为 4719.7 万 kW，本次计算风光规模约 2180 万 kW，水电与风光之比为 1:0.827。

表 6-5　三座水库电站基本参数

项目	两河口	锦屏一级	二滩
死水位（m）	2785	1800	1155
汛限水位（m）	2845.9	1859	1190
正常蓄水位（m）	2865	1880	1200
装机容量（万 kW）	300	360	330
最小出库流量（m³/s）	112	373	401
最大引用流量（m³/s）	2000	2024	2400
出力系数	8.5	9.18	8.87

项目	两河口	锦屏一级	二滩
水头损失（m）	7.74	3.05	2.5
调节库容（亿 m³）	65.6	49.11	33.93
设计保证出力（万 kW）	113	108.6	102.8
最大泄流量（m³/s）	11000	13904	20000

2. 调节效果分析

以某平水典型年年为例，互补优化后，水风光全年总发电量为 1628.82 亿 kWh，其中，梯级水电站发电量为 1230.16 亿 kWh，占总发电量的 75.52%。风光总发电量为 398.66 亿 kWh，从各水期发电量来看，丰（6 月上旬~10 月下旬）、枯（12 月上旬~翌年 4 月下旬）、平（5 月和 11 月）水期总发电量分别为 688.63 亿、673.36 亿、266.83 亿 kWh，分别占全年电量的 40.28%、44.00%、15.72%，水风光丰枯电量比为 1.02。枯水期水电发电量为 490.76 亿 kWh，仅占理论发电量（发电出力按装机容量计算）的 51.4%，水电丰枯电量比为 1.11，相比雅砻江流域平水年丰枯出力比 1.29 有所改善。互补优化后年内各电源电量占比如图 6-48 所示。

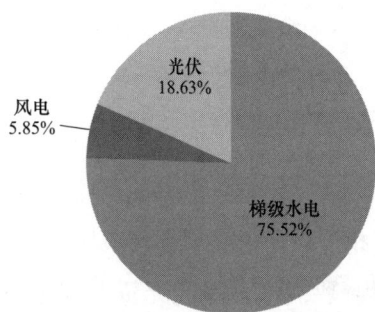

图 6-48　互补优化后年内各电源电量占比

互补优化后水风光总出力过程如图 6-49 所示。其中，枯水期（12 月到翌年 4 月）最小出力为 1857.52 万 kW。为了分析梯级水电调节风光出力后对于风光波动的调节效果，统计了水风光互补运行与单独运行各种情况下枯水期出力的最大、最小出力值、出力极差等指标，如表 6-6 所示，表中单独运行的各种情况是指各类电源单独运行后出力简单叠加后的结果。从表中可知，相较于单独运行，通过水库的调节，水风光枯水期最小出力由 1813.98 万 kW 提升至 1857.52 万 kW，提高了 2.40%，同时互补运行可以将水风光出力波动（出力标准差）降低为单独运行的 0.29%。表明水风光互补运行后，在最小出力最大化的调节目标下，出力波动得到明显改善。

表 6-6　　　　　　　　　　不同运行方式下枯水期出力波动指标统计

项目	互补运行	单独运行			
		水风光	光伏	风电	风光
最小出力（万 kW）	1857.52	1813.98	305.78	108.73	474.64

项目	互补运行	单独运行			
		水风光	光伏	风电	风光
最大出力（万 kW）	1858.62	2110.66	424.69	172.42	581.67
出力极差（万 kW）	1.10	296.68	118.91	63.70	107.03
极差/最大	0.00	0.14	0.28	0.37	0.18
出力标准差（万 kW）	0.37	128.79	38.92	22.21	39.98

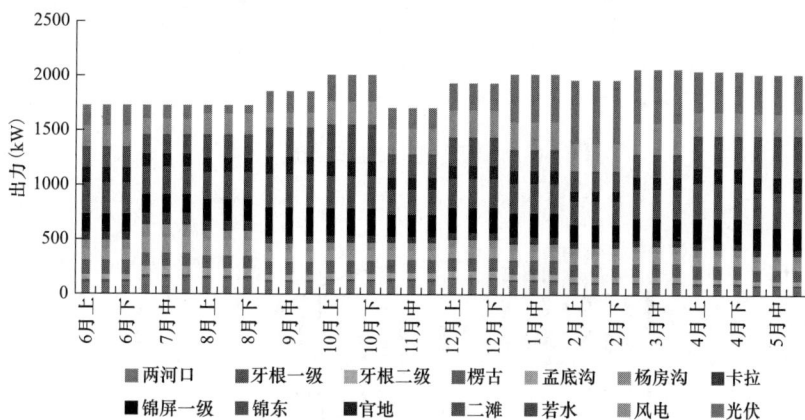

图 6-49　互补优化后水风光总发电出力过程

图 6-50～图 6-52 分别表示两河口、锦屏一级、二滩三座调节性水库电站的水位出力过程，三座水库电站均未产生弃水，其中，两河口电站在 10 月下旬蓄至最高水位 2858.23m，距离正常蓄水位 2865m 还有一定蓄水空间（蓄满率 88.61%），这得益于其庞大的调节库容和多年调节性能。锦屏一级 9 月下旬至 11 月下旬期间保持正常高水位 1880m 运行，二滩 9 月下旬至 3 月下旬期间保持正常高水位 1200m 运行。牙根一级和楞古电站在部分时段发生弃水，总弃水量为 24.89 亿 m³，弃水率 0.69%。

按照前文所述公式，计算两河口、锦屏一级、二滩三个水库电站的蓄满率，并绘制成折线图。从蓄满率曲线可知，整个汛期，两河口水库未蓄满，蓄满率为 88.61%，余下部分调节库容可调节更多风光资源。锦屏一级和二滩水库均在 9 月下旬蓄满，从 9 月下旬以前的蓄能曲线来看，锦屏一级水库相比二滩水库在初期蓄水速率较慢，但在 7 月上旬以后蓄水速率超过二滩水库。从储能比曲线来看，两河口水库最先消落，二滩水库消落最慢，锦屏一级水库居中。两河口水库放水后增加下游水量，有利于龙头水库径流补偿效益的发挥。水库电站蓄满率曲线、水库电站储能比曲线分别如图 6-53、图 6-54 所示。

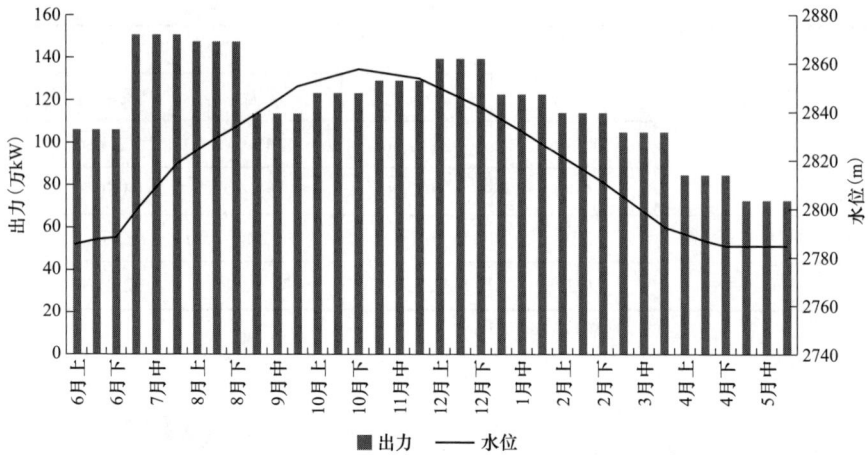

图 6-50　两河口电站的水位出力过程

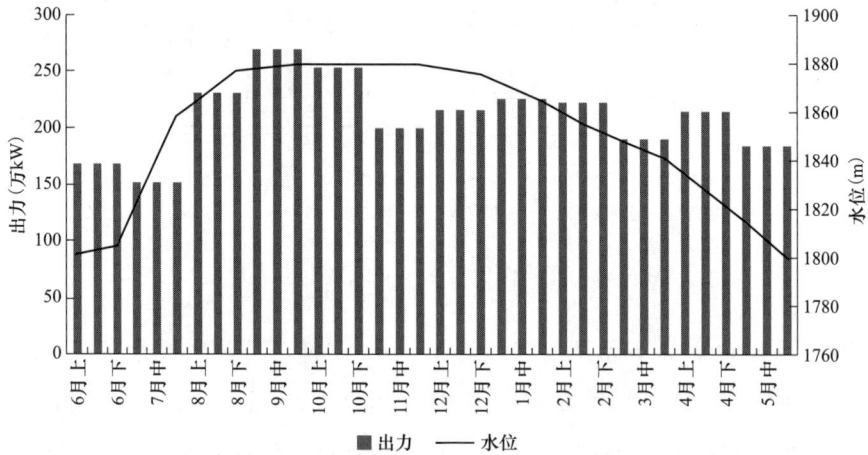

图 6-51　锦屏一级电站的水位出力过程

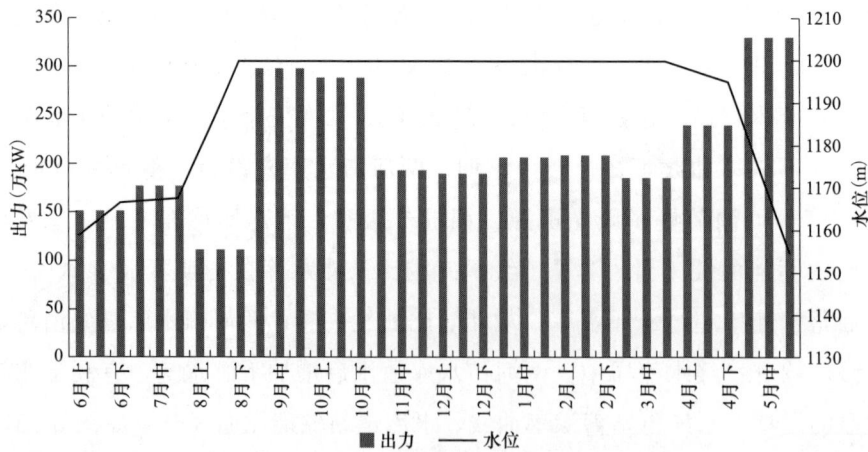

图 6-52　二滩电站的水位出力过程

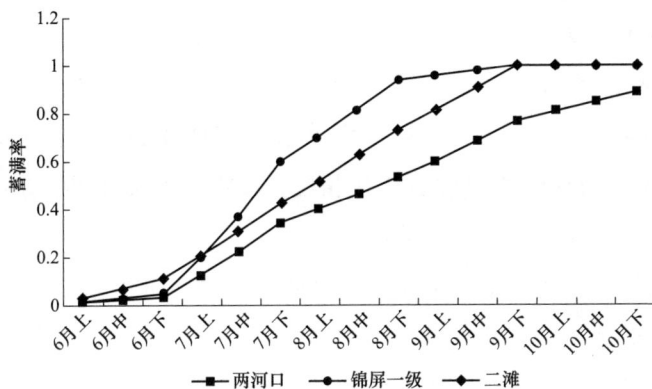

图 6-53　水库电站蓄满率曲线

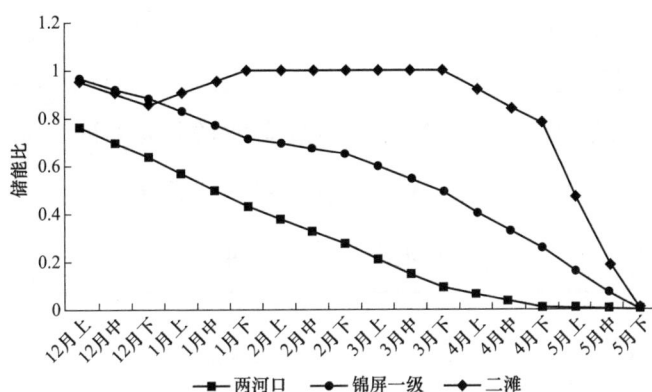

图 6-54　水库电站储能比曲线

为了分析中长期互补运行中风光对水电电量的补偿情况，将梯级水电单独运行的情况作为对比。对比水风光互补运行和梯级水电单独运行的电量结构发现，风光的接入增加了全年发电量 398.66 亿 kWh，其中，丰、枯、平期电量分别增加 145.83、182.59、70.23 亿 kWh，分别增加了 26.87%、37.21% 和 35.72%。表明，水风光互补运行时，风光对水电平枯期的电量补偿作用大于丰水期，这对于弥补水电枯期出力不足具有重要意义。两种运行方式下全年电量结构统计如表 6-7 所示。枯水期电量占比提升了 1.45 个百分点。结果体现了中长期尺度下，水风光互补运行过程中，风光发电对水电的电量补偿，尤其是在枯水期。

表 6-7　　　　　　　　　　　不同运行方式下电量结构对比情况

运行方式	项目	丰水期	枯水期	平水期	全年
水风光互补运行	电量（亿 kWh）	688.63	673.36	266.83	1628.82
	占比（%）	42.28	41.34	16.38	100.00
水电单独运行	电量（亿 kWh）	542.80	490.76	196.60	1230.16
	占比（%）	44.12	39.89	15.98	100.00

综上所述，水风光联合互补优化后，一方面，通过三座水库的联合调节，水风光枯水期最小出力由 1813.98 万 kW 提升至 1857.52 万 kW，提高了 2.40%，同时互补运行可以将水风光出力波动（出力标准差）降低为单独运行的 0.29%，水风光发电总出力更加平稳输出；另一方面，与梯级水电联合优化相比，风光的加入增加了 37.21% 的枯期电量，提高枯期电量占比 1.45%，可提高枯期供电能力。

根据前述分析结果，通过中长期水库联合优化调节，可提高 2.4% 的枯期电量，为了验证枯期电量提高对于接纳风光的效果，以雅砻江下游"三库十二级"梯级电站为例，选取某枯期典型日，计算低电量方案和高电量方案可调节的风光规模，其中，高电量方案是指水库电站发电量比低电量方案多 2.4%，其他参数不变。计算目标为在弃电率 5% 水平下源荷匹配。通过计算可知高电量方案梯级电站可调节风光装机容量为 1811.06 万 kW，相比低电量方案多调节 4.18% 的风光规模；高电量方案可消纳风光 7856.48 万 kWh，相比低电量方案多消纳 316.84 万 kWh，多消纳 4.2% 的风光电量，同时通道利用率可提升 1.41 个百分点。不同电量方案可调节风电见表 6-8。

表 6-8　　　　　　　　　　　　　不同电量方案可调节风电

项目	高电量方案	低电量方案
接入风光装机容量（万 kW）	1811.06	1738.33
消纳风光电量（万 kWh）	7856.48	7539.64
弃风光电量（万 kWh）	1779.9	1709.84
水电装机容量（万 kW）	2655	2655
水电实发电量（万 kWh）	26126.83	25546.38
弃水电量（万 kWh）	0.16	0.1
总弃电量（万 kWh）	1780.06	1709.94
总弃电率（%）	4.98	4.91
通道利用率（%）	53.33	51.92

二、基于汛限水位动态控制的挖潜研究

流域梯级水电在汛期调度过程中有一项特殊任务——防洪。近年来，国家高度重视水电开发与流域管理，各大流域均建有包含年调节性水库电站的梯级水电站群，意图通过流域梯级水库调度来解决汛期防洪抗灾任务和兴利发电任务之间的矛盾，实现洪水资源化利用和流域电站经济化管理。梯级水风光互补系统在来水量较大的汛期常常存在弃水、总出力波动较大的现象，风、光、水三者消纳矛盾更为突出，互补调度困难较大。

多级电站错落同一流域，改变了原本简单的水库防洪调度约束条件，汛期调度时除了关注自身水库防汛水位、库容状态、下泄能力以及流量安全约束外，还需要考虑梯级水库群之间的水力联系、水文补偿及库容补偿效应。此外，考虑到风、光的不确定性，梯级水电调度过程应预留一定的风险空间，充分发挥流域水库群的调蓄能力，以求在防洪安全范围内尽可能地多消纳风光电量。

水库汛期限制水位是水电站防洪调度中的关键参数，分为静态控制和动态控制两种调度方式。汛限水位静态控制是指设定固定的汛限水位，如水库水位超过该水位，则会要求泄洪闸门开启加速泄洪放水，以确保水库预留尽可能充分的储蓄库容应对未来可能发生的大型洪水。但是，这种调度方式过于保守，多数情况并不会遇到设计洪水或校核洪水，过早地打开泄洪通道在很大程度上限制了水库兴利调度，大量弃水造成了资源浪费，万一后续来水不足，对于整个梯级的防洪发电效益更是双重打击。汛限水位动态控制是针对防洪与兴利之间的矛盾在预设风险范围内寻求增效弹性空间，水库的汛限水位值在实时运用中可以根据预报信息，在设计的水位范围内上下浮动，并相应地改变原本的防洪调度方式。这种方式有助于平衡风险与收益，避免因过于保守而造成的弃水浪费和效益损失。因此，如何通过梯级水库群汛限水位动态控制进行汛期防洪调度，提高流域整体防洪效益和发电效益是水库调度领域的热门问题，而在新型电力系统中，如何利用梯级水库群汛限水位动态控制思想尽可能多地增加风光消纳量是另一个关键问题。

（一）挖潜模型

1. 目标函数

梯级水风光汛期互补调度面临着流域防洪、风光消纳及水能利用等问题，由于风光出力具有不可调节性，需要通过梯级水电调节自身出力来平抑风光出力波动，会出现水电出力上调或者下调两种情况。汛期入库径流较大，水量充沛，一般不会出现水电出力上调无法满足的情形；但汛期调度还受限于防洪任务及其他流域水资源综合利用约束，可能会出现水电出力下调无法满足的情形：

（1）水风光总出力大于电网分配的负荷需求，且梯级水电出力已达到最小出力，无法继续下调，为满足电量供需平衡，需要弃掉部分风光电量。

（2）水风光总出力可以满足电网分配的负荷需求，但水库水位达到汛期上限要求，梯级水电出力无法继续下调，产生了一定弃水，考虑到防洪风险，需要弃掉部分风光电量。

为在防洪安全范围内既充分消纳风光电量，又合理利用水能资源，本节模型利用动态汛限水位，设定目标函数为一定弃电率条件下源荷匹配度最大，目标函数表达式如下：

$$\begin{cases} \max\rho = \max\left(1 - \dfrac{E_q + E_{que}}{E_{load}}\right) \\ AR = \dfrac{E_q}{E_q + E} = \partial \end{cases} \quad (6\text{-}18)$$

式中：E_q 为互补系统总弃电量；E_{que} 为互补系统缺电量；E_{load} 为系统需求电量；E 为互补系统实际发电量；ρ 为源荷匹配度；∂ 为假定的弃电率水平。

2. 约束条件

模型考虑的约束条件分为电网类约束、电站类约束和水力类约束。

（1）电网类约束：输电通道约束。

$$\sum_{i\in d} N_{h,i,t} + N_{w,t}^d + N_{pv,t}^d \leqslant tc^d \quad (6\text{-}19)$$

式中：$N_{h,i,t}$ 为第 i 个水电站第 t 时段的发电出力；$N_{w,t}^d$ 为断面 d 内的风电第 t 时段的发电出力；$N_{pv,t}^d$ 为断面 d 内的光伏发电第 t 时段的发电出力；tc^d 为断面 d 的输电容量。

（2）电站类约束：风光接入装机容量约束、各类电站出力约束。

$$\begin{cases} Ns_w \leqslant Nm_w \\ Ns_{pv} \leqslant Nm_{pv} \\ N_{h,i,t}^{\min} \leqslant N_{h,i,t} \leqslant N_{h,i,t}^{\max} \\ N_{w,t}^{\min} \leqslant N_{w,t} \leqslant N_{w,t}^{\max} \\ N_{pv,t}^{\min} \leqslant N_{pv,t} \leqslant N_{pv,t}^{\max} \end{cases} \quad (6\text{-}20)$$

式中：Ns_w 为风电接入装机容量；Nm_w 为风电理论装机容量；Ns_{pv} 为光伏接入装机容量；Nm_{pv} 为光伏理论装机容量；$N_{h,i,t}^{\min}$、$N_{h,i,t}^{\max}$ 分别为第 i 个水电站在第 t 时段内的最小出力和最大出力；$N_{w,t}^{\min}$、$N_{w,t}^{\max}$ 分别为风电场在第 t 时段内的最小出力和最大出力；$N_{pv,t}^{\min}$，$N_{pv,t}^{\max}$ 分别为光伏电站在第 t 时段内的最小出力和最大出力。

（3）水力类约束：水量平衡约束、流量平衡约束、水库蓄水量约束、水库水位约束、发电流量约束、下泄流量约束。

$$\begin{cases} V_{i,t+1} = V_{i,t} + (Qr_{i,t} - Q_{i,t} - Qq_{i,t})\Delta t \\ Qr_{i,t} = Q_{i-1,t-1} + Qq_{i-1,t-1} + q_{i,t} \\ V_{i,t}^{\min} \leqslant V_{i,t} \leqslant V_{i,t}^{\max} \\ Z_{i,t}^{\min} \leqslant Z_{i,t} \leqslant Z_{i,t}^{\max} \\ Q_{i,t}^{\min} \leqslant Q_{i,t} \leqslant Q_{i,t}^{\max} \\ Qs_{i,t}^{\min} \leqslant (Q_{i,t} + Qq_{i,t}) \leqslant Qs_{i,t}^{\max} \end{cases} \quad (6\text{-}21)$$

式中：$Qr_{i,t}$ 为第 i 个水电站在第 t 时段内的平均入库流量；$Q_{i,t}$ 为第 i 个水电站在第 t 时段内的发电流量；$Qq_{i,t}$为第 i 个水电站在第 t 时段内的弃水流量；$q_{i,t}$为第 i 个水电站与第 $i-1$ 个水电站在第 t 时段内的区间流量；$V_{i,t}$为第 i 个水电站在第 t 时段初的水库蓄水量；$Z_{i,t}$为第 i 个水电站在第 t 时段初的水库水位值；$V_{i,t}^{\min}$、$V_{i,t}^{\max}$分别为第 i 个水电站在第 t 时段内允许的最小蓄水量和最大蓄水量；$Z_{i,t}^{\min}$、$Z_{i,t}^{\max}$分别为第 i 个水电站在第 t 时段内允许的最小水位值和最大水位值；$Q_{i,t}^{\min}$、$Q_{i,t}^{\max}$分别为第 i 个水电站在第 t 时段内允许的最小发电流量和最大发电流量；$Qs_{i,t}^{\min}$、$Qs_{i,t}^{\max}$分别为第 i 个水电站在第 t 时段内允许的最小泄流量和最大泄流量。

（二）求解算法

遗传算法（Genetic Algorithm，简称 GA）是根据生物进化思想而启发得出的一种全局优化算法，在本质上是一种不依赖具体问题的直接搜索方法。遗传算法的基本思想是基于 Darwin 进化论和 Mendel 的遗传学说的。Darwin 进化论最重要的是适者生存原理。它认为每一物种在发展中越来越适应环境。物种每个个体的基本特征由后代所继承，但后代又会产生一些异于父代的新变化。在环境变化时，只有那些能适应环境的个体特征方能保留下来。Mendel 遗传学说最重要的是基因遗传原理。它认为遗传以密码方式存在细胞中，并以基因形式包含在染色体内。每个基因有特殊的位置并控制某种特殊性质，所以，每个基因产生的个体对环境具有某种适应性。基因突变和基因杂交可产生更适应于环境的后代。经过存优去劣的自然淘汰，适应性高的基因结构得以保存下来。

遗传算法 GA 把问题的解表示成"染色体"，在算法中也即是以二进制编码的串。并且，在执行遗传算法之前，给出一群"染色体"，也即是假设解。然后，把这些假设解置于问题的"环境"中，并按适者生存的原则，从中选择出较适应环境的"染色体"进行复制，再通过交叉，变异过程产生更适应环境的新一代"染色体"群。这样，一代一代地进化，最后就会收敛到最适应环境的一个"染色体"上，它就是问题的最优解。长度为 L 的 n 个二进制串 b_i（$i=1$，2，$\cdots$，n）组成了遗传算法的初解群，也称为初始群体。在每个串中，每个二进制位就是个体染色体的基因。

遗传算法作为一种快捷、简便、容错性强的算法，与传统的搜索方法相比，具有广泛的适应性、并行性、鲁棒性、全局优化性等优点，对求解问题的目标函数无连续、可微等要求，特别适合于求解类似水库群优化调度等含有多参数多变量的优化问题。遗传算法的主要特点如下：

（1）遗传算法从问题解的串集开始搜索，而不是从单个解开始。这是遗传算法与传统优化算法的极大区别。传统优化算法是从单个初始值迭代求最优解的，容易误入局部最优解。遗传算法从串集开始搜索，覆盖面大，利于全局择优。

（2）遗传算法求解时使用特定问题的信息极少，容易形成通用算法程序。由于遗传算法使用适应值这一信息进行搜索，并不需要问题导数等与问题直接相关的信息。遗传算法只需适应值和串编码等通用信息，故几乎可处理任何问题。

（3）遗传算法有极强的容错能力。遗传算法的初始串集本身就带有大量与最优解甚远的信息，通过选择、交叉、变异操作能迅速排除与最优解相差极大的串，这是一个强烈的滤波过程，并且是一个并行滤波机制。故而，遗传算法有很高的容错能力。

（4）遗传算法中的选择、交叉和变异都是随机操作，而不是确定的精确规则。这说明遗传算法是采用随机方法进行最优解搜索，选择体现了向最优解迫近，交叉体现了最优解的产生，变异体现了全局最优解的覆盖。

（5）遗传算法具有隐含的并行性。遗传算法主要包含优化解的编码设计、种群规模及计算参数的设定、约束处理与适应度函数、进化算子操作等方面，计算流程如图 6-55 所示。

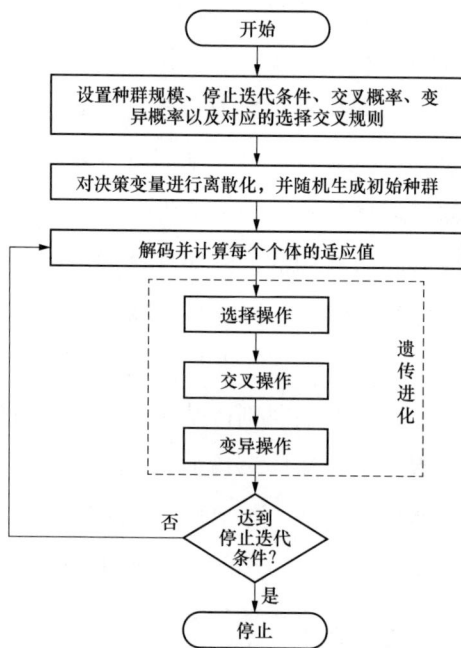

图 6-55　遗传算法计算流程图

假定待优化问题为 $\begin{cases} \min f(X) \\ \text{s.t.}\ X \in R \end{cases}$，其中 $X = [x_1, \cdots, x_n]^{\text{T}}$ 为决策变量；$f(X)$ 为目标函数；R 为可行空间。

基本单位 $x_i(i = 1, 2, \cdots, n)$ 表示一个遗传基因；个体是由 n 个基因组成的染色体，表示一种可能解，采用决策向量 X 表示；种群 P 是遗传算法进化的基础单位，由数目为 N 的个体组成，表示待优化问题的潜在解集合，记为 $P = \{X_1, \cdots, X_i, \cdots, X_N\}$。

编码与解码：编码是指将可行解从原问题解空间转换到遗传算法搜索空间，通常采用二进制和实数进行编码；解码是编码的逆向操作，即个体从搜索空间的基因型变换到解空间的表现型。编码与解码设计在很大程度上决定了遗传算法进化效率。

适应度函数：遗传算法中评价个体优劣程度、获取搜索方向等信息的最重要参数，通常在计算个体对应目标函数后，再采用搜索空间限定法、可行解变换法、罚函数法和尺度变换法等特定转换规则获得个体适应度。

遗传操作：主要包括选择、交叉和变异等操作。其中，选择操作根据一定的选择概率，采用最优保留、排序和无回放随化选择等策略将父代种群中优良个体复制到子代种群，通常个体适应度越大，选中概率越大，以避免优良基因丢失；交叉操作主要指两个相互配对的染色体按一定的交叉概率，采用单点交叉、算术交叉和均匀交叉等方法，相互交换相同位置上的部分基因产生两个新个体，增强种群多样性和全局搜索能力，以避免早熟收敛；变异操作主要是采用均匀变异、高斯变异等，将染色体中某些基因值以一定的概率由其他等位基因替换，以产生新的个体，进而维护种群多样性和改善算法的局部搜索能力。

（三）案例分析

选取雅砻江流域下游 5 座梯级水电站及其周边风电场作为梯级水风光互补系统研究对象，梯级水电总装机容量为 1470 万 kW，根据最新研究成果，雅砻江流域规划风电 537.7 万 kW，本研究以此为边界条件。各水电站的特征参数如表 6-9 所示。

表 6-9　　　　　　　　　雅砻江流域下游控制性水库设计特征参数

电站	多年平均流量（m³/s）	正常蓄水位（m）	死水位（m）	总库容（亿 m³）	调节库容（亿 m³）	调节性能
锦屏一级	1190	1880	1646	77.6	49.1	年
锦东	1190	1646	1330	0.11	0.05	日
官地	1360	1330	1220	6.26	1.72	日
二滩	1650	1200	1035	57.9	33.7	季
若水	1890	1015	995	0.72	0.23	日

研究选取具有汛限水位要求的 7 月中旬（7 月 11～20 日）为计算周期，以小时为计算时段，共计 240 个时段进行计算，在固定负荷需求曲线下，以风电装机容量为变量，优化得到满足一定弃电率要求和源荷匹配度最大化目标的风电接入规模和消纳电量。为了分析动态汛限水位对于汛期互补调度运行的影响，设定一个对照方案，即按原静态汛限水位要求运行，其中，锦屏一级、二滩的静态汛限水位分别为 1859、1190m，动态汛限水位范围分别为［1859，1862.71］、［1190，1195］。两个方案风电出力特性相同，五

座梯级电站初末水位为实际运行数据，如表 6-10 所示。

表 6-10 梯级水电站初末运行水位

项目	锦屏一级	锦东	官地	二滩	若水
初始水位（m）	1849.50	1645.00	1329.80	1187.00	1012.00
末水位（m）	1859.00	1645.00	1329.80	1190.00	1012.00

表 6-11 统计了两种汛限水位方案下消纳的风电、水电等各类电源的数据，由表可知，通过汛限水位动态控制，按照 5% 的弃电率水平，梯级水电可多接入 12.2 万 kW 风电。在相同负荷需求下，可多消纳风电电量 952.89 万 kWh，相比静态汛限水位方案可多消纳 2.55% 的风电，源荷匹配度可提高 0.32 个百分点。

表 6-11 不同汛限水位方案容量配置成果

项目	静态汛限水位方案	动态汛限水位方案
接入风电装机容量（万 kW）	478.2	490.4
消纳风电电量（万 kWh）	37310.44	38263.33
弃风电量（万 kWh）	1.04	0
水电装机容量（万 kW）	1470	1470
水电实发电量（万 kWh）	240792.6	240723.4
弃水电量（万 kWh）	14664.44	14734.69
送出电量（万 kWh）	278103.1	278986.8
缺失电量（万 kWh）	1049.78	166.12
需求电量（万 kWh）	279152.9	279152.9
总弃电量（万 kWh）	14665.48	14734.69
总弃电率（%）	5.01%	5.02%
含弃电源荷匹配度（%）	94.37%	94.66%
不含弃电源荷匹配度（%）	99.62%	99.94%
缺电率（%）	0.38%	0.06%

两种方案下锦屏一级水库和二滩水库水位变化过程分别如图 6-56 和图 6-57 所示。在水位升到汛限水位之前，锦屏一级水电站和二滩水电站在静态汛限水位方案和动态汛限水位方案下蓄水过程基本一致。当蓄至原静态汛限水位后，在动态汛限水位方案下，两个电站继续蓄水至动态汛限水位上限，将此部分水存于水库中，给风电让出发电空间，存蓄起来的水量用于后期风电发电较少时段放水发电以满足用电量需求，这是动态汛限水位方案能多接纳风电的本质原因。

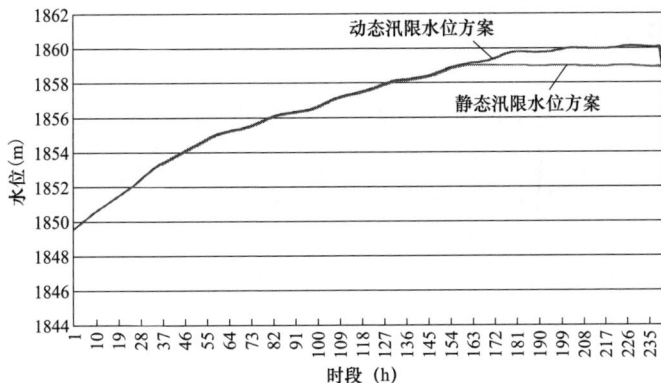

图 6-56　两种方案下锦屏一级水电站水位过程

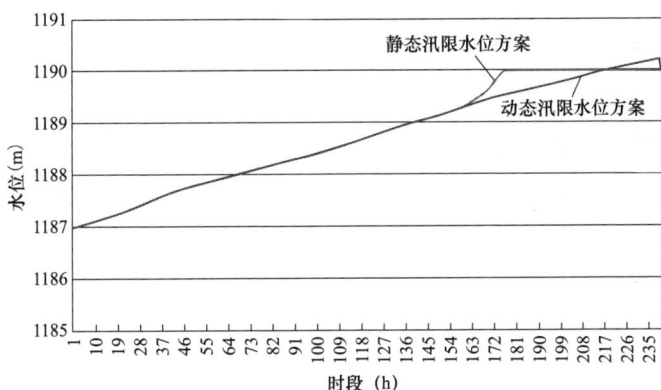

图 6-57　两种方案下二滩水电站水位过程

综上所述，丰水期来水量大，水电发电量大，调节能力不足，因此，在不新增弃水的情况下，丰水期水电可以调节消纳的风光电量十分有限。通过汛限水位的动态控制可以动态增加水电可利用的调节库容，从而提升水电调节风光的能力。在实际调度运行中，可结合洪水预报情况，在洪水来临之前采取提前预泄手段以腾出一定的调节库容，以促进水风光清洁能源的消纳。

三、基于日内优化的挖潜研究

（一）挖潜模型

1. 目标函数

从时间周期上考虑，调峰一般是日内行为，因此，日内优化调度成为挖掘梯级水电调节能力的一种重要手段。根据前文分析可知，影响水电调节能力的因素可能包括水电发电量、调峰电量、调峰幅度等，为了充分挖掘四川电网水电调节潜力，本节以某典型日各电源的实际运行过程为基础，在固定日发电量下，基于清洁能源优先消纳原则，以风光水清洁能源联合运行后剩余负荷波动最小化为目标构建日内挖潜模型，通过优化水电发电过程以使得火电尽可能平稳发电。

$$\begin{cases} \min FL = \min[\alpha(N_r^{\max} - N_r^{\min}) + \beta N_r^{sd}] \\ N_{r,t} = L_t - N_t \\ N_t = \sum_{k \in K} N_{k,t}^w + \sum_{m \in M} N_{m,t}^p + \sum_{n \in N} N_{n,t}^h \end{cases} \quad (6\text{-}22)$$

式中：FL 为源荷匹配差异度；L_t、N_t、$N_{r,t}$ 分别为 t 时段的目标负荷、风光水电源发电总出力及剩余负荷；$N_r^{\max}$、$N_r^{\min}$、N_r^{sd} 分别为剩余负荷的最大值、最小值及标准差；α、β 为权重系数；k、m、n 分别为风电、光伏发电、水电电站编号；K、M、N 分别为风电、光伏发电、水电电站数量；$N_{k,t}^w$ 为第 k 个风电站第 t 时段发电出力；$N_{m,t}^p$ 为第 m 个光伏电站第 t 时段发电出力；$N_{n,t}^h$ 为第 n 个水电站第 t 时段发电出力。

2. 约束条件

（1）电力平衡约束。

$$\sum_{k \in K} N_{k,t}^w + \sum_{m \in M} N_{m,t}^p + \sum_{n \in N} N_{n,t}^h + \sum_{a \in A} N_{a,t}^{th} = L_t \quad (6\text{-}23)$$

式中：a 为火电站编号；A 为火电站数量；$N_{a,t}^{th}$ 为第 a 个火电站第 t 时段发电出力；其他参数意义同上。

（2）风光水电源总出力约束。

$$N_t^{\min} \leqslant N_t \leqslant N_t^{\max} \quad \forall t \in T \quad (6\text{-}24)$$

式中：$N_t^{\min}$ 为风光水联合电源 t 时段最小出力；$N_t^{\max}$ 为风光水联合电源 t 时段最大出力；其他参数意义同上。

（3）风电站约束。

1）出力约束。

$$\begin{cases} N_{k,t}^w = N_k^{wc} \cdot g_{k,t} \\ N_{k,t}^{w,\min} \leqslant N_{k,t}^w \leqslant N_{k,t}^{w,\max} \end{cases} \quad \forall k \in K, \forall t \in T \quad (6\text{-}25)$$

式中：N_k^{wc} 为第 k 个风电电站装机容量规模；$g_{k,t}$ 为第 l 个风电站 t 时段的出力系数；$N_{k,t}^{w,\min}$ 为第 w 个风电站 t 时段的最小出力；$N_{w,t}^{w,\max}$ 为第 w 个风电站 t 时段的最大出力；其他参数意义同上。

2）电量约束。

$$\sum_{t \in T} \left(\sum_{k \in K} N_{k,t}^w \times \Delta t \right) = E^w \quad (6\text{-}26)$$

式中：E^w 为各风电站在该典型日的实发总电量；Δt 为时段的小时数；其他参数意义同上。

（4）光伏电站约束。

1）出力约束。

$$\begin{cases} N_{m,t}^{p} = N_{m}^{pc} \cdot f_{m,t} \\ N_{m,t}^{p,\min} \leqslant N_{m,t}^{p} \leqslant N_{m,t}^{p,\max} \end{cases} \quad \forall m \in M, \forall t \in T \qquad （6-27）$$

式中：N_{m}^{pc} 为第 m 个光伏电站装机容量规模；$f_{m,t}$ 为第 m 个光伏电站 t 时段的出力系数；$N_{m,t}^{p,\min}$ 为第 m 个光伏电站 t 时段最小出力；$N_{m,t}^{p,\max}$ 为第 m 个光伏电站 t 时段最大出力；其他参数意义同上。

2）电量约束。

$$\sum_{t \in T} \left(\sum_{m \in M} N_{m,t}^{p} \times \Delta t \right) = E^{p} \qquad （6-28）$$

式中：E^{p} 为各光伏电站在该典型日的实发总电量；其他参数意义同上。

（5）水电站约束。

1）总出力约束。

$$N_{t}^{h,\min} \leqslant \sum_{n \in N} N_{n,t}^{h} \leqslant N_{t}^{h,\max} \quad \forall t \in T \qquad （6-29）$$

式中：$N_{t}^{h,\min}$ 为各个水电站 t 时段总出力的允许最小值；$N_{t}^{h,\max}$ 为各个水电站 t 时段总出力的允许最大值；其他参数意义同上。

2）总电量约束。

$$\sum_{t \in T} \left(\sum_{n \in N} N_{n,t}^{h} \times \Delta t \right) = E^{h} \qquad （6-30）$$

式中：E^{h} 为各水电站在该典型日的实发总电量；其他参数意义同上。

3）峰谷差约束。

$$\max_{t \in T} \left\{ \sum_{n \in N} N_{n,t}^{h} \right\} - \min_{t \in T} \left\{ \sum_{n \in N} N_{n,t}^{h} \right\} = N^{h,vtp} \qquad （6-31）$$

式中：$N^{h,vtp}$ 为该典型日水电实际发电过程的峰谷差；其他参数意义同上。

4）调峰电量约束。

$$\sum_{t \in T} \left\{ \left[\sum_{n \in N} N_{n,t}^{h} - \min_{t \in T} \left(\sum_{n \in N} N_{n,t}^{h} \right) \right] \times \Delta t \right\} = E^{h,pp} \qquad （6-32）$$

式中：$E^{h,pp}$ 为该典型日水电实际发电过程的调峰电量；其他参数意义同上。

（6）火电站约束。

1）总出力约束。

$$N_t^{th,\min} \leqslant \sum_{a \in A} N_{a,t}^{th} \leqslant N_t^{th,\max} \quad \forall t \in T \tag{6-33}$$

式中：$N_t^{th,\min}$ 为各个火电站 t 时段总出力的允许最小值；$N_t^{th,\max}$ 为各个水电站 t 时段总出力的允许最大值；其他参数意义同上。

2）总电量约束。

$$\sum_{t \in T} \left(\sum_{a \in A} N_{a,t}^{th} \times \Delta t \right) = E^{th} \tag{6-34}$$

式中：E^{th} 为各火电站在该典型日的实发总电量；其他参数意义同上。

3）爬坡率约束。

$$\begin{cases} \sum_{a \in A} N_{a,t}^{th} \leqslant \sum_{a \in A} N_{a,t}^{th}(1+RU) \\ \sum_{a \in A} N_{a,t}^{th} \leqslant \sum_{a \in A} N_{a,t}^{th}(1-RD) \end{cases} \quad \forall t \in T \tag{6-35}$$

式中：RU 为火电的上爬坡率；RD 为火电的下爬坡率；其他参数意义同上。

（二）求解算法

模型求解采用遗传算法，算法理论介绍见前文，此处不再赘述。

（三）案例分析

1. 典型日实际情况

截至 2022 年底，四川省统调装机容量约 6612 万 kW，其中，水电装机容量 4393.864 万 kW，风电装机容量 585.02 万 kW，统调光伏装机容量 169 万 kW，风光比例约为 3.46:1，燃气火电 71.44 万 kW，燃煤火电 1392.674 万 kW。四川省统调装机容量结构如图 6-58 所示。

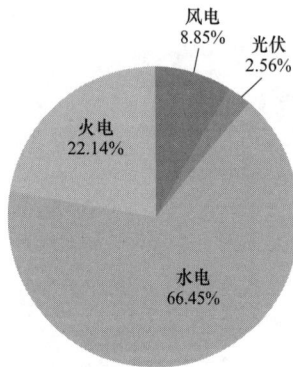

以枯期最大负荷日为例，利用所提模型和求解算法挖掘四川省统调水电调节潜力。该日四川省统调负荷最大为 3549.48 万 kW，出现在中午 12:00，负荷峰谷差为 1521.99 万 kW，约占最大负荷的 42.88%，全天用电量为 70463 万 kWh。图 6-60 为该日四川省统调负荷过程及电源发电消纳过程。其中，风电、光伏消纳电量分别为 7258.74 万、687.98 万 kWh，风光合计消纳电量占用电量的 11.28%，水电电量为 34328.93 万 kWh，占用电量的 48.72%，余下 40.00% 用电量由火电提供。典型日四川省统调负荷过程及电源消纳电量过程如图 6-59 所示。

图 6-58　四川省统调电力装机容量结构

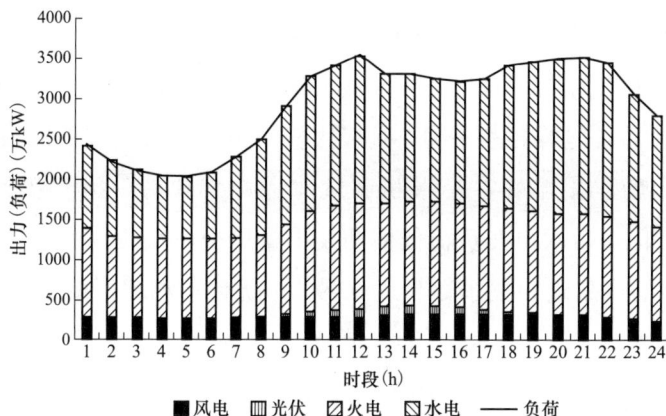

图 6-59 典型日四川省统调负荷过程及电源消纳电量过程

统计各类电源实际发电出力的均值、最大、最小值、标准差等指标如表 6-12 所示。水电的日均容量系数仅为 33%，表明水电该日平均发电出力仅占装机容量的 1/3，这主要是受水电枯期来水不足影响；光伏发电出力的极差装机容量比和标准差均值比分别为 0.64 和 1.44，位列四类电源之首，表明光伏发电出力波动最为显著，这是其"昼发夜歇"的固有发电特性决定的；风力发电出力的极差装机容量比和标准差均值比分别为 0.14 和 0.08，位列四类电源的最末位，表明与光伏、水电、火电相比，风电出力最为平稳；火电出力的极差装机容量比和标准差均值比分别为 0.22 和 0.11，相比水电略小。

表 6-12　　　　　　　　　　各类电源实际发电出力统计指标

电源	平均容量系数	均值（万 kW）	最大（万 kW）	最小（万 kW）	极差（万 kW）	极差装机比	标准差（万 kW）	标准差均值比
风电	0.52	302.45	339.12	254.99	84.13	0.14	23.09	0.08
光伏	0.17	28.67	108.12	0.00	108.12	0.64	41.38	1.44
火电	0.80	1174.49	1302.92	983.92	319.00	0.22	124.88	0.11
水电	0.33	1430.37	1962.14	764.04	1198.10	0.27	395.39	0.28

2. 优化结果

为了充分挖掘水电的调节潜力，在维持实际发电量不变的条件下利用所提模型和求解算法对该典型日各类电源的发电过程进行重新分配，风光水联合调节使得剩余负荷波动最小化，剩余负荷由火电提供，其中风电、光伏由于不可控，发电过程按照实发过程计算。为了保证水电的发电可靠性，对水电发电过程新增两个约束条件：①优化后水电发电出力极差等于原过程，即等于 0.2727；②优化后水电发电调峰电量比（大于等于最小发电出力的电量占总发电量的比值）等于原过程，即小于等于 0.4658。

图 6-60 是优化前后水电的出力过程，可以看出，优化后水电发电出力的最小值依然出现在凌晨 5:00，出力为 764.04 万 kW，最大出力依然出现在晚上 9:00，为 1962.14 万 kW，即水电优化前后发电峰谷差不变，且极大极小出力值及出现的时段不变，按照调峰幅度的概念（调峰幅度=发电峰谷差/装机容量），水电优化前后调峰幅度不变。但从曲线的总体趋势来看，优化后水电在负荷低估期发电量更少，在负荷高峰期发电量较优化前更多，与负荷曲线的皮尔逊相关系数高达 0.99，与优化前相比，相关系数增大了 0.81%，与用电负荷更加匹配。

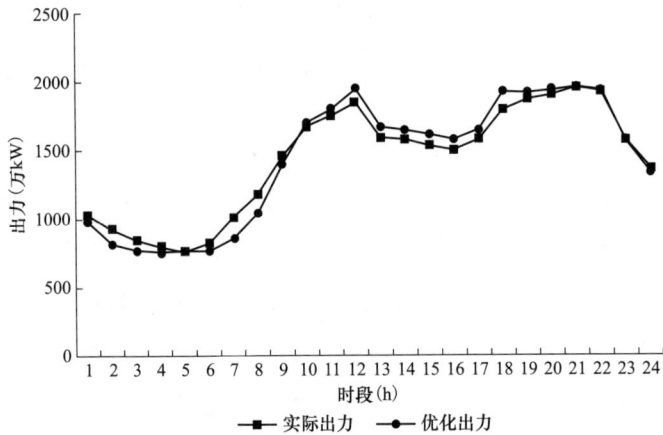

图 6-60　优化前后水电出力过程对比

图 6-61 是优化前后水电的出力过程，可以看出，优化前后，火电出力的极大极小出力值及其出现的时段均有变化，其中，优化前火电最小出力为 983.92 万 kW，出现在第 4 时段，优化后最小出力出现在第 5 时段，为 985.73 万 kW，较优化前略大；优化前火电最大出力 1302.92 万 kW，出现在中午 12:00，优化后火电最大出力延迟 9 个时段出现，并且降低为 1255.02 万 kW，总体而言，发电峰谷差减小了 3.39%。从爬坡率来看，优化前火电的最大上、下爬坡率分别为 125.49 万、74.88 万 kW，优化后火电的最大上、下爬坡率分别为 151.96 万、112.30 万 kW，相比优化前略有增加。根据 2021 年火电 365 天实际运行数据统计，火电最大上、下爬坡率分别为 192.241 万、182.949 万 kW，表明优化后火电爬坡率仍然满足运行约束。

表 6-13 统计了优化前后火电出力特征指标。其中，调峰深度、波动幅度分别按照式（6-36）、式（6-37）计算。由表 6-13 可知，优化后火电出力峰谷差由 319 万 kW 降低为 269.39 万 kW，标准差由 124.88 万 kW 降低为 66.49 万 kW，调峰深度降低了 3.39%，波动幅度降低了 4.6%，表明火电发电过程更为平稳。

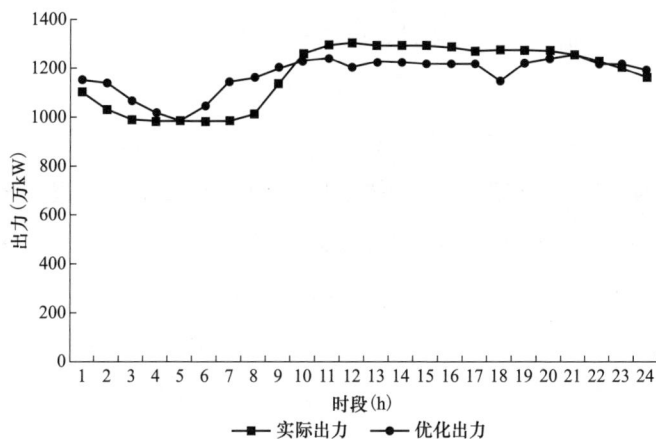

图 6-61　优化前后火电出力过程对比

表 6-13　　　　　　　　　优化前后火电出力特征指标

项目	均值 （万 kW）	最大 （万 kW）	最小 （万 kW）	峰谷差 （万 kW）	调峰深度	标准差 （万 kW）	标准差均 值比	波动幅度
优化前	1174.49	1302.92	983.92	319.00	21.79%	124.88	0.11	18.90%
优化后	1174.49	1255.03	985.64	269.39	18.40%	66.49	5.66%	14.30%

$$D = (N_{\max} - N_{\min}) / N_c \times 100\% \qquad (6\text{-}36)$$

式中：D 为调峰深度；$N_{\max}$、$N_{\min}$ 分别为最大、最小发电出力；N_c 为装机容量。

$$fl = [\alpha(N_{\max} - N_{\min}) + \beta N_{sd}] / \overline{N} \times 100\% \qquad (6\text{-}37)$$

式中：fl 为出力波动幅度；α、β 为权重系数；N_{sd} 为发电出力标准差；$\overline{N}$ 为平均发电出力。

第四节　水电调节能力提升策略

根据调节能力的概念，水电调节能力等于水电最大可调出力与最小技术出力的差值，因此，提升水电调节能力可以从提高最大可调出力和降低最小技术出力两个方面着手，而水电出力又与来水情势、水库蓄水位等参数密切相关，因此，本节提出的水电调节能力提升策略包括非工程措施和工程措施两个方面，其中，非工程措施主要有水库群联合优化调度和水库汛限水位动态控制，工程措施包括水电扩机和新建抽水蓄能电站。

一、水库群联合优化调度

水库群联合优化调度是指综合各个电站的总体情况，充分发挥各电站的优势，考虑发电、航运、生态以及环境等多方面的效益，利用水能多发清洁的电能，有效避免弃水现象的发生，满足各个部门的用水要求，更好地实现水资源的综合利用，保证电网安全、稳定运行。以年为周期、以月/旬为时段的中长期优化调度通过协调水库群蓄放水次序，可以使水电站的不蓄水量在尽可能大的水头下发电，从而达到在联合运行中总发电量尽可能大的目的，尤其是在枯水期充分发挥水库群调节补偿作用，提高最小出力，使得水电最大可调出力加大，从而提升水电调节能力。以日为周期、以小时/15min 为时段的日前/日内优化调度通过协调各个时段的发电负荷，在净负荷（负荷扣减新能源发电后的剩余负荷）高峰时多发电，在净负荷低谷时少发电，可以使得水电与新能源的总出力与用电负荷尽可能匹配，从而达到火电尽可能平稳发电的目的，降低火电调峰深度，减少燃煤成本。

二、水库汛限水位动态控制

汛限水位，又称防洪限制水位，是水库在汛期允许兴利蓄水的上限水位，也是水库在汛期防洪运用时的起调水位。水电受来水的季节特性影响，在汛期常常下调能力不足。传统的汛限水位静态控制是指设定固定的汛限水位，在遭遇较设计洪水小的洪水时，会导致水库无法蓄满，造成库容效益损失；反之在遭遇较设计洪水大的洪水时，会造成清洁的水资源的大量浪费，进一步降低水电下调能力。汛限水位动态控制是针对防洪与兴利之间的矛盾在预设风险范围内寻求增效弹性空间，水库的汛限水位值在实时运用中可以根据预报信息，在设计的水位范围内上下浮动。当预报洪水较大时，来洪之前可以适当降低汛限水位，预泄流量用于发电，可提高水电最大可调出力，从而提高了来洪之前的水电上调的调节能力；由于事先腾空部分库容，洪水入库之后，为避免弃水，水电的最小发电出力相比汛限水位静态控制方式将有所减小，相当于增加了水电下调的调节能力。当预报洪水较小时，可逐步提升蓄水位，适量多蓄水，增加枯期供电能力以满足生产、生活和生态等供水需要。

三、水电扩机

水电扩机是指对已建、在建的常规水电站通过技术改造、改变运行方式等，进行常规机组扩机增容，可以直接增加水电的最大可调出力，从而增加调节能力。常规水电站全年大部分时间日发电出力过程变化不大，尤其在丰水期通常满发，不进行日内调节，因此，配合新能源发电出力调节能力有限。在"双碳"目标下，清洁的风电、光伏等新能源即将大规模投产以满足增长的用电量需求，但受其波动性大、随机性强、出力不稳定的发电特性影响，新能源开发无法给电力系统提供有效容量，无法弥补容量上的缺口。为了配合水风光互补运行，保障未来电网能够大规模接入新能源，满足系统增量容量需要，最直接的工程措施是对已建、在建的常规水电机组进行扩机改造。在水库兴利库容、特征水位不变的情况下，通过扩机增容改变调度运行方式，可以加大放水，降低水库水位，腾出库容，实现新能源发电高峰时错峰调节、电量时移等功能。从满足电力系统容量及调峰需求的角度来看，对调节能力强的水电进行扩机，作为重要的电力系统调峰电源，结合水风光互补开发，平抑风光波动，促进新能源的消纳，共同满足电力系统的发展要求。

四、新建抽水蓄能电站

抽水蓄能电站是在电力系统低谷时段发挥填谷作用，将水从低处抽取到高处储存能量，在系统负荷高峰时段发电，为电网提供高峰电力，减少系统峰谷差。它可将系统价值低、多余的低谷电能转换为价值高、必需的高峰电能，是电力系统能源"循环器"。抽水蓄能电站建成后，不仅在系统中可承担调峰、填谷、储能、调频、调相和紧急事故备用等任务，还可配合风电、光伏发电和大型煤电运行，保障电网的安全、稳定、经济运行。随着经济快速发展和用电结构调整，未来用电负荷还将迅速增加，峰谷差也会逐渐增大，加之随机性强的新能源的规模化投产，使得当前主要依靠火电压负荷运行及常规水电来实现调峰显得更为困难。未来，解决电网调节能力不足的有效途径就是新建抽水蓄能电站。抽水蓄能电站具有双倍调峰效果，即在负荷低谷时抽水填谷，在负荷高峰时发电运行削峰，这种削峰填谷运行方式是其他常规电源都无法比拟的高效调峰手段。建设抽水蓄能电站，可减少火电装机容量，优化系统电源结构，促进新能源消纳，助力"双碳"目标实现。

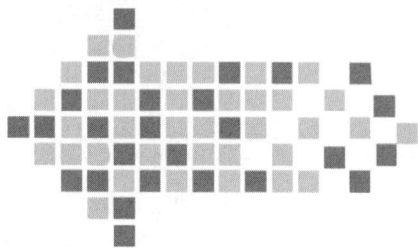

第七章 四川电网主要流域水风光（储）互补容量优化配置研究

第一节 水风光（储）互补容量优化配置原则

本次水风光（储）互补容量优化配置研究综合考虑送出通道限制、水电站在电力系统中的作用、水电站的调节性能和互补能力、水电站周边风光资源禀赋、风能和光伏对电力系统的影响等，并遵循以下原则：

一、清洁能源优先消纳

中国是全球最大的能源消费国，对于全球能源的绿色低碳转型具有至关重要的作用，自《巴黎协定》后，中国提出新的气候行动目标"2030 年前碳达峰、2060 年前碳中和"，这为我国发展清洁能源、助推能源供给侧结构性改革注入了强劲动力。在"双碳"愿景下，全国 31 个省份"十四五"规划相关文件均明确了要加大清洁能源发展，因地制宜发挥清洁能源资源富集地区优势，提升能源清洁低碳利用水平；各大发电企业也相继提出未来 5～10 年清洁能源新增装机容量及发电量占比目标。因此，在低碳化发展的大背景下，本次容量优化配置遵循清洁能源优先消纳原则，在输电通道约束下，优先让清洁的水风光电量上网，同时控制清洁能源弃电率在合理水平。

二、有利于电网安全稳定运行

电力关系国计民生，电网安全稳定是保障经济和社会对电力需求的首要要求。受气象、环境等多因素影响，风电、光伏电源发电具有随机性、波动性、间歇性等特点，接入电网后对电力系统具有较大冲击。为了保证电力系统的安全稳定，风光电源的规模化发展需要依靠其他调节性电源降低其不平稳性。因此本次容量优化配置以有利于电网安全稳定为基本原则，将各规划的风电、光伏场址按就近原则接入水电站，在考虑流域梯级水库防洪、生态、灌溉、供水、航运等综合利用要求及其他运行约束的基础上，充分利用水库群调节能力，对大规模风、光伏站进行互补调节、波动平抑后，再将水风光打捆上网，以尽量降低风光波动性给电网增加的调峰压力，保障电网安全稳定运行。

三、梯级水库群分区协同优化

梯级水电协同优化调度可使得有调节能力的水库电站的调节作用得到更加充分发挥，在梯级电站发电统一考虑的情况下，提高梯级水资源的利用率。但受四川电网网架薄弱、断面受阻等实际因素影响，梯级水库群的调节能力往往不能最大发挥，且各流域之间共用输电通道，单流域优化可能造成输电通道利用率低下，且不能考虑流域间径流补偿关系。再者，四川电网水电站数量众多，全域统筹优化将带来较高的计算成本。因此，为了降低计算复杂度，同时充分发挥输电通道约束下跨流域之间的补偿作用，本次容量优化配置以分区协同为基本原则，以输电断面为边界，以流域拓扑关系为基础，进行电网分区，充分利用区域内调节能力较好的电站的共同调节能力，协同平抑风光不稳定性。

第二节　水风光（储）互补容量优化配置的主要影响要素

一、水风光资源禀赋

四川省风能资源和光伏资源，与水能资源总体上呈现较好的协调性，对于发展水风光一体化具有有利条件。水电、风电、光伏的年内出力在季节上存在一定的互补性。基于我国水文气象特点，天然径流丰、平、枯水年，汛期、非汛期差别较大，日内波动较小；各流域水电梯级虽入汛有早晚，但基本呈汛期（5～10月）出力大，枯水期出力较小的特点。而风光资源大多表现出冬春季节丰、夏秋季节枯的趋势，与水电资源具有天然的互补性。

二、水电调节能力

在新型电力系统中，风光发电受天气因素影响，发电出力波动剧烈，具有较大的峰谷差，而需求侧负荷对平稳性要求较高，因此，风光大规模并网需要依赖灵活性好的调节电源来平抑其波动。作为启停迅速、运行灵活、跟踪负荷能力强的调节性电源，水电与风光打捆互补是我国目前及未来很长一段时间支撑新能源集中消纳的一种重要途径。在水能富集地区开展水风光储容量优化配置研究，需要利用电网各大流域梯级水电与风光资源并存的区位优势，深度挖掘日调节、季调节及以上调节能力水电调节能力，以实现水风光（储）一体化运行。

三、输电通道约束

作为限制电力输送消纳的刚性约束，电站所接入的输电通道容量同样会对风电光伏的接入规模造成影响。水风光火电站的输送电力需小于输电通道规定容量。本次水风光（储）容量优化配置以现有输电通道及各水平年规划建成的输电通道为条件，将风光电站就近接入水电电力输送通道。而水电在电网中具有重要的调节和支撑作用，一般不考虑优先减少，故输电通道约束主要影响风电光伏的接入规模。在容量优化配置模型中要将输电通道约束作为边界条件，充分考虑区域内各水电站的水库调节性能，使区域内各水电站协调运行。

四、负荷需求特性

水电站满足电网负荷需求的程度可影响其调度配置风电、光伏的规模。例如，日调节水电站水库可调节一昼夜内的水流，以适应一天内负荷变化需求；年调节水电站水库可将年内洪水期多余水量存在水库中，以补充枯水期发电；多年调节水电站水库可蓄存丰水年份入库水量，以补充枯水年份发电水量之不足。长周期调节水电站水库可同时进行周期较短的径流调节，并在改善电力系统供电质量、调节及消纳风电光伏电量、减少系统中火电站燃料消耗、降低电能成本等。

第三节　水风光（储）互补容量优化配置模型及算法研究

一、配置模型

为充分利用水电调节能力，最大程度消纳风光、平抑其波动性并满足通道要求，本次研究选择以源荷匹配度最高、水风光清洁能源发电量最大及水风光最小出力最大化为目标函数。

（1）源荷匹配度最高。

利用水库电站调节，最大程度平抑风力发电和光伏发电的间歇性、随机性和波动性，使总输出功率更加接近电网负荷水平，对电网运行影响最小。

多能互补是将各种发电能源进行优化组合配置，使各种信号叠加后更好地跟随负荷变化，从而使系统安全稳定运行，因此，引入负荷追踪系数用来衡量负荷的匹配度。为了分析风力发电、光伏发电等可再生能源发电系统对负荷的影响，定义负荷追踪系数 ρ，来量化评估多种电源跟踪负荷的特性。

目标函数如下：

$$\begin{cases} \max \rho = \max\left(1 - \dfrac{\sum_{t=1}^{T}\left|N_{r,t} - L_i\right|/T}{\overline{L}}\right) \\[3mm] N_{r,t} = \sum_{l=1}^{L} wN_{l,t} + \sum_{k=1}^{K} sN_{k,t} + \sum_{j=1}^{J} hN_{j,t} + pN_t \end{cases} \tag{7-1}$$

式中：ρ 为负荷追踪系数；t 为时段变量；T 为时段总数；$N_{r,t}$ 为第 t 时段的发电出力；L_t 为第 t 时段的用电负荷；$\overline{L}$ 为平均负荷水平；l、k、j 分别为风、光、水电站编号；L、K、J 分别为风、光、水电站总数量；$wN_{l,t}$ 为第 l 个风电站第 t 时段的出力；$sN_{k,t}$ 为第 k 个光伏电站第 t 时段的出力；$hN_{j,t}$ 为第 j 个水电站第 t 时段的出力；pN_t 抽水蓄能电站第 t 时段的出力。

ρ 越接近于 1，说明多种能源互补发电功率与负荷功率在考察时间尺度内的变化特性越一致。发电系统的输出功率对负荷的跟踪性越好；反之，ρ 越小，说明发电功率与负荷在考察时间尺度内的变化特性越不一致，跟踪性越差。

（2）水风光清洁能源发电量最大。

$$\max E = \max\left[\sum_{t=1}^{T}(N_{r,t} \times m_t)\right] \tag{7-2}$$

式中：E 为清洁能源发电量；m_t 为第 t 时段的小时数；$N_{r,t}$ 为第 t 时刻梯级风光水的总出力。

（3）水风光清洁能源最小出力最大化。

水风光互补需要综合考虑水风光消纳问题，对于梯级水电站调度任务来说新增了补偿风光出力波动，协助消纳风光电量。然而，风光出力的不确定性降低了互补系统的供电可靠性。因此，以水风光清洁能源最小出力最大化为优化准则，以降低风光对电力系统的冲击。

$$\max\min NB = \max\min N_{r,t} \tag{7-3}$$

式中：NB 为水风光最小出力；$N_{r,t}$ 为第 t 时刻梯级风光水的总出力。

（4）约束条件。

1）输电通道约束：

$$\sum_{l=1}^{L} wN_{l,t} + \sum_{k=1}^{K} sN_{k,t} + \sum_{j=1}^{J} hN_{j,t} + \sum_{i=1}^{I} tN_{i,t} + pN_t \leqslant N_t^d \tag{7-4}$$

式中：N_t^d 为第 d 个输电断面的输电容量；其他参数意义同上。

2）风电出力约束：

$$wN_{l,t} = wN_l^c \cdot g_{l,t} \qquad \forall l \in L, \forall t \in T \tag{7-5}$$

$$wN_{l,t}^{\min} \leqslant wN_{l,t} \leqslant wN_{l,t}^{\max} \quad \forall l \in L, \forall t \in T \tag{7-6}$$

式中：wN_l^c 为第 l 个风电电站装机容量规模；$g_{l,t}$ 为第 l 个风电站 t 时段的出力系数；$wN_{l,t}^{\min}$ 为第 l 个风电站 t 时段的最小出力；$wN_{l,t}^{\max}$ 为第 l 个风电站 t 时段的最大出力；其他参数意义同上。

3）光伏出力约束：

$$sN_{k,t} = sN_k^c \cdot f_{k,t} \quad \forall k \in K, \forall t \in T \tag{7-7}$$

$$sN_{k,t}^{\min} \leqslant sN_{k,t} \leqslant sN_{k,t}^{\max} \quad \forall k \in K, \forall t \in T \tag{7-8}$$

式中：sN_k^c 为第 k 个光伏电站装机容量规模；$f_{k,t}$ 为第 k 个光伏电站 t 时段的出力系数；$sN_{k,t}^{\min}$ 为第 k 个光伏电站 t 时段最小出力；$sN_{k,t}^{\max}$ 为第 k 个光伏电站 t 时段最大出力；其他参数意义同上。

4）水电约束条件。

①水电出力约束：

$$hN_{j,t} = \frac{\overline{Q}_{j,t} \times k}{\delta_j} \quad \forall j \in J, \forall t \in T \tag{7-9}$$

$$hN_{j,t}^{\min} \leqslant hN_{j,t} \leqslant hN_{j,t}^{\max} \quad \forall j \in J, \forall t \in T \tag{7-10}$$

式中：$hN_{j,t}^{\min}$、$hN_{j,t}^{\max}$ 分别为第 j 个电站第 t 时段的允许最小、最大出力；$\overline{Q}_{j,t}$ 为第 j 个水电站第 t 时段的发电流量；δ_j 为第 i 个水电站耗水率，其大小随水库水位的变化而变化；k 为换算系数，若电量单位为 kWh，则 $k=3600$；其他参数意义同上。

②水库水位约束：

$$Z_{j,t}^{\min} \leqslant Z_{j,t} \leqslant Z_{j,t}^{\max} \quad \forall j \in J, \forall t \in T \tag{7-11}$$

式中：$Z_{j,t}$ 为第 j 个水电站在第 t 时段末的水位；$Z_{j,t}^{\max}$ 为第 j 个水电站在第 t 时段末的水位上限；$Z_{j,t}^{\min}$ 为第 j 个水电站在第 t 时段末的水位下限。

③水库水位日变幅约束：

$$\left| Z_{j,end} - Z_{j,begin} \right| \leqslant Z_{j,allow} \quad \forall j \in J \tag{7-12}$$

式中：$Z_{j,end}$ 为第 j 个水库的日末水位；$Z_{j,begin}$ 为第 j 个水库的日初水位；$Z_{j,allow}$ 为第 j 个水库允许的日水位变幅。

④下泄流量约束：

$$Q_{j,t}^{\min} \leqslant Q_{j,t} \leqslant Q_{j,t}^{\max} \quad \forall j \in J, \forall t \in T \tag{7-13}$$

式中：$Q_{j,t}$ 为第 j 个水电站在第 t 时段的下泄流量；$Q_{j,t}^{\max}$ 为第 j 个水电站在第 t 时段的最大下泄流量；$Q_{j,t}^{\min}$ 为第 j 个水电站在第 t 时段的最小下泄流量。

⑤发电流量约束：

$$\overline{Q}_{j,t}^{\min} \leqslant \overline{Q}_{j,t} \leqslant \overline{Q}_{j,t}^{\max} \quad \forall j \in J, \forall t \in T \tag{7-14}$$

式中：$\overline{Q}_{j,t}^{\max}$ 为第 j 个水电站在第 t 时段的最大发电流量；$\overline{Q}_{j,t}^{\min}$ 为第 j 个水电站在第 t 时段的最小发电流量；其他参数意义同上。

⑥时间维度水量平衡约束：

$$V_{j,t} = V_{j,t-1} + [R_{j,t} - Q_{j,t}] \cdot \Delta t \quad \forall j \in J, \forall t \in T \tag{7-15}$$

式中：$V_{j,t}$ 为第 j 个水电站在第 t 时段的末库容；$V_{j,t-1}$ 为第 j 个水电站在第 t 时段的初始库容；$R_{j,t}$ 为第 j 个水电站在第 t 时段的入库流量。

⑦空间维度的水量平衡约束：

$$R_{j,t} = I_{j,t} + Q_{j-1,t-\tau_{j-1}} \quad \forall j \in J, \forall t \in T \tag{7-16}$$

式中：$I_{j,t}$ 为第 j 个水电站在第 t 时段的区间流量；τ_{j-1} 为第 $j-1$ 个水电站的出库流达第 j 个成员库中的时间；其他参数意义同上。

⑧水位库容曲线：

$$Z_{j,t} = f_{v,z}(V_{j,t}) \quad \forall j \in J, \forall t \in T \tag{7-17}$$

式中：$f_{v,z}()$ 为水库水位库容插值函数；其他参数意义同上。

⑨水位流量曲线：

$$Z_{j,t} = f_{Q,z}(Q_{j,t}) \quad \forall j \in J, \forall t \in T \tag{7-18}$$

式中：$f_{Q,z}()$ 为水库尾水位下泄流量插值函数；其他参数意义同上。

⑩流量关系：

$$Q_{j,t} = \overline{Q}_{j,t} + S_{j,t} \quad \forall j \in J, \forall t \in T \tag{7-19}$$

式中：参数意义同上。

5）抽水蓄能机组功率约束：

$$pN_t^{\min} \leqslant pN_t \leqslant pN_t^{\max} \quad \forall t \in T \ if \ \chi(t) = 1 \tag{7-20}$$

$$\underline{pN}_t^{\min} \leqslant \underline{pN}_t \leqslant \underline{pN}_t^{\max} \quad \forall t \in T \ if \ \chi(t) = 0 \tag{7-21}$$

式中：$\chi(t)$ 为抽水蓄能机组状态变量，$\chi(t) \in \{0,1\}$，其值为 1 时表示机组在发电状态，值为 0 时，表示水泵抽水状态；$pN_t^{\max}$ 为抽水蓄能机组的最大发电出力；$pN_t^{\min}$ 为抽水蓄能机组的最小发电出力；$\underline{pN}_t$ 为抽水蓄能机组抽水功率；$\underline{pN}_t^{\min}$ 为抽水最小功率；$\underline{pN}_t^{\max}$ 为抽水最大功率；其他参数意义同上。

二、模型求解

上述水风光容量优化配置模型涉及年内逐旬和日内逐时多时间尺度、多流域、多输电断面、多目标优化等问题，因此，采用分层递进优化方法进行求解，其基本思路如下：

（1）年内优化计算。在考虑输电通道约束、水电站群综合用水需求、梯级上下游水力电力匹配约束的条件下，以水风光清洁能源发电量最大、水风光清洁能源最小出力最大化为目标，采用逐步优化算法进行求解，确定各调节性水库的年内运行方式，在此基础上确定水库调节风光的日库容。

（2）日内优化计算。考虑到多数水电站都具备日调节能力，日内尺度优化计算的复杂度将成指数增长，同时下游水流将受上游用水影响，因此，日内优化计算将以流域、输电通道为界进行分区，以中长期确定的水库调节风光的日库容作为边界条件，以源荷匹配为优化目标，以流域拓扑结构为线，从上游向下游逐个区域进行优化计算求解，得到各流域分区配置的风光规模。

（3）电力电量平衡校核。在确定优化配置的风光规模后，基于水风光火年内利用小数及装机容量规模、电网用电量及购售电量曲线、电网最大负荷需求及系统备用率等参数进行电力电量平衡校核计算，得出火电开机方式。总体计算流程如图7-1所示。

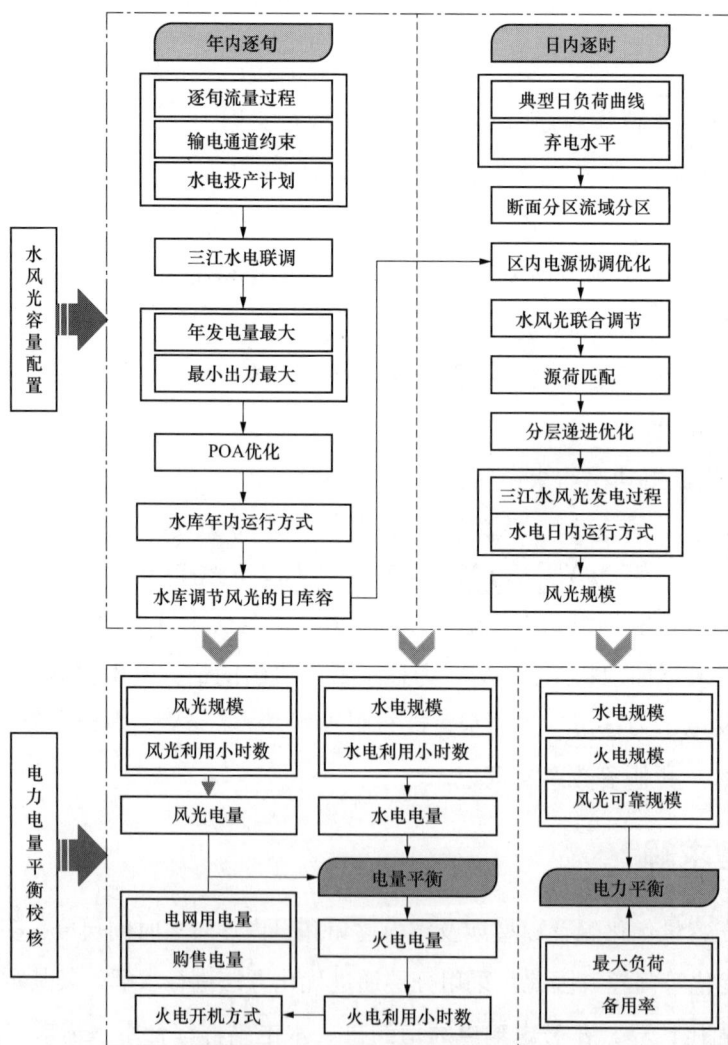

图 7-1　容量优化配置求解流程

第四节 水风光（储）互补容量配置方案

一、计算水平年及基本情况

本次研究计算水平年选取 2025 年和 2030 年。

（1）主要流域风光资源规划情况。

本次研究的四川主要流域风电、光伏规划规模合计 8855.7 万 kW，其中，风电 1060.7 万 kW，光伏 7795 万 kW，分别占新能源总规划规模的 11.98% 和 88.02%。各个流域风光规划情况见表 7-1。从各流域来看，雅砻江流域资源量最为丰富，光伏资源占比为 53.65%，风电资源占 50.69%，风光占三江总风光资源的 53.9%。金沙江流域的风光资源仅次于雅砻江，光伏、风电、风光资源各占三江总资源的 27.07%、35.09%、27.21%，其中，金沙江的风光资源主要分布在金沙江下游。大渡河流域的风光资源属于三江中最少的，仅占三江风光资源的 18.89%。四川省主要流域光伏、风电、风光资源占比分别如图 7-2～图 7-4 所示。

表 7-1 四川电网主要流域风光规划规模汇总

项目	光伏（万 kW）	风电（万 kW）	合计
金沙江上游（川藏段）	620	10	630
金沙江上游（川滇段）	306	39.5	345.5
金沙江中游	385	61	446
金沙江下游	799	261.7	1060.7
金沙江合计	2110	372.2	2482.2
大渡河	1503	150.8	1653.8
雅砻江	4182	537.7	4719.7
合计	7795	1060.7	8855.7

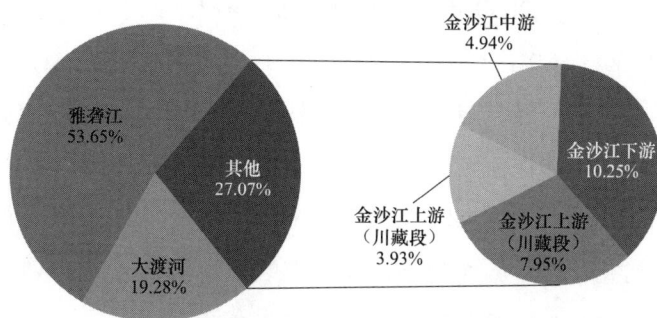

图 7-2 四川省主要流域光伏规划规模占比情况

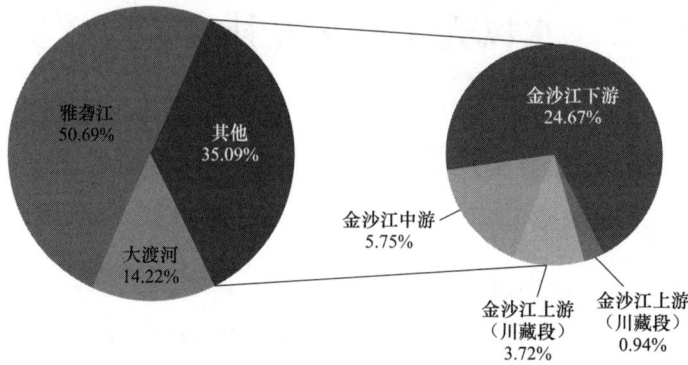

图 7-3　四川省主要流域风电规划规模占比情况

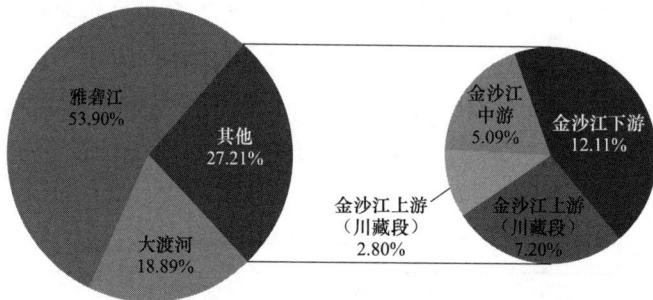

图 7-4　四川省主要流域风光规划规模占比情况

（2）主要流域水电规划情况。

本次容量优化配置主要考虑金沙江、雅砻江及大渡河的干流电站。根据《四川省"十四五"电力发展规划》及大渡河、雅砻江、金沙江上游水电开发时序确定纳入本次研究的水电站。2025 年水平年共计 31 座电站，总装机容量 7349.6 万 kW，其中，大渡河、雅砻江、金沙江装机容量分别为 2141.6 万、1920 万、3288 万 kW，分别占总装机容量的26.34%、27.92%、45.75%。2030 年水平年共计 48 座电站，总装机容量 9114.6 万 kW，相比 2025 年新增 1765 万 kW，新增 23.88%，其中，大渡河流域预计新增投产电站为安宁、巴底、丹巴、老鹰岩一级、老鹰岩二级、枕头坝一级以及沙坪一级 7 电站，新增总装机容量 359 万 kW；雅砻江流域预计新增投产电站为牙根一级、牙根二级、孟底沟、卡拉 4 个电站，新增总装机容量 592 万 kW；金沙江流域预计新增投产电站为岗托、波罗、拉哇、昌波、旭龙、金沙 6 个电站，新增总装机容量 814 万 kW。2025、2030 年各流域干流投产电站如表 7-2 和表 7-3 所示。

表 7-2   2025 水平年三江干流投产水电站

流域	电站名	装机规模（万 kW）	流域	电站名	装机规模（万 kW）
大渡河	双江口	200	雅砻江	木绒	300
大渡河	金川	86	雅砻江	锦屏一级	360
大渡河	泸定	92	雅砻江	锦东	480
大渡河	龙头石	72	雅砻江	官地	240
大渡河	大岗山	260	雅砻江	二滩	330
大渡河	硬梁包	111.6	雅砻江	长海	150
大渡河	猴子岩	170	雅砻江	若水	60
大渡河	长河坝	260	合计		**1920**
大渡河	黄金坪	85	金沙江上游	苏洼龙	120
大渡河	龚嘴	77	金沙江上游	巴塘	75
大渡河	安谷	77.2	金沙江上游	叶巴滩	224
大渡河	铜街子	70	金沙江中游	银江	39
大渡河	圣达	48	金沙江下游	白鹤滩	1600
大渡河	沙南	34.8	金沙江下游	溪洛渡	630
大渡河	瀑布沟	360	金沙江下游	向家坝	600
大渡河	深溪沟	66	合计		**3288**
大渡河	枕头坝一级	72			
合计		**2141.6**			

表 7-3   2030 水平年三江干流投产水电站

流域	电站名	装机规模（万 kW）	流域	电站名	装机规模（万 kW）
大渡河	双江口	200	雅砻江	木绒	300
大渡河	金川	86	雅砻江	锦屏一级	360
大渡河	泸定	92	雅砻江	锦东	480
大渡河	龙头石	72	雅砻江	官地	240
大渡河	大岗山	260	雅砻江	二滩	330
大渡河	硬梁包	111.6	雅砻江	长海	150
大渡河	猴子岩	170	雅砻江	若水	60
大渡河	长河坝	260	雅砻江	牙根一级	30
大渡河	黄金坪	85	雅砻江	牙根二级	220
大渡河	龚嘴	77	雅砻江	孟底沟	240
大渡河	安谷	77.2	雅砻江	卡拉	102
大渡河	铜街子	70	合计		**2512**

流域	电站名	装机规模（万 kW）	流域	电站名	装机规模（万 kW）
大渡河	圣达	48	金沙江上游	苏洼龙	120
大渡河	沙南	34.8	金沙江上游	巴塘	75
大渡河	瀑布沟	360	金沙江上游	叶巴滩	224
大渡河	深溪沟	66	金沙江中游	金沙	56
大渡河	枕头坝一级	72	金沙江中游	银江	39
大渡河	安宁	38	金沙江下游	白鹤滩	1600
大渡河	巴底	72	金沙江下游	溪洛渡	630
大渡河	丹巴	113	金沙江下游	向家坝	600
大渡河	老鹰岩一级	30	金沙江上游	岗托	120
大渡河	老鹰岩二级	42	金沙江上游	波罗	92
大渡河	枕头坝二级	30	金沙江上游	拉哇	200
大渡河	沙坪一级	34	金沙江上游	昌波	106
合计		2500.6	金沙江上游	旭龙	240
			合计		4102

注　表中带底纹的电站预计在 2025～2030 年之间投产。

（3）输电通道。

本次研究考虑的输电通道包括金上甘南、攀西北、攀西南、九石雅、康定、阿坝、瀑布沟等 7 个输电断面，其中，金沙江上游苏洼龙、巴塘、古瓦、去学、硕中、硕渠等电站总装机容量 303.74 万 kW，通过金上甘南断面送出后汇集到攀西南断面送出，因此，在攀西南断面需要考虑金上甘南断面内的电源输电情况。此外，外送通道包括锦屏—苏南±800kV 特高压直流输电工程、雅中—江西±800kV 特高压直流输电工程、白鹤滩—江苏±800kV 特高压直流输电工程、白鹤滩—浙江±800kV 特高压直流输电工程、金上—湖北±800kV 特高压直流输电工程、向家坝—上海±800kV 特高压直流输电、溪洛渡—浙江±800kV 特高压直流输电工程，在容量配置过程中需要考虑这 7 个外送通道的外送情况。2025 水平年水电站及所属通道拓扑结构如图 7-5 所示，图中未连接到相应输电断面的电站属于受端，其水风光互补容量优化的通道按照水电站装机容量考虑。除金上甘南、瀑布沟通道以外，攀西北、攀西南、九石雅、康定和阿坝断面水电都有不同程度限电。

通道方面，2025～2030 年期间四川省内攀西南断面输电能力将提升 500 万 kW。在电源侧，2025～2030 期间金沙江、雅砻江、大渡河干流预计新增投产 17 座水电站，新增投产装机容量 1765 万 kW。其中，金沙江上游岗托、波罗、拉哇、昌波、旭龙 5 个新

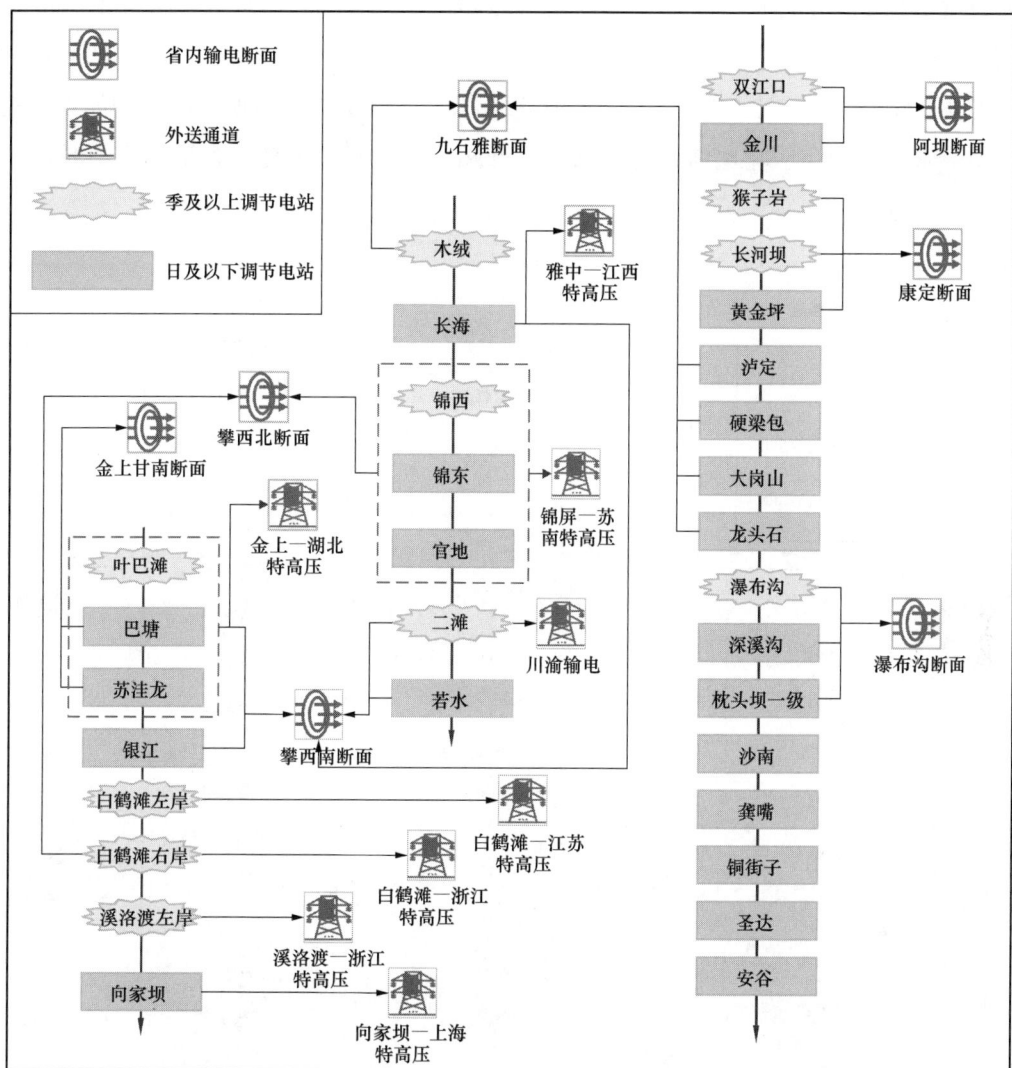

图 7-5 2025 水平年水电站及所属通道拓扑结构

增投产电站与叶巴滩、苏洼龙、巴塘电站共同承担金上特高压直流工程送电计划，留川电量由攀西南通道送电至四川主网；中游金沙电站按照就近原则，与银江水电站一道接入攀西南断面。大渡河流域安宁、巴底、丹巴三个电站汇集至双江口，并接入阿坝通道，老鹰岩一级、老鹰岩二级电站按照就近原则接入九石雅通道，枕头坝二级和沙坪一级水电站按照受端处理，输电通道按照水电装机容量计算。雅砻江流域投产电站牙根一级、牙根二级汇集至两河口由九石雅通道送电至主网；孟底沟、卡拉与长海电站共同承担雅中一江西特高压直流送电计划，留川电量由攀西南断面送电至主网。对比 2025 年水平年和 2030 水平年的基本情况发现，2030 水平年金上甘南、攀西北、康定、瀑布沟这 4 个通道的输电容量及电源情况不变。攀西南通道输电能力虽然有所提升，但受留川电量影响，通道依然受限。阿坝通道和九石雅通道由于新增电源但通道容量不变受限更为严重，分别受限 231.14 万、293.93 万 kW。2030 水平年水电站及所属通道拓扑结构如图 7-6 所示，图中未连接到相应输电断面的电站属于受端，其水，风光互补容量优化的通道按照水电站装机容量考虑。

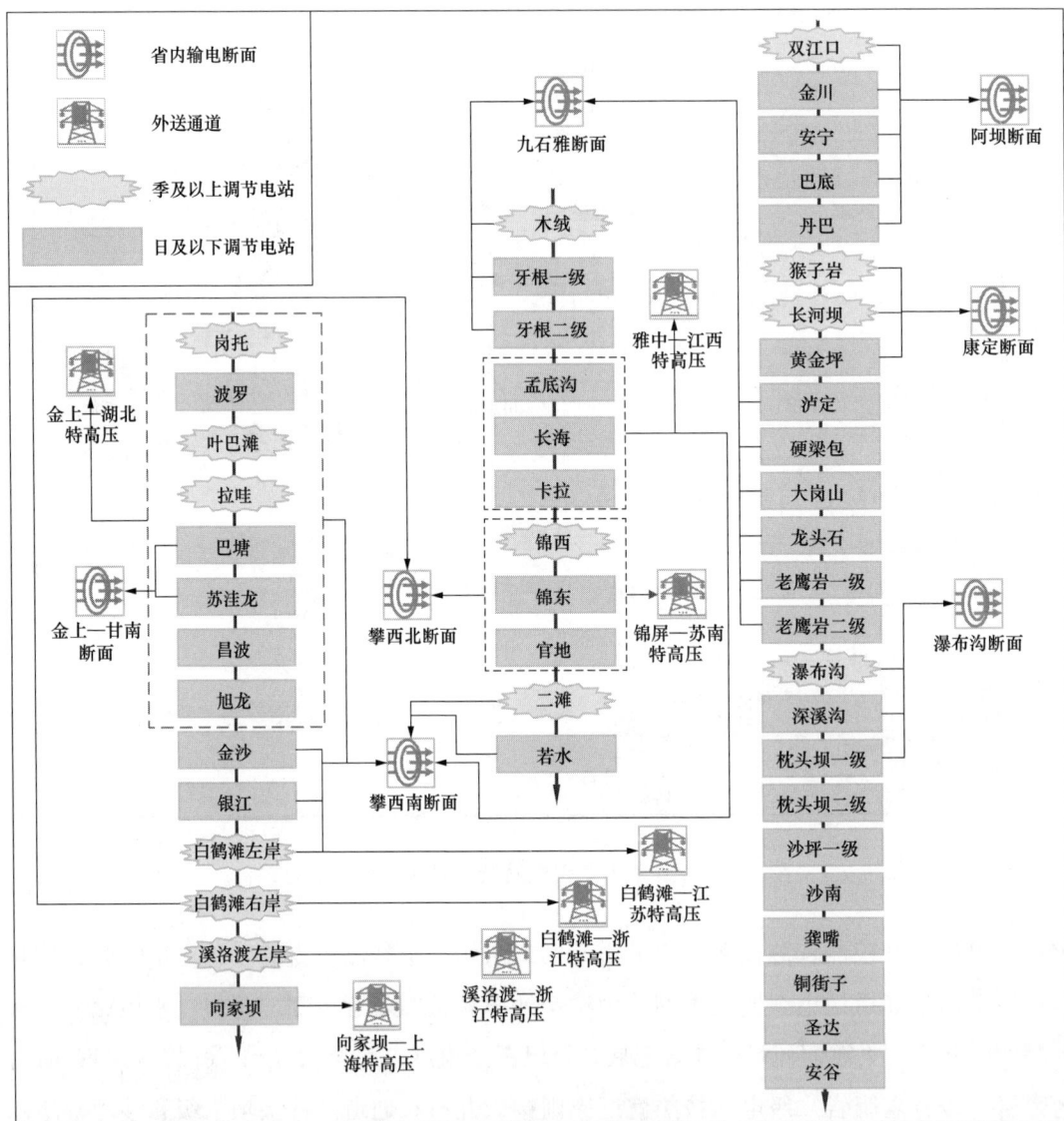

图 7-6　2030 水平年水电站及所属通道拓扑结构

根据前文分析可知，2025 年和 2030 年均有通道受限，但考虑到水电受来水和各种运行约束影响并不一定满发，为了提高通道利用率，本研究对输电通道做如下处理：

$$N_{ma}^d = N^d - \theta N_{tr}^d \tag{7-22}$$

式中：N_{ma}^d 表示断面 d 内雅砻江、大渡河、金沙江流域干流电站可用的输电容量；N^d 表示断面 d 的总输电容量；N_{tr}^d 为断面内除雅砻江、大渡河、金沙江流域干流以外所有电站的装机容量规模；θ 为比例系数，本研究根据中长期优化结果视丰水期、枯水期取不同的值。

（4）外送电量。

金沙江、雅砻江流域水电还承担"西电东送"任务，雅砻江流域外送通道包括锦屏—苏南±800kV 特高压直流输电工程、雅中—江西±800kV 特高压直流输电工程，金沙江流域外送通道包括白鹤滩—江苏±800kV 特高压直流输电工程、白鹤滩—浙江±800kV 特高压直流输电工程、金上—湖北±800kV 特高压直流输电工程、向家坝—上海±800kV 特高压直流输电、溪洛渡—浙江±800kV 特高压直流输电工程，在容量配置过程中需要考虑这 7 个通道的外送情况。2025、2030 年（平水年）各外送通道外送电量如表 7-4 所示，其中，2025 年（平水年）外送总电量为 1533.72 亿 kWh，2030 年（平水年）外送电量为 1648.85 亿 kWh，相比 2025 年增加 7.51%。当遭遇平水年时，2025、2030 年各外送通道外送电量曲线分别如图 7-7 和图 7-8 所示。当遭遇丰枯水年时，外送电量按照配套电源发电量的一定比例进行外送，其中，丰水期（6~10 月）配套电源发电量全部外送，枯平水期（1~5 月、11 月、12 月）按照配套电源发电量的 70% 外送。

表 7-4　　　　　　　　　　2025、2030 水平年外送电量　　　　　　　单位：亿 kWh

外送通道	2025 年	2030 年
锦苏直流	330.41	330.41
白鹤滩—浙江	255.84	255.84
雅中—江西	73.12	73.12
白鹤滩—江苏	255.84	255.84
金上—湖北	187.13	302.26
向家坝—上海	219.72	219.72
溪洛渡—浙江	211.66	211.66
合计	1533.72	1648.85

二、主要流域水风光（储）互补容量配置方案

（一）容量配置方案

本节分别选取丰水期典型日和枯水期典型日，按照中长期优化确定的季调节及以上蓄水调节能力电站的日蓄水（消落）库容，以总弃电率为 5% 进行大渡河、雅砻江、

金沙江的水风光互补容量优化配置计算，考虑到大渡河流域瀑布沟断面以下基本无风光资源，因此，本次大渡河流域水风光容量优化配置仅考虑瀑布沟以上断面的水电。根据四川主要流域风电、光伏规划规模统计，风电总计 1060.7 万 kW，仅占新能源总规划规模的 11.98%。因此，本次容量优化配置优先配风电，风电配完后再考虑配置光伏。

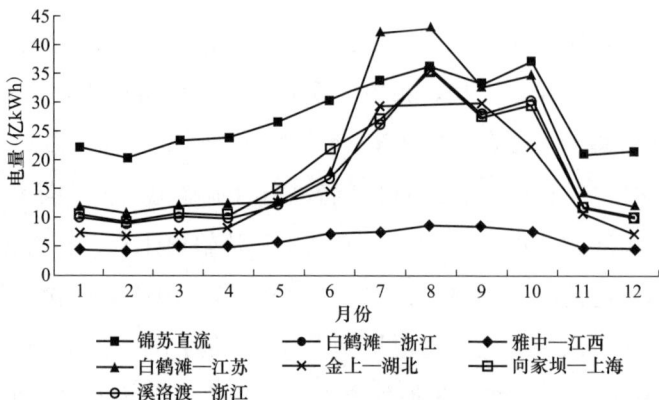

图 7-7　2025 年各外送通道送电过程

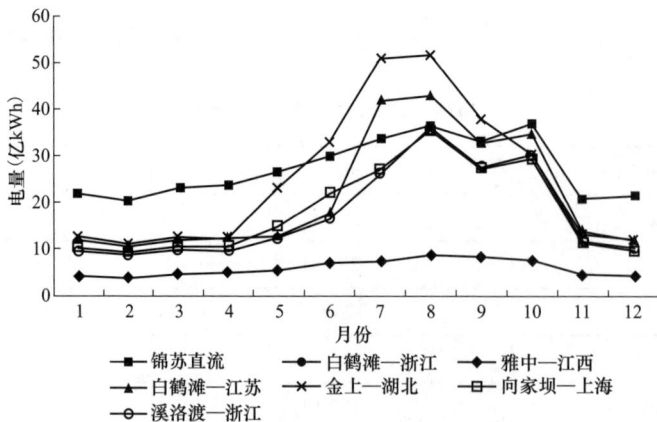

图 7-8　2030 年各外送通道送电过程

1. 2025 年配置方案

2025 年四川金沙江、雅砻江、大渡河流域的风光配置方案分别如表 7-5～表 7-7 所示。总体而言，四川电网主要流域 2025 年配置风光总规模为 3303.64 万 kW，占规划资源量的 37.31%，其中，风电为 1060.7 万 kW，占规划风电的 100%，光伏规模为 2242.94 万 kW，占规划光伏的 28.77%。

表 7-5 2025 年金沙江流域水风光配置方案

断面	水电站名称	水电总装机容量（万 kW）	接入风光装机容量（万 kW）	水电:风光
金沙江上游	叶巴滩、巴塘、苏洼龙	419	225.55	1:0.538
金沙江中游	银江	39	17.58	1:0.451
金沙江下游	白鹤滩、溪洛渡、向家坝	2830	790.88	1:0.279
总计		3288	1034	1:0.314
资源量			2482.2	
配置比			41.66%	

表 7-6 2025 年雅砻江流域水风光配置方案

断面	水电站名称	水电总装机容量（万 kW）	接入风光装机容量（万 kW）	水电:风光
九石雅	两河口	300	512.98	1:1.71
攀西南	杨房沟	150	66.36	1:0.442
攀西北	锦屏一级、锦屏二级、官地	1080	251.65	1:0.233
攀西南	二滩、桐梓林	390	265.81	1:0.682
合计		1920	1096.8	1:0.571
资源量			4719.7	
配置比			23.24%	

表 7-7 2025 年大渡河流域水风光配置方案

断面	水电站名称	水电总装机容量（万 kW）	接入风光装机容量（万 kW）	水电:风光
阿坝	双江口、金川	286	284.68	1:0.995
康定	猴子岩、长河坝、黄金坪	515	311.44	1:0.605
九石雅	泸定、硬梁包、大岗山、龙头石	533.6	271.26	1:0.508
瀑布沟	瀑布沟、深溪沟、枕头坝	498	305.46	1:0.613
总计		1832.6	1172.84	1:0.640
资源量			1653.8	
配置比			70.92%	

2. 2030 年配置方案

考虑到 2030 年电力电量需求增长情况，2030 年按照风光接入水电考虑，假设各水电站输电通道不受限，计算四川电网主要流域配置结果。2030 年四川金沙江、雅砻江、大渡河流域的风光配置方案分别如表 7-8～表 7-10 所示。总体而言，四川电网主要流域 2030 年配置风光总规模为 7012.34 万 kW，占规划资源量的 79.18%，其中，风电为 1060.7 万 kW，占规划风电的 100%，光伏规模为 5951.64 万 kW，占规划光伏的 76.35%。

表 7-8   2030 年金沙江流域水风光配置方案

断面	水电站名称	水电总装机容量（万 kW）	接入风光装机容量（万 kW）	水电:风光
金沙江上游（川藏段）	叶巴滩、巴塘、苏洼龙、岗托、波罗、拉哇、昌波	927	640.00	1:0.690
金沙江上游（川滇段）	旭龙	240	326.00	1:1.358
金沙江中游	金沙、银江	95	124.25	1:1.308
金沙江下游	白鹤滩、溪洛渡、向家坝	2830	1060.70	1:0.375
总计		4092	2150.95	1:0.526
资源量			2482.2	
配置比			86.65%	

表 7-9   2030 年雅砻江流域水风光配置方案

断面	水电站名称	水电总装机容量（万 kW）	接入风光装机容量（万 kW）	水电:风光
九石雅	两河口、牙根一级、牙根二级	550	999.88	1:1.818
攀西南	杨房沟、孟底沟、卡拉	492	563.33	1:1.145
攀西北	锦屏一级、锦屏二级、官地	1080	1130.97	1:1.047
攀西南	二滩、桐梓林	390	513.41	1:1.316
合计		2512	3207.59	1:1.277
资源量			4719.7	
配置比			67.96%	

表 7-10   2030 年大渡河流域水风光配置方案

断面	水电站名称	水电总装机容量（万 kW）	接入风光装机容量（万 kW）	水电:风光
阿坝	双江口、金川、安宁、巴底、丹巴	509	465.28	1:0.914
康定	猴子岩、长河坝、黄金坪	515	401.85	1:0.78
九石雅	泸定、硬梁包、大岗山、龙头石、老鹰岩一级、老鹰岩二级	605.6	399.94	1:0.66
瀑布沟	瀑布沟、深溪沟、枕头坝	498	386.74	1:0.777
总计		2127.6	1653.8	1:0.777
资源量			1653.8	
配置比			100.00%	

（二）电力电量平衡校核

在确定四川电网主要流域水风光容量优化配置方案后，对四川电网各水平年的电力电量平衡进行校核计算。按照风电、光伏、水电、燃煤发电利用小时数进行电量平衡测算，根据四川电网水风光电源历史运行情况，风电、光伏利用小时数分别取为 2377h 和

1538h，水电丰平枯水年利用小时数分别取为 4728、4263、3618h，燃机利用小时数视丰平枯水年电力供需形势按照 2500～4000h 计算。对于缺电较为严重的年份燃机利用小时数按照最大值 4000h，燃煤利用小时数按照 4000～5000h 测算缺电率。

1. 2025 年

四川电网 2025 年预测用电量为 4870 亿 kWh，平水年外送总电量为 1533.72 亿 kWh，德宝直流预计购入电量 58.66 亿 kWh，川渝外送电按照水电利用小时数计算，平水年送电量为 123.63 亿 kWh，因此，2025 年四川电网实际用电需求将达到 6468.69 亿 kWh。平水年测算结果如表 7-11 所示，测算结果显示当燃煤发电利用小时数达到 4828h，燃机发电利用小时数为 2500h 时，发电量达到 6487.35 亿 kWh，此时能够满足 2025 年用电量需求，其中，分月平衡结果显示 6、7 月燃机和燃煤电站不开机的条件下，水风光发电量分别超过用电需求 3.73 亿、14.94 亿 kWh。各方案下，分月平衡如图 7-9 所示。

表 7-11　　　　　　　　　2025 年电量平衡测算结果（平水年）

项目	装机容量（万 kW）	利用小时数（h）	电量（亿 kWh）
风电	1060	2377	251.96
光伏	2243	1538	344.97
水电	11284	4263	4810.37
燃煤	1668	4828/4498/4169/3840	805.34/750.34/695.39/640.44
燃机	1099	2500/3000/3500/4000	274.71/329.70/384.65/439.6
发电合计	17354		6487.35
用电量			4870.00
外送电量			1657.35
购入电量			58.66
用电合计			6468.68

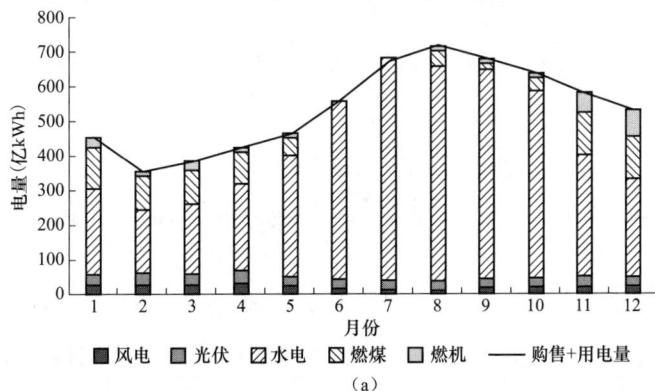

图 7-9　2025 年分月电量平衡图（平水年）（一）

（a）燃煤 4828h，燃机 2500h

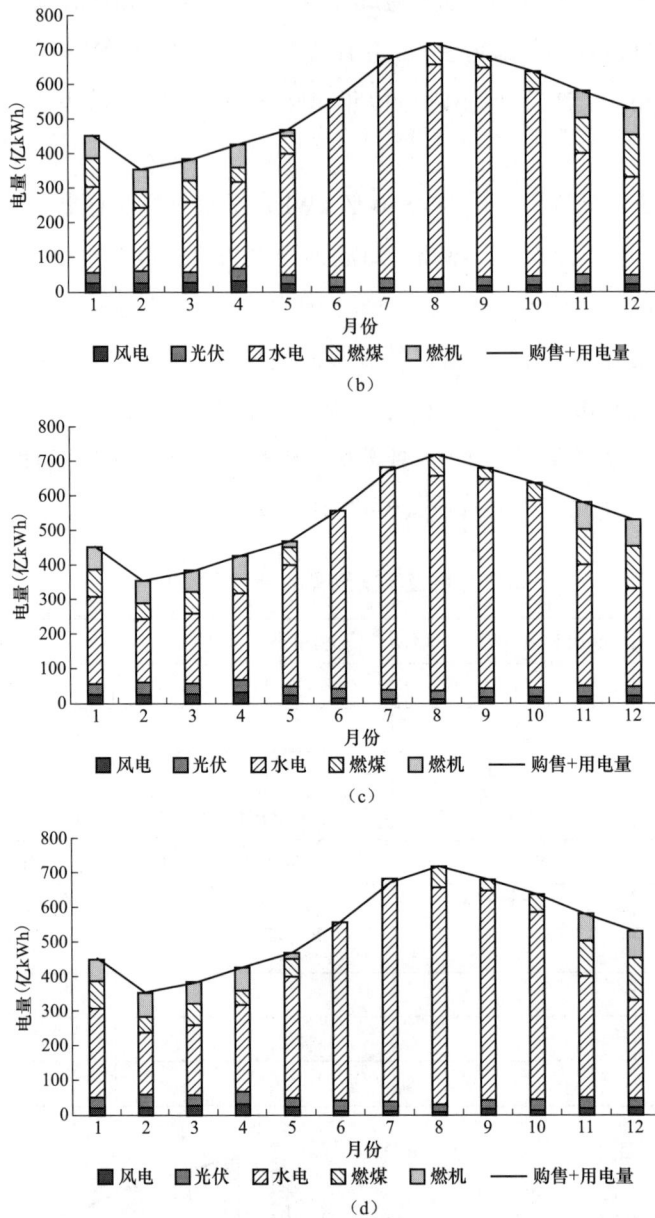

图 7-9　2025 年分月电量平衡图（平水年）（二）

（b）燃煤 4498h，燃机 3000h；（c）燃煤 4169h，燃机 3500h；（d）燃煤 3840h，燃机 4000h

当 2025 年遭遇枯水年时，水电利用小时数将降低为 3618h，燃机发电利用小时数按照最大值 4000h 测算，在风光利用小时数不变的条件下，按照燃煤发电利用小时数分别为 5000、4500、4000h 测算电量平衡情况，测算结果如表 7-12 所示。当燃煤发电小时数为 5000h 时，缺电量为 379.86 亿 kWh，占四川电网用电量的 7.8%，考虑全年德宝直流入川输电量 262.8 亿 kWh 的情况下，缺电量仍有 175.72 亿 kWh，占四川电网用电量的 3.61%。当燃煤发电小时数为 4500h 时，缺电量为 463.26 亿 kWh，占四川电网用电量的 9.51%，考虑全年德宝直流入川输电量 262.8 亿 kWh 的情况下，缺电量仍有 259.12 亿 kWh，占四川电网用电量的 5.32%。当燃煤发电小时数为 4000h 时，缺电量为 546.66 亿 kWh，占四川电网用电量的 11.23%，考虑全年德宝直流入川输电量 262.8 亿 kWh 的情况下，缺电量仍有 342.52 亿 kWh，占四川电网用电量的 7.03%。各计算方案下，2025 年分月电量平衡结果如图 7-10 所示。

表 7-12　　　　　　　　2025 年电量平衡测算结果（枯水年）

项目	装机容量（万 kW）	利用小时数（h）	电量（亿 kWh）
风电	1060	2377	251.96
光伏	2243	1538	344.97
水电	11284	3618	4082.55
燃煤	1668	5000/4500/4000	834.00/ 750.60/667.20
燃机	1099	4000	439.60
发电合计			5953.09/ 5869.69/5786.29
用电量			4870.00
外送电量			1521.61
德宝购入电量			58.67
缺电量			379.86/463.26/546.66
德宝购入电量			262.8
缺电量			175.72/259.12/342.52

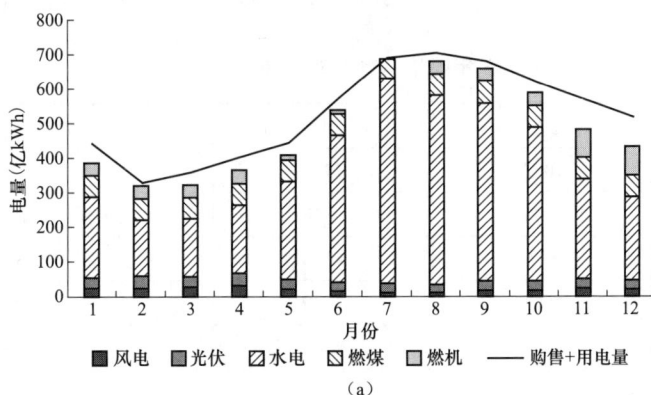

图 7-10　2025 年分月电量平衡图（枯水年）（一）

（a）燃煤 5000h，燃机 4000h

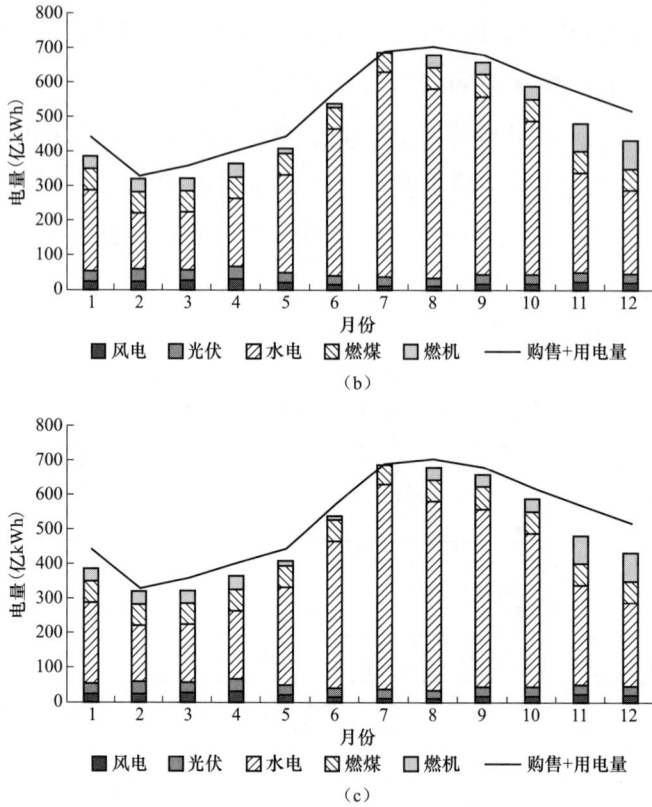

图 7-10　2025 年分月电量平衡图（枯水年）（二）

（b）燃煤 4500h，燃机 4000h；（c）燃煤 4000h，燃机 4000h

当 2025 年遭遇丰水年时，水电利用小时数为 4728h，在风光利用小时数不变的条件下，当燃机发电利用小时数为 2500h，燃煤发电利用小时数为 3339h 时，全年电量平衡，2025 年电量平衡测算结果如表 7-13 所示。2025 年分月电量平衡结果如图 7-11 所示。

表 7-13　　　　　　　　　　2025 年电量平衡测算结果（丰水年）

项目	装机容量（万 kW）	利用小时数（h）	电量（亿 kWh）
风电	1060	2377	251.96
光伏	2243	1538	344.97
水电	11284	4728	5335.08
燃煤	1668	3339	556.94
燃机	1099	2500	274.77
发电合计			6763.72
用电量			4870.00
外送电量			1952.38
购入电量			58.67

续表

项目	装机容量（万 kW）	利用小时数（h）	电量（亿 kWh）
用电合计			6763.72
缺电合计			0.00

关于电力平衡校核，2025 年四川电网最大负荷高达 8900 万 kW，外送水平按照 4780 万 kW 进行测算（见表 7-14），备用率按照 12%测算，风电光伏装机容量可利用率按照 5%～10%测算，水电装机容量可利用率按照 95%～98%测算，燃煤火电装机容量可利用率按照 95%～100%测算，燃机装机容量可利用率按照 100%测算，德宝直流按照购入 300 万 kW 负荷考虑，得到低装机容量利用率和高装机容量利用率两种结果，分别如表 7-15 和表 7-16 所示。其中，装机容量利用率采用较低水平时，2025 年电力缺口将达到 1179.45 万 kW，占最大负荷的 13.25%，在考虑德宝直流购入 300 万 kW 负荷的情况下，电力缺口为 879.45 万 kW，占最大负荷的 9.88%。装机容量利用率采用较高水平时，2025 年电力缺口将达到 592.38 万 kW，占最大负荷的 6.66%，在考虑德宝直流购入 300 万 kW 负荷的情况下，电力缺口为 292.38 万 kW，占最大负荷的 3.29%。

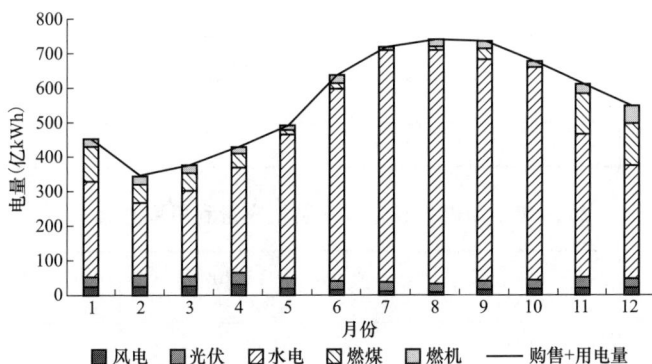

图 7-11 2025 年分月电量平衡图（丰水年）

表 7-14 2025 年四川外送能力

外送通道	通道能力（万 kW）
锦苏直流	640
白鹤滩—浙江	800
雅中—江西	150
白鹤滩—江苏	800
金上—湖北	500
向家坝—上海	800
溪洛渡—浙江	800

外送通道	通道能力（万 kW）
川渝通道	290
合计	4780

表 7-15　　　　　　　　2025 年四川电力缺口（低装机容量利用率方案）

项目	装机容量 （万 kW）	可利用率（备用率） （%）	可利用装机（负荷） （万 kW）
风电	1060	5.00	53
光伏	2243	5.00	112.15
水电	11284	95.00	10719.8
燃煤	1668	95.00	1584.6
燃机	1099	100.00	1099
合计			13568.55
最大负荷			8900
外送负荷			4780
电力缺口			111.45
备用率		12	1068
电力缺口（含备用）			1179.45
德宝直流购入			300
电力缺口（含购入）			879.45

表 7-16　　　　　　　　2025 年四川电力缺口（高装机容量利用率方案）

项目	装机容量 （万 kW）	可利用率（备用率） （%）	可利用装机（负荷） （万 kW）
风电	1060	10.00	106
光伏	2243	10.00	224.3
水电	11284	98.00	11058.32
燃煤	1668	100.00	1668
燃机	1099	100.00	1099
合计			14155.62
最大负荷			8900
外送负荷			4780
电力缺口			−475.62
备用率		12	1068
电力缺口（含备用）			592.38
德宝直流购入			300
电力缺口（含购入）			292.38

2. 2030 年

按照四川电网主要流域 2030 年配置风光总规模为 7012.34 万 kW 进行电力电量平衡测算。四川电网 2030 年预测用电量为 6500 亿 kWh，平水年外送总电量为 1648.85 亿 kWh，德宝直流预计购入电量 58.66 亿 kWh，川渝外送电按照水电利用小时数计算，平水年送电量为 123.63 亿 kWh，因此，2030 年（平水年）四川电网实际用电需求将达到 8213.81 亿 kWh。首先按照燃机发电利用小时数为 2500h 进行测算，计算出平水年燃煤发电利用小时数为 6704h，其中，分月平衡结果显示 12 月燃机和燃煤电站全部开机的情况下，仍将缺电 11.83 亿 kWh，缺电量占四川电网用电量的 0.18%。考虑到燃煤机组检修、转换效率等因素，燃煤机组年利用小时数难以达到 6704h，因此，分别按照燃机发电利用小时数为 3000、3500、4000h 进行测算，计算出燃煤发电利用小时数分别为 5989、5273、4557h。当燃煤和燃机发电利用小时数均为 4000h 时，全年缺电量合计 93.45 亿 kWh，占四川电网用电量的 1.44%。2030 年电量平衡测算结果见表 7-17。2030 年分月电量平衡结果如图 7-12 所示。

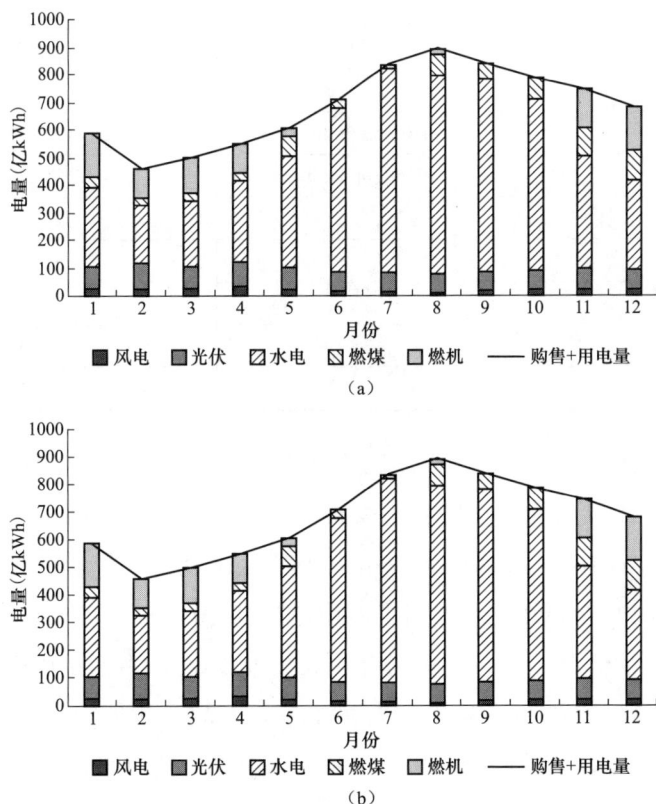

图 7-12　2030 年分月电量平衡图（平水年）（一）

（a）燃煤 5989h，燃机 3000h；（b）燃煤 5273h，燃机 3500h

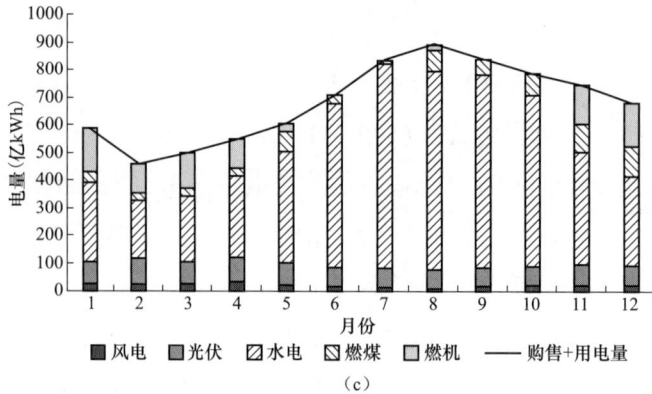

图 7-12 2030 年分月电量平衡图（平水年）（二）

（c）燃煤 4557h，燃机 4000h

表 7-17   2030 年电量平衡测算结果（平水年）

项目	装机容量 （万 kW）	利用小时数 （h）	电量 （亿 kWh）
风电	1060	2377	251.96
光伏	5952	1538	915.42
水电	12965	4263	5526.98
燃煤	1466	6705/5989/5273/4557	982.88/877.93/772.98/668.03
燃机	2099	2500/3000/3500/4000	524.75/629.70/734.65/839.60
发电合计			8201.99
用电量			6500.00
外送电量			1772.48
德宝购入电量			58.67
缺电量			11.83

当 2030 年遭遇枯水年时，水电利用小时数将降低为 3618h，燃机利用小时数按照最大值 4000h 计算，在风光利用小时数不变的条件下，按照燃煤发电利用小时数分别取 5000、4500、4000h，计算电量缺口，计算结果如表 7-18 所示。当燃煤发电小时数为 5000h 时，缺电量为 700.32 亿 kWh，占四川电网用电量的 10.77%，考虑全年德宝直流入川输电量 262.8 亿 kWh 的情况下，缺电量仍有 496.18 亿 kWh，占四川电网用电量的 7.63%。当燃煤发电小时数为 4500h 时，缺电量为 773.62 亿 kWh，占四川电网用电量的 11.90%，考虑全年德宝直流入川输电量 262.8 亿 kWh 的情况下，缺电量仍有 569.48 亿 kWh，占四川电网用电量的 8.76%。当燃煤发电小时数为 4000h 时，缺电量为 846.92 亿 kWh，占四川电网用电量的 13.03%，考虑全年德宝直流入川输电量 262.8 亿 kWh 的情况下，缺电量仍有 642.78 亿 kWh，占四川电网用电量的 9.89%。2030 年各计算方案下分月电量

平衡结果如图 7-13 所示。

表 7-18　　　　　　　　　　2030 年电量平衡测算结果（枯水年）

项目	装机容量 （万 kW）	利用小时数 （h）	电量 （亿 kWh）
风电	1060	2377	251.96
光伏	5952	1538	915.42
水电	12965	3618	4690.74
燃煤	1466	5000/4500/4000	733.00/659.70/586.40
燃机	2099	4000	839.60
发电合计			7430.72/7357.42/7284.12
用电量			6500.00
外送电量			1689.70
德宝购入电量			58.67
缺电量			700.32/773.62/846.92
德宝购入电量			262.8
缺电量			496.18/569.48/642.78

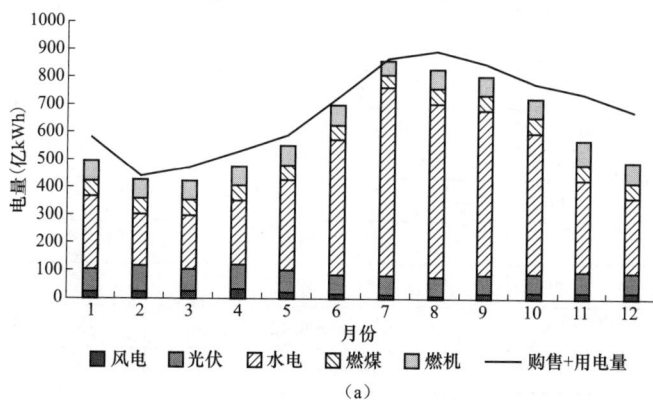

（a）

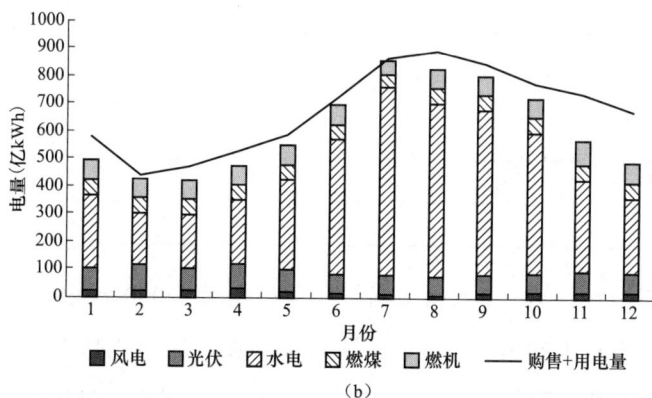

（b）

图 7-13　2030 年分月电量平衡图（枯水年）（一）

（a）燃煤 5000h，燃机 4000h；（b）燃煤 4500h；燃机 4000h

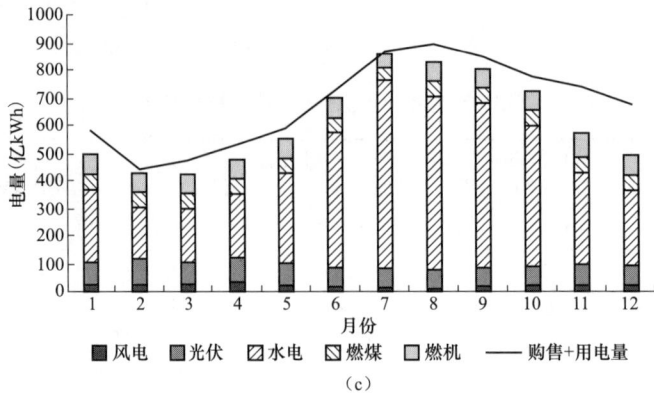

图 7-13　2030 年分月电量平衡图（枯水年）（二）

（c）燃煤 4000h，燃机 4000h

当 2030 年遭遇丰水年时，水电利用小时数将增大为 4728h，在风光利用小时数不变的条件下，测算出当燃机发电小时数分别为 2500、3000、3500、4000h 时，燃煤发电利用小时数分别为 5705、4990、4274、3558h，全年电量平衡。2030 年（丰水年）电量平衡测算结果如表 7-19 所示。2030 年分月电量平衡结果如图 7-14 所示。

表 7-19　　　　　　　　　2030 年电量平衡测算结果（丰水年）

项目	装机容量 （万 kW）	利用小时数 （h）	电量 （亿 kWh）
风电	1060	2377	251.96
光伏	5952	1538	915.42
水电	12965	4728	6129.85
燃煤	1466	5705/4990/4274/3558	836.42/731.47/626.52/521.57
燃机	2099	2500/3000/3500/4000	524.75/629.70/734.65/839.60
发电合计			8658.40
用电量			6500.00
外送电量			2217.06
购入电量			58.67
用电合计			8658.40
缺电量			0.00

关于电力平衡校核，2030 年四川电网最大负荷高达 12000 万 kW，外送水平按照 5730 万 kW 进行测算（见表 7-20），备用率按照 12%测算，风电光伏装机容量可利用率按照 5%~10%测算，水电装机容量可利用率按照 95%~98%测算，燃煤火电装机容量可利用率按照 95%~100%测算，燃机装机容量可利用率按照 100%测算，德宝直流按照购入 300 万 kW 负荷考虑，得到低装机容量利用率和高装机容量利用率两种结果，分别如

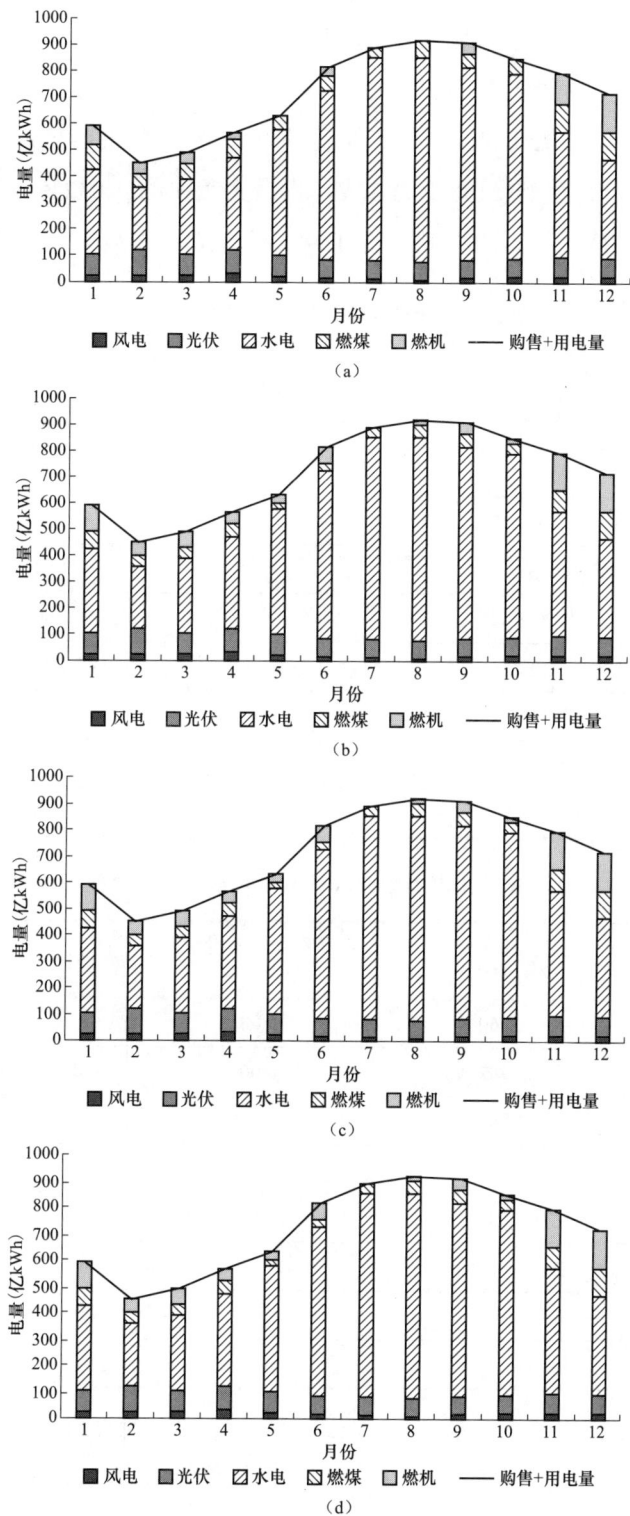

图 7-14　2030 年分月电量平衡图（丰水年）

（a）燃煤 5705h，燃机 2500h；（b）燃煤 4990h，燃机 3000h；（c）燃煤 4274h，燃机 3500h；（d）燃煤 3558h，燃机 4000h

表 7-21 和表 7-22 所示。其中，装机容量利用率采用较低水平时，2030 年电力缺口将达到 3010.95 万 kW，占最大负荷的 25.09%，在考虑德宝直流购入 300 万 kW 负荷的情况下，电力缺口为 2710.95 万 kW，占最大负荷的 22.59%。装机容量利用率采用较高水平时，2030 年电力缺口将达到 2198.1 万 kW，占最大负荷的 18.32%，在考虑德宝直流购入 300 万 kW 负荷的情况下，电力缺口为 1898.1 万 kW，占最大负荷的 15.82%。

表 7-20   2030 年四川外送能力

外送通道	通道容量（万 kW）
锦苏直流	640
白鹤滩—浙江	800
雅中—江西	800
白鹤滩—江苏	800
金上—湖北	800
向家坝—上海	800
溪洛渡—浙江	800
川渝通道	290
合计	5730

表 7-21   2030 年四川电力缺口（低装机容量利用率方案）

项目	装机容量（万 kW）	可利用率（备用率）（%）	可利用装机（负荷）（万 kW）
风电	1060	5.00	53
光伏	5952	5.00	297.6
水电	12965	95.00	12316.75
燃煤	1466	95.00	1392.7
燃机	2099	100.00	2099
合计			16159.05
最大负荷			12000
外送负荷			5730
电力缺口			1570.95
备用率		12	1440
电力缺口（备用）			3010.95
德宝直流购入			300
电力缺口（含购入）			2710.95

表 7-22   **2030 年四川电力缺口（高装机容量利用率方案）**

项目	装机容量 （万 kW）	可利用率（备用率） （%）	可利用装机（负荷） （万 kW）
风电	1060	10.00	106
光伏	5952	10.00	595.2
水电	12965	98.00	12705.7
燃煤	1466	100.00	1466
燃机	2099	100.00	2099
合计			16971.9
最大负荷			12000
外送负荷			5730
电力缺口			758.1
备用率		12	1440
电力缺口（含备用）			2198.1
德宝直流购入			300
电力缺口（含购入）			1898.1

三、考虑抽水蓄能电站的水风光容量配置初步研究

根据前文分析，2030 年水平年四川省金沙江、雅砻江、大渡河干流投产电站共计 48 座电站，总装机容量 9114.6 万 kW，其中，具备季及以上调节能力的电站 12 座，总装机容量 4844 万 kW，占三江投产总装机容量的 53.15%，余下 46.85% 的水电站均为日及以下调节能力水电站，总体而言调节能力不足。且在"双碳"目标引领和新型电力系统建设背景下，未来风光电源还将进一步增加，四川电网对于灵活性调节资源的需求将进一步增大。受径流天然特性影响，四川省水电年内的出力丰多枯少，丰水期弃水调峰，枯水期缺水导致调峰能力不足的问题将长期存在，并制约水电调峰能力的发挥。抽水蓄能电站可以按照电力系统需求，承担系统尖峰负荷，优化电网调度，保障电力有序供应，调峰填谷效益明显。随着系统中新能源装机容量比例持续增大，系统有功波动性变大，极大增加了系统调节难度，需要灵活调节电源配合运行，抽水蓄能电站可充分发挥启停迅速、调节灵活的特点，机组利用方式逐渐由计划性的启停调峰向根据系统调峰、调频实际需要灵活启停转变,有效应对新能源装机容量占比持续提升给系统带来的调节压力。为了研究抽水蓄能电站对接纳风光的影响,本研究以金沙江上游川滇段旭龙水电站为例，计算在抽水蓄能电站和水电站共同调节下可以接入的风光规模。

旭龙水电站是金沙江上游河段"一库十三级"梯级开发方案中的第 12 级，具有日

调节能力，坝址多年平均流量 990m³/s，多年平均径流量 313 亿 m³。水库正常蓄水位 2302m，死水位 2294m，调节库容 1.26 亿 m³，总库容约 8.47 亿 m³，电站装机容量 240 万 kW。旭龙水电站周边风电和光伏资源量丰富，金沙江上游川滇段流域风电场址 4 个，装机容量 40 万 kW，光伏场址 4 个，装机容量 306 万 kW，邻近的金沙江中游流域风电场址 5 个，装机容量 61 万 kW，光伏场址 5 个，装机容量 385 万 kW，待建的得荣抽水蓄能电站规划装机规模为 140 万 kW。

对金沙江上游川滇段旭龙水电站和周边光伏电站、风电场及得荣抽水蓄能电站的合理容量配置进行研究，利用抽水蓄能电站以及旭龙水电站自身的调节性能和快速反应能力，减少光伏发电、风力发电出力的不稳定性，增强新能源电量的消纳。由于旭龙水电站只具有日调节能力，汛期时主要承担基荷和腰荷，基本不承担调峰作用，且旭龙水电站周边光伏资源和风能资源量大，需要水电站和抽水蓄能联合对其出力进行调节，故选取枯水期数据进行研究分析。选用 2030 年四川电网冬季典型日预测负荷曲线，以及旭龙水电站周边光伏电站的日内逐时出力系数曲线和周边风电场的日内逐时出力系数曲线作为模型输入，再选用旭龙水电站枯期典型日的流量数据，进行优化计算。

主要对多能互补发电系统未加入抽水蓄能电站之前消纳风光的能力和加入抽水蓄能之后消纳风光的能力进行分析。风电、光电、水电和抽水蓄能以日内互补平衡为主要原则，不改变水库年内运行方式，不增加水电站弃水。由于旭龙水电站周边光伏资源量远大于风能资源量，因此，拟定全光伏和风光联合配置两种方案，分析水电站和抽水蓄能电站调节风电和光伏的能力。

如图 7-15 所示为 2030 年四川电网冬季典型日预测负荷曲线以及旭龙水电站周边风光电站出力特性曲线。从图中可知，光伏具有一定程度的正调峰特性，风电具有一定程度的反调峰特性。但该地区光伏资源量远大于风能资源量，故具体情况需要结合风光的容量配置情况进行分析。

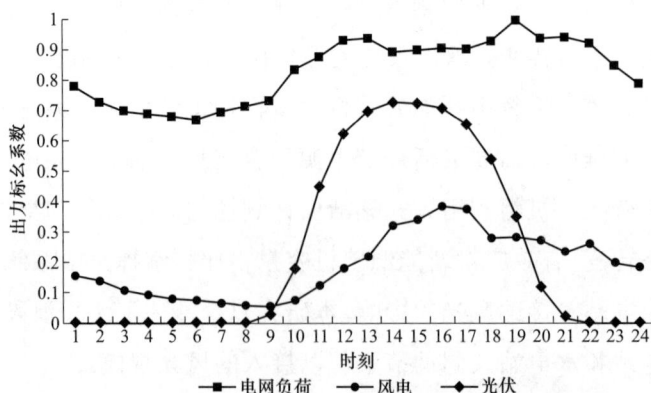

图 7-15 旭龙电站风光出力特性曲线和电网负荷曲线

如图 7-16 所示为未接入抽水蓄能时，多能互补发电系统考虑弃风光率 5%时，可接入最大容量光伏时的互补出力过程，从图中可知，若只接入光伏，则系统最多消纳 281 万 kW 规模光伏。如图 7-17 所示为未接入抽水蓄能时，在接入光伏的情况下再全额接入风电 70 万 kWh，考虑 5%弃风光率时，系统的互补出力过程，从图中可知，系统可消纳风电和光伏共计 326 万 kW 规模。一方面，说明风电可以填补夜间光伏的发电空缺，两者混合发电可以使系统消纳更多风光资源，由于该地区光伏资源量远大于风能资源量，且风电出力水平较低，故考虑在优化计算中优先消纳 70 万 kW 风电；另一方面，说明仅凭常规水电无法消纳该地区丰富的风光资源，故考虑加入 140 万 kW 抽水蓄能电站与常规水电联合运行以对风光进行消纳。

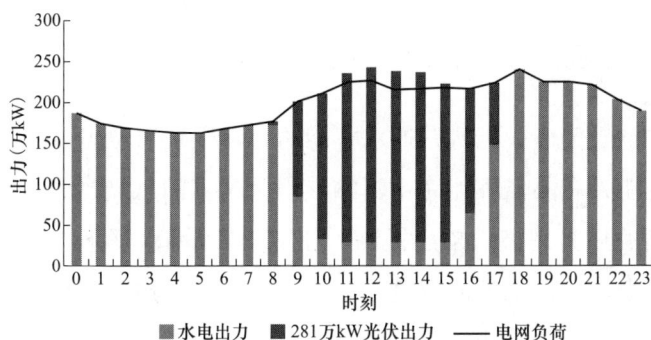

图 7-16　考虑 5%弃风光率的水光互补出力过程

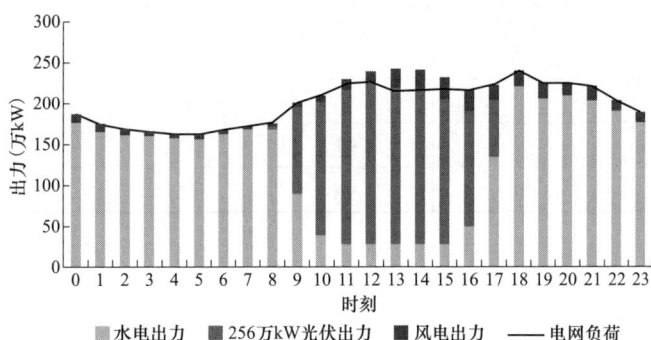

图 7-17　考虑 5%弃风光率的水风光互补出力过程

如图 7-18 所示为水风光蓄多能互补发电系统考虑 5%弃光时，系统的出力过程。此时，配置光伏规模为 516 万 kW，从图中可知，当光伏出力过大时，超过了水电站和抽水蓄能电站的调节能力，超过电网负荷的部分光伏出力只有作弃电处理。模型计算结果也表示总出力曲线会与电网负荷产生一定偏差，不能完全吻合。说明水电站和抽水蓄能电站的调节能力有限，多能互补发电系统若要消纳更大规模的风光资源，则需要进一步加大抽水蓄能电站装机容量，或加入其他调节性电源如化学储能等。

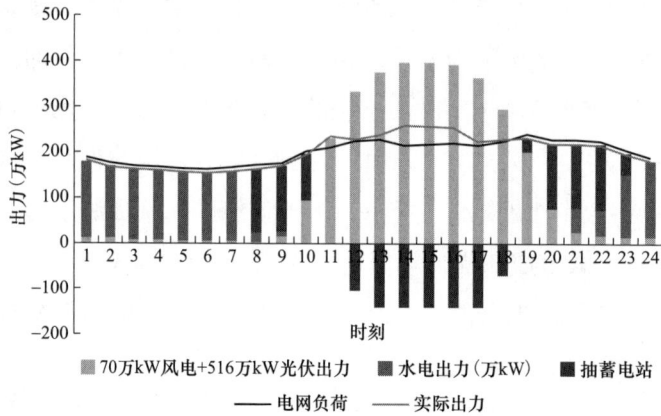

图 7-18　水风光蓄互补出力过程（5%弃光）

不同情景下水电、风电、光伏、抽水蓄能的容量配置情况见表 7-23，从表可知，常规水电消纳风光的能力有限，不能完全消纳该地区丰富的风光资源。系统接入抽水蓄能电站后，所能消纳的风光规模大幅度提高，在 5%弃电率水平下，加入抽水蓄能后能多消纳 260 万 kW 风光，风光电站的容量显著提升，且在考虑一定弃光率的条件下，还可进一步扩大容量配置。

表 7-23　　　　　　　　　　　　不同情景下容量配置情况

情景	弃光率（%）	水电（万 kW）	风电（万 kW）	光伏（万 kW）	抽水蓄能（万 kW）
水光互补	5	240	0	281	0
水风光互补	5	240	70	256	0
水风光蓄互补	5	240	70	516	140

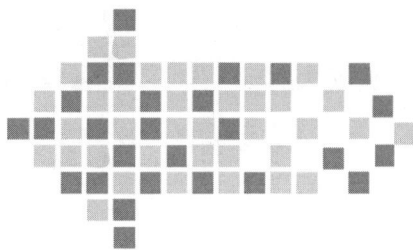

第八章　清洁能源资源开发潜力研究

第一节　"能源—气象"关联分析

四川省风电主要分布于凉山州、攀枝花市及广元市，风电出力受不同季风影响，具备明显的季节性，丰水期风电出力低，枯水期风电出力高。除风速、风向外，四川省风电最重要的影响因素为气温。无论是丰水期还是枯水期，从短期来看，四川省温度与气温间并不存在显著关系，即温度升高或降低时，风速上升、下降的概率几乎相同。但两者总体期略有差异，如：丰水期时，德昌风电站温度降低后，虽然风速上升降低的概率相同，但风速上升时的提升量通常大于风速降低时的降低量。风向对四川省风功率影响显著。凉山州及攀枝花市山脉多南北走向，且气候受西南季风、西北季风、东南季风综合影响。处于山谷处的风电站受东西风向影响较小，风功率受风向影响较小，且较为稳定。而处于大小相岭—黄茅埂以南开阔地带的电站在枯水期时受多重季风影响，风速、风功率均难于预测。以鲁南风电站为例，由于 2019~2020 年时，西南季风周期性减弱，鲁南风电站在这两年枯水期时的风功率与风速间关联度显著降低，而与风向、湿度等季风相关影响因素显著提升。极端气候对四川省风电处理影响也十分显著。依历史数据来看，枯水期、丰水期的相对高温均会降低同风速下的风电转换效率，相较于常温下同风速的出力大致降低 5%~15% 不等。而枯水期低温反而对提升风电转换效率有一定助力。

四川省光伏电站主要分布在三州一市地区，气候以高原山地气候为主，日间气温的季节性并不显著，主要受直接辐照强度影响。气温几乎与辐照强度直接相关，为此，对绝大多数光伏电站而言，气温的上升大概率意味着光伏出力的提升。在辐照度一定的条件下，风速对光伏出力的影响大于其他气象条件，在光照强度不变时，整体呈现风速上升，光伏出力增加的趋势。但这种关联性受各个光伏电站地理位置、温度、丰枯时期的影响。以塘泥湾丰水期为例，当辐照度在较大 [处于区间（950，1200）W/m^2]，温度由 25℃ 上升到 37℃ 时，低风速下，由于光伏板温度上升，转换效率降低，光伏总出力下降；

而在高风速下情况相反，较高的风速一方面可以有效改善光伏板在高温条件下散热条件，而另一方面，温度较高，且风速较大的情况往往与晴空相关，光伏遮挡因子显著降低。此时虽然温度上升，但出力反而大概率会随之上升。

多元气象因素对新能源发电功率的作用机理和影响程度各不相同，如何定量分析多元气象因素与新能源发电功率之间的关联关系，是本研究的重中之重。为此，首先对单要素进行分析：

（1）采用灰色关联分析法，获取不同时期下各气象要素与新能源出力之间的非线性关联性。

（2）针对关联性较强的气象要素，计算核心要素变化量与新能源出力变化量之间的概率分布情况。

而后针对多气象要素联合变化、交叉影响新能源出力的情况，进行进一步分析。介于历史新能源数据存在的随机性、波动性问题，基于神经网络算法，实现历史数据的全状态空间拟合，消除数据波动造成的影响。而后提取不同时期下核心气象条件波动造成的新能源出力变化，实现多变量影响下的"能源—气象"关联关系量化分析。

一、单因素"能源—气象"关联分析模型

考虑各气象要素变化对新能源出力影响，首先使用灰色关联分析法筛选主影响因素，而后使用高斯核函数，对核心气象要素变化下的新能源出力变化量进行概率分布拟合，得到单气象要素气象变化时的新能源出力变化量及变化概率。

1. 灰色关联分析

多元气象因素对新能源发电功率的作用机理和影响程度各不相同，定量分析多元气象因素作用程度的大小，进而准确识别、优化选取核心气象影响因素是选取模型输入变量的基本前提。灰色关联分析方法可以对系统动态变化过程进行量化比较，通过计算参考序列与比较序列曲线的相似度，来分析各因素间关联程度的强弱。新能源发电功率与气象因素之间具备按时间发展变化的特性，故可采用灰色关联分析方法对它们之间的关联关系进行分析。

灰色关联分析方法的基本思想是：根据归一化处理后的不同系统变量时间序列曲线集合形状的相似程度，判断各影响因子间的关联程度。灰色关联分析需要确定一个参考序列和多个比较序列，通过求解参考数列与各比较数列之间的关联系数，进而确定各比较序列的灰色关联度，并根据灰色关联度大小对各比较序列的影响程度进行排序，比较数列的灰色关联度越大，其发展方向和速率与参考数列越接近，即与参考数列的关联关系越紧密，反之则不然。

将新能源发电功率与多元气象影响因子的关联关系看成是一个灰色系统，按照时间将数据划分为丰水期、枯水期和平水期，使用灰色关联分析方法，分别计算多元气象因素与新能源发电功率的灰色关联度，得出在丰水期、枯水期和平水期气象因素对新能源发电功率作用程度由强到弱的排序情况，从而确定影响新能源发电功率的核心气象因素。

定义参考序列为新能源发电功率，比较序列为多元气象因素，参考序列与比较序列的差 $\Delta_i(k)$ ，如式（8-1）所示。

$$\Delta_i(k) = |x_o'(k) - x_i'(k)| \quad (i = 0,1,\cdots,m; k = 1,2,\cdots,n) \tag{8-1}$$

其中， $\Delta_i(k) = (\Delta_i(1), \Delta_i(2), \cdots, \Delta_i(k))$ ，本质是差的序列。

定义各个差序列中的最小值为最小极差 $\min_i \min_k \Delta_i(k)$ ，定义各个差序列中的最大值为最大极差 $\max_i \max_k \Delta_i(k)$ ，则第 i 个比较序列与参考序列的关联系数 $\gamma_{oi}(k)$ 可按式（8-2）计算得到：

$$\gamma_{oi}(k) = \frac{\min_i \min_k \Delta_i(k) + \xi \max_i \max_k \Delta_i(k)}{\Delta_i(k) + \xi \max_i \max_k \Delta_i(k)} \quad (i = 0,1,\cdots,m; k = 1,2,\cdots,n) \tag{8-2}$$

式中： ξ 为分辨系数，取值范围为 0～1，通常取 0.5。

得到关联系数 $\gamma_{oi}(k)$ 后，进而可由式（8-3）计算灰色关联度 $\overline{\gamma_{ol}}$ 。

$$\overline{\gamma_{ol}} = \frac{1}{n} \sum_{k=1}^{n} \gamma_{oi}(k) \tag{8-3}$$

式中： n 为序列的数据个数。

由计算公式可知，灰色关联度 $\overline{\gamma_{ol}}$ 受新能源发电功率、多元气象因素、序列长度和分辨系数的影响，通常取值范围为 0～1。灰色关联度反映了各气象因素与新能源发电功率的关联程度，灰色关联度的值越接近 1，表明二者之间的变化趋势越相似，气象因素对新能源发电功率的影响也越大。

将灰色关联度归一化，得到第 i 个比较序列的因子权重系数 γ_i ，如式（8-4）所示。

$$\gamma_i = \frac{\overline{\gamma_{ol}}}{\sum_{i=1}^{m} \overline{\gamma_{ol}}} \tag{8-4}$$

因子权重系数描述了各个气象因素对新能源发电功率的相对作用大小。按因子权重系数大小对各气象因素进行排序，权重系数大的气象因素对新能源发电功率的作用程度高，进而可以确定核心气象因素。

2. 非对称概率分布模型

由于按天变化的气象原始数据中位数和平均数并不相等，即关联气象数据形式上非对称，同时也不会始终负荷某一特定概率分布，因而采用传统的概率分布模型会有所局限性，导致最终拟合出的概率分布并不能反映实际的出力变化量与气象因素之间的关联特性。

同样的，传统的参数估计方法需假定样本集符合某一概率分布，然后根据样本集拟合该分布中的参数，例如：似然估计、混合高斯等，由于参数估计方法中需要加入主观的先验知识，而实际出力与气象因素之间并无先验知识能够确定其属于哪种概率分布，因此往往很难拟合出与真实分布的模型。在此背景下，采用非参数估计方法，和参数估计不同，非参数估计并不加入任何先验知识，而是根据数据本身的特点、性质来拟合分布，这也与出力预测的期望目标相符，通过这种方法能够得出比参数估计方法拟合效果更佳的模型。

核密度估计就是非参数估计中的一种，是一种基于数据集密度函数聚类算法提出修订的核密度估计方法。核密度估计算法的基本原理是在对某一事物的概率分布的情况下，假设一个数在观察的过程中出现了，就可以假定这个数相对应的概率密度比较大，从而可以得出和这个数相邻的数的概率密度也会比较大，反之，离这个数较远的数的概率密度比较小。

因此，核密度估计是通过样本本身来实现预测估量的，对样本分布本身不增加任何的假设条件。若随机变量 X 的密度函数为 $f(x)=F(x)$，则根据核密度估计的基本思想，可以得到 $f(x)$ 简单估计 $\hat{f}(x)$ 如下：

$$\hat{f}(x)=\frac{F(x+h)-F(x-h)}{2h} \tag{8-5}$$

式中：h 为非负常数，$F(x)$ 为随机变量 X 的经验分布函数。

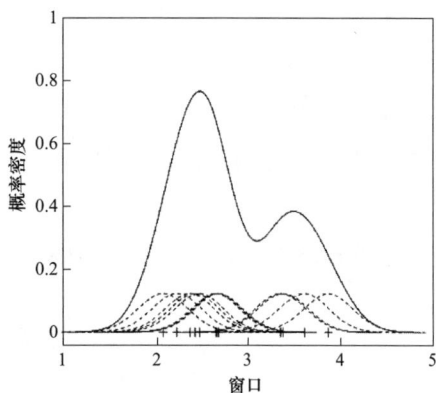

图 8-1　高斯核密度估计拟合示意图

如图 8-1 所示，假设共有 N 个由同一未知概率密度产生的样本值：x_1，x_2，$\cdots$，x_n，在选择非负常数 h 时，使 $n\to+\infty$、$h\to 0$ 且 $nh\to+\infty$ 时，可以得到核密度估计函数如下：

$$\hat{f}(x,h)=\frac{1}{N}\sum_{i=1}^{N}K_h(x-x_i) \tag{8-6}$$

式中：$\hat{f}$ 表示总体的概率密度函数；h 为一个超参数，称之为窗宽；N 表示样本总数；K_h 为核函数，核函数可以有多种具体形式，但由于高斯内核独特的数学性质，通常选取核函数为高斯核函数，公式如下：

$$K(u)=\frac{1}{\sqrt{2\pi}}\exp\left(-\frac{u^2}{2}\right) \tag{8-7}$$

因此，总的高斯核密度估计函数公式如下：

$$\hat{f}(x,h)=\frac{1}{N}\sum_{i=1}^{N}\frac{1}{\sqrt{2\pi h^2}}\exp\left[-\frac{(x-x_i)^2}{2h^2}\right] \tag{8-8}$$

在核密度估计中，窗宽 h 的大小，对被估的随机变量 X 有着重要影响；甚至窗宽 h 对运算效果的影响大小已经超越核函数的选择。倘若 h 太低，邻域中参与拟合的点就会过少，拟合效果在平稳性方面有所欠缺；倘若 h 太高，则域中参与拟合的点就会过少，会致使拟合效果的判别率很低。一般来说，h 会随着样本总量 h 的增大而减小，这样在有限范本个数的影响下，必须找到合适的窗宽 h，实现拟合效果平稳性与判别比的折中。

关于窗宽的选择方法可分成交叉判定、惩罚函数和插入法及对比法，常用的是插入法。本研究利用插入法中的固定算法，其原理是：鉴于最低平方差，根据均匀积分平方误差（Mean Integrated Square Error，MISE）最小，得到最优的窗宽。相关窗宽优化的运算，把鉴于 MISE 的固定窗宽的运算优化。MISE 定义如下：

$$MISE(\hat{f}) = \int \{\hat{f}(x) - E[\hat{f}(x)]\}^2 \mathrm{d}x + \int \mathrm{var} \hat{f}(x) \mathrm{d}x \tag{8-9}$$

最优窗宽为：

$$h = \left[\frac{\int K(t)^2 \mathrm{d}t}{k_2^2 \int f(x) \mathrm{d}x} \right]^{\frac{1}{5}} n^{-\frac{1}{5}} \tag{8-10}$$

当选取不同置信区间，如 50% 和 90% 置信区间时，可以通过高斯核密度估计这一类非参数估计模型，更为直观地观察到风速或光伏出力中位数上下波动的具体范围，从而分析出风速或光伏出力与其他气象因素的关联特性，而倘若强制采用概率分布这一类需要先验知识的参数估计模型，则会出现为保证数据符合事先假定的概率分布而使得风速或光伏出力波动范围的上下限被强制更改这一现象。因此，采用高斯核密度估计这一类非参数估计模型可以针对按天变化的气象数据实现更为有效的拟合，从而避免由于概率分布模型进行拟合时导致的数据缺失。

二、多因素耦合关联分析模型

人工神经网络由于具有强大的学习功能，可以逼近任意复杂的非线性函数，它不用事先假设数据间存在某种函数关系，信息利用率较高，故可以利用新能源发电功率和气象因素的历史数据通过神经网络建立非线性映射关系，从而对所有可能出现气象条件下的新能源发电功率进行拟合。

人工神经网络的模型结构如图 8-2 所示，由输入层、隐含层和输出层所组成，隐含层为一层。输入层选取灰色关联分析结果中关联程度最高的多种气象因素；输出层为每一组气象数据对应的新能源发电功率。隐含层神经元个数的选择直接关系到神经网络的规模和精度，根据 Kolmogorov 定理，如果输入变量的个数为 n，则隐含层神经元个数一般可取 $2n+1$ 个，也可采用反复实验法来确定隐含层神经元的数目。

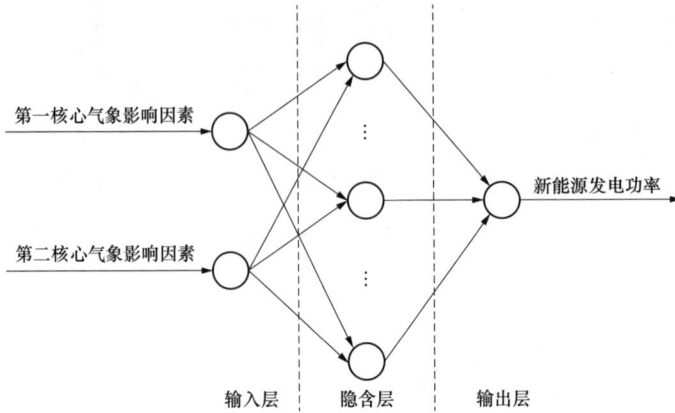

图 8-2　模型结构

利用神经网络对新能源发电功率和气象数据进行拟合时，所使用的原始气象数据中不同的变量通常有不同的单位，数量级的差异也比较大。由神经元激活函数的特性可以知道，神经元的输出通常被限制在一定的范围内，大多数人工神经网络中应用的非线性激活函数为 S 函数，其输出被限定在（0，1）或（–1，1）之间，直接以原始数据对输入网络进行拟合将会引起神经元饱和。因此，在使用神经网络进行拟合前必须对各不同量纲的样本数据进行归一化处理，消除原始数据形式不同带来的影响。当需要输入和目标数据落入（0，1）区间时，归一化公式如式（8-11）。

$$p^*(t) = \frac{p(t) - p_{min}}{p_{max} - p_{min}} \tag{8-11}$$

式中：$p(t)$ 表示 t 时刻数据，p_{max} 和 p_{min} 表示此数据所属序列中的最大值和最小值；$p^*(t)$ 为归一化后的数据。

人工神经网络模型采用的神经网络学习算法为 Levenberg-Marquardt 优化方法，采用 Levenberg-Marquardt 优化方法可以使学习时间更短，在实际应用中效果较好。其权重或阈值更新公式为：

$$X_{k+1} = X_k - (J^T J + uI)^{-1} J^T e \tag{8-12}$$

式中：j 为误差对权值微分的雅克比矩阵；e 为误差向量；u 为一个标量。

在人工神经网络训练完成后，根据灰色关联分析的结果确定关联程度排序第三的气象因素，选择在该气象因素为 90%最大值、10%最小值和中位数三种情况下关联程度最高的两种气象因素对应的历史数据，对其进行归一化处理后分别作为横轴和纵轴，将气象数据以网格化的方式呈现，该气象数据可以覆盖所分析电站可能出现的核心气象因素变化时的所有气象条件。将网格化的气象数据作为神经网络的输入，神经网络的输出为不同气象条件下新能源发电功率的网格化拟合结果。在此拟合结果的基础上，对两个核心气象因素分别进行灵敏度分析,通过核心气象因素变化时新能源发电功率的变化趋势、幅度以及受其他气象因素的影响情况,得出多元气象因素与新能源发电功率的定量关联关系。

三、技术路线

首先,为解决四川省气象数据存在的数据低质问题,需对原始数据进行初步清洗,统一数据口径,进行异常数据识别和缺失数据填充,最大限度提升数据的完整度和可用性,确保后续用于关联分析时的数据切适性,形成"能源—气象"大数据集。采用灰色关联分析方法对各气象因素与新能源出力的关联程度进行排序与分析,确定影响新能源出力的核心气象因素;使用非对称概率分布模型,对核心气象要素变化下的新能源出力变化量进行概率分布拟合,得出单气象因素的关联分析结果。通过神经网络模型,结合灰色关联分析所得核心气象因素,利用历史数据对所有可能出现气象条件下的新能源出力进行拟合,并进行灵敏度分析,得出多气象因素耦合的关联分析结果。综合考虑单因素和多因素关联分析结果,总结四川省各地新能源电站"能源—气象"关联特性。技术路线如图 8-3 所示。

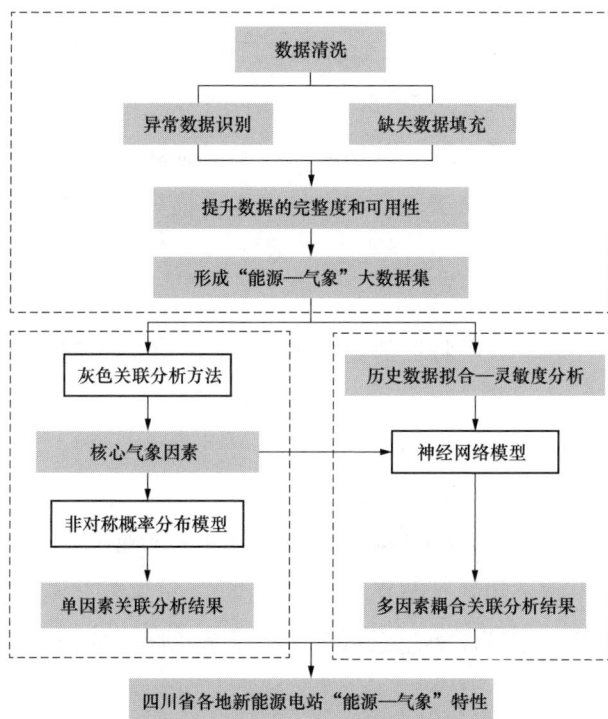

图 8-3 技术路线

第二节 考虑关联分析结果的新能源出力预测

一、XGBoost 算法

XGBoost（eXtreme Gradient Boosting）是华盛顿大学陈天奇博士 2014 年提出的一种基于 GBDT（Gradient Boosting Decision Tree）的改进学习框架，主要由决策树算法和梯度提升算法组成。XGBoost 的运行思想为使用多棵 CART 决策树（多个弱学习器）构成组合学习器，并且给每个叶子节点赋予一定的权值。CART（Classfication and Regression Tree）算法最早于 1984 年由 Leo Breiman、Jerome Friedman、Richard Olshen 与 Charles Stone 提出的一个决策树算法，它包括分类树和回归树两种。分类树的样本输出为离散值，即为类的形式，而回归树的样本输出为连续值，即为数值的形式。因此，XGBoost 可有效进行分类和回归问题的解决。

XGBoost 算法对损失函数进行二次泰勒展开，得到一阶和二阶偏导数以提升模型精度；在目标函数中加入正则项以控制模型的复杂度，从权衡方差偏差来看，降低了模型的方差，使学习出来的模型更加简单，防止过拟合；一次迭代后，会将叶子节点的权值乘上该系数，从而削弱每棵树的影响，为后续学习留出更多空间；借鉴随机森林的做法，XGBoost 支持列抽样，不仅防止过拟合，还能减少计算。同时 XGBoost 工具支持并行，并且其并行计算是在特征粒度上的。总的来说，XGBoost 算法具有运行速度快、准确率高、能处理大规模数据、内置交叉验证、支持自定义损失函数等优点。下面对算法原理进行简单介绍。

1. 定义决策树及复杂度

对一个包含 n 个样本、m 维特征的数据集来说，一个模型包含 T 棵决策树可以用 $\hat{y}_i$ 表示，即：

$$\hat{y}_i = \sum_{t=1}^{T} f_k(x_i) \qquad f_t \in F \tag{8-13}$$

式中：F 表示由所有树模型构成的函数空间。

如图 8-4 所示，确定一棵 CART 树需要确定两部分，第一部分是树的结构，此结构将输入样本映射到一个确定的叶子节点上，记为 $f_t(x)$。第二部分则为各个叶子节点的值，$q(x)$ 表示输出的叶子节点序号，$w_{q(x)}$ 表示对应叶子节点序号的值。因此，由定义可得函数空间 F 公式如下：

$$F = \{f(x) = w_{q(x)}\}(q : R^m \to T, w \in R^T) \tag{8-14}$$

式中：q 表示 x 到叶子节点的映射关系；w 表示叶子上的权值。

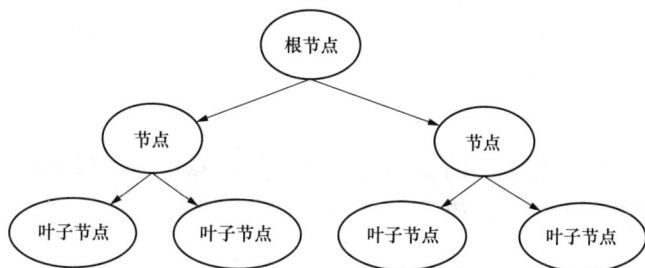

图 8-4　CART 树结构图

决策树复杂度 Ω 可由叶子数 T 组成，叶子节点越少模型越简单，此外叶子节点也不应该含有过高的权重 w，所以目标函数的正则项由生成的所有决策树的叶子节点数量 T 和所有叶子节点权重 w 组成。

$$\Omega(f_k) = \gamma T + \frac{1}{2}\lambda \sum_{j=1}^{T} w_j^2 \tag{8-15}$$

式中：f_t 为第 t 棵树模型；T 为树叶子节点数；w 为叶子权重值，即为节点预测值；$\|w\|$ 表示叶子节点向量的模；γ 为叶子树惩罚正则项，具有剪枝作用；λ 为叶子权重惩罚正则项，防止过拟合。γ 和 λ 在实际运行中需要调参。

2.　XGBoost 目标函数生成

损失函数 L 可由预测值 $\hat{y}_i$ 与真实值 y_i 进行表示：

$$L = \sum_{i=1}^{n} l(y_i, \hat{y}_i) \tag{8-16}$$

式中：i 表示的是第 i 个样本；n 为样本数量；$l(y_i, \hat{y}_i)$ 为该样本损失函数，即为预测误差，该值越小，则说明预测精度越高，其中 y_i 为第 i 个样本的真实值，$\hat{y}_i$ 为预测输出。

而模型预测精度由模型的偏差和方差共同决定，损失函数代表模型的偏差，倘若要使模型拟合结果方差小，则须在目标函数中添加正则项，用于防止过拟合。所以，目标函数由模型的损失函数 L 与抑制模型复杂度的正则项 Ω 组成，目标函数的定义如下：

$$Obj = \sum_{i=1}^{n} l(y_i, \hat{y}_i) + \sum_{t=1}^{T} \Omega(f_t) \tag{8-17}$$

式中：i 表示的是第 i 个样本；$l(y_i, \hat{y}_i)$ 为损失函数，即为预测误差，该值越小，则说明预测精度越高，其中 y_i 为第 i 个样本的真实值，$\hat{y}_i$ 为预测输出；$\Omega(f_t)$ 为正则项，用以表征树的复杂度，该值越小表示复杂度越低，则模型的泛化能力越强。而 $\sum_{t=1}^{T} \Omega(f_t)$ 是将全部 T 棵树的复杂度进行求和，再将其添加至目标函数中作为正则项，用于防止模型过度拟合。

XGBoost 是 boosting 族中的算法，所以遵从前向分步加法，令第 t 轮模型预测值 $\hat{y}_i^{(t)} = \sum_{t=1}^{T} f_t(x_i) = \hat{y}_i^{(t-1)} + f_t(x_i)$，其中 $f_t(x_i)$ 为第 t 次的基学习器。以第 t 次学习为例，以

最小化损失函数为学习目标，即求 $\min \sum_{i=1}^{N} l(y_i, \hat{y}_i)$，此时损失函数最小化可表示为：

$$\min \sum_{i=1}^{n} l \left\{ y_i, [\hat{y}_i^{(t-1)} + f_t(x_i)] \right\} \tag{8-18}$$

式中：$\hat{y}_i^{(t-1)}$ 为第 $t-1$ 次学习给出的预测值，为已知常数，$f_t(x_i)$ 为本次学习需要加入的预测值，因此，目标函数可表示为

$$Obj = \sum_{i=1}^{n} l \left[y_i, \hat{y}_i^{(t-1)} + f_t(x_i) \right] + \sum_{t=1}^{T} \Omega(f_t) \tag{8-19}$$

3. 二阶泰勒公式展开

当第 t 次基学习器 $f_t(x_i) = 0$ 时，通过泰勒二阶展开求最小化损失函数，此时目标函数可以转化为下式：

$$Obj^t = \sum_{i=1}^{n} \left\{ l \left[y_i, \hat{y}_i^{(t-1)} \right] + g_t f_t(x_i) + \frac{1}{2} h_f f_t^2(x_i) \right\} + \Omega(f_t) + C \tag{8-20}$$

式中：$g_t = \partial_{\hat{y}^{(t-1)}} l \left[y_i, \hat{y}_i^{(t-1)} \right]$，$h_t = \partial^2_{\hat{y}^{(t-1)}} l \left[y_i, \hat{y}_i^{(t-1)} \right]$，分别为损失函数的一阶导数和二阶导数，$C$ 为常数项。因为前 $t-1$ 次基学习器已固定不变，其残差为常数，对损失函数的优化没有影响，因为目标函数可以简化为下式：

$$Obj = \sum_{i=1}^{n} \left[g_t f_t(x_i) \frac{1}{2} h_t f_t^2(x_i) \right] + \Omega(f_t) + C \tag{8-21}$$

4. 叶子节点归组

对每一个单一样本进行预测时，XGBoost 将根据该样本的特征，对应落到每棵树的某个叶子节点，其数学表示为：$I_j = \{i \mid q(x_i) = j\}$。因此，将叶子节点归组后，代入 $\Omega(f_t) = \gamma T + \frac{1}{2} \lambda \sum_{j=1}^{T} w_j^2$，目标函数可以转化为：

$$Obj = \sum_{j=1}^{T} \left[G_j w_j + \frac{1}{2} (H_j + \lambda) w_j^2 \right] + \gamma T \tag{8-22}$$

式中：$G_j = \sum_{i \in I_j} g_i$ 为落入叶子节点 j 所有样本的一阶偏导数累加之和；$H_j = \sum_{i \in I_j} h_i$ 为落入叶子节点 j 所有样本的二阶偏导数累加之和。

5. 树结构打分

上式中 G_j 和 H_j 为前 $(t-1)$ 步得到的结果，其值已知可视为常数，只有最后一棵树的叶子节点权重 w_j 未知。因此，可以将上式视为关于叶子权重值 w_j 的一元二次方程，对 w_j 求偏导，并令其等于零，则最优叶子权重值为 $w_j^* = -\dfrac{G_j}{H_j + \lambda}$。目标函数最终可表示为：

$$Obj^* = -\frac{1}{2} \sum_{j=1}^{T} \frac{G_j^2}{H_j + \lambda} + \gamma T \tag{8-23}$$

式（8-23）为 XGBoost 中决策树结构的衡量标准，其值越小，则此时模型效果越好。

6. 最优切分点划分

XGBoost 通过比较节点展开后的增益与设定的最小增益的大小来选择展开节点：倘若该增益大于设定的最小增益，则按该节点展开；反之，则对下一个节点进行比较。倘若选取某一节点 L 进行展开，则其增益如式（8-24）所示：

$$Gain = \frac{G_L^2}{H_L + \lambda} + \frac{G_R^2}{H_R + \lambda} - \frac{(G_L + G_R)^2}{H_L + H_R + \lambda} - \gamma \tag{8-24}$$

式中：$\dfrac{G_L^2}{H_L + \lambda}$ 为该节点展开后左子树的分数；$\dfrac{G_R^2}{H_R + \lambda}$ 为该节点展开后右子树的分数；$\dfrac{(G_L + G_R)^2}{H_L + H_R + \lambda}$ 为按该节点展开前的分数；γ 为设定的最小增益。$Gain$ 越大，则说明该节点越值得展开。

XGBoost 在建立决策树的过程中，采用贪心算法使决策树按层展开，对每个叶子节点分别计算其对应增益，选择增益最大的节点进行展开，并将新生成的决策树添加到模型中。

7. 算法总结

XGBoost 算法首先使用训练集和样本真值（即标准答案）训练一棵树，通过这棵树得到每个样本的预测值，由于预测值与真值存在偏差，通过二者相减得到"残差"。在训练第二棵树时，使用残差代替真值作为标准答案。第二棵树训练完成后，再次得到每个样本的残差，每添加一棵树，即为对一个新的函数进行学习，以此类推。训练时需要生成尽量大的决策树，从而使得模型具有更强大的泛化能力。训练完成后，对每一个单一的样本进行预测时，即为根据该样本的特征，对应落到每棵树的某个叶子节点，每个叶子节点均有其对应分数，最后只需要将每棵树对应的分数加起来即为该样本的预测值。

XGBoost 对目标函数进行二阶泰勒展开，得到一阶和二阶偏导数，同时 XGBoost 在目标函数中加入正则项，用于控制模型的复杂度。从权衡方差偏差来看，它降低了模型的方差，使学习出来的模型更加简单，防止过拟合。

二、新能源短期出力预测模型

（一）风功率短期预测

以德昌风电站和鲁南风电站为例，使用 XGBoost 算法对风功率进行短期预测。为对比基于关联规则优化选取输入变量对预测性能的影响及 XGBoost 算法对四川省新能源对其出力预测的有效性，分别构建原始输入变量与筛选输入变量的 XGBoost 预测模型、筛选输入变量的长短期记忆人工神经网络（LSTM）和筛选输入变量的深度信念网络（DBN），进行 24h 的风功率短期预测。

为提高预测精度，对数据进行划分，其中 2018～2019 年数据作为训练集，2020 年数据作为测试集。训练集包含 8000 组数据，由于数据存在一定缺损，测试集包含 1500～2000 组数据。同时，在训练开始前进行数据的归一化处理。在风功率短期预测模型中，所构建 XGBoost 模型的初始学习率设置为 0.01，最大迭代次数设置为 300，树的最大深度设置为 6，损失函数设置为线性回归。

在预测结果分析中，采用归一化后的平均绝对误差对预测结果进行评价。该指标表征了误差的大小，其数值越小，预测精度越高。

1. 德昌风电站

选取德昌风电站 2020 年 6 月 15～21 日和 2020 年 1 月 20～26 日，时间分辨率为 1h 的测试集数据，实际风功率与预测结果的对比如图 8-5 所示。

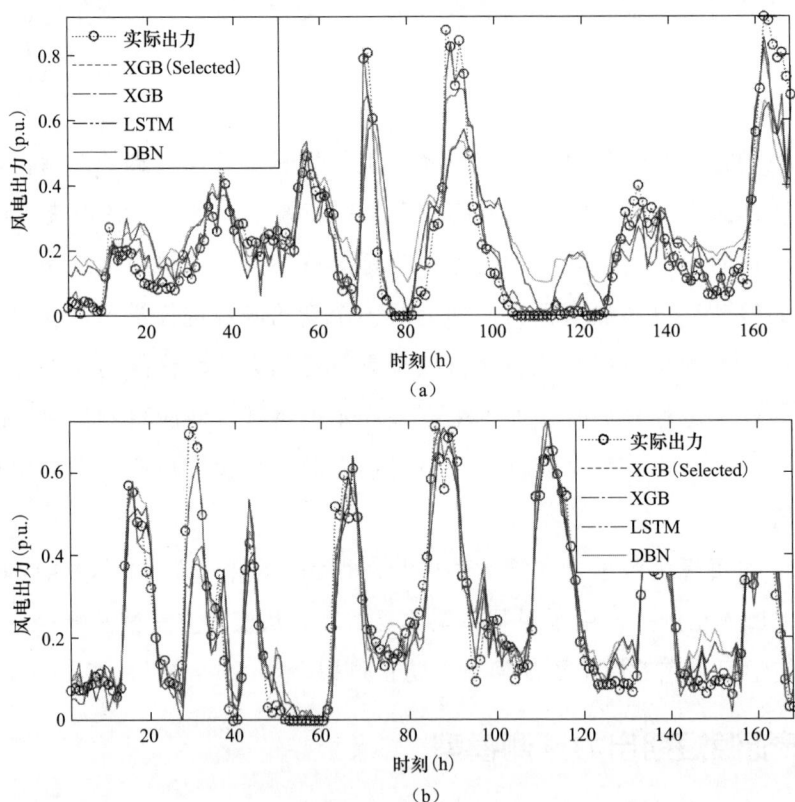

图 8-5　德昌风电站风功率预测结果对比图

（a）丰水期；（b）枯水期

由图 8-5 可知，在输出风功率较小、风功率变化较为平缓的情况下，筛选输入变量前后的 XGBoost 预测模型精度差距不大，均略高于 LSTM 和 DBN 模型；而在风功率陡增或陡降的极端风电出力情况下，如图 8-5（a）中时刻 70～71h 和时刻 96～97h 内，XGBoost 模型拟合风功率大幅度波动的能力明显高于其他两种算法，筛选输入变量将进一步提升 XGBoost 模型的准确率。由于类似时刻节点的大量存在，使用筛选输入变量后的 XGBoost 模型可以获得更好的拟合效果。

2. 鲁南风电站

选取鲁南风电站 2020 年 8 月 1～7 日和 2020 年 2 月 20～26 日，时间分辨率为 1h 的测试集数据，实际风功率与预测结果的对比如图 8-6 所示。

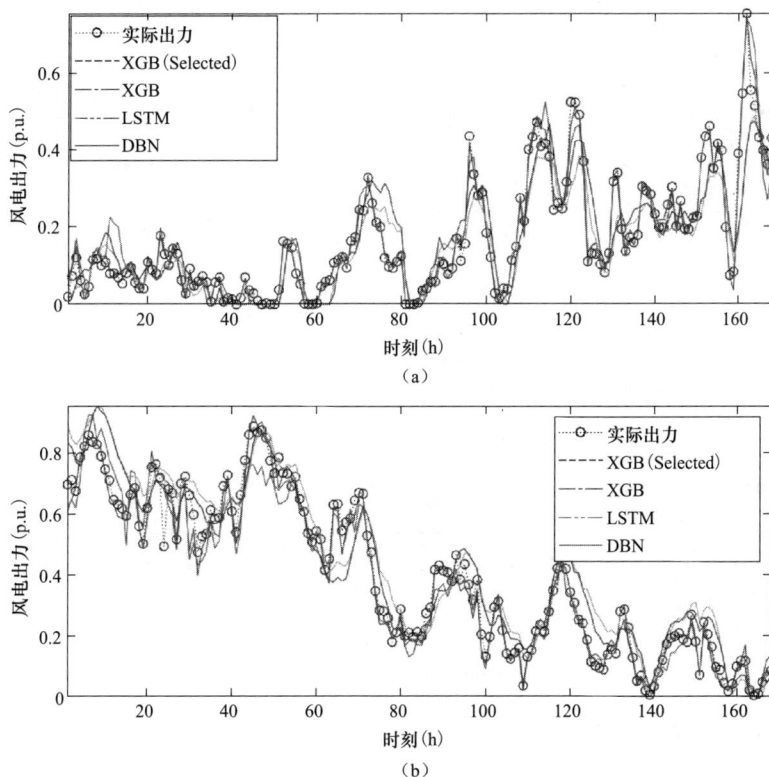

图 8-6 鲁南风电站风功率预测结果对比图

（a）丰水期；（b）枯水期

由图 8-6 可知，LSTM 和 DBN 模型整体预测效果一般，在不同时刻都会有较大的预测偏差；XGBoost 模型对实际风功率的拟合效果良好，预测结果曲线的变化规律与实际数据基本一致，特别是在风功率快速波动的时间段内，如图 8-6（b）中时刻 16～60h 内，预测效果明显优于其他两种算法。对比筛选输入变量后的 XGBoost 模型，使用原始数据作为输入变量的 XGBoost 模型表现出过拟合的特性，存在预测结果明显偏离实际数据的情况。

计算在根据关联规则优化选取输入变量前后 XGBoost 模型以及优化选取输入变量后 LSTM 和 DBN 在测试集上的风功率归一化平均绝对误差（Mean Absolute Error，MAE）预测误差与预测精度（基于均方根误差），如表 8-1 与表 8-2 所示。结合对图 8-5 和图 8-6 的分析结果，可以看出，基于关联特性的降维措施可以使预测模型的复杂度降低，有效改善 XGBoost 的预测效果，并且筛选输入变量降低了风功率随机性和间歇性对预测模型最终结果的影响，对解决风功率快速、大幅度波动情况下预测模型精度不稳定的问题具有一定的适用性。

表 8-1 电 预 测 误 差

电站	丰枯	预测误差			
		筛选 XGB	原始 XGB	筛选 LSTM	筛选 DBN
德昌	丰水期	0.0582	0.0636	0.1323	0.1151
	枯水期	0.0821	0.1205	0.1330	0.1258
鲁南	丰水期	0.0422	0.0358	0.0768	0.0891
	枯水期	0.0433	0.0450	0.1057	0.0889

表 8-2 风电预测精度

电站	丰枯	预测精度			
		筛选 XGB	原始 XGB	筛选 LSTM	筛选 DBN
德昌	丰水期	91.86%	91.24%	84.47%	85.46%
	枯水期	85.66%	87.49%	87.22%	87.01%
鲁南	丰水期	91.52%	89.59%	86.51%	85.50%
	枯水期	91.47%	91.30%	86.69%	88.05%

（二）光伏出力短期预测

以普隆村光伏电站和斯乡龙光伏电站为例，使用 XGBoost 算法对光伏出力进行短期预测。为对比基于关联规则优化选取输入变量对预测性能的影响及 XGBoost 算法对四川省新能源对其出力预测的有效性，分别构建原始输入变量与筛选输入变量的 XGBoost 预测模型、筛选输入变量的长短期记忆人工神经网络（LSTM）和筛选输入变量的深度信念网络（DBN），进行 24h 的光伏出力率短期预测。

为提高预测精度，对数据进行划分，其中 2018～2019 年数据作为训练集，2020 年数据作为测试集。训练集包含 8000 组数据，由于数据存在一定缺损，测试集包含 1500～2000 组数据。同时，在训练开始前进行数据的归一化处理。在光伏出力短期预测模型中，所构建 XGBoost 模型的初始学习率设置为 0.4，最大迭代次数设置为 300，树的最大深度设置为 8，损失函数设置为线性回归。

在预测结果分析中，采用归一化后的平均绝对误差对预测结果进行评价。该指标表征了误差的大小，其数值越小，预测精度越高。

1. 普隆村光伏电站

选取普隆村光伏电站 2020 年 7 月 10～16 日和 2020 年 2 月 12～18 日，时间分辨率为 1h 的测试集数据，实际光伏出力与预测结果的对比如图 8-7 所示。

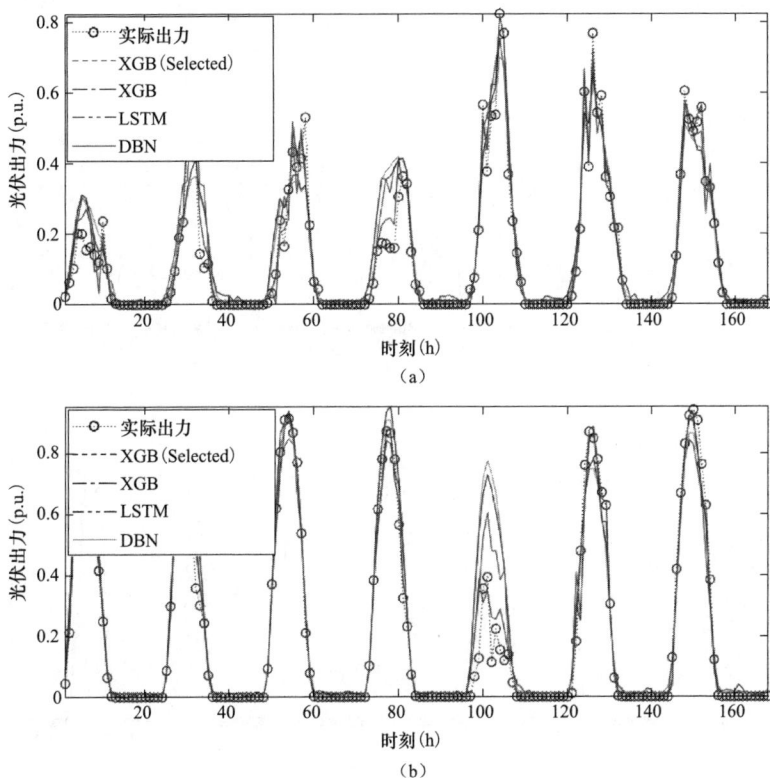

图 8-7　普隆村光伏电站光伏出力预测结果对比图

（a）丰水期；（b）枯水期

由图 8-7 可知，XGBoost 模型对光伏出力的拟合能力较强，其中对输入变量进行筛选后的 XGBoost 模型在光伏出力受气象因素影响变化时仍有较强的泛化能力。如图 8-7（b）中时刻 98～107h 内，光伏出力与其他时刻相比整体大幅度下降，此时 LSTM 和 DBN 的预测效果不佳，使用原始数据作为输入变量的 XGBoost 模型的预测精度也受到较大影响，而筛选输入变量后的 XGBoost 模型虽然无法对每个时刻的数据都精准拟合，但整体来说预测能力良好，对输入变量具有较高的敏感度。

2. 斯乡龙光伏电站

选取斯乡龙光伏电站 2020 年 6 月 22～28 日和 2020 年 2 月 18～24 日，时间分辨率为 1h 的测试集数据，实际光伏出力与预测结果的对比如图 8-8 所示。

由图 8-8 可知，筛选输入变量后的 XGBoost 模型可以很好地拟合光伏出力的尖峰值，且对光伏出力的变化趋势预测较为准确，可以很好地跟随光伏出力的变化，两者大部分极值点基本吻合。由于使用原始数据的 XGBoost 模型输入变量维度过高，将导致预测结果过拟合。如图 8-8（b）中时刻 101h，光伏出力陡降，而此时使用原始数据的 XGBoost 模型预测结果呈现上升的趋势，冗余输入变量较大程度上影响了预测的精度。

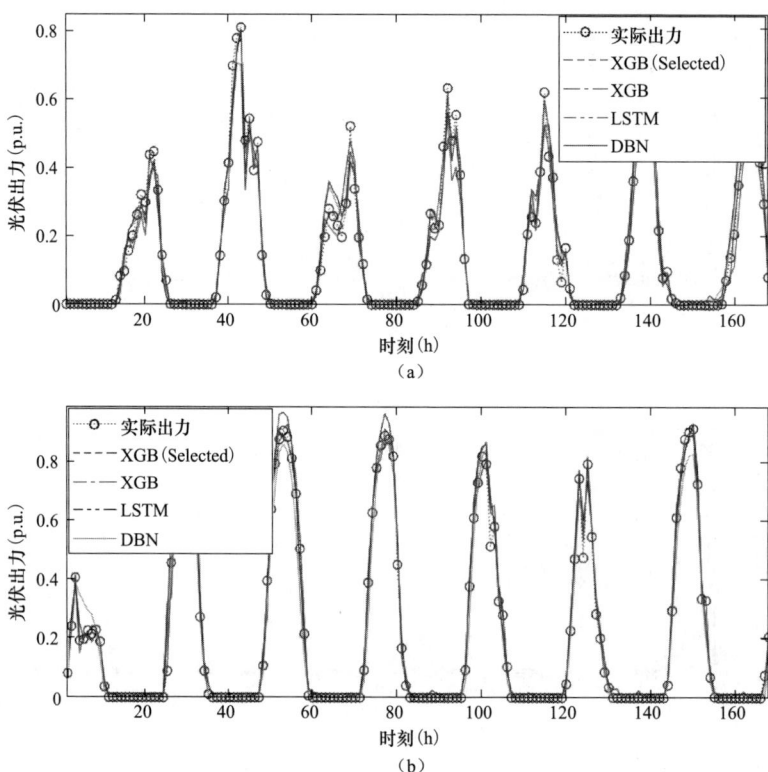

图 8-8　斯乡龙光伏电站光伏出力预测结果对比图

（a）丰水期；（b）枯水期

计算在根据关联规则优化选取输入变量前后 XGBoost 模型以及优化选取输入变量后的 LSTM 和 DBN 在光伏测试集上的出力预测误差（基于 MAE）与预测精度（基于 RMSE），如表 8-3 与表 8-4 所示。结合对图 8-6 和图 8-7 的分析结果，可以看出 XGBoost 模型预测的准确率要高于其他两种（LSTM 和 DBN）预测方法，尤其在非常规气象条件下对光伏出力及其变化趋势的拟合效果良好。考虑关联特性筛选输入变量可以有效去除输入到 XGBoost 模型的冗余信息，从而避免预测模型出现过拟合现象，有助于进一步减小预测误差。

表 8-3 光 伏 预 测 误 差

电站	丰枯	预测误差			
		筛选 XGB	原始 XGB	筛选 LSTM	筛选 DBN
斯乡龙	丰水期	0.0341	0.0351	0.0392	0.0399
	枯水期	0.0167	0.0175	0.0447	0.0271
普隆村	丰水期	0.0289	0.0417	0.0512	0.0503
	枯水期	0.0446	0.0502	0.0554	0.0579

表 8-4 光 伏 预 测 精 度

电站	丰枯	预测误差			
		筛选 XGB	原始 XGB	筛选 LSTM	筛选 DBN
斯乡龙	丰水期	91.43%	91.46%	91.36%	91.24%
	枯水期	90.70%	90.31%	87.58%	89.42%
普隆村	丰水期	90.81%	89.09%	87.59%	88.37%
	枯水期	86.77%	86.61%	86.49%	86.27%

三、无历史能源数据功率拟合

（一）无历史能源数据风功率拟合

以德昌风电站和鲁南风电站为例，使用 XGBoost 算法构建无历史能源数据风功率拟合模型，通过与有历史能源数据的风功率拟合模型进行对比以验证拟合模型的有效性。实际风功率与拟合结果的对比如图 8-9 所示。

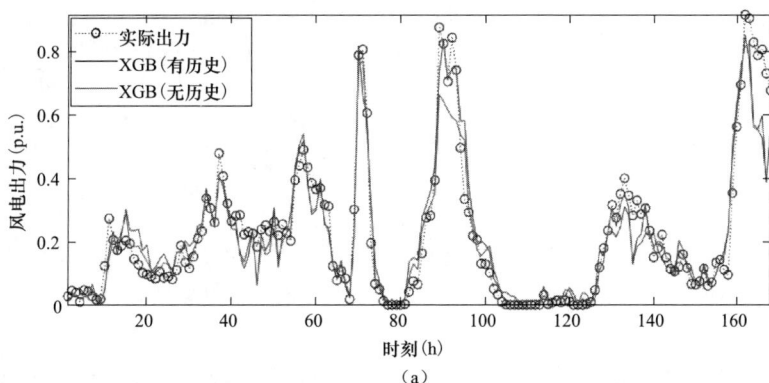

图 8-9 风功率拟合结果对比图（一）

（a）德昌风电站丰水期

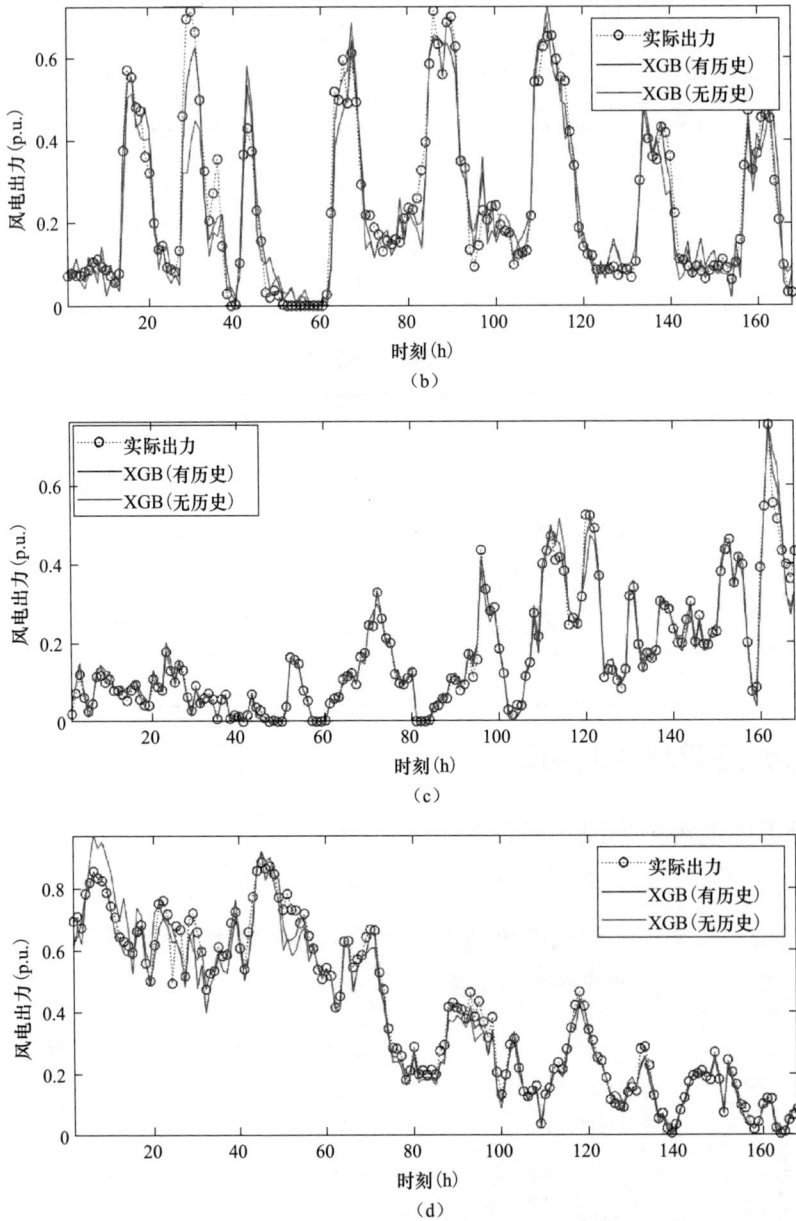

图 8-9　风功率拟合结果对比图（二）

（b）德昌风电站枯水期；（c）鲁南风电站丰水期；（d）鲁南风电站枯水期

由图 8-9 可知，在风功率较小且变化平稳的情况下，无历史能源数据风功率拟合模型整体精度较高，如图 8-9（c）中时刻 1～100h 内，拟合结果与实际数据基本完全重合，可以很好地反映风电出力状况。当气象因素随天气条件变化较剧烈，风功率的起伏波动大、频率高时，拟合结果与实际数据的偏差较常规天气时有一定的增加，但依然能较好地跟随风功率的变化。如图 8-9（c）中时刻 155～162h 内，拟合结果准确反映出实际风功率的陡降和陡增，且两者的极大值点和极小值点基本一致。

分别计算有历史能源数据的预测误差和无历史能源数据风电出力的拟合误差（基于 MAE），如表 8-5 所示。表 8-6 为风电预测/拟合的精度（基于 RMSE）结合对图 8-9 的分析结果，可以看出，虽然相较于日前预测模型缺少了历史出力数据，但由于加入了实时气象信息，无历史出力数据情况下的拟合模型所得结果在大部分时间段内与实际数据保持一致，预测误差值保持在较好的范围内，且面对四川省复杂多变的气象条件时对风功率变化趋势的拟合效果更好。但值得注意的是，在气象数据变化较大，整体拟合误差都偏大的情况下，有历史能源数据情况下的拟合结果更好。

表 8-5　　风电预测/拟合误差

电站	丰枯	预测误差	
		有历史能源数据 无实时气象数据	无历史能源数据 有实时气象数据
德昌	丰水期	0.0582	0.0328
	枯水期	0.0821	0.1461
鲁南	丰水期	0.0422	0.0344
	枯水期	0.0433	0.0324

表 8-6　　风电预测/拟合精度

电站	丰枯	预测误差	
		有历史能源数据 无实时气象数据	无历史能源数据 有实时气象数据
德昌	丰水期	91.86%	92.64%
	枯水期	85.66%	88.76%
鲁南	丰水期	91.52%	95.41%
	枯水期	91.47%	92.41%

（二）无历史能源数据光伏出力拟合

以普隆村光伏电站和斯乡龙光伏电站为例，使用 XGBoost 算法构建无历史能源数据光伏出力拟合模型，通过与有历史能源数据的光伏出力预测模型进行对比以验证拟合模型的有效性。实际光伏出力与拟合结果的对比如图 8-10 所示。

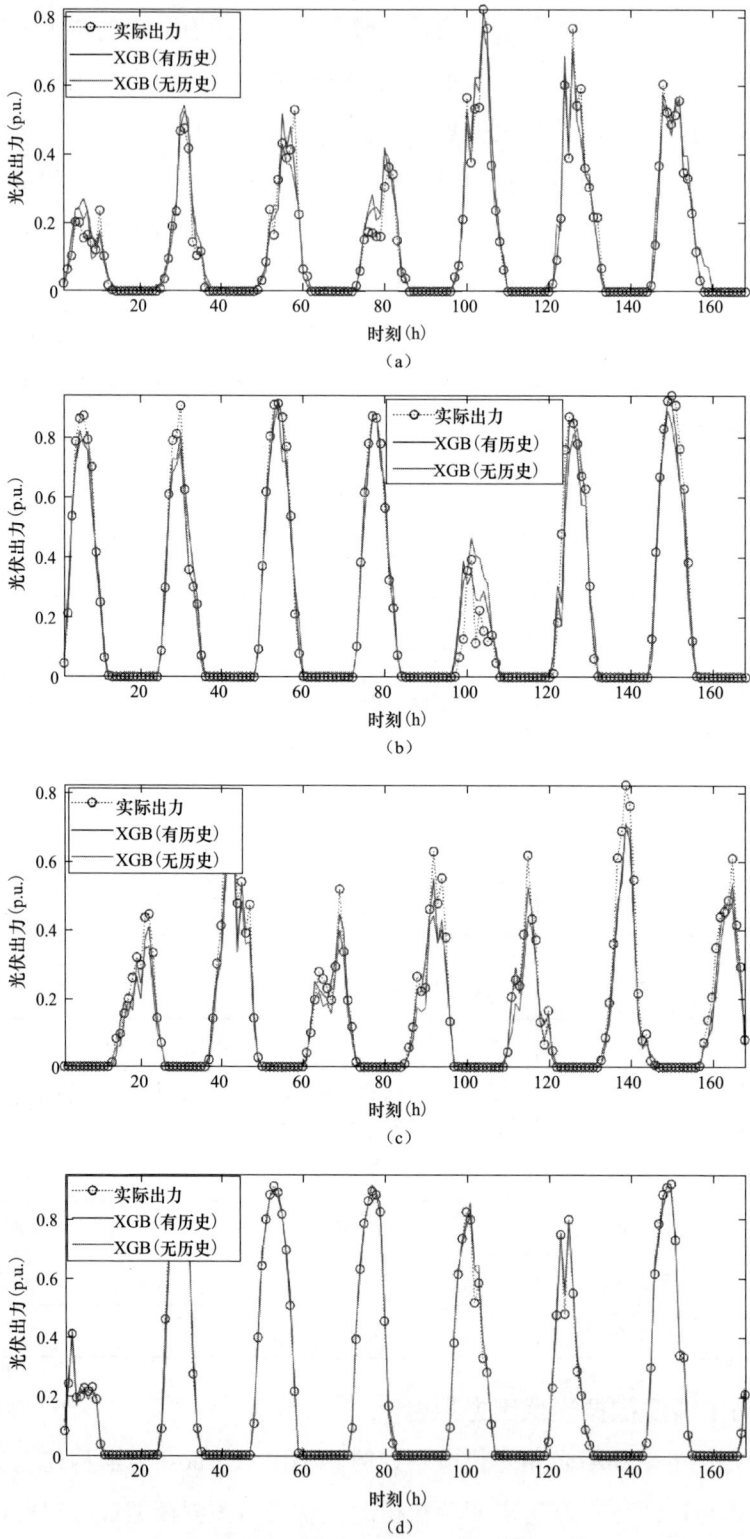

图 8-10　光伏出力拟合结果对比图

（a）普隆村光伏电站丰水期；（b）普隆村光伏电站枯水期；（c）斯乡龙光伏电站丰水期；（d）斯乡龙光伏电站枯水期

由图 8-10 可知，在晴天条件下辐照度受其他气象因素影响程度较弱，光伏出力表现出很强的相似性，此时基于气象数据的光伏出力预测模型可以取得比较理想的拟合效果。在多云或阴雨等气象条件下，辐照度受气象因素影响随太阳辐射变化的规律性减弱，使得相似气象条件下光伏出力的相似程度有所降低，导致无历史能源数据的光伏出力拟合结果精度下降，然而构建的无历史出力数据情况下的拟合模型仍能较好反映光伏出力的变化趋势。如图 8-10（b）中时刻 98～107h 内，光伏出力受天气影响大幅度下降，此时虽然无法对每个时刻的数据都精准拟合，但拟合结果曲线的变化规律与实际数据基本一致。

分别计算有历史能源数据的预测误差和无历史能源数据风电出力的拟合误差（基于MAE），如表 8-7 所示。表 8-8 为光伏预测/拟合的精度（基于 RMSE）。结合对图 8-10 的分析结果，可以看出构建的无历史出力数据情况下的拟合模型的精度略低于有历史数据的预测模型，但与实际数据的误差较小，且对光伏出力整体趋势的拟合情况良好。

表 8-7　　　　　　　　　　　　　　光伏预测/拟合误差

电站	丰枯	预测误差	
		有历史能源数据 无实时气象数据	无历史能源数据 有实时气象数据
普隆村	丰水期	0.0341	0.0299
	枯水期	0.0167	0.0490
斯乡龙	丰水期	0.0289	0.0635
	枯水期	0.0446	0.0171

表 8-8　　　　　　　　　　　　　　光伏预测/拟合精度

电站	丰枯	预测误差	
		有历史能源数据 无实时气象数据	无历史能源数据 有实时气象数据
普隆村	丰水期	90.81%	94.90%
	枯水期	86.77%	86.10%
斯乡龙	丰水期	91.43%	87.89%
	枯水期	90.70%	96.69%

第三节　清洁能源基地开发潜力综合评价体系

遵循科学性、代表性、可操作性、可量化原则，基于前述分析的各项清洁能源基地特性指标，建立灰色关联分析、层次分析法和模糊综合评价法的耦合评价模型，形成客观合理的清洁能源资源开发潜力综合评价体系。

一、模糊综合评价

模糊综合评价法从模糊数学理论中衍生而来，以模糊集合概念为基础，将有关各评价因素的模糊性通过隶属度函数予以量化，然后采用合适的模糊合成算子得到综合评价结果。与传统评价方法"唯一解"不同，模糊评价根据权重得出多层次评价结果，可进行拓展。

现存在由 m 个指标构成的样本 $(x_1, x_2, \cdots, x_m)$，评价标准划分为 n 个等级，标准值为：

$$S = (s_{ij})_{m \times n} = \begin{pmatrix} s_{11} & s_{1j} & \cdots & s_{1n} \\ s_{21} & s_{2j} & \cdots & s_{2n} \\ \vdots & s_{ij} & \ddots & \vdots \\ s_{m1} & s_{mj} & \cdots & s_{mn} \end{pmatrix} \quad （8-25）$$

模糊综合评价的目的是确定样本属于哪一等级。

评价矩阵：

$$B = P \cdot R \quad （8-26）$$

式中：P 为指标权重矩阵。

$$P = (P_1, P_2, \cdots, P_m) \quad （8-27）$$

$$P_i = \frac{x_i / \overline{s_i}}{\sum_{k=1}^{m} x_k / \overline{s_k}} (i = 1, 2, \cdots, m) \quad （8-28）$$

$$\overline{s_i} = \frac{1}{n} \sum_{j=1}^{n} s_{ij} \quad （8-29）$$

R 为隶属度矩阵。

$$R = (r_{ij})_{m \times n} \quad （8-30）$$

$$r_{ij} = \begin{cases} 1 & x_i < s_{ij} \\ (x_i - s_{i,j+1})/(s_{ij} - s_{i,j+1}) & s_{ij} \leqslant x_i \leqslant s_{i,j+1} \quad j = 1 \\ 0 & x_i > s_{ij} \end{cases}$$

$$r_{ij} = \begin{cases} 1 & x_i < s_{i,j-1} \\ (x_i - s_{i,j-1})/(s_{ij} - s_{i,j-1}) & s_{i,j-1} \leqslant x_i \leqslant s_{ij} \quad j = 2,3,\cdots,n = 1 \\ (x_i - s_{i,j+1})/(s_{ij} - s_{i,j+1}) & s_{ij} < x_i > s_{i,j+1} \end{cases} \quad （8-31）$$

$$r_{ij} = \begin{cases} 0 & x_i < s_{i,j-1} \\ (x_i - s_{i,j-1})/(s_{ij} - s_{i,j-1}) & s_{i,j-1} \geqslant x_i \leqslant s_{ij} \quad j = n \\ 1 & x_i > s_{ij} \end{cases}$$

• 表示模糊算子，$B = (b_1, b_2, \cdots, b_n)$ 中的最大值对应评价样本所属的评价等级。

二、评价步骤

模糊综合评价的关键在于权重矩阵 P 的计算，传统的专家评分法、层次分析法（AHP）等权重主观赋值方法，无法完整挖掘数据的内部信息，难以将各影响因素间灰色的关系完全"白化"。由于现货交易效果评价工作的灰色性，将灰色关联分析引入模糊综合评价中；同时，考虑到评价工作者和决策人员对不同指标层次的重视程度差异，选用改进 AHP 确定各指标权重矩阵，进而进行模糊综合评价矩阵 B 的计算。

评价步骤如下：

（1）最优指标集的确定。

在水电厂现货交易效果评价中，参与评价的电站组成集合 $A = \{a_1, a_2, \cdots, a_n\}$；评价指标集为 $Y = \{y_1, y_2, \cdots, y_m\}$，$y_i(i = 1, 2, \cdots, m)$ 是第 i 个指标。对于评价中的某一电站 a_j，可表示成一个向量 $a_j = (y_{1j}, y_{2j}, \cdots, y_{mj})$，$y_{ij} \in y_i$，$i = 1, 2, \cdots, m$，$j = 1, 2, \cdots, n$。最优指标集记为 y^*，表示为：

$$y^* = (y_1^*, y_2^*, \cdots, y_m^*) \tag{8-32}$$

式中：$y_i^*(i = 1, 2, \cdots, m)$ 为第 i 个指标在各个电厂中的最优值（正向指标取最大值，反之取最小值）。最优指标集和评价指标集构成初始矩阵 E：

$$E = \begin{pmatrix} y_1^* & y_2^* & \dots & y_m^* \\ y_{11} & y_{12} & \cdots & y_{1m} \\ y_{21} & y_{22} & \cdots & y_{2m} \\ \vdots & \vdots & \ddots & \vdots \\ y_{n1} & y_{n2} & \cdots & y_{nm} \end{pmatrix} \tag{8-33}$$

（2）指标值的无量纲处理。

评价指标比较的前提是各指标无量纲，因此，对不同量纲的原始数据指标进行无量纲处理，按式（8-34）进行：

$$C_{ji} = \frac{y_{ji} - y_i^{\min}}{y_i^{\max} - y_i^{\min}} \tag{8-34}$$

式中：$y_i^{\min}$、$y_i^{\max}$ 分别为指标 y_i 的最大值和最小值。

（3）计算灰色关联系数。

以无量纲处理后的最优指标集 $C^* = (C_1^*, C_2^*, \cdots, C_m^*)$ 为参考序列，各电厂的指标值 $C_j = (C_{j1}, C_{j2}, \cdots, C_{jm})$ 为比较序列，则第 j 个电厂 a_j 在第 i 个指标 y_{ji} 的作用下与其最优指标 y_i^* 的关联系数 $\eta_j(i)$ 表示为：

$$\eta_j(i) = \frac{\min\limits_j \min\limits_i \left| C_i^* - C_{ji} \right| + \rho \max\limits_j \max\limits_i \left| C_i^* - C_{ji} \right|}{\left| C_i^* - C_{ji} \right| + \rho \max\limits_j \max\limits_i \left| C_i^* - C_{ji} \right|} \tag{8-35}$$

式中：ρ 为分辨系数，$\rho \in [0,1]$，本次取 $\rho = 0.5$。

（4）改进 AHP 的权重分配计算。

层次分析法（AHP）是模拟人的思维过程，将决策和评价过程进行分层，运用专家打分和线性代数方法确定评价指标权重的方法。传统 AHP 按照权重判断矩阵及随机一致性比率 CR 进行权重确定，计算较为复杂繁琐。

本次结合层次分析法中行元素的基本思想，对权重计算过程进行简化，具体如下。

设评价模型中权向量为 $P = (P_1, P_2, \cdots, P_m)$，其中：

$$P_i = P_j \cdot U_{ij} \qquad i,j = 1,2,\cdots,m \tag{8-36}$$

对于指标体系中第 k 个指标，将其分别于其他元素进行重要性比较，此时，第 k 行元素的比率判断标度值记为 U_{kj}，即 $i=k$。根据权重系数归一性原则计算得：

$$P_k = \left(\sum_{j=1}^{m} \frac{1}{U_{kj}} \right)^{-1} \qquad j = 1,2,\cdots,m \tag{8-37}$$

$$P_j = \frac{P_k}{U_{kj}} \qquad j = 1,2,\cdots,m \tag{8-38}$$

（5）模糊综合评价计算。

以式（8-35）灰色关联系数计算结果作为隶属度矩阵 B，式（8-38）计算结果作为权重矩阵 P，按照式（8-26）即可进行模糊综合评价计算，得到评价结果。

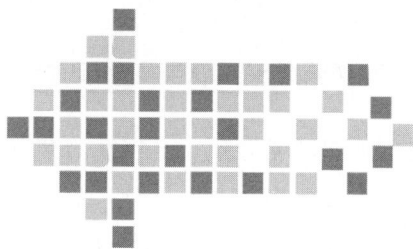

第九章　四川电网清洁能源承载能力研究

在对清洁能源资源开发潜力进行分析研究后，考虑电网与清洁能源的匹配，分析四川电网的清洁能源承载能力。

风电等间歇性清洁能源大规模接入电网使得电网实时运行工况具有更大的随机性和不确定性，传统基于典型工况计算制定的安全稳定运行规则存在失效风险，难以保证电网高效和安全的运行需求。为了解决上述问题，基于大数据驱动电力系统规则提取与运行决策的思路，提出了含风电系统输电断面极限传输功率运行规则的自适应差分进化极限学习机提取方法。首先基于 K-medoids 聚类方法实现典型运行工况的提取；接着在各典型运行工况的基础上，通过随机抽样生成随机运行工况集，利用内嵌暂态稳定性校核的重复潮流方法搜索求取随机运行工况下关键输电断面的极限传输功率，构成大数据知识库；针对复杂互联电网高维运行特征属性集合，基于 RELIEF-F 算法实现特征降维，辨识与输电断面存在强耦合关联的特征属性；最后，采用差分进化极限学习机在降维特征空间中学习提取输电断面极限传输功率的关联预测规则。在实时运行阶段，可通过两阶段的工况匹配和规则预测，求得清洁能源外送断面极限传输功率，即送端电网对清洁能源的承载能力。

第一节　清洁能源外送断面极限输电能力

大规模新能源的随机性和间歇性导致基于典型方式计算的通道极限输电能力（Total Transfer Capability，TTC）有效性降低。风力发电已成为清洁能源替代的重要技术路线，不少国家在风能资源富集的地区相继建起较大规模的新能源基地。以我国"三北"地区为例，"十三五"期间该地区累计新能源并网容量将达到 1.35 亿 kW。然而，大规模新能源集中并网对电力系统安全稳定运行带来了影响，增加了外送通道的控制难度，在保守运行原则下，易导致一定程度的弃风。TTC 依据运行方式改变而具有时变性，传统模型通常基于典型方式离线计算，将结果视为定值下达给监控人员，计算量大，不适于在线应用。基于数据驱动的规则学习方法是解决这一问题的突破口之一。拟定通过新能源出力—调度限额水平二维特征场景聚类，产生数据样本，利用相关系数法与非参数独立筛选降低线路功率、母线电压、常规机组出力等特征属性维度，考虑到新能源接入下断面TTC 运行规则的非线性程度与模型构造事先是未知的，采用 Group Lasso 算法进行非参数回归计算，引入样条函数针对数据样本平滑地逼近 TTC 运行数据规则，减小主观经验模型误差。

一、新能源集中接入下的运行场景聚类

1. 问题描述

TTC 是指电网分区间联络线集合（断面）的最大输电能力，受热容量、电压稳定、功角稳定等多种约束限制，是衡量输电安全裕度的重要评估指标，随系统运行方式变化而变化。新能源出力的随机性和波动性导致系统运行点快速变化，传统通过典型方式计算的 TTC 定值可能失效，使得联络线或断面控制判据存在风险。

从数据驱动分析的角度，新能源的随机性、间歇性与调度限额的日特性、季节特性共同造成了场景复杂性，极大地增加了运行规则拟合难度。针对运行场景的聚类技术可有效降低场景维度，形成代表性"运行场景中心"（Operation Scenarios Centroid，OSC）。以大规模集中接入新能源出力与全局调度限额的二维向量作为运行点（Operation Point，OP）工况参数，形成场景集，以指定 OP 与其 OSC 之间的特征向量差和 TTC 之差分别作为输入样本与估计目标，将问题转换为估计特征参数变化导致 TTC 偏差的非参建模求解过程。

2. 新能源出力模拟

风机出力主要受风速影响。风速概率采用广泛应用的 Weibull 概率密度函数来描述：

$$f(v) = \frac{k}{c}\left(\frac{v}{c}\right)^{k-1} \exp\left[-\left(\frac{v}{c}\right)^k\right] \tag{9-1}$$

式中：v 为风速；k、c 分别为形状与尺度参数。

针对任意时刻，风机输出有功 P_w 与风速 v 之间的函数关系可描述为：

$$P_w = \begin{cases} 0 & v \notin (v_{in}, v_{out}) \\ P_{w0}(v - v_{in})/(v_0 - v_{in}) & v \in [v_{in}, v_0] \\ P_{w0} & v \in [v_0, v_{out}] \end{cases} \tag{9-2}$$

式中：v_{in}、v_{out}、v_0 分别为风机切入、切出及额定风速；P_{w0} 为额定功率。考虑 Weibull

分布形状参数和尺度参数不同季节差异，通过风速蒙特卡洛采样得到风机有功出力。大型风电场一般配备集中式无功补偿装置，将功率因数控制在一定范围，采用恒功率因数计算风电场无功输出。

3. 时序调度限额模拟

将各节点调度限额视为恒功率因数调度限额，利用形态因子法模拟指定时间跨度内的时序调度限额：

$$P_i = P_{i0} \cdot M_m \cdot D_d \cdot (1+r)^a \cdot u \qquad (9\text{-}3)$$

式中：P_{i0} 为节点 i 初始调度限额基准功率；M_m 和 D_d 分别代表该节点月调度限额因子和日调度限额因子；r 和 a 为年均增长率与计及年数；u 为不确定性因子，通常可取 $0.85\sim1.15$ 的随机均匀分布，将调度限额波动值域设置稍大一些，可获得更多样的运行场景，激发后续聚类处理中更具代表性的聚类模式。

4. 基于时序运行模拟的场景聚类

采用二维特征聚类提取考虑新能源间歇性、随机性的典型场景，步骤如下：

（1）分别通过蒙特卡洛时序模拟获取较长时间尺度内（如一年）新能源场站有功出力与总调度限额水平。

（2）分别对风电场站出力与调度限额水平时序数据进行 k-means 聚类，以 MIA（mean index adequacy）指标，判定各自中心个数，并依据样本占总样本比例确定出现概率，"风电场—调度限额"的联合概率由两者乘积决定：

$$\text{Pro}(P_{\text{wind}}, P_{\text{load}}) = \frac{N_{\text{wind}}}{N_{\text{sum}}} \cdot \frac{N_{\text{load}}}{N_{\text{sum}}} \qquad (9\text{-}4)$$

式中：$\text{Pro}(P_{\text{wind}}, P_{\text{load}})$ 指由风电场出力某聚类中心和调度限额某聚类中心构成的二维中心出现概率；N_{wind} 和 N_{load} 为相应类别中的样本场景个数；N_{sum} 为全时序场景个数，一年为 8760。

（3）遍历全部二维运行场景组合，以式（9-4）确定各二维聚类中心及其场景出现概率。

（4）按照 P_{wind}、P_{load} 和 P_{Gn} 初始化参数，获取各场景与各代表性中心场景的初始潮流解。

二、极限输电能力计算与样本构造

1. 基于重复潮流的断面 TTC 计算

输电断面 TTC 受热稳、暂稳、电压稳定等多种运行极限约束，TTC 计算方法主要有最优潮流方法和重复潮流方法。含稳定约束的最优潮流模型对算法鲁棒性及计算时间带来极大挑战，一些近似处理方法在运行工况波动较大情况下适用性较弱。因此，采用针对调度限额增长因子 λ_L 的二分搜索法，利用重复潮流计算含稳定约束的断面 TTC。

对于暂态稳定约束按如下规则进行校核：

（1）在断面 N–1 故障场景的时域仿真窗口内，基于最大机组对功角差的暂态稳定指标 TSI：

$$TSI = \frac{360 - \Delta\delta_{\max}}{360 + \Delta\delta_{\max}} \times 100\% \qquad (9\text{-}5)$$

小于 0 时，系统被判定为失稳，其中 $\Delta\delta_{\max}$ 为任一仿真时步的最大机组对功角差。

（2）在同一时域仿真窗口内，任一母线电压幅值越限（安全范围为 0.8p.u.～1.1p.u.）的累计时间大于 0.5s 时，系统被判定为失稳。

对于电压稳定约束按如下规则进行校核：采用连续潮流法求解静态电压稳定裕度，对正常运行场景系统应有 7%的调度限额裕度，对断面 N–1 运行场景系统应有 5%的调度限额裕度；否则系统被判定为不安全。

考虑以上约束，断面 TTC 的计算流程如下：

（1）获取系统初始运行场景，初始化二分搜索区间 $[\lambda_s, \lambda_u]$。

（2）置 $\lambda_L = (\lambda_s + \lambda_u)/2$，将 λ_L 代入式（9-6）更新调度限额水平，按式（9-7）调整发电机出力。

$$P_{Li} = P_{Li}^0(1 + \lambda_L) , \quad Q_{Li} = Q_{Li}^0(1 + \lambda_L) \qquad (9\text{-}6)$$

$$P_{Gj} = P_{Gj}^0 + \Delta P_L \frac{\Delta P_{Gj}}{\Delta P_G} \qquad (9\text{-}7)$$

式中：$\Delta P_L = \sum\limits_{i \in L} \lambda_L P_{Li}^0$，$\Delta P_G = \sum\limits_{j \in G} \Delta P_{Gj}$，$\Delta P_L$ 是系统总有功调度限额增量，ΔP_{Gj} 是第 j 台机组的有功备用，ΔP_G 是系统总有功备用。

（3）计算稳态潮流并执行断面 N–1 安全校核。

（4）若系统运行方式满足断面 N–1 安全校核，$\lambda_s = \lambda_L$；否则，$\lambda_u = \lambda_L$。

（5）若 $\lambda_u - \lambda_s > \Delta\lambda_{th}$，则返回执行第（2）步；否则得到临界调度限额增长因子 $\lambda_{cr} = (\lambda_s + \lambda_u)/2$，计算临界运行状态下断面潮流由此得到初始运行方式的 TTC。

2．样本库构造

在进行前文所提的时序场景聚类后，可获取各运行点集群的 OSC。充分考虑新能源出力、同步发电机出力、调度限额水平差异造成的断面 TTC 非线性偏移，针对每一个 OSC 的运行状态构造数据样本，步骤如下：

（1）对任意 OSC，读取距其 Euclidean 距离最远的场景点，定义坐标为 $(L_{\max}, W_{\max})$，分别对该 OSC 偏差在 $[-L_{\max}, L_{\max}]$ 和 $[-W_{\max}, W_{\max}]$ 区间进行总数为 N_S 的均匀随机波动，实现以该类最远状态距离为半径的随机采样。

（2）计算圈中任一采样状态潮流，其中允许发电机出力在［90%，110%］倍初始出力的范围内随机波动，以模拟发电控制的不确定性，记录该场景节点电压、调度限额、发电机出力、相角等全部运行特征参数。

（3）根据二分算法，计算并记录上述类中 OSC 和圈内全部采样运行点工况下输电断面的 TTC 值。

（4）以 F_i^k 标记采样工况 OP_i 的第 k 个运行特征参数，TTC_i 为其极限输电能力，以下式计算各特征参数与中心参数偏差，形成样本与目标。

$$F_i = [F_i^1 - F_{OSC}^1, F_i^2 - F_{OSC}^2, ..., F_i^k - F_{OSC}^k] \tag{9-8}$$

$$T_i = TTC_i - TTC_{OSC} \tag{9-9}$$

式（9-8）表征了由特征参数偏差量形成的工况 OP_i 的特征向量，作为样本 i 的自变量；式（9-9）中 T_i 为工况 OP_i 的 TTC 与其所属中心场景 TTC 之差，作为样本 i 的目标变量。F_i 和 T_i 构成训练样本。

三、非参数回归估计方法

给定系统运行工况，断面 TTC 可基于重复潮流方法求取，然而重复潮流方法计算量较大而难以适应在线分析需求。结合大数据样本库和统计方法可提取相关运行参数与 TTC 之间的显性函数式关联规则，实现基于关联规则的在线分析。

1. 特征冗余性分析与降维

以 ΔF^k 表示第 k 个运行参数与 OSC 对应参数的偏差，将各类运行参数汇总构成特征全集。由于特征之间存在一定的电气耦合关系，因此采用式（9-10）所示的皮尔逊相关系数（Pearson Correlation Coefficient，PCC）计算任意 ΔF^k 与 ΔF^l（$k \neq l$）的相关系数以进行关联特征降维。设相关阈值为 0.8，即当任意两个特征参数间皮尔逊相关系数的绝对值不小于 0.8 时，则可约减其中一个特征参数。

$$\rho_{k-l} = \frac{\sum_{n=1}^{N}(\Delta F_n^k - \overline{\Delta F}^k)(\Delta F_n^l - \overline{\Delta F}^l)}{\sqrt{\sum_{n}^{N}(\Delta F_n^k - \overline{\Delta F}^k)^2 \sum_{n}^{N}(\Delta F_n^l - \overline{\Delta F}^l)^2}} \tag{9-10}$$

基于皮尔逊相关性分析的关联特征降维过程存在一定的经验性，本研究特征参数保留原则为：①可控变量优先（如机组出力）；②距输电断面电气距离较近的参数优先；③实测单一参数优先于统计量参数。

2. 非参数独立性筛选

通过上节基于皮尔逊相关性分析的关联特征降维，可降低特征集冗余程度，但无法体现各特征参数与目标变量 TTC 之间的关联及其关联灵敏度。同时，由于断面 TTC 与各运行特征参数之间的关联关系缺乏先验知识，因此提出采用非参数独立性筛选（non parametric independence screening，NIS）方法，针对降维后的特征空间，提取各运行特征参数与 TTC 关联关系并识别作用较强的特征参数。NIS 方法的原理是对待选特征和目标变量进行一元非参数回归分析并进行回归误差评估，回归误差越小，说明该特征对目标的关联灵敏度越高，对回归误差进行排序从而实现特征筛选。其流程如下：

（1）针对特征集中任一属性 x_i（运行参数 ΔF^i）与目标属性 ΔTTC 进行一元回归分析。由于 ΔTTC 与运行参数之间的关联关系缺乏先验知识，因此难以预先给出准确的回归函数形式。三次 B 样条函数可平滑地逼近线性/非线性关联关系，因此，本研究采用三次 B 样条函数来进行关联关系表征：

$$\Delta\text{TTC} = f_{\text{B},i}(x_i) + \varepsilon_i = \sum_{j=1}^{d_i} \beta_{ij}\phi_{ij}(x_i) + \varepsilon_i \tag{9-11}$$

式中：三次 B 样条回归函数 $f_{\text{B},i}$ 由样条基函数 ϕ_{ij} 线性表出；β_{ij} 为一元回归分析待求取的线性系数；ε_i 为回归函数拟合误差；d_i 为样条函数的自由度，回归函数的最优自由度选取缺乏先验经验，一般给定的取值范围如 $\{d_i | 3 \leqslant d_i \leqslant 13,\ d_i \in Z\}$ 进行逐次试验，按拟合误差最小的原则确定最优自由度。

（2）采用式（9-12）所示的残差平方和（Residual Sum of Squares，RSS）进行回归误差评估。

$$\text{RSS}_i = \sum_{n}^{N} [\Delta\text{TTC}_n - f_{\text{B},i}(x_{in})]^2 \tag{9-12}$$

（3）对每个待选特征的 RSS_i 进行排序，给定特征入选阈值 RSS_{th}，回归误差低于入选阈值的特征组成关联特征集。

3. 基于 Group Lasso 的非参数回归

筛选得到与 TTC 的强关联特征后，进一步采用 GroupLasso 非参数惩罚性回归算法实现 TTC 在线估计规则提取。假设强关联特征集与 TTC 之间的关联表达式具有式（9-13）所示的样条函数叠加形式：

$$\Delta\text{TTC} = f(x_1, x_2, \cdots, x_p) = \mu + \sum_{i=1}^{p} f_{\text{B},i}(x_i) + \varepsilon \tag{9-13}$$

式（9-13）中各相加分量取该属性在 NIS 阶段得到的最优回归函数。GroupLasso 求解关联表达式的思路可由式（9-14）～式（9-16）所示的优化问题表达：

$$\min L(\mu, \boldsymbol{\beta}) \tag{9-14}$$

$$\text{s.t.} \quad L(\mu, \boldsymbol{\beta}) = \frac{1}{N} \sum_{n=1}^{N} \left[\Delta TTC_n - \mu - \sum_{i=1}^{p} \sum_{j=1}^{d_i} \beta_{ij} \phi_{ij}(x_{in}) \right]^2 + \lambda \sum_{i=1}^{p} \omega_i \|\boldsymbol{\beta}_i\|^2 \qquad (9\text{-}15)$$

$$\sum_{n}^{N} \sum_{j=1}^{d_i} \beta_{ij} \phi_{ij}(x_{in}) = 0, 1 \leqslant i \leqslant p \qquad (9\text{-}16)$$

式中：μ 为待求常数项；$\boldsymbol{\beta}$ 为待求系数集；$\boldsymbol{\beta}_i$ 为第 i 个相加项（样条函数）的系数集，且有 $\boldsymbol{\beta} = [\boldsymbol{\beta}_1, \boldsymbol{\beta}_2, \cdots, \boldsymbol{\beta}_p]$，$\boldsymbol{\beta}_i = [\beta_{i1}, \beta_{i2}, \cdots, \beta_{i,d_i}]$。

此外，λ 为惩罚因子，ω_i 为第 i 个特征的权重。

当惩罚因子 λ 逐渐增大时，弱关联特征将被进一步剔除，即其系数集 $\boldsymbol{\beta}_i$ 被解为 0。最优惩罚因子同样在给定取值范围如 $\{\lambda | \lambda = 0.5 \times z, 1 \leqslant z \leqslant 20, z \in Z\}$ 进行逐次试验，按预测误差最小的原则确定。

特征权重 ω_i 表征特征属性对目标属性的重要度，缺乏先验知识时对所有特征权重全取为 1。

经过非参数回归分析，可得到以 ΔTTC 为因变量、筛选后特征属性为自变量的非线性数学关系式，即式（9-13）。通过该关系式可在全部特征属性组成的取值空间内进行 ΔTTC 值的快速估计，同时可分析各独立特征分量对 TTC 偏差的非线性贡献关系和影响趋势。

第二节　含新能源系统断面 TTC 运行规则的极限学习机提取方法

电网实时运行中，调度运行人员常常依赖于一系列安全稳定运行规则来判断和维持电力系统安全性。互联电网关键输电断面的极限传输功率（TTC）即是其中一种重要运行指标。长期以来，包括输电断面 TTC 在内的各类安全稳定运行规则往往是在离线阶段以典型运行工况来计算制定的。基于大数据驱动电力系统规则提取与运行决策的思路，提出基于差分进化极限学习机的含新能源系统输电断面极限传输功率运行规则提取方法。考虑新能源出力的不确定性和调度限额的时序波动特性，以"风功率—调度限额"二维特征表征电网运行工况，基于 K-medoids 聚类方法实现典型运行工况的提取；在各典型运行工况的基础上，通过随机抽样生成随机运行工况集，利用内嵌暂态稳定性校核的重复潮流方法搜索求取随机运行工况下关键输电断面的极限传输功率，记录随机运行工况及其相应的关键输电断面极限传输功率构成大数据知识库；针对复杂互联电网高维运行特征属性集合，基于 RELIEF-F 算法实现特征降维，进一步采用差分进化极限学习机在降维特征空间中学习提取输电断面极限传输功率的关联预测规则。在实时运行阶段，可通过两阶段的工况匹配和规则预测，实现输电断面极限传输功率的快速准确估计。

一、时序运行场景聚类

极限传输功率 TTC 是指输电断面受各类电网稳定约束下的最大输电能力，随电网运行工况变化而具有时变性。新能源出力的随机性和波动性使得电网运行工况快速变化，基于典型工况计算的 TTC 定值存在失效风险，可能造成稳定性误判；若采用考虑多种不确定因素影响下的全运行工况集，则极大地增加了运行规则拟合难度。

场景聚类是降低场景维度，提取典型工况的重要手段，在间歇性清洁能源并网旋转备用需求评估、无功优化评估、新能源场选址规划等问题中得到成功应用。为了有效提取代表性典型运行工况，采用"风功率—调度限额"二维特征表征任一运行工况，利用历史记录的"风功率—调度限额需求"数据构成场景全集，基于 K-medoids 聚类方法实现场景聚类和代表性典型场景提取。得到代表性典型场景集后，可针对各个代表性场景分别进行大数据知识库构造和运行规则提取，从而适应输电断面 TTC 运行规则随"风功率—调度限额"变化而改变的实时运行场景。

二、大数据知识库构造

1. 断面极限传输功率的重复潮流计算方法

为了提取输电断面极限传输功率 TTC 的运行规则，在知识库构造阶段需针对随机工况进行指定输电断面的极限传输功率计算。TTC 计算方法包括连续潮流方法和最优潮流方法。实际运行中，重要输电断面常常受到暂态稳定约束。连续潮流方法一般采用准稳态模型，因而无法考虑断面暂稳约束；对于最优潮流方法，暂稳约束的引入造成模型求解困难，如何提升算法的求解速度与鲁棒性仍有待研究。因此，提出采用面向输电断面传输功率增长的重复潮流二分搜索方法，算法流程如下：

（1）给定电网初始运行工况，初始化调度限额增长因子的二分搜索区间 $[\lambda_s, \lambda_u]$。

（2）取区间中值 $\lambda_L = (\lambda_s + \lambda_u)/2$，将 λ_L 代入式（9-17）更新受端调度限额需求，同时按式（9-18）来调整送端发电机出力。

$$\begin{cases} P_{Li} = P_{Li}^0(1 + \lambda_L k_{Li}) \\ Q_{Li} = Q_{Li}^0(1 + \lambda_L k_{Li}) \end{cases} \tag{9-17}$$

$$P_{Gj} = P_{Gj}^0 + \Delta P_L \frac{P_{Gj}^R}{P_G^R} \tag{9-18}$$

式中：k_{Li} 为受端电网调度限额 i 的增长速度因子，ΔP_L 为受端电网调度限额总增量，P_{Gj}^R 是送

端电网发电机 j 的有功备用，P_G^R 是送端电网发电机总有功备用，因此有 $\begin{cases} \Delta P_L = \lambda_L \sum\limits_{i \in L} P_{Li}^0 k_{Li} \\ P_G^R = \sum\limits_{j \in G} P_{Gj}^R \end{cases}$。

（3）计算调度限额—发电同步增长后的电网潮流，考虑断面任一输电线路发生三相短路的故障场景集合，逐一进行时域仿真并基于式（9-19）进行暂态稳定校核。

$$S = \frac{360 - \Delta\delta_{\max}}{360 + \Delta\delta_{\max}} \times 100\% \qquad (9\text{-}19)$$

式中：$\Delta\delta_{\max}$ 表示任一仿真时步的最大机组对功角差。若暂态稳定指标 S 小于 0 时，故障后电网判定为失稳；反之，故障后电网能保持稳定。

（4）若当前电网运行工况满足断面故障集的暂稳约束，则更新二分搜索区间，令 $\lambda_s = \lambda_L$；否则，令 $\lambda_u = \lambda_L$。

（5）若区间间隙满足计算精度（$\lambda_u - \lambda_s < \Delta\lambda_{th}$），则得到临界调度限额增长因子 $\lambda_{cr} = (\lambda_s + \lambda_u)/2$，计算该临界运行工况潮流，此时断面总传输功率即为初始运行工况的 TTC。

2. 大数据知识库构造

通过本章第一节时序场景聚类可得到典型运行工况集合。分别考虑新能源出力、同步机出力、调度限额需求的不确定性，针对每一个典型运行工况通过随机抽样生成随机工况：

（1）对任一典型运行工况，计算该场景簇的最大偏移半径（$P_{wind}^{\max}$，$P_{load}^{\max}$），使新能源出力和调度限额需求分别在 $[-P_{win}^{\max}，+P_{win}^{\max}]$ 和 $[-P_{load}^{\max}，+P_{load}^{\max}]$ 范围内随机波动，同步机则在 $[80\%，120\%]$ 倍初始出力的范围内随机波动，产生随机工况并计算潮流，记录该工况下节点电压幅值和相角、调度限额需求和发电机出力等全部运行特征参数。

（2）基于所提的重复潮流方法，计算典型工况和随机工况下输电断面的极限传输功率。

（3）以 F_i^k 标记第 i 个随机工况的第 k 个运行特征参数，P_i^{TTC} 为该工况下断面极限传输功率，以式（9-20）计算各特征参数和断面 TTC 相对于中心运行场景的参数偏差，最终以参数偏差量 F_i 作为输入特征，以 T_i 作为预测目标，构成大数据知识表。

$$\begin{cases} F_i = [F_i^1 - F_{OSC}^1, F_i^2 - F_{OSC}^2, \cdots, F_i^K - F_{OSC}^K] \\ T_i = P_i^{TTC} - P_{OSC}^{TTC} \end{cases} \qquad (9\text{-}20)$$

三、RELIEF-F 特征选择

为了尽可能完整找到可能对 TTC 含隐式关系的特征，将 SCADA 可采集的数据全部保留，样本数据集中必然包含大量冗余特征和噪声数据，进而会导致后续精细规则提取的计算负担大、规则精度下降，因此对原始样本集进行特征筛选非常必要。

RELIEF-F 是一种滤波式特征选择算法，不需要依赖后续学习器，适合用于含冗余特征和噪声数据的样本集的预处理，其核心思想是对特征区分相邻样本的能力进行评估，使用评估值来量化特征与目标之间的相关性，评估值越大说明该特征对预测目标的贡献程度越大，保留该特征。

在回归问题中，目标值是一组连续数值，采用传统的 RELIEF-F 算法并不适用。RELIEF-F 应用于回归问题的改进方法：针对回归问题中传统 RELIEF-F 算法无法获取样本的类别信息的难题，改进 RELIEF-F 算法采用样本之间预测值的距离来构建概率模型。

$$\begin{cases} P_{diff}^{F} = P(\Omega_F \mid \Omega_{KNN}) \\ P_{diff}^{P} = P(\Omega_P \mid \Omega_{KNN}) \\ P_{diff}^{P|F} = P(\Omega_P \mid \Omega_{KNN} \bigcup \Omega_F) \end{cases} \tag{9-21}$$

式中：Ω_F 是不同样本下特征 F 不同值的集合，Ω_P 是不同样本下不同预测（目标）值的集合，Ω_{KNN} 是 K 个与随机选取样本的最近邻样本集合。

式（9-21）构建了反映样本之间的不同预测值的概率的模型，基于式（9-21），使用贝叶斯规则可以得到 RELIEF-F 应用于回归问题中对特征 F 评估值进行更新的规则：

$$G(F) = \frac{P_{diff}^{P|F} P_{diff}^{F}}{P_{diff}^{P}} - \frac{(1 - P_{diff}^{P|F}) P_{diff}^{F}}{1 - P_{diff}^{P}} \tag{9-22}$$

基于式（9-22），特征 F 的估计值可以通过近似手段进行计算，算法伪代码如图 9-1 所示。

```
输入：训练样本，近邻数 K
置 N_dP, N_dF (F), N_dPdF (F), G (F) 为 0
for i=1: mdo
随机选择样本 R_i;
找到 R_i 的 K 个最近邻样本 I_j (j=1, 2, …, K);
for j=1: kdo
N_dP=N_dP+abs (f (R_i) −f (I_j)) *d (i, j);
for F=1: 所有特征 do
N_dF (F) =N_dF (F) +diff (F, R_i, I_j) *d (i, j);
N_dPdF (F) =N_dPdF (F) +abs (f (R_i) −f (I_j)) *...diff (F, R_i, I_j) *d (i, j);
end;
end;
end;
for F=1: 所有特征 do
G (F) =N_dPdF (F) /N_dP − (N_dF (F) −N_dPdF (F)) / (m−N_dP);
end
输出：所有特征评估值
```

图 9-1　回归 RELIEF-F 伪代码

图 9-1 中，N_{dP}、$N_{dF}(F)$、$N_{dPdF}(F)$ 分别对应 P_{diff}^{F}、P_{diff}^{P}、$P_{diff}^{P|F}$ 的近似值，函数 $f(\cdot)$

表示样本的目标值，函数 $diff(\cdot)$ 和 $d(\cdot)$ 分别对应式（9-23）和式（9-24）。

$$diff(F,R_i,I_j)=\frac{\left|value(F,R_i)-value(F,I_j)\right|}{\max(F)-\min(F)} \tag{9-23}$$

$$d(i,j)=\frac{d_1(i,j)}{\sum\limits_{l=1}^{k}d_1(i,l)},d_1(i,j)=\exp\left\{-\left[\frac{rank(R_i,I_j)}{\sigma}\right]^2\right\} \tag{9-24}$$

式中：$rank(R_i,I_j)$ 是按照近邻 I_j 和选择样本 R_i 的距离大小进行排序的位置序列，σ 是自定义参数，本研究取 $\sigma=50$。

四、差分进化极限学习机

1. ELM 极限学习机

输电断面精细规则提取要求学习器能够较为快速准确构建模型并且学习器提取的精细规则要保证较强的泛化能力。ELM 作为一种新型单层前馈网络（Single Layer Feed Forward Neural Network，SLFNN）学习算法，具有训练速度快、生成网络结构简单、泛化能力强的优点，已被广泛应用于电力系统，适合用于输电断面精细规则提取。

ELM 随机生成输入层和隐层之间的权值和阈值矩阵，以 0 误差逼近样本，直接通过对隐层和输出层权值进行最小二乘求解。相比误差反向传播算法（backpropagation，BP），ELM 直接通过解析求解得到前馈网络结构，不易陷入局部最优，泛化能力较强。ELM 的具体求解步骤如下：

（1）将 D 维样本集合 $(\boldsymbol{x_i},\boldsymbol{y_i})$，$(i=1,2,\cdots,m)$ 输入 SLFNN，可得到 SLFNN 输出为：

$$E(x)=\phi(\boldsymbol{\omega}\cdot\boldsymbol{x}+\boldsymbol{b})\boldsymbol{\beta} \tag{9-25}$$

式中：$\boldsymbol{\omega}$、$\boldsymbol{b}$ 分别是输入层到隐层的权值矩阵和阈值向量；$\boldsymbol{\beta}$ 是隐层到输出层的权值矩阵；$\phi(\cdot)$ 是输入层到隐层的激励函数。

（2）以 0 误差进行逼近训练样本输出，即：

$$E(x)=\phi(\boldsymbol{\omega}\cdot\boldsymbol{x}+\boldsymbol{b})\boldsymbol{\beta}=\boldsymbol{y} \tag{9-26}$$

将式（9-26）写成如下所示：

$$\boldsymbol{H\beta}=\boldsymbol{y} \tag{9-27}$$

式中：$\boldsymbol{H}$ 是隐层输出矩阵。

（3）求 $\boldsymbol{\beta}$ 的最小二乘解即可：

$$\tilde{\boldsymbol{\beta}}=\boldsymbol{H}^+\boldsymbol{y} \tag{9-28}$$

式中：$\boldsymbol{H}^+$ 为隐层输出矩阵的 Moore-penrose 广义逆矩阵。ELM 求解步骤如图 9-2 所示。

2. 差分进化极限学习机

ELM 用于输电断面精细规则提取时，由于电力系统的随机性因素扰动，可能导致应用于实际预测时的精度下降，因此，为了增强 ELM 在不确定性因素影响下的泛化能力，本研究将智能优化算法与 ELM 结合。

相比于其他进化算法，差分进化（Differential Evolution，DE）算法具有执行简单、收敛速度快和全局搜索性能好等优点，特别适合用于神经网络优化。DE 应用于 ELM 的具体步骤：

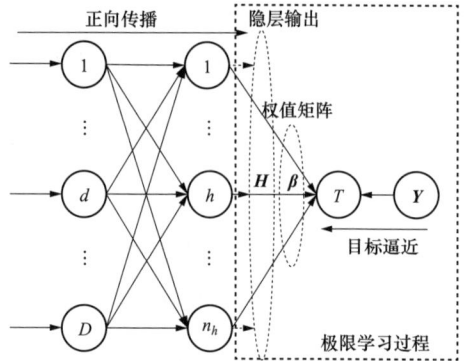

图 9-2　ELM 求解步骤

（1）对 SLFNN 输入层到隐层的权值矩阵 $\boldsymbol{\omega}$ 和阈值向量 $\boldsymbol{b}$ 进行实数编码，随机初始化种群。

（2）对输入样本进行 5 折交叉验证，使用种群内各个体构建 SLFNN 进行 ELM 训练，将验证集输入 SLFNN 得到预测输出 $\boldsymbol{T}_{pop}=E_{pop}(\boldsymbol{x}_v)$，计算种群适应度，适应度函数如式（9-29）所示：

$$fitness(pop) = \frac{1}{sv}\sum(\boldsymbol{T}_{pop}^v - \boldsymbol{y}_v)^2 \qquad （9-29）$$

式中：pop 表示当前个体编号；$E_{pop}(\cdot)$ 表示当前个体构建的 ELM；$\boldsymbol{T}_{pop}$ 表示当前 ELM 的验证集预测输出向量；$\boldsymbol{y}_v$ 表示当前验证集的目标向量；sv 为验证集的样本数量。

（3）执行 DE 选择、交叉、变异操作。

（4）获取子代，计算子代个体适应度，选取最优个体。

（5）是否达到最大进化代数，是则输出当前最优 ELM，否则返回步骤（3）直到最大进化代数。

第三节　四川电网清洁能源承载能力评估

通过基于差分进化极限学习机的含清洁能源系统输电断面极限传输功率运行规则提取方法，基于 K-medoids 聚类方法提取以"新能源功率—调度限额"二维特征表征的典型运行场景，然后通过随机采样和重复潮流方法生成用于 TTC 运行规则挖掘的知识库，接着采用 RELIEF-F 算法筛除冗余特征并辨识与输电断面 TTC 存在强关联的特征属性，以削减运行特征的高维度，最终通过将训练数据输入差分进化极限学习机，从知识库中提取 TTC 运行规则，通过评估确定电网可送出清洁能源容量。

通过评估求解，2025 年四川电网各送端通道可送出清洁能源容量约 5600 万 kW。2025 年四川送端各通道可承载新能源空间如表 9-1 所示。

表 9-1　　　　　　　　2025 年四川送端各通道可承载新能源空间　　　　　　单位：万 kW

项目	风电	光伏
攀西南	430	800
攀西北	270	100
甘南	60	460
甘孜中部	0	1170
康定	0	450
阿坝	100	1020
瀑布沟	400	400
合计	5660（4581*）	

* 根据实际资源分布情况。

当水风光清洁能源按照通道能力进行互补匹配时，四川电网各清洁能源送出通道全年大量时段按极限功率运行，难以找到检修窗口时段，低谷负荷期间存在弃电风险。阿坝通道水风光互补送出曲线与弃电分布如图 9-3 所示。

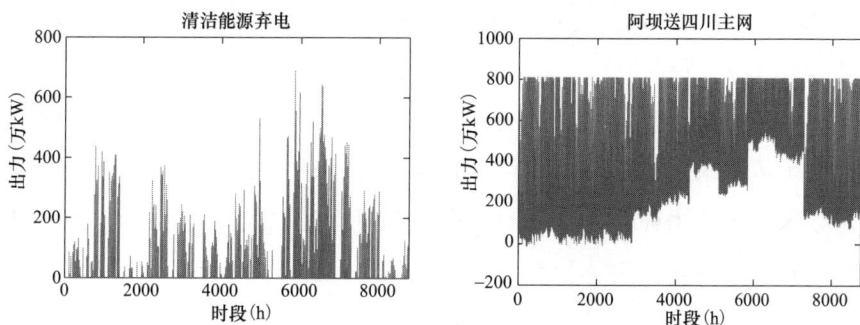

图 9-3　阿坝通道水风光互补送出曲线与弃电分布

同时，按照通道能力送出新能源会对整个电力系统调节能力带来较大的压力，传统电力系统调节能力是一种公共属性的可利用资源，应当服务于全体电力系统参与者，包括电力用户、径流式电厂、新能源电厂。水风光互补是对四川电网传统电力系统调节资源（水电调节能力）的占用，对其他电力系统参与者可能会造成不利影响。

单个流域、单通道水风光就地互补并不一定是最优最经济的开发模式。调节资源具有公共属性，全网范围内进行分配，应从全网角度考虑水风光最优互补。

在不考虑源网荷匹配的前提下，仅以通道极限传输能力作为清洁能源水风光互补的匹配目标时，送出新能源不能完全消纳。

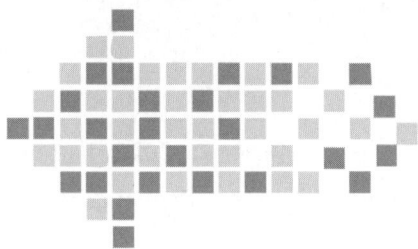

第十章 四川清洁能源市场消纳空间研究

根据上章的分析，考虑源网匹配的清洁能源电网承载能力评估，在调节资源有限的情况下，会对电网受端带来较大调节需求压力，并可能造成清洁能源消纳问题。因此在四川清洁能源时空发展研究时，应考虑源网荷匹配，在保障新能源合理的消纳率的基础上，考虑消纳空间合理配置清洁能源的容量，研究四川清洁能源消纳空间。

第一节 清洁能源市场消纳空间评估模型

在优先保障清洁能源有效消纳的基础上，充分考虑负荷需求因素，兼顾电源侧发电效益和电网侧负荷需求，构建源网荷协同的水风光互补优化模型，通过量形结合的方式协调控制梯级水风光出力曲线与电网负荷曲线高度匹配，实现电源发电和电网负荷供需协同。源网荷匹配下梯级水风光短期互补优化模型需遵循以下原则：①保证电力电量可靠供应；②优先消纳风光等清洁能源；③提高资源有效利用率。根据这些原则，构建以源荷差异指标最小、清洁能源发电量最大及梯级水电蓄能增量最大为目标的梯级水风光短期多目标互补优化模型，采用两阶段解耦优化求解，第一阶段采用耦合反向学习策略的多目标萤火虫算法，第二阶段将梯级出力过程在电站间进行分配，最终得到各站逐时段发电过程。

一、目标函数

1. 目标 I：源荷差异指标最小

为兼顾总出力曲线的形态特征与统计特性，提高匹配效果，选择出力波动 K_P、剩余负荷波动 K_G 及曲线转角波动 K_θ 共同对源、荷两条曲线的差异程度进行刻画，以便判断源荷匹配程度，其中，出力波动 K_P 用来控制水风光出力曲线自身起伏不定及极值差异偏大等问题，以使得输出的电量过程光滑稳定，剩余负荷波动 K_G 和曲线转角波动 K_θ 是从数值和形状两方面控制源荷曲线匹配度，以使得水风光出力过程更完美地贴合电网负荷曲线，具体目标函数如下：

$$\min Nr = \alpha_1 K_P + \alpha_2 K_G + \alpha_3 K_\theta \tag{10-1}$$

$$K_p = \frac{1}{\overline{P_r}}\sqrt{\frac{1}{T}\sum_{t=1}^{T}(P_{r,t} - \overline{P_r})^2} \tag{10-2}$$

$$K_G = \frac{1}{\overline{C_G}}\sqrt{\frac{1}{T}\sum_{t=1}^{T}(C_{G,t} - \overline{C_G})^2} \tag{10-3}$$

$$K_\theta = \frac{1}{\overline{\theta}}\sqrt{\frac{1}{T}\sum_{t=1}^{T}(\theta_t - \overline{\theta})^2} \tag{10-4}$$

$$C_{G,t} = P_{G,t} - P_{r,t} \tag{10-5}$$

$$\theta_t = \begin{cases} \arctan|k_t| & (t=1 \text{ or } t=T) \\ |\arctan k_t - \arctan k_{t-1}| & (2 \leqslant t \leqslant T-1 \text{ and } k_t k_{t-1} \geqslant 0) \\ |\arctan|k_t| + \arctan|k_{t-1}|| & (2 \leqslant t \leqslant T-1 \text{ and } k_t k_{t-1} < 0) \end{cases} \tag{10-6}$$

$$k_t = \begin{cases} \dfrac{C_{G,t+1} - C_{G,t}}{\Delta t} & (1 \leqslant t \leqslant T-1) \\ \dfrac{C_{G,T} - C_{G,T-1}}{\Delta t} & (t=T) \end{cases} \tag{10-7}$$

$$\alpha_1 + \alpha_2 + \alpha_3 = 1 \tag{10-8}$$

式中：Nr 为水风光互补系统源荷差异指标；K_P 为实际出力波动变异系数；K_G 为剩余负荷变异系数；K_θ 为曲线转角变异系数；$P_{r,t}$ 为 t 时段水风光互补系统总出力；$N_{h,t}$、$N_{w,t}$、$N_{pv,t}$ 分别为 t 时段内梯级水电出力、风电出力、光伏出力；$C_{G,t}$ 为 t 时段剩余负荷；$P_{G,t}$ 为 t 时段电网负荷；θ_t 为相邻两个折线段的转角；k_t 为折线段的斜率；α_1、α_2、α_3 为对应指标的权重系数，可按重要性自行调整，三者之和等于 1；T 为总时段数；t 为时段变量；Δt 为计算时段长度。

2. 目标 Ⅱ：梯级水风光发电量最大

对于风电、光伏这类新能源，根据国家清洁能源消纳政策采取优先调用原则，从发电侧角度出发寻求互补系统总发电量最大化，目标函数如下：

$$\max E_{sum} = \max\left(\sum_{t=1}^{T}\sum_{j=h,w,pv} E_{j,t}\right) \tag{10-9}$$

式中：E_{sum} 为水风光总发电量；$E_{j,t}$ 为 j 类电源在 t 时段的发电量；h、w、pv 分别代表梯级水电站、风电场及光伏电站；其他符号同上。

3. 目标Ⅲ：梯级水电蓄能增量最大

对于梯级水电而言，基于"提高资源有效利用率"原则，考虑梯级水电发电水量与发电水头双重效益，降低此次发电能耗，增加未来发电可供水能，以梯级水电蓄能增量最大为目标，不同的是，本章为发电计划编制，无需额外考虑风光预测出力与实际出力的偏差，因此，目标函数Ⅲ表示如下：

$$\max \sum_{t=1}^{T} \sum_{i=1}^{N} F_{it} = \max \left\{ \sum_{t=1}^{T} \sum_{i=1}^{N} \Delta H_i \times \Delta Q_{it} \right\} \Delta t \tag{10-10}$$

$$\Delta Q_{it} = Qr_{it} - Q_{it} \tag{10-11}$$

$$\Delta H_i = K_1 H_{1t} + K_2 H_{2t} + \cdots + K_{i-1} H_{(i-1)t} + K_i H_{it} \tag{10-12}$$

式中：F_{it} 为梯级电站 i 在 t 时段的总蓄能增加值；Qr_{it} 为梯级电站 i 在 t 时段的入库流量；Q_{it} 为梯级电站 i 在 t 时段的出库流量；K_i 为梯级电站 i 的出力系数；H_{it} 为梯级电站 i 在 t 时段的水头；其他符号同上。

二、约束条件

1. 电网侧约束

（1）电量平衡约束：

$$\sum_{t=1}^{T} N_{T,t} \Delta t = \sum_{i=1}^{N} \sum_{t=1}^{T} N_{h,i,t} \Delta t + \sum_{t=1}^{T} N_{w,t} \Delta t + \sum_{t=1}^{T} N_{pv,i,t} \Delta t, \forall i \in N, t \in T \tag{10-13}$$

式中：$N_{T,t}$ 为第 t 时段内水风光互补系统上报电网的总出力；$N_{h,i,t}$ 为第 i 个水电站在第 t 时段内的出力；其他符号同上。

（2）输电通道约束：

$$N_{T,t} \Delta t \leqslant NL_{\max} (1 - l_c) \Delta t, \forall t \in T \tag{10-14}$$

式中，$NL_{\max}$ 为联络线的最大传输能力；l_c 为输电线路损耗系数；其他符号同上。

2. 电站类约束

（1）风电：

$$0 \leqslant NS_w \leqslant Nm_w \tag{10-15}$$

$$N_{w,t}^{\min} \leqslant N_{w,t} \leqslant N_{w,t}^{\max}, \forall t \in T \tag{10-16}$$

（2）光伏：

$$0 \leqslant NS_{pv} \leqslant Nm_{pv} \tag{10-17}$$

$$N_{pv,t}^{\min} \leqslant N_{pv,t} \leqslant N_{pv,t}^{\max} \tag{10-18}$$

（3）水电：

$$N_{h,i,t}^{\min} \leqslant N_{h,i,t} \leqslant N_{h,i,t}^{\max}, \forall t \in T, \forall i \in N \tag{10-19}$$

式中：Ns_w 为风电接入装机容量；Nm_w 为风电理论装机容量；$N_{w,t}^{\min}$、$N_{w,t}^{\max}$ 分别为风电场在第 t 时段内的最小出力和最大出力；Ns_{pv} 为光伏接入装机容量；Nm_{pv} 为光伏理论装机容量；$N_{pv,t}^{\min}$、$N_{pv,t}^{\max}$ 分别为光伏电站在第 t 时段内的最小出力和最大出力；$N_{h,i,t}^{\min}$、$N_{h,i,t}^{\max}$ 分别为第 i 个水电站在第 t 时段内的最小出力和最大出力；其他符号同上。

3. 水力类约束

（1）水量平衡约束：

$$V_{i,t+1} = V_{i,t} + (Qr_{i,t} - Q_{i,t} - Qq_{i,t})\Delta t, \forall t \in T, \forall i \in N \tag{10-20}$$

$$Qr_{i,t} = Q_{i-1,t-1} + Qq_{i-1,t-1} + q_{i,t}, \forall t \in T, \forall i \in N \tag{10-21}$$

式中：$Qr_{i,t}$ 为梯级电站 i 在 t 时段入库流量；$Q_{i,t}$ 为梯级电站 i 在 t 时段发电流量；$Qq_{i,t}$ 为梯级电站 i 在 t 时段弃水流量；$q_{i,t}$ 为第 t 时段内第 $i-1$ 个水电站到第 i 个水电站的区间流量；其他符号同上。

（2）水库蓄水量约束：

$$V_{i,t}^{\min} \leqslant V_{i,t} \leqslant V_{i,t}^{\max}, \forall t \in T, \forall i \in N \tag{10-22}$$

式中：$V_{i,t}$ 为梯级电站 i 在 t 时段水库蓄水量；$V_{i,t}^{\min}$、$V_{i,t}^{\max}$ 分别为梯级电站 i 在 t 时段蓄水量的最小值和最大值；其他符号同上。

（3）水库水位约束：

$$Z_{i,t}^{\min} \leqslant Z_{i,t} \leqslant Z_{i,t}^{\max}, \forall t \in T, \forall i \in N \tag{10-23}$$

式中，$Z_{i,t}$ 为梯级电站 i 在 t 时段水库水位；$Z_{i,t}^{\min}$、$Z_{i,t}^{\max}$ 分别为梯级电站 i 在 t 时段水位的最小值和最大值；其他符号同上。

（4）发电流量约束：

$$Q_{i,t}^{\min} \leqslant Q_{i,t} \leqslant Q_{i,t}^{\max}, \forall t \in T, \forall i \in N \tag{10-24}$$

式中：$Q_{i,t}$ 为梯级电站 i 在 t 时段发电流量；$Q_{i,t}^{\min}$、$Q_{i,t}^{\max}$ 分别为梯级电站 i 在 t 时段发电流量的最小值和最大值；其他符号同上。

（5）发电流量约束：

$$Qs_{i,t}^{\min} \leqslant (Q_{i,t} + Qq_{i,t}) \leqslant Qs_{i,t}^{\max}, \forall t \in T, \forall i \in N \tag{10-25}$$

式中：$Qs_{i,t}^{\min}$、$Qs_{i,t}^{\max}$ 分别为梯级电站 i 在 t 时段出库流量的最小值和最大值；其他符号同上。

三、求解方法

本次构建的是一个考虑多因素的多目标模型，涉及三种电源出力与电网负荷的匹配问题，同时要求水风光总发电量最大化，"补偿电源"梯级水电蓄能增量最大。由于三个目标函数之间存在冲突，不能将它们转化为不同权重下的线性目标，而直接获得决策者的非劣解是很困难的；其次，梯级水电站的综合运行特性包含水头与发电流量的非线性函数，水库特性通常也表现为非线性关系，最小技术出力是非凸的，且梯级水电站一般在日内均具有调节性能，参与优化的水电站数量越多计算规模会越大，容易陷入维数灾。

综合以上原因，对于此类大规模、非线性、非凸的多维、多变量、多约束优化问题，直接优化求解难度系数较大，对于复杂问题常见的求解思路有解耦分层方法，可将原多目标问题解耦为多个易于求解的子问题，分阶段优化求解。

复杂模型解耦需要弄清子模型之间的内在联系。在梯级水风光互补系统中，梯级水电扮演着重要角色，承担着不同任务。首先，本章模型考虑了电网负荷需求因素，梯级水电需要发挥均衡效益，保障互补系统总出力与负荷需求相匹配，满足目标Ⅰ；其次，梯级水电需要发挥调节效益，尽可能平抑风光出力波动，提高其并网消纳量，满足目标Ⅱ；最后，梯级水电需要兼顾自身发电效益，提高水能利用率，以便为日后发电保留最佳状态，确保目标Ⅲ。因此，可以从水电站承担的不同任务这一角度出发，将原模型解耦为梯级水电、风电、光伏、负荷协同优化模型和梯级水电站厂间负荷分配模型，分为两个阶段依次求解。

经过解耦后第一阶段需要求解的问题是考虑了水、风、光、荷协同优化模型，包括源荷差异指标最小和水风光发电量最大两个优化目标，由于这两个目标函数之间仍然存在冲突，没有办法在可行域内找到唯一解使得两个目标函数值同时达到最优，所以第一阶段优化模型需要求解的问题本质上仍然是一个多目标问题。考虑到源荷差异指标最小这个目标函数较为复杂，且两个目标涉及的等式约束及不等式约束过多，不便采用前文使用的多目标转化方式，这里尝试通过群智优化算法中的萤火虫算法（Firefly Algorithm，FA）进行求解。

第二阶段是在第一阶段基础上，按照梯级蓄能增量最大目标进行梯级水电厂间负荷分配，可采用 PSO-DP 混合内外嵌套算法，两阶段解耦优化策略如图 10-1 所示。

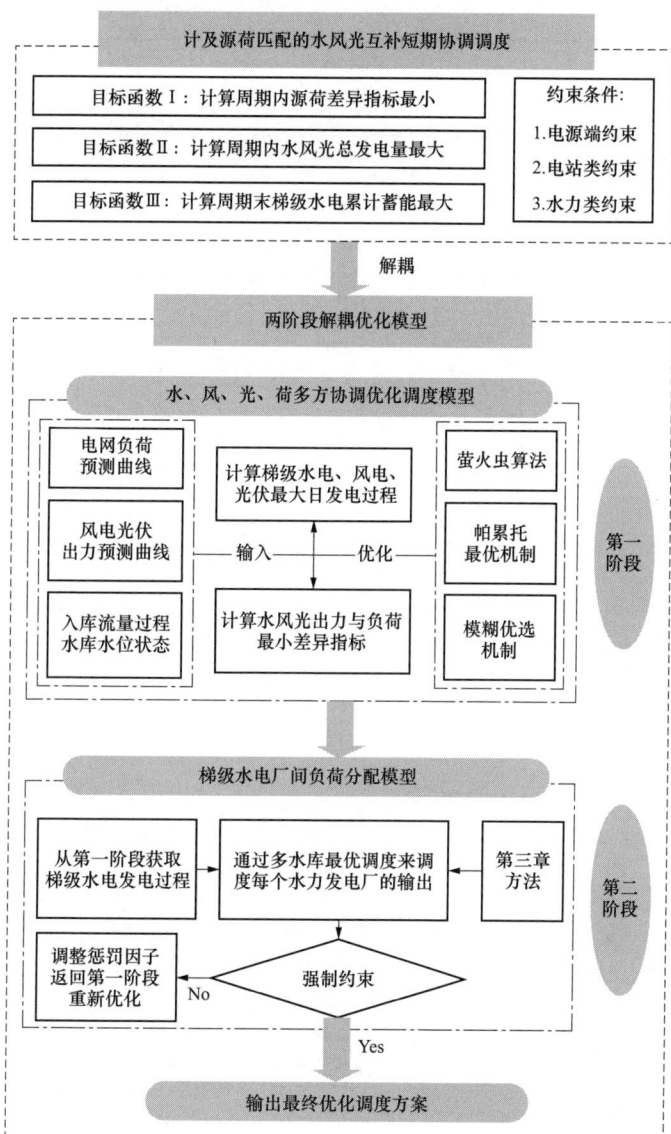

图 10-1 两阶段解耦优化策略示意图

第二节 清洁能源消纳空间测算

通过优化求解，基于源网荷匹配，2025 年四川省用电需求达到 4870 亿 kW 时，考虑"十四五"末火电装机容量达到约 2700 万 kW、水电 1.12 亿 kW，川渝特高压、金上直流等工程按期建成，四川电网可接纳新能源约 3500 万 kW。2025 年四川电网可接纳新能源规模如表 10-1 所示。

表 10-1　　　　　　　　　**2025 年四川电网可接纳新能源规模**　　　　　　　单位：万 kW

项目	风电	光伏
攀西南	430	650
攀西北	0	10
甘南	60	250
甘孜中部	0	700
康定	0	160
阿坝	100	660
瀑布沟	100	100
合计	3220	

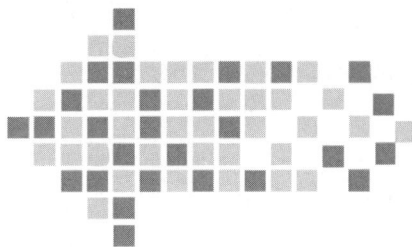

第十一章 考虑消纳空间和电网承载
能力的源网协同规划方法

基于前文所述的四川电网清洁能源承载能力分析模型以及四川清洁能源市场消纳空间评估模型研究，综合考虑四川清洁能源的电网承载能力和市场消纳空间，研究考虑消纳空间和电网承载能力的清洁能源电网协同规划，优化四川清洁能源开发规模、时序与布局，为制定四川清洁能源开发路径提供参考支撑。

电源规划和电网规划是电力规划的主要内容。电源规划对电源布局进行战略决策，根据规划时间尺度内的电力负荷预测，在满足技术合理性和考虑多种类电厂相互协调的前提下寻求最经济的电源发展方案，主要确定在何时何地投建何种类型多大容量的机组。电网规划是在给定负荷预测和电源规划方案的基础上，确定投资和运行费用最小的网架扩展规划方案，主要解决在何时何地新建多少线路以适应电力供需变化的问题。

传统经验型的电力系统规划一般将电源与电网规划分割考虑：由负荷及资源确定电源，由电源确定电网，串序进行电源规划和电网规划。这种高度独立的方式所确定的网源裕度配合方案可能造成电源和电网规划不协调的现象，如电源冗余度过高或电网安全水平过低。由于电源规划和电网规划的决策执行方案紧密相关，为确保规划系统在未来的安全、可靠、经济和高效运行，有必要考虑电源和电网规划方案的相互作用和影响，制定具有多适应性的源网协同最优规划方案。

然而，在"厂网分开，竞价上网"的电力市场环境下，电厂与电网分别成立了独立的发电公司和具有自然垄断地位的电网公司。由于发电公司和电网公司分属不同利益的决策主体，使得电源规划和电网规划相互独立开来，从根本上改变了原始垂直一体化电力系统规划的理念，增加了电源与电网协同规划的难度和不确定性。在近年来我国清洁能源基地大规模建设与发展的过程中，配套网架规划和建设相对脱节和滞后，局部地区弃风/弃光/弃水限电问题严重，进一步凸显电源规划和电网规划相互协同的紧迫性。

近年来，电源与电网协同规划的研究已逐渐引起国内外学者的重视。有学者做了如下等研究：提出了电源电网协调规划模型，着重考虑了调节型电源的装机容量规划与输电线路选址问题；从可靠性均衡角度，提出一种利用虚拟机组进行源网协调规划的方法；通过线路容量限制修正电源规划方案以寻求电源与电网规划的协调；针对风电场接入系统与输电网扩展的协调规划问题，建立了两步式电网扩展规划综合模型，寻求综合效益最优的规划方案。然而，这些研究将电源和电网两个独立规划问题的目标函数和约束条件统一到同一个优化模型中，形成源网集成大规模规划模型。该模型与厂网分开、分布决策的市场环境不符，破坏了决策主体本体信息的私密性。此外，若考虑投资、技术、环保和政策等纷繁复杂的适应性约束，模型将过于庞大，求解困难。

为此，提出了一种兼顾分布式决策环境的源网协同多适应规划框架，利用交替方向乘子法构建了电源规划决策主体与电网规划决策主体的分布式协同互动交互机制和优化求解流程。该框架和方法保留了决策主体信息的私密性，同时确保了电源规划方案和电网规划方案所构成的整体系统的经济性和适应性。

区别于源网集成统一规划方式，本研究所建立的源网协同规划方法立足"厂网分开"竞争市场环境，充分考虑了电源规划中心与电网规划中心的协同和互动，实现分布自治决策，其框架如图 11-1 所示。

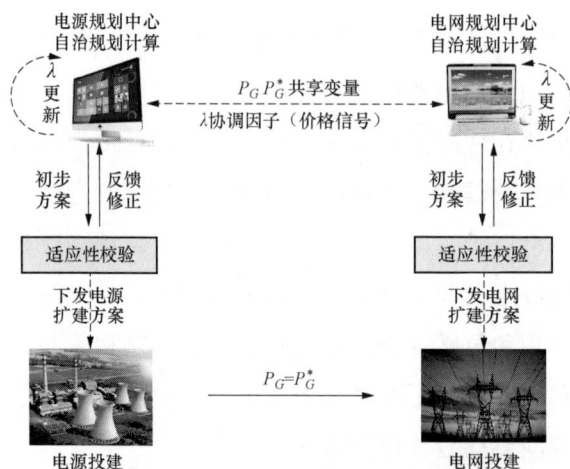

图 11-1 电源与电网协同的多适应规划框架

该分布式协同规划框架具有以下特点：

（1）电源规划中心和电网规划中心分别构建耦合共享变量的电源规划模型和电网规划模型，各自在满足投资、技术、环保和政策等多适应性约束的前提下自治决策本体最优的规划方案。

（2）电源规划中心与电网规划中心两个决策主体间通过少量多次的信息传递（共享变量和价格信号）和迭代计算（规划方案校核与更新），达到电源规划与电网规划分布自治决策、协同实现全系统最优多适应规划。

发电机组有功功率为电源在电网中的表现形式，是电源规划问题和电网规划问题的共享变量。共享变量既满足电源规划问题所有约束又满足电网规划问题所有约束，将电源规划、电网规划进行耦合，有效保证了数据的私密性和规划方案的可行性。

在电源规划和电网规划分布式协同交互过程中需满足如下一致性关系式：

$$P_G = P_G^*$$ （11-1）

电源规划子问题和电网规划子问题交替计算发电机组有功功率 P_G 和 P_G^*，并逐步逼近，实现电源规划和电网规划的分解和自治协调计算。

以规划水平年整个电力系统投资成本及运行成本最低为目标，考虑风电出力、负荷持续曲线的多场景运行方式，计及基态线路潮流约束和 N–1 安全约束，基于 ADMM 算法构建相互耦合的电源规划子问题和网架规划子问题。两个子问题相互通信、交替求解，实现电源与网架的协同规划。采用区间分析法考虑风电出力的不确定性。

第一节　考虑消纳空间的电源规划模型

电源规划子问题目标函数为：

$$\min \sum_{s \in S} \sum_{t \in T} \sum_{i \in \Omega_G} \rho_{G,i,t,s} P_{G,i,t,s} \tau_{i,t} + \sum_{i \in \Omega_{GC}} C_{G,i} Z_{G,i} + \sum_{s \in S} \sum_{t \in T} \sum_{j \in \Omega_W} \rho_{W,j,t,s} P_{W,j,t,s} \tau_{j,t} + \sum_{j \in \Omega_{WC}} C_{W,j} Z_{W,j}$$ （11-2）

式中：$\rho_{G,i,t,s}$、$P_{G,i,t,s}$、$\rho_{W,j,t,s}$、$P_{W,j,t,s}$ 分别为第 i 常规发电机、j 风电场在时段 t 时刻、s 场景下的单位出力成本及出力；$\tau_{i,t}$、$\tau_{j,t}$ 分别为第 i 常规发电机、j 风电场在时段 t 状态下等效水平年运行时间；Ω_G、Ω_{GC} 分别为所有常规发电机组集合及待选常规发电机组集合；Ω_W、Ω_{WC} 分别为所有风电场集合及待选风电场集合；S 为风电出力为基准预测值（$s1$）、上限值（$s2$）、下限值（$s3$）的集合；$c_{G,i}$、$Z_{G,i}$、c_{Wj}、Z_{Wj} 分别为常规发电机组 i、风电场 j 的等效年投资成本及 0-1 二进制投建决策变量。

电源规划子问题需满足多种适应性约束条件：

（1）常规发电机出力上下限约束：

$$P_{G,i}^{\min} \leqslant P_{G,i} \leqslant P_{G,i}^{\max} \quad i \in \Omega_{GE}$$ （11-3）

$$Z_{G,i} P_{G,i}^{\min} \leqslant P_{G,i} \leqslant Z_{G,i} P_{G,i}^{\max} \quad i \in \Omega_{GC}$$ （11-4）

式中：Ω_{GE} 为已存在的常规发电机组集合；$P_{G,i}$、$P_{G,i}^{\min}$、$P_{G,i}^{\max}$ 分别为常规发电机组 i 有功出力及其上下限。

（2）风电场出力：

$$P_{W,j,s} = P_{W,j,s}^{pre} \quad j \in \Omega_{WE}, s \in S \tag{11-5}$$

$$P_{W,j,s} = Z_{W,j} P_{W,j,s}^{pre} \quad j \in \Omega_{WC}, s \in S \tag{11-6}$$

式中：Ω_{WE} 为已存在的风电场集合；$P_{W,j,s}^{pre}$ 为风电场 j 在 s 场景下的有功出力预测值。

（3）机组爬坡约束：

$$-R_{G,i}^{down} \leqslant P_{G,i,t,s} - P_{G,i,t-1,s} \leqslant P_{G,i}^{up} \quad i \in \Omega_G, s \in S \tag{11-7}$$

$$P_{G,i,t-1,s2} - P_{G,i,t,s3} \leqslant P_{G,i}^{down} \quad i \in \Omega_G \tag{11-8}$$

$$-P_{G,i,t-1,s3} + P_{G,i,t,s2} \leqslant P_{G,i}^{up} \quad i \in \Omega_G \tag{11-9}$$

式中：$R_{G,i}^{down}$、$P_{G,i}^{up}$ 为机组 i 的爬坡限制。式（11-7）为机组在相邻时段平行场景下的爬坡约束；式（11-8）、式（11-9）为风电出力在相邻时段极端上下限间波动（$s2$ 和 $s3$ 场景间相互转换）时系统内其他常规机组的爬坡约束。

（4）电力平衡约束：

$$\sum_{i \in \Omega_G} P_{G,i,t,s} + \sum_{j \in \Omega_W} P_{W,j,t,s} \geqslant P_{D,t} \quad s \in S \tag{11-10}$$

式中：$P_{D,t}$ 为 t 时刻与电源相连电网总负荷。

（5）负荷正负备用约束：

$$\sum_{i \in \Omega_G} P_{G,i}^{max} \geqslant P_D^{max}(1+\sigma) \tag{11-11}$$

$$\sum_{i \in \Omega_G} P_{G,i}^{min} \leqslant P_D^{min}(1-\sigma) \tag{11-12}$$

式中：P_D^{max}、P_D^{min} 分别为规划年份的最高、最低负荷水平；σ 为系统要求满足的备用率。

（6）火电燃料消耗约束：

$$\beta_i \sum_{t \in T} P_{G,i,t,s} \tau_{i,t} \leqslant U_i \quad i \in \Omega_H, s \in S \tag{11-13}$$

式中：β_i、U_i 为第 i 发电机组平均燃料单耗及燃料消耗限量；Ω_H 为火电机组集合。

（7）系统污染物排放约束：

$$\gamma_i \sum_{t \in T} P_{G,i,t,s} \tau_{i,t} \leqslant V_i \quad i \in \Omega_H, s \in S \tag{11-14}$$

式中：γ_i、V_i 为第 i 发电机组污染物排放系数及最大污染排放量。

第二节　考虑电网承载力的电网规划模型

电网规划子问题目标函数为：

$$\min \sum_{l \in \Psi_C} C_{L,l} Z_{L,l} \tag{11-15}$$

式中：Ψ_C 为待选线路集合；$C_{L,l}$、$Z_{L,l}$ 分别为线路 l 的等效年投资成本及 0-1 二进制投建决策变量。

电网规划子问题约束条件：

（1）节点功率平衡约束：

$$\sum_{l\in N_L} F_{i,t,s} + \sum_{i\in N_G} P^*_{G,i,t,s} + \sum_{j\in N_W} P^*_{W,j,t,s} = P_{D,k,t} \quad t\in T, s\in S \tag{11-16}$$

式中：N_L 为与节点 k 相连的支路集合；N_G、N_W 分别为与节点 k 相连的常规发电机集合、风电场集合；$F_{l,t,s}$ 为 s 场景下与节点 k 相连的第 l 条支路 t 时段功率；$P^*_{G,i,t,s}$、$P^*_{W,j,t,s}$ 分别为 s 场景下与节点 k 相连的 i 常规发电机、j 风电场 t 时段的注入功率；$P_{D,k,t}$ 为节点 k 在 t 时段的有功负荷。

（2）线路输送功率约束：

$$|F_{l,t,s}| \leqslant F_l^{\max} \quad l\in \Psi_E, t\in T, s\in S \tag{11-17}$$

$$|F_{l,t,s}| \leqslant Z_{L,l} F_l^{\max} \quad l\in \Psi_C, t\in T, s\in S \tag{11-18}$$

式中：Ψ_E 为现有线路集合；$F_l^{\max}$ 为第 l 条线路最大传输功率。

（3）潮流方程约束：

$$\theta_{A,l,t,s} - \theta_{B,l,t,s} = x_l F_{l,t,s} \quad l\in \Psi_E, t\in T, s\in S \tag{11-19}$$

$$\theta_{A,l,t,s} - \theta_{B,l,t,s} = x_l F_{l,t,s} \quad l\in \Psi_C, t\in T, s\in S, Z_{L,l}=1 \tag{11-20}$$

式（11-19）、式（11-20）分别表示现有线路潮流计算等式和选中线路潮流计算等式，式中：$\theta_{A,l,t,s}$、$\theta_{B,l,t,s}$ 为 s 场景下 t 时段线路 l 首末两端电压相角，x_l 线路 l 的电抗。式（11-20）虽有线性表述形式，但实则只有在 $Z_{L,l}=1$ 时方成立，为此，将其做如下线性化处理，即：

$$-E(1-Z_{L,l}) \leqslant (\theta_{A,l,t,s} - \theta_{B,l,t,s}) - x_l F_{l,t,s} \leqslant E(1-Z_{L,l}) \quad l\in \Psi_C, t\in T, s\in S \tag{11-21}$$

式中：E 为一个很大的常数。分析式（11-20）可以看出：当 $Z_{L,l}=1$ 时，式（11-21）简化为该线路的潮流方程；当 $Z_{L,l}=0$ 时，结合线路传输功率约束式（11-18）可确定线路潮流为 0。

（4）$N-1$ 安全约束：

$$\sum_{l\in N_L} F'_{l,t,s} + \sum_{i\in N_G} P^{*\prime}_{G,i,t,s} + \sum_{j\in N_W} P^{*\prime}_{W,j,t,s} = P'_{D,k,t} \quad t\in T, s\in S \tag{11-22}$$

$$|F'_{l,t,s}| \leqslant F_l^{\max} \quad l\in \Psi_E, t\in T, s\in S \tag{11-23}$$

$$|F'_{l,t,s}| \leqslant Z'_{L,l} F_l^{\max} \quad l\in \Psi_C, t\in T, s\in S \tag{11-24}$$

$$\theta'_{A,l,t,s} - \theta'_{B,l,t,s} = x_l F'_{l,t,s} \quad l\in \Psi_E, t\in T, s\in S \tag{11-25}$$

$$-E(1-Z'_{L,l}) \leqslant (\theta'_{A,l,t,s} - \theta'_{B,l,t,s}) - x_l F'_{l,t,s} \leqslant E(1-Z'_l) \quad l\in \Psi_C, t\in T, s\in S \tag{11-26}$$

式中各变量意义与前述相同，仅加上上标"'"表示 N–1 故障状态。

（5）基态、N–1 状态关联约束：

$$Z_{L,l} = Z'_{L,l} \quad l \in \Psi_E \tag{11-27}$$

$$Z_{L,l} = Z'_{L,l} \quad l \in \Psi_C, l \neq \varphi \tag{11-28}$$

式中：φ 表示 N–1 故障线路。关联约束保证了在任意 N–1 故障情况下线路规划方案同基态线路规划方案一致。

第三节　考虑清洁能源消纳空间和电网承载力的源网协同规划方法

交替方向乘子法（Alternating Direction Method of Multipliers，ADMM）是一种求解分布式优化问题的算法，通过分解协调机制，将大规模全局优化问题分解为多个小规模子问题，通过子问题协调通信求解得到全局问题的最优解，具有形式简单、收敛性好、鲁棒性强等优点，是近年来获得广泛应用的分布式数学优化方法。由于 ADMM 算法能够保留决策主体的数据保密性并显著降低了计算规模，适用于电源规划与电网规划的分布自治决策和互动协同。

其算法形式简述如下：

$$\min H(x,z) = f(x) + g(z) \tag{11-29}$$

$$\text{s.t.} \quad Ax_c + Bz_c = C \tag{11-30}$$

式中：$H(x,z)$ 表示全局优化问题目标函数；$f(x)$、$g(z)$ 表示全局问题拆分后两个子问题的目标函数；x 和 z 分别为 X 子问题和 Z 子问题的变量；x_c、z_c 表示共享变量。式（11-30）为两子问题耦合约束，$x \in R^n$，$z \in R^m$，$A \in R^{p \times n}$，$B \in R^{p \times m}$，$C \in R^p$。

将耦合约束（11-30）加入原目标函数中构造如下新的函数：

$$L_\omega(x,z,y) = f(x) + g(z) + \lambda^T (Ax_c + Bz_c - C) + (\omega/2)\|Ax_c + Bz_c - C\|_2^2 \tag{11-31}$$

式中：λ 为乘子变量；ω 为常数惩罚因子；$\|\ \|$ 为范数算子。式（11-31）将耦合约束转换到目标函数中，为原问题的拆分及分布式求解提供了契机。

将式（11-31）中一个子问题的共享变量作为已知量进行拆分得到迭代方程（11-32），如此便将全局问题拆分为多个子问题。

式（11-32）表示在求解过程中，一个子问题处于计算状态，待计算完成将共享变量传递至另一子问题，并处于待命状态，等待另一子问题计算完成后传回共享变量。完成一轮求解后两个子问题按照式（11-33）更新乘子变量 λ，并转入下一轮优化计算。

$$\begin{cases} x^{k+1} = \arg\min_x L_\omega(x, z_c^k, y^k) \\ z^{k+1} = \arg\min_z L_\omega(x_c^{k+1}, z, y^k) \end{cases} \tag{11-32}$$

$$\lambda^{k+1} = \lambda^k + \omega(Ax_c^{k+1} + Bz_c^{k+1} - C) \tag{11-33}$$

ADMM 算法收敛判据由两部分组成：

$$\left\| r^{k+1} \right\|_2^2 = \left\| Ax_c^{k+1} + Bz_c^{k+1} - C \right\|_2^2 \leqslant \varepsilon_{pri} \tag{11-34}$$

$$\left\| s^{k+1} \right\|_2^2 = \left\| \rho A^T B(z_c^{k+1} - z_c^k) \right\|_2^2 \leqslant \varepsilon_{dual} \tag{11-35}$$

式中：r^{k+1}、s^{k+1} 分别为第 $k+1$ 次迭代计算后的原始残差和对偶残差；ε_{pri}、ε_{dual} 分别为原始残差和对偶残差的容忍上限。

基于 ADMM 算法耦合共享变量的电源规划子问题目标函数为：

$$\begin{aligned} \min \sum_{s \in S} \sum_{t \in T} \sum_{i \in \Omega_G} \rho_{G,i,t,s} P_{G,i,t,s} \tau_{i,t} + \sum_{i \in \Omega_{GC}} C_{G,i} Z_{G,i} + \sum_{s \in S} \sum_{t \in T} \sum_{i \in \Omega_W} \rho_{W,j,t,s} P_{W,j,t,s} \tau_{j,t} + \\ \sum_{j \in \Omega_{WC}} C_{W,j} Z_{W,j} + \sum_{s \in S} \sum_{t \in T} \sum_{i \in \Omega_G} \left[\lambda_{G,i,t,s}^k (P_{G,i,t,s} - P_{G,i,t,s}^*) + \frac{\omega}{2} \left\| P_{G,i,t,s} - P_{G,i,t,s}^{*k} \right\|_2^2 \right] + \\ \sum_{s \in S} \sum_{t \in T} \sum_{i \in \Omega_W} \left[\lambda_{W,j,t,s}^k (P_{W,j,t,s} - P_{W,i,t,s}^{*k}) + \frac{\omega}{2} \left\| P_{W,j,t,s} - P_{W,j,t,s}^{*k} \right\|_2^2 \right] \end{aligned} \tag{11-36}$$

基于 ADMM 算法耦合共享变量的电网规划子问题目标函数为：

$$\begin{aligned} \min \sum_{l \in \Psi_C} C_{L,l} Z_{L,l} + \sum_{s \in S} \sum_{t \in T} \sum_{i \in \Omega_G} \left[\lambda_{G,i,t,s}^k (P_{G,i,t,s}^k - P_{G,i,t,s}^*) + \frac{\omega}{2} \left\| P_{G,i,t,s}^k - P_{G,i,t,s}^* \right\|_2^2 \right] + \\ \sum_{s \in S} \sum_{t \in T} \sum_{i \in \Omega_W} \left[\lambda_{W,i,t,s}^k (P_{W,i,t,s}^k - P_{W,i,t,s}^*) + \frac{\omega}{2} \left\| P_{W,i,t,s}^k - P_{W,i,t,s}^* \right\|_2^2 \right] \end{aligned} \tag{11-37}$$

基于 ADMM 算法的电源、电网分布式协同规划求解流程如下所示：

步骤 1：初始化，置迭代次数 $k=1$，给定原始残差上限 ε_{pri}、对偶残差上限 ε_{dual} 和惩罚因子 ω，设置共享变量 $P_{G,i,t,s}^{*0}$、$P_{W,j,t,s}^{*0}$ 及乘子系数 λ 的初值。

步骤 2：求解含有耦合共享变量的电源规划子问题 [见式（11-36）]，约束条件包括式（11-3）～式（11-14），得出满足电源规划约束的最优机组出力 $P_{G,i,t,s}^{k+1}$、$P_{W,j,t,s}^{k+1}$，并将其传递给电网规划子问题。

步骤 3：根据电源规划中心传递的共享变量求解含有耦合共享变量的电网规划子问题 [见式（11-37）]，约束条件包括式（11-16）～式（11-28），回传共享变量 $P_{G,i,t,s}^{*k+1}$、$P_{W,j,t,s}^{*k+1}$ 至电源规划子问题。

步骤 4：按式（11-38）、式（11-39）更新乘子系数 λ。

$$\lambda_{G,i,t,s}^{k+1} = \lambda_{G,i,t,s}^{k+1} + \omega(P_{G,i,t,s}^{k+1} + P_{G,i,t,s}^{*k+1}) \tag{11-38}$$

$$\lambda_{W,j,t,s}^{k+1} = \lambda_{W,j,t,s}^{k+1} + \omega(P_{W,j,t,s}^{k+1} - P_{W,j,t,s}^{*k+1})$$ （11-39）

步骤 5：根据式（11-34）、式（11-35）判断收敛性，若收敛判据成立，则停止计算输出结果，否则置 $k=k+1$，并转至步骤 2 开始下一次分布式自治优化计算。

第四节　四川清洁能源时空发展路径

一、四川清洁能源开发时序和布局

根据新能源项目地域分布、接入系统难度等因素考虑，综合考虑四川电网清洁能源承载能力和消纳空间研究成果，经相关测算，建议四川 2025 年新能源开发总规模达到约 3200 万 kW，此场景下能够基本满足省内用电需求，保障清洁能源利用率、可再生能源消纳权重均处于合理水平。若进一步增加新能源装机容量规模，将呈现"新能源多装多弃"趋势，新增新能源利用率低，丰水期增发电量基本不具备省内消纳条件。

2030 年，若考虑仅引入陇电入川一回直流，在"十四五"电源规划基础上新增煤电、气电共 1600 万 kW，考虑需求侧响应，新增抽水蓄能、光伏配置储能等保障措施后，新能源开发规模建议达到 8150 万 kW（风电 1750 万 kW+光伏 6400 万 kW）。若考虑在陇电入川的基础上再引入 1 回外电（疆电入川），在"十四五"电源规划基础上新增煤电、气电共 1400 万 kW，考虑需求侧响应，新增抽水蓄能、光伏配置储能等保障措施后，新能源开发规模建议达到 6000 万 kW（风电 1600 万 kW+光伏 4400 万 kW）。

二、适应四川清洁能源发展的中远期电网规划构建

根据水电和新能源布局，进一步加强 500kV 主网架的电源汇集和转移能力，"十四五"期间建设攀枝花 500kV 断面加强、甘南等 500kV 输变电工程，提升清洁能源接纳能力，支撑四川能源经济发展。

根据新能源和水风光互补电源发展时序，"十四五"期间配套建设雅砻江水风光互补、金沙江水风光互补、金上 500kV 新能源汇集工程，满足新能源建成后并网发电需要。

在四川远期网架规划方面，在"十四五"建设川渝特高压（甘孜、阿坝）100kV 输变电工程的基础上，"十五五"期间，进一步规划建设攀西 1000kV 特高压及配套工程，提升对应地区清洁能源汇集、送出能力。

参 考 文 献

［1］宗万波，殷晶，陈旭云．适应新型电力系统的灵活性水电建设研究［J/OL］．水力发电，1-5［2025-06-08］．

［2］康重庆，杜尔顺，郭鸿业，等．新型电力系统的六要素分析［J］．电网技术，2023，47（05）：1741-1750.

［3］张智刚，康重庆．碳中和目标下构建新型电力系统的挑战与展望［J］．中国电机工程学报，2022，42（08）：2806-2819.

［4］高红均，郭明浩，刘俊勇，等．从四川高温干旱限电事件看新型电力系统保供挑战与应对展望［J］．中国电机工程学报，2023，43（12）：4517-4538.

［5］程其云，李峰，罗澍忻，等．新型电力系统规划方法框架及关键支撑技术［J/OL］．电网技术，1-14［2025-06-08］．

［6］闫群民，屈晨光，王磊，等．考虑双碳目标的新型电力系统源-网-荷-储评价体系研究［J/OL］．太阳能学报，1-11［2025-06-08］．

［7］李建林，郭兆东，马速良，等．新型电力系统下"源网荷储"架构与评估体系综述［J］．高电压技术，2022，48（11）：4330-4342.

［8］杨隽雯，尚磊，董旭柱，等．新型配电系统多层次综合评价指标体系与评价方法［J］．广东电力，2024，37（10）：13-24.

［9］易俊，林伟芳，任萱，等．新型电力系统发展水平指标体系构建及综合评价方法研究［J］．电网技术，2024，48（09）：3758-3768.

［10］ALEXOPOULOS D K，ANASTASIADIS A G，VOKAS G A，et al．Assessment of flexibility options in electric power systems based on maturity，environmental impact and barriers using fuzzy logic method and analytic hierarchy process［J/OL］．Energy Reports，2023，9：401-417.

［11］PRAJAPATI V K，MAHAJAN V．Reliability assessment and congestion management of power system with energy storage system and uncertain renewable resources［J/OL］．Energy，2021，215：119134.

［12］何伊慧，管霖，王彤，等．南方电网新型电力系统规划建设的量化评估与分析［J］．南方电网技术，2024，18（10）：40-53.

［13］王永平，刘畅，胥威汀，等．高比例水电新型电力系统理论模型探索［J］．四川电力技术，2023，46（06）：3-9+20.

［14］WANG Y，XU W，LIU C，et al．Evaluation methods for the development of new power systems based on cloud model［C/OL］//2022 12th International Conference on Power and Energy Systems

（ICPES）．2022：298-303［2025-06-09］．

［15］张俊涛，程春田，于申，等．水电支撑新型电力系统灵活性研究进展、挑战与展望［J］．中国电机工程学报，2024，44（10）：3862-3885．

［16］申建建，王月，程春田，等．水风光互补系统灵活性需求量化及协调优化模型［J］．水利学报，2022，53（11）：1291-1303．

［17］张俊涛，甘霖，程春田，等．大规模风光并网条件下水电灵活性量化及提升方法［J］．电网技术，2020，44（09）：3227-3239．

［18］万家豪，苏浩，冯冬涵，等．计及源荷匹配的风光互补特性分析与评价［J］．电网技术，2020，44（09）：3219-3226．

［19］智筠贻，凌浩恕，吴昊，等．风光储多能互补能源系统容量配置优化［J］．储能科学与技术，2024，13（11）：3874-3888．

［20］陈祥鼎，刘攀，吴迪，等．水风光互补系统装机容量配置解析优化及敏感性分析［J］．水利学报，2023，54（08）：978-986．

［21］CHENG Q，LIU P，XIA J，et al．Contribution of complementary operation in adapting to climate change impacts on a large-scale wind-solar-hydro system：A case study in the Yalong River Basin，China［J］．Applied Energy，2022，325：119809．

［22］张玉胜．水电互补型清洁能源系统容量配置与优化运行研究［D］．天津大学，2020．

［23］王筱，李高青，姬生才，等．计及风光不确定性的互补发电系统容量优化配置研究［J］．动力工程学报，2024，44（11）：1750-1759．

［24］GAO R，WU F，ZOU Q，et al．Optimal dispatching of wind-PV-mine pumped storage power station：A case study in lingxin coal mine in ningxia province，China［J/OL］．Energy，2022，243：123061．

［25］ZHANG X，ELIA CAMPANA P，BI X，et al．Capacity configuration of a hydro-wind-solar-storage bundling system with transmission constraints of the receiving-end power grid and its techno-economic evaluation［J/OL］．Energy Conversion and Management，2022，270：116177．

［26］耿新民，许贝贝．兼顾可靠性与经济性的风光火蓄多能系统容量配置方法［J］．水电与抽水蓄能，2023，9（05）：53-60．

［27］李明轩，范越，汪莹，等．新能源大基地风光储容量协调优化配置［J］．电力自动化设备，2024，44（03）：1-8．

［28］苏康博，杨洪明，余千，等．考虑多类型水电协调的风光电站容量优化配置方法［J］．电力系统保护与控制，2020，48（04）：80-88．

［29］彭曙蓉，陈慧霞，孙万通，等．基于改进 LSTM 的光伏发电功率预测方法研究［J］．太阳能学报，2024，45（11）：296-302．

［30］CHEN X，DING K，ZHANG J W，et al. Online prediction of ultra-short-term photovoltaic power using chaotic characteristic analysis，improved PSO and KELM［J］. Energy，2022，248：123574.

［31］KANG Z Z，DUAN R N，ZHENG Z M，et al. Grid aided combined heat and power generation system for rural village in North China plain using improved PSO algorithm［J］. Journal of cleaner production，2024，435：140461.

［32］葛亚明，戴上，梁文腾，等. 基于气象融合与深度学习的分布式光伏出力区间预测［J］. 电网与清洁能源，2024，40（08）：112-120.

［33］苗磊，李擎，蒋原，等. 深度学习在电力系统预测中的应用［J］. 工程科学学报，2023，45（04）：663-672.

［34］覃琴，苏丽宁，陈典，等. 受调峰和安全稳定约束的华东电网新能源承载规模研究［J］. 现代电力，2022，39（03）：270-277.

［35］XIN H，JIANG M，LU Y，et al. A combing data-driven and model-driven methods for renewable energy acceptance capacity assessment in distribution networks［J/OL］. Journal of Physics：Conference Series，2023，2495（1）：012009.

［36］郝文斌，孟志高，张勇，等. 新型电力系统下多分布式电源接入配电网承载力评估方法研究［J］. 电力系统保护与控制，2023，51（14）：23-33.

［37］李响，武海潮，王文雪，等. 基于电网承载能力的新能源并网适应性评估［J］. 中国电机工程学报，2023，43（S1）：107-113.

［38］董昱，董存，于若英，等. 基于线性最优潮流的电力系统新能源承载能力分析［J］. 中国电力，2022，55（03）：1-8.

［39］谢毓广，李金中，王川，等. 考虑消纳水平的新能源配套储能和输电通道容量协调优化配置［J］. 电力自动化设备，2023，43（07）：51-57，72.

［40］程远林，余虎，张舒，等. 清洁能源预测与消纳分析模型研究进展［J/OL］. 广西师范大学学报（自然科学版），1-15［2025-06-09］.

［41］赵冬梅，虞程超，冯向阳，等. 考虑清洁能源消纳和多电网调峰的水光互补系统多目标优化调度［J/OL］. 华北电力大学学报（自然科学版），1-14［2025-06-09］.

［42］杨策，孙伟卿，韩冬. 考虑新能源消纳能力的电力系统灵活性评估方法［J］. 电网技术，2023，47（01）：338-349.

［43］蒋佳怡，徐斌，岳浩，等. 梯级水库群风光水多能互补多目标优化调度模型［J/OL］. 中国农村水利水电，1-18［2025-06-09］.

［44］XIONG H，EGUSQUIZA M，ALBERG ØSTERGAARD P，et al. Multi-objective optimization of a hydro-wind-photovoltaic power complementary plant with a vibration avoidance strategy

［J/OL］．Applied Energy，2021，301：117459．

［45］计军恒，冯晨，朱燕梅．基于源荷匹配的水光混蓄电站运行策略［J］．中国农村水利水电，2024，（06）：271-277．

［46］李令宇，程浩忠，张衡，等．含高比例新能源电力系统的低碳电源规划方法［J/OL］．电测与仪表，1-10［2025-06-09］．

［47］黄格超，朱童，高剑，等．考虑新能源承载能力的交直流电网鲁棒扩展规划方法［J］．高压电器，2025，61（05）：268-278．

［48］汪荣华．考虑网源协调发展的四川电网多适应性规划体系研究［J］．四川电力技术，2020，43（05）：65-72．

［49］WANG Y，CHEN L，ZHOU H，et al. Flexible transmission network expansion planning based on DQN algorithm［J/OL］．Energies，2021，14（7）：1944．

［50］HUANG K，LUO P，LIU P，et al. Improving complementarity of a hybrid renewable energy system to meet load demand by using hydropower regulation ability［J］．Energy，2022，248：123535．